BIM 技术
在建筑施工管理中的应用研究

彭靖 著

NORTHEAST NORMAL UNIVERSITY PRESS
WWW.NENUP.COM
东北师范大学出版社

图书在版编目(CIP)数据

BIM技术在建筑施工管理中的应用研究 / 彭靖著. -- 长春：东北师范大学出版社，2017.5（2025.6重印）
ISBN 978-7-5681-3060-8

Ⅰ.①B… Ⅱ.①彭… Ⅲ.①建筑工程—施工管理—应用软件 Ⅳ.①TU71-39

中国版本图书馆CIP数据核字（2017）第088711号

□策划编辑：王春彦
□责任编辑：卢永康　郎晓凯　□封面设计：优盛文化
□责任校对：赵忠玲　□责任印制：张允豪

东北师范大学出版社出版发行
长春市净月经济开发区金宝街118号（邮政编码：130117）
销售热线：0431-84568036
传真：0431-84568036
网址：http://www.nenup.com
电子函件：sdcbs@mail.jl.cn
河北优盛文化传播有限公司装帧排版
三河市同力彩印有限公司
2017年7月第1版　2025年6月第4次印刷
幅画尺寸：185mm×260mm　印张：18.5　字数：423千

定价：60.00元

前言

建筑信息化模型（Building Information Modeling，以下简称 BIM）技术在国内建筑领域得到应用以后，短时间内便获得了广泛的应用，成为建筑业一次新的技术革命。大量的 BIM 技术工程实践，为我国建筑行业整体信息化施工水平的提高提供了技术经验。但是，由于 BIM 技术在我国建筑业内的应用依然处于初级阶段，标准化程度不高、BIM 技术人员储备有限等多种因素导致我国急需制定建筑业 BIM 技术施工的相关国家标准和地方标准，以便更好地指导 BIM 技术在建筑领域的施工应用。

鉴于以上的建筑业 BIM 行业形势，2011 年 5 月住建部提出“十二五”建筑信息化要求，明确提出：技术的研究与应用应该从原有的设计阶段向施工阶段扩展，加大两者之间的交流，从而减少过程中产生的信息流失程度；如何将技术与多维的项目管理进行集成，以便应用在大型的项目基于技术的建筑工程成本管理系统工程施工，实现项目全生命周期可视化信息管理。同时为了培养技术方面的专业人员，工程硕士班也在国内的相关大学中建立了起来。在行业内，已经从前期的设计院、施工单位和咨询单位过渡到业主方面，更多的业主通过技术来完成项目的管理，各大房地产公司也在努力将技术应用到企业中去，并以此作为企业未来的核心竞争力。

2015 年 6 月住房和城乡建设部印发《关于推进建筑信息模型应用的指导意见》并提出两个方面的建设目标：（1）到 2020 年末，建筑行业甲级勘察、设计单位以及特级、一级房屋建筑工程施工企业应掌握并实现 BIM 与企业管理系统和其他信息技术的一体化集成应用。（2）到 2020 年末，以下新立项项目勘察设计、施工、运营维护中，集成应用 BIM 的项目比率达到 90%：以国有资金投资为主的大中型建筑；申报绿色建筑的公共建筑和绿色生态示范小区。

此后，各省开始相继制定并发布本省建筑工程 BIM 技术施工标准。在标准实施后，各地也积累了相关信息化施工标准制定与修订经验，住房和城乡建设部于 2016 年 12 月 2 日发布第 1380 号公告，批准《建筑信息模型应用统一标准》为国家标准（附录 1 为征求意见稿），编号为 GB/T51212-2016，自 2017 年 7 月 1 日起实施。相信《建筑信息模型应用统一标准》的生效将会为推动我国建筑工程信息化施工的规范性进程贡献自己的力量。

目录

第一章　BIM 技术的概况及现状分析

1.1　BIM 技术的背景研究

20 世纪末，身着“非线性”“参数化”两件外衣的数字技术再次融入建筑师的工作。近几年，从北京奥运到上海世博会，从广州亚运到西安世园会，各种复杂、重要的建筑中都能看到数字化技术的应用。在走可持续发展道路及低碳理念普及的大背景下，数字技术又举起 BIM（建筑信息化模型）的大旗，登上建筑业的舞台。与之前仅提供技术支持并单纯影响建筑行业不同的是，BIM 能搭建一个或多个综合性系统平台，向项目投资者、规划设计者、施工建设者、监督检查者、管理维护者、运营使用者乃至改扩建者、拆除回收者等不同业内从业者提供时间范围涵盖工程项目整个周期的各类信息，并使这些信息具备联动、实时更新、动态可视化、共享、互查、互检等特点。在数字技术的支持下，不同的技术研发者编写出不同的软件来收集、分类、管理和应用这些建设项目信息，为规划师、建筑师、建造师提供技术支持与保证。伴随着一个个工程案例的实施及新的行业标准和规范的制定，BIM 全方位、多维度地影响着建筑业，开始了建筑行业的又一次变革（见图 1–1）。

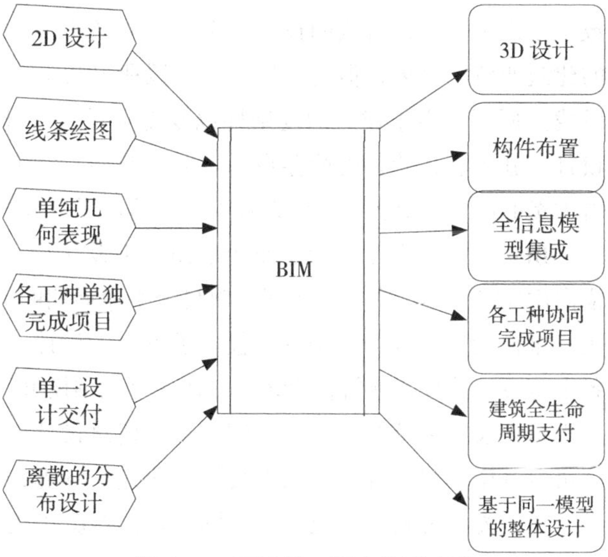

图 1–1　BIM 的工程变革影响图

目前 BIM 在我国的应用还处于起步阶段，主要运用在设计方面。事实上，BIM 可以应用于规划、招投标、施工、监理、运营等方面。前不久住房和城乡建设部印发的《2011 年 ~ 2015 年建筑业信息化发展纲要》指出，“十二五”期间，基本实现建筑企业信息系统的普及应用，加快建筑信息模型（BIM）、基于网络的协同工作等新技术在工程中的应用，推动信息化标准建设。BIM 应用是今后长时期内施工企业实施管理创新、技术创新，提升核心竞争力的有力保障。BIM 技术将是未来十年我国建筑业行业发展和科技提升面临的重点问题。中国建筑业协会工程建设质量管理分会针对目前的工程建设 BIM 应用研究报告调查问卷表明，从对 BIM 的了解和应用情况来看，听过 BIM 的人很多，达到受访者的 87%；使用 BIM 的人很少，只有 6%。就 BIM 使用计划而言，促使企业应用 BIM 的最主要原因是投资能够得到回报，导致企业不用 BIM 的最主要原因是缺乏 BIM 人才。在项目设计阶段，施工、运营等传统后期参与方应该在设计早期就参与项目；在施工阶段，BIM 有助于质量控制、安全控制、成本控制、进度控制、专业分包管理、资料管理等。受访者设计阶段做过的 BIM 应用包括碰撞检查、设计优化、性能分析、图纸检查、三维设计、建筑方案推敲、施工图深化和协同设计；施工阶段做过的 BIM 应用包括工程量统计、碰撞检查、施工过程三维动画展示、预演施工方案、管线综合、虚拟现实、施工模拟、模板放样和备工备料。

2010 年“BIM 技术在设计、施工及房地产企业协同工作中的应用”国际技术交流会上，美国 Tocci 施工公司董事长 John Tocci 表示美国 30% 的项目缺乏计划和预算评估，92% 的业主对设计师的图纸精准程度表示怀疑，37% 的材料浪费是来自于建筑行业，10% 的成本耗费在项目建设期间因沟通不畅而造成的返工上面。这一数据已让人诧异，但在粗放式管理的中国，相信数据会更让人触目惊心。

建筑业产品的单一性、项目的复杂性、设计的多维度、生产车间的流动性、团队的临时性、工艺的多样性等给建筑业的精细化管理带来极大的挑战，且多年来国家对固定资产投资的青睐，使得建筑业成为长期利好行业之一。因而无生存之忧的建筑企业主观上缺乏提升管理水平的动力，直接造成建筑业生产能力的落后。目前项目管理面临的挑战主要包括：更快的资金周转、更短的工期带来工期控制困难；三边工程，图纸问题多，易造成返工；工程复杂，技术难度高；投资管理复杂程度高；项目协同产生较多错误且效率低下；施工技术、质量与安全管理难度大。这些挑战的根源之一是建筑业普遍缺乏全生命周期的理念。建筑物从规划、设计、施工、竣工后运营乃至拆除的全生命周期过程中，建筑物的运营周期一般都达数十年之久，运营阶段的投入是全生命周期中最大的。尽管建筑竣工后的运营管理不在传统的建筑业范围之内，但是建筑运营阶段所发现的问题大部分可以从前期规划、设计和施工阶段找到原因。由于建筑的复杂性以及专业的分工化的发展，传统建筑业生产方式下，规划、设计、施工、运营各阶段存在一定的割裂性，整个行业普遍缺乏全生命周期性的理念，存在着大量的返工、浪费与其他无效工作，造成了巨大的成本与效率损失。

BIM 的意义在于完善了整个建筑行业从上游到下游的各个管理系统和工作流程间的纵、横向沟通和多维性交流，实现了项目全生命周期的信息化管理。BIM 的技术核心是一个由计算机三维模型所形成的数据库，包含了贯穿于设计、施工和运营管理等整个项目全生命周期的各个阶段，并且各种信息始终建立在一个三维模型数据库中。BIM 能够使建筑师、工程师、施工人员以及业主清楚全面地了解项目：建筑设计专业可以直接生成三维实体模型；结构专业则可取其中墙材料强度及墙上孔洞大小进行计算；设备专业可以据此进行建筑能量分析、声学分析、光学分析等；施工单位则可根据混凝土类型、配筋等信息进行水泥等材料的备料及下料；开发商则可取其中的造价、门窗类型、工程量等信息进行工程造价总预算、产品订货等。BIM 在促进建筑专业人员整合、改善设计成效方面发挥的作用与日俱增，它将人员、系统和实践全部集成到一个流程中，使所有参与者充分发挥自己的智慧和才华，可在设计、制造和施工等所有阶段优化项目成效、为业主增加价值、减少浪费并最大限度提高效率。

说到 BIM，不得不说的就是“协同”。实施 BIM 的最终目的是要提高项目质量和效率，从而减少后续施工期间的返工，保障施工工期，节约项目资金。BIM 的价值主要体现在 5 个方面：可视化、协调性、模拟性、优化性、出图。

可视化的真正运用在建筑业的作用非常大，例如，经常拿到的施工图纸，只是各个构件的信息在图纸上采用线条绘制表达，但是其真正的构造形式就需要建筑业参与人员去自行想象。BIM 提供了可视化的思路，将以往线条式的构件形成一种三维的立体实物图形展示在人们面前，使得设计师和业主等人员对项目需求是否得到满足的判断更加明确、高效，使决策更为准确。在设计时，常常由于各专业设计师之间的沟通不到位而出现各种专业之间的碰撞问题。BIM 的协调性就可以帮助处理这种问题。也就是说，BIM 可在建筑物建造前期对各专业的碰撞问题进行协调，生成协调数据。

模拟性表现为，BIM 将原本需要在真实场景中实现的建造过程与结果，在数字虚拟中预先实现。BIM 可以对设计上需要进行模拟的一些东西进行模拟实验，例，节能模拟、紧急疏散模拟、日照模拟、热能传导模拟等。在招投标阶段和施工阶段可以进行 4D 模拟，根据施工的组织设计模拟实际施工，从而确定合理的施工方案来指导施工。同时，还可以进行5D模拟，实现成本控制。后期运营阶段可以进行紧急情况处理方式的模拟，例如地震时人员逃生模拟及消防人员疏散模拟等。

在优化性方面，目前基于 BIM 的优化主要包括项目方案优化和特殊项目的优化。项目方案优化把项目设计和投资回报分析结合起来，设计变化对投资回报的影响可以实时计算出来，还可以对施工难度比较大和问题比较多的方案进行优化。

至于出图，那更是 BIM 相比于 CAD 的最大优势。操作者可随机同步提供、阅读 BIM 模型内任一专业、任一节点、任一时间段的图纸、技术资料和文件。

推动 BIM 的应用，需要政府的引导、相关行业协会的推动、企业积极参与、市场的认可以及 BIM 技术研发和电脑硬件、软件的发展支撑。可以用一句话来描述国内建筑业 3 个主要参与方——业主、设计单位、施工单位使用 BIM 的情况：受益最大的是业主，贡献最大的是设计方，动力最大的是施工方。

BIM 可以简单地形容为模型 + 信息，模型是信息的载体，信息是模型的核心。同时，BIM 又是贯穿规划、设计、施工和运营的建筑全生命周期，可以供全生命周期的所有参与单位基于统一的模型实现协同工作。目前，BIM 的应用尚属初级阶段，除施工阶段 BIM 应用点基本可以形成体系外，设计阶段还主要体现在某些点的应用，还未能形成面，与项目管理、企业管理还有一段距离，运维阶段的 BIM，还处于探索阶段。但 BIM 的价值已经被行业所认可，BIM 的发展与推广将势不可挡。

随着 BIM 模型中数据的分析与处理应用越来越深入，与管理职能结合度越来越高，最后将与项目管理（设计项目管理 / 施工项目管理 / 运维管理）、项目群管理、企业管理相结合。

BIM 是数据的载体，通过提取数据价值，可以提高决策水平、改善业务流程，已成为企业成功的关键要素。同时，BIM 模型中的数据是海量的，大量 BIM 模型的积累构成了建筑业的大数据时代，通过数据的积累、挖掘、研究与分析，总结归纳数据规律，形成企业知识库，在此基础上形成智能化的应用，可以有效用于预测、分析、控制与管理等。

未来，企业要想从激烈的竞争中获得领先优势，就必须借助信息技术改变原有建筑业靠大量资本、技术和劳动力投入的状况，也就是说，形成产业链竞争力的核心价值就在于 BIM 技术让信息形成了资产的改变，改变后的资产会带来超额的利润。而这也正好暗合了信息化的内在实质：以低成本的方式实现高水平的管控，实现信息共享，实现上下左右的无缝对接。而最先要做的，是提高建筑企业的重视度。有的企业将 BIM 等信息化建设作为“面子工程”，没有务实推进的打算及长远规划，对信息化在企业发展中发挥的重要作用缺乏应有的认识。提高建筑企业对 BIM 应用的意识至关重要，这是目前提高 BIM 应用范围和水平的先决要素。中国建筑业协会工程建设质量管理分会有关专家认为，企业成功实施 BIM 可以分为四个阶段。第一阶段制定战略：根据企业总体目标和资源拥有情况确定企业 BIM 实施的总体战略和计划，包括确定 BIM 实施目标、建立 BIM 实施团队、确定 BIM 技术路线、组织 BIM 应用环境等工作。第二阶段是重点突破：选择确定本企业从哪些 BIM 重点应用开始切入，对于已经选择确定的 BIM 重点应用逐个在项目中实施，从中总结出每个重点应用在企业的最佳实施方法。第三阶段是推广集成：首先是对已经实践过的 BIM 重点应用按照总结出来的最佳方法进行推广；其次是尝试不同 BIM 应用之间的集成应用，以及 BIM 和企业其他系统之间（例如，ERP、采购、财务等）的集成应用，总结出集成应用的最佳方法。第四阶段是行业标准：推广集成应用和参与行业标准制定。中国建筑业协会工程建设质量管理分会秘书长李菲表示，大力推广应用包括 BIM 在内的先进质量技术和方法，将是今后分会工作的重点。目前还没有一套适合我国的 BIM 标准，这大大限制了 BIM 技术在国内的推广和应用。因此，构建 BIM 的标准成为一项紧迫与重要的任务。值得欣慰的是，政府已逐渐地重视 BIM 的应用。《2011 年 ~ 2015 年建筑业信息化发展纲要》要求，“十二五”期间，在工程总承包类、勘察设计类、施工类企业均应加强信息基础设施建设，提高企业信息系统安全水平，初步建立知识管理、决策支持等企业层面的信息系统。同时，要加快推广 BIM、协同设计、移动通讯、无线射频、虚拟现实、4D 项目管理等技术在勘察设计、施工和工程项目管理中的应用。技术的创新也将推动 BIM 的应用。目前研究成果大多停留在论文、非商品化软件、示范案例上，对影响行业未来提升转型的信息化核心技术的核心工具 BIM 软件，必须要有一个非常明确的战略以及相应的行动路线，使软件更好地推进 BIM 的应用。

BIM 的理论基础主要源于制造行业集 CAD、CAM 于一体的计算机集成制造系统 CIMS（Computer Integrated Manu-facturing System）理念和基于产品数据管理 PDM 与 STEP 标准的产品信息模型。BIM 是近十年在原有 CAD 技术基础上发展起来的一种多维（三维空间、四维时间、五维成本、N 维更多应用）模型信息集成技术，可以使建设项目的所有参与方（包括政府主管部门、业主、设计、施工、监理、造价、运营管理、项目用户等）在项目从概念产生到完全拆除的整个生命周期内都能够在模型中操作信息和在信息中操作模型，从而从根本上改变了从业人员依靠符号文字、形式图纸进行项目建设和运营管理的工作方式，实现了在建设项目全生命周期内提高工作效率和质量以及减少错误和降低风险的目标。

CAD技术将建筑师、工程师们从手工绘图推向计算机辅助制图，实现了工程设计领域的第一次信息革命。但是此信息技术对产业链的支撑作用是断点的，各个领域和环节之间没有关联，从产业整体来看，信息化的综合应用明显不足。BIM是一种技术、一种方法、一种过程，它既包括建筑物全生命周期的信息模型，同时又包括建筑工程管理行为的模型，它将两者进行完美的结合来实现集成管理，它的出现将引发整个A/E/C（Architecture/Engineering/Construction）领域的第二次革命：BIM从二维（以下简称2D）设计转向三维（以下简称3D）设计；从线条绘图转向构件布置；从单纯几何表现转向全信息模型集成；从各工种单独完成项目转向各工种协同完成项目；从离散的分步设计转向基于同一模型的全过程整体设计；从单一设计交付转向建筑全生命周期支持。

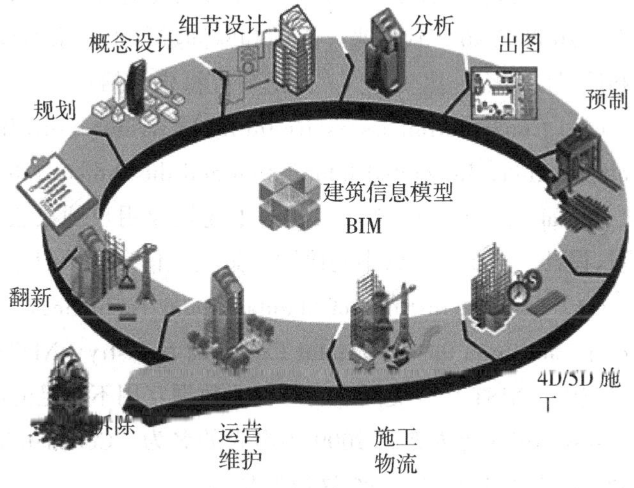

图1-2 BIM应用领域

由此可见，BIM带来的不仅是激动人心的技术冲击，而更加值得注意的是，BIM技术与协同设计技术将成为互相依赖、密不可分的整体。协同是BIM的核心概念，同一构件元素，只需输入一次，各工种即可共享该元素数据，并于不同的专业角度操作该构件元素。从这个意义上说，协同已经不再是简单的文件参照。可以说BIM技术将为未来协同设计提供底层支撑，大幅提升协同设计的技术含量，它带来的不仅是技术，也将是新的工作流及新的行业惯例。

那么，BIM是在什么背景下出现的呢？BIM在整个工程建设行业中处于什么样的位置呢？而工程建设行业又赋予了BIM怎样的使命呢？

1.1.1 BIM的市场驱动力

恩格斯曾经说过这样一句被后人广为引用的话，“社会一旦有技术上的需要，则这种需要就会比十所大学更能把科学推向前进”，作为正在快速发展和普及应用的BIM也不例外。

全球发达国家或高速发展中国家都把GDP的相当大比例投资到基础建设上，包括规划、设计、施工、运营、维护、更新、拆除等。这是一个巨大的投入，根据统计资料，2008年全球建筑业的规模为4.8万亿美元；中国建筑业协会的资料表明，2009年中国建筑业产值约为7万亿人民币。

根据美国商务部劳动统计局（US Department of Commerce，Bureau of Labor Statistics）的

资料，1966—2003 年期间，美国建筑业的生产效率按照单位劳动完成新施工活动的合同额统计，平均每年有 0.59% 的下降，而相同时期美国非农业所有工业的生产效率平均每年有 1.77% 的上升。

在过去的几十年当中，航空、航天、汽车、电子产品等其他行业的生产效率通过使用新的生产流程和技术有了巨大提高，市场对全球工程建设行业改进工作效率和质量的压力日益加大。20 世纪 90 年代以来，美国和欧洲进行了一系列旨在发现问题、解决问题、提高工作效率和质量的研究，比较有代表性的研究报告包括：

（1）Construction Users Roundtable Architecture/Engineering Productivity Committee，"Collaboration，Integrated Information and the Project Lifecycle in Building Design，Construction and Operation（WP-1202），2004"【建筑业用户圆桌会议（CURT）建筑工程生产力委员会，《建筑设计、施工、运营中的协同、集成化信息和项目生命周期》】

（2）National Institute of Standards and Technology（NIST），"Cost Analysis of Inadequate Interoperability in the US Capital Facilities Industry（NISTGCR 04 867），2004"【美国标准和技术研究院（NIST），《美国不动产行业数据互用不充足的成本分析》】

Rex Miller 等人在其 2009 年出版的名为"Commercial Real Estate Revolution- 商业房地产革命"的专著中列举了一组这样的数据：

（1）现有模式生产建筑的成本差不多是应该花费的两倍。

（2）72% 的项目超预算。

（3）70% 的项目超工期。

（4）75% 不能按时完工的项目至少超出初始合同价格 50%。

（5）建筑工人的死亡威胁是其他行业的 2.5 倍。

根据美国建筑科学研究院（NIBS-National Institute of Building Sciences）在 2007 年颁布的美国国家 BIM 标准第一版第一部分（NBIMS National Building Information Modeling Standard Version 1 Part 1）援引美国建筑行业研究院（Ql-Construction Industry Institute）的研究报告，工程建设行业的非增值工作（即无效工作和浪费）高达 57%，作为比较的制造业的这个数字只有 26%，两者相差 31%。

如果工程建设行业通过技术升级和流程优化能够达到目前制造业的水平，按照美国 2008 年 12 800 亿美元的建筑业规模计算，每年可以节约将近 4 000 亿美元。美国 BIM 标准为以 BIM 技术为核心的信息化技术定义的目标，是到 2020 年为建筑业每年节约 2 000 亿美元。

我国近年来的固定资产的投资规模维持在 10 万亿人民币左右，其中 60% 依靠基本建设完成，生产效率与发达国家比较也还存在不小差距，如果按照美国建筑科学研究院的资料来进行测算，通过技术和管理水平提升，可以节约的建设投资将是十分惊人的。

导致工程建设行业效率不高的原因是多方面的，但是如果研究已经取得生产效率大幅提高的零售、汽车、电子产品和航空等领域，我们发现行业整体水平的提高和产业的升级只能来自于先进生产流程和技术的应用。

BIM 正是这样一种技术、方法、机制和机会，通过集成项目信息的收集、管理、交换、更新、存储过程和项目业务流程，为建设项目生命周期中的不同阶段、不同参与方提供及时、准确、足够的信息，支持不同项目阶段之间、不同项目参与方之间以及不同应用软件之间的信息交流和共享，以实现项目设计、施工、运营、维护效率和质量的提高，以及工程建设行业持续不断的行业生产力水平提升。

1.1.2　BIM 在工程建设行业的位置

BIM 在工程建设行业的信息化技术中并不是孤立存在的，大家耳熟能详的就有 CAD、可视化、CAE、GIS 等，那么 BIM 到底处在一个什么位置呢？

当 BIM 作为一个专有名词进入工程建设行业的第一个十年快要到来的时候，其知名度正在呈现爆炸式的扩大，但对什么是 BIM 的认识却也是林林总总，五花八门。

在众多对 BIM 的认识中，有两个极端尤为引人注目。其一，是把 BIM 等同于某一个软件产品，例如 BIM 就是 Revit 或者 ArchiCAD；其二，是认为 BIM 应该包括跟建设项目有关的所有信息，包括合同、人事、财务信息等。

要弄清楚什么是 BIM，首先必须弄清楚 BIM 的定位，那么，BIM 在建筑业究竟处于一个什么样的位置呢？

我国建筑业信息化的历史基本可以归纳为每十年重点解决一类问题：

（1）“六五”~“七五”（1981—1990）：解决以结构计算为主要内容的工程计算问题（CAE）；

（2）“八五” ~ “九五”（1991—2000）：解决计算机辅助绘图问题（CAD）；

（3）“十五” ~ “十一五”（2001—2010）：解决计算机辅助管理问题，包括电子政务（e-government）和企业管理信息化等。

用一句话来概括，就是：纵向打通了，横向没打通。从宏观层面来看，技术信息化和管理信息化之间没关联；从微观层面来看，例如，CAD 和 CAE 之间也没有关联。

换一个角度考虑，也就是接下来建筑业信息化的重点应该是打通横向。而打通横向的基础来自于建筑业所有工作的聚焦点，就是建设项目本身，不用说所有技术信息化的工作都是围绕项目信息展开的，即使管理信息化的所有工作同样也是围绕项目信息展开的，是为了项目的建设和营运服务的。

发展趋势分析，BIM 作为建设项目信息的承载体，作为我国建筑业信息化下一个十年横向打通的核心技术和方法之一已经没有太大争议。

现代化、工业化、信息化是我国建筑业发展的三个方向，建筑业信息化可以划分为技术信息化和管理信息化两大部分，技术信息化的核心内容是建设项目的生命周期管理（BIM-Building Lifecycle Management），企业管理信息化的核心内容则是企业资源计划（ERP-Enterprise Resource Planning）。

如前所述，不管是技术信息化还是管理信息化，建筑业的工作主体是建设项目本身，因此，没有项目信息的有效集成，管理信息化的效益也很难实现。BIM 通过其承载的工程项目信息把其他技术信息化方法（如 CAD/CAE 等）集成了起来，从而成为技术信息化的核心、技术信息化横向打通的桥梁，以及技术信息化和管理信息化横向打通的桥梁。

我们可以这样预计我国建筑业信息化未来十年要解决的重点问题："十二五" ~ "十三五"（2011 ~ 2020 年）：BIM。

据麦格劳希尔最新一项调查结果显示，目前北美的建筑行业有一半的机构在使用 BIM，或与 BIM 相关的工具——这一使用率在过去两年里增加了 75%。近期，清华大学软件学院 BIM 标准研究课题组在欧特克中国研究院（ACRD）的支持下积极推进中国 BIM 发展及标准研究，并邀请行业专家再次召开研讨会，就 BIM 在美国应用的现状、中美 BIM 标准研究的比较以及 BIM 在绿色建筑中的应用等内容进行分享与讨论，从而为推动构建中国建筑信息模型标准（即 CBIMS，China Building Information Modeling Standard）带来借鉴与启迪，加速实现中国工程建设行业的高效、协作和可持续发展。清华大学软件学院副院长顾明、欧特克中国研究院院长高级顾问梁进、欧特克公司工程建设行业经理 Erin Rae Hoffer、CCDI 集团营销副总经理弋洪涛、国家住宅与居住环境工程技术研究中心研发部主任何剑清等一线行业专家参加了此次研讨会。

所谓 BIM，即指基于最先进的三维数字设计和工程软件所构建的"可视化"的数字建筑模型，为设计师、建筑师、水电暖铺设工程师、开发商乃至最终用户等各环节人员提供"模拟和分析"的科学协作平台，帮助他们利用三维数字模型对项目进行设计、建造及运营管理，最终使整个工程项目在设计、施工和使用等各个阶段都能够有效地实现节省能源、节约成本、降低污染和提高效率的目的。

BIM 是在项目的全生命周期中都可以进行应用的，从项目的概念设计、施工、运营，甚至后期的翻修或拆除，所有环节都可以提供相关的服务。BIM 不但可以进行单栋建筑设计，还可以对一些大型的基础设施项目，包括交通运输项目、土地规划、环境规划、水利资源规划等进行设计。在美国，BIM 的普及率与应用程度较高，政府或业主会主动要求项目运用统一的 BIM 标准，甚至有的州已经立法，强制要求州内的所有大型公共建筑项目必须使用 BIM。目前，美国所使用的 BIM 标准包括 NBIMS（美国 BIM 标准，United States National Building Information Modeling Standard）、COBIE（Construction Operations Building Information Exchange）标准、IFC（Industry Foundation Class）标准等，不同的州政府或项目业主会选用不同的标准，但是他们的使用前提都是要求通过统一标准为相关利益方带来最大的价值。欧特克公司创建了一个指导 BIM 实施的工具——"BIM Deployment Plan"，以帮助业主、建筑师、工程师和承包商实施 BIM。这个工具可以为各个公司提供管理沟通的模型标准，对 BIM 使用环境中各方担任的角色和责任提出建议，并提供最佳的业务和技术惯例，目前英文版已经供下载使用，中文版也将在不久后推出。

BIM 方法与理念可以帮助包括设计师、施工方等各相关利益方更好地理解可持续性以及它的四个重要的因素：能源、水资源、建筑材料和土地。Erin 向大家介绍了欧特克工程建设行业总部大楼的案例。该项目就是运用 BIM 理念进行设计、施工的，获得了绿色建筑的白金认证。大楼建筑面积超过 5 000 平方米，从概念设计到入住仅用了 8 个月时间，每平方米的成本节省了 29 美元，节省 37% 的能源成本，并真正实现零事故零索赔。欧特克作为业主成为最大的受益方，通过运用 BIM 实现可持续发展的模式，节约了大量可能被耗费的资源和成本。

随着行业的发展以及需求的突显，中国企业已经形成共识：BIM 将成为中国工程建设行业未来的发展趋势。相对于欧美、日本等发达国家，中国的BIM应用与发展比较滞后，BIM标准的研究还处于起步阶段。因此，在中国已有规范与标准保持一致的基础上，构建BIM的中国标准成为紧迫与重要的工作。同时，中国的BIM标准如何与国际的使用标准（如美国的NBIMS）有效对接、政府与企业如何推动中国BIM标准的应用都将成为今后工作的挑战。我们需要积极推动BIM标准的建立，为行业可持续发展奠定基础。

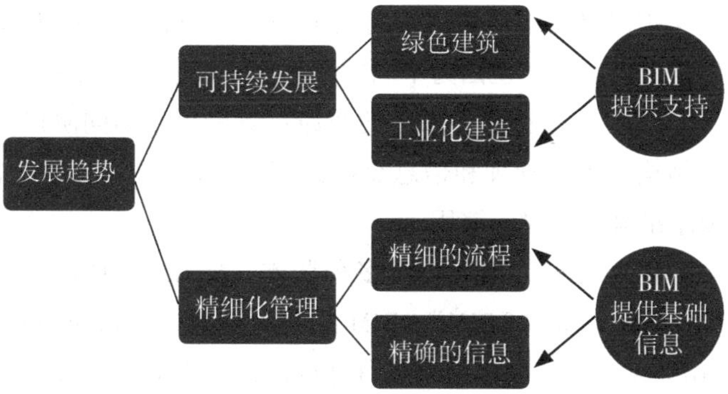

图 1–3 BIM 行业地位

毋庸置疑，BIM是引领工程建设行业未来发展的利器，我们需要积极推广BIM在中国的应用，以帮助设计师、建筑师、开发商以及业主运用三维模型进行设计、建造和管理，不断推动中国工程建设行业的可持续发展。

1.1.3 行业赋予 BIM 的使命

一个工程项目的建设、运营涉及业主、用户、规划、政府主管部门、建筑师、工程师、承建商、项目管理、产品供货商、测量师、消防、卫生、环保、金融、保险、法务、租售、运营、维护等几十类、成百上千家参与方和利益相关方。一个工程项目的典型生命周期包括规划和计划、设计、施工、项目交付和试运行、运营维护、拆除等阶段，时间跨度为几十年到一百年，甚至更长。把这些不同项目参与方和项目阶段联系起来的是基于建筑业法律法规和合同体系建立起来的业务流程，支持完成业务流程或业务活动的是各类专业应用软件，而连接不同业务流程之间和一个业务流程内不同任务或活动之间的纽带则是信息。

一个工程项目的信息数量巨大、信息种类繁多，但是基本上可以分为以下两种形式：

（1）结构化形式：机器能够自动理解的，例如EXCEL、BIM文件。

（2）非结构化形式：机器不能自动理解的，需要人工进行解释和翻译，例如Word、CAIX。目前工程建设行业的做法是，各个参与方在项目不同阶段用自己的应用软件去完成相应的任务，输入应用软件需要的信息，把合同规定的工作成果交付给接收方，如果关系好，也可以把该软件的输出信息交给接收方做参考。下游（信息接收方）将重复上面描述的这个做法。

由于当前合同规定的交付成果以纸质成果为主，在这个过程中项目信息被不断地重复输入、处理、输出成合同规定的纸质成果，下一个参与方再接着输入他的软件需要的信息。据美国建筑科学研究院的研究报告统计，每个数据在项目生命周期中平均被输入七次。

事实上，在一个建设项目的生命周期内，我们不仅不缺信息，甚至也不缺数字形式的信息，试问在如今建设项目的众多的参与方当中，哪一家不是在用计算机处理他们的信息的？我们真正缺少的是对信息的结构化组织管理（机器可以自动处理）和信息交换（不用重复输入）。由于技术、经济和法律的诸多原因，这些信息在被不同的参与方以数字形式输入处理以后又被降级成纸质文件交付给下一个参与方了，或者即使上游参与方愿意将数字化成果交付给下游参与方，也因为不同的软件之间信息不能互用而束手无策。

这就是行业赋予 BIM 的使命：解决项目不同阶段、不同参与方、不同应用软件之间的信息结构化组织管理和信息交换共享，使得合适的人在合适的时候得到合适的信息，这个信息要求准确、及时、够用。

BIM 的定义或解释有多种版本，McGraw. Hill（麦克格劳·希尔）在 2009 年名为 “The business Value Of BIM”（BIM 的商业价值）的市场调研报告中对 BIM 的定义比较简练，认为 “BIM 是利用数字模型对项目进行设计、施工和运营的过程”。

相比较，美国国家 BIM 标准对 BIM 的定义比较完整：“BIM 是一个设施（建设项目）物理和功能特性的数字表达；BIM 是一个共享的知识资源，是一个分享有关这个设施的信息，为该设施从概念到拆除的全生命周期中的所有决策提供可靠依据的过程；在项目不同阶段，不同利益相关方通过在 BIM 中插入、提取、更新和修改信息，以支持和反映其各自职责的协同作业。”

美国国家 BIM 标准由此提出 BIM 和 BIM 交互的需求都应该基于：

（1）一个共享的数字表达。

（2）包含的信息具有协调性、一致性和可计算性，是可以由计算机自动处理的结构化信息。

（3）基于开放标准的信息互用。

（4）能以合同语言定义信息互用的需求。

在实际应用的层面，从不同的角度，对 BIM 会有不同的解读：

（1）应用到一个项目中，BIM 代表着信息的管理，信息被项目所有参与方提供和共享，确保正确的人在正确的时间得到正确的信息。

（2）对于项目参与方，BIM 代表着一种项目交付的协同过程，定义各个团队如何工作，多少团队需要一块工作，如何共同去设计、建造和运营项目。

（3）对于设计方，BIM 代表着集成化设计，鼓励创新，优化技术方案，提供更多的反馈，提高团队水平。

美国 buildingSMART 联盟主席 Dana K. Smith 先生在其 BIM 专著中提出了一种对 BIM 的通俗解释，他将“数据（Data）—信息（Information）—知识（Knowl-edge）—智慧（Wisdom）”放在一个链条上，认为 BIM 本质上就是这样一个机制：把数据转化成信息，从而获得知识，让我们智慧地行动。理解这个链条是理解 BIM 价值以及有效使用建筑信息的基础。

借助于中国古代的哲学思想，我们可以找到 BIM 运动变化的规律。“一阴一阳之谓道”，所以阴所以阳，构成的是一种互相

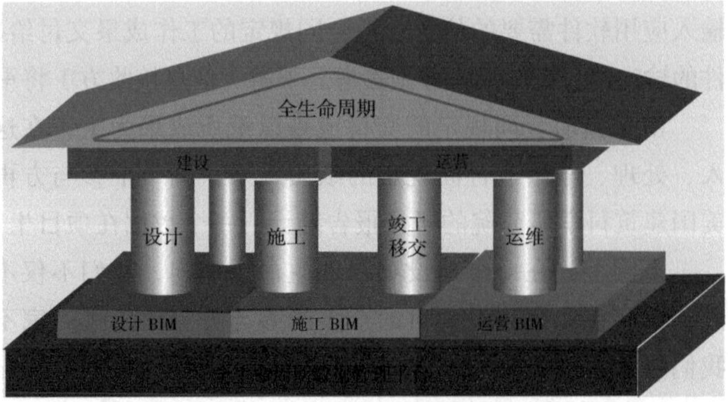

图 1-4　全生命周期 BIM

交替循环的动态状况，这才称其为道。在 BIM 的动态发展链条上，业务需求（不管是主动的需求还是被动的需求）引发 BIM 应用，BIM 应用需要 BIM 工具和 BIM 标准，业务人员（专业人员）使用 BIM 工具和标准生产 BIM 模型及信息，BIM 模型和信息支持业务需求的高效优质实现。BIM 的世界就此而得以诞生和发展。

1.2　BIM 技术概述

1.2.1　BIM 技术的概念

目前，国内外关于 BIM 的定义或解释有多种版本，现介绍几种常用的 BIM 定义。

第一种，McGraw. Hill 集团的定义。

McGraw. Hill（麦克格劳・希尔）集团在 2009 年的一份 BIM 市场报告中将 BIM 定义为："BIM 是利用数字模型对项目进行设计、施工和运营的过程。"

第二种，美国国家 BIM 标准的定义。

美国国家 BIM 标准（NBIMS）对 BIM 的含义进行了 4 个层面的解释："BIM 是一个设施（建设项目）物理和功能特性的数字表达；一个共享的知识资源；一个分享有关这个设施的信息，为该设施从概念到拆除的全生命周期中的所有决策提供可靠依据的过程；在项目不同阶段，不同利益相关方通过在 BIM 中插入、提取、更新和修改信息，以支持和反映其各自职责的协同作业。"

第三种，国际标准组织设施信息委员会的定义。

国际标准组织设施信息委员会（Facilities Information Council）将 BIM 定义为："BIM 是利用开放的行业标准，对设施

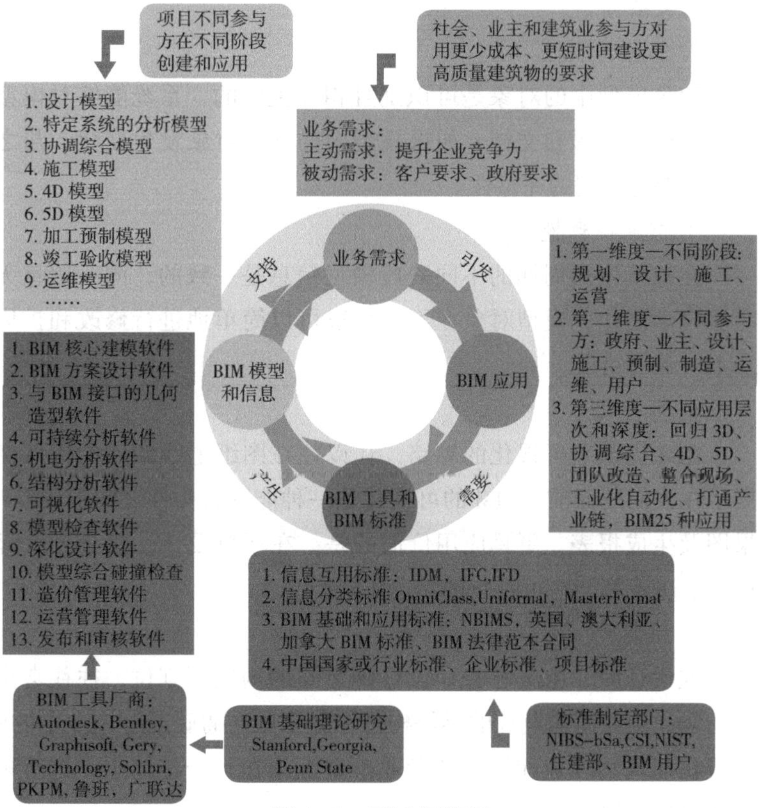

图 1–5　BIM 河洛图

的物理和功能特性及其相关的项目生命周期信息进行数字化形式的表现，从而为项目决策提供支持，有利于更好地实现项目的价值。”在其补充说明中强调，BIM 将所有的相关方面集成在一个连贯有序的数据组织中，相关的应用软件在被许可的情况下可以获取、修改或增加数据。

根据以上 3 种对 BIM 的定义、相关文献及资料，可将 BIM 的含义总结为：

第一，BIM 是以三维数字技术为基础，集成了建筑工程项目各种相关信息的工程数据模型，是对工程项目设施实体与功能特性的数字化表达。

第二，BIM 是一个完善的信息模型，能够连接建筑项目生命周期不同阶段的数据、过程和资源，是对工程对象的完整描述，提供可自动计算、查询、组合拆分的实时工程数据，可被建设项目各参与方普遍使用。

第三，BIM 具有单一工程数据源，可解决分布式、异构工程数据之间的一致性和全局共享问题，支持建设项目生命周期中动态的工程信息创建、管理和共享，是项目实时的共享数据平台。

1.2.2 BIM 技术的特点

1. 信息完备性

除了对工程对象进行 3D 几何信息和拓扑关系的描述，还包括完整的工程信息描述，如对象名称、结构类型、建筑材料、工程性能等设计信息；施工程序、进度、成本、质量以及人力、机械、材料资源等施工信息；工程安全性能、材料耐久性能等维护信息；对象之间的工程逻辑关系等。

2. 信息关联性

信息模型中的对象是可识别且相互关联的，系统能够对模型的信息进行统计和分析，并生成相应的图形和文档。如果模型中的某个对象发生变化，与之关联的所有对象都会随之更新，以保持模型的完整性。

3. 信息一致性

在建筑生命周期的不同阶段模型信息是一致的，同一信息无须重复输入，而且信息模型能够自动演化，模型对象在不同阶段可以简单地进行修改和扩展而无须重新创建，避免了信息不一致的错误。

4. 可视化

BIM 提供了可视化的思路，让以往在图纸上线条式的构件变成一种三维的立体实物形式展示在人们的面前。BIM 的可视化是一种能够将构件之间形成互动性的可视，可以用作展示效果图及生成报表。更具应用价值的是，在项目设计、建造、运营过程中，各过程的 BIM 通过讨论、决策都能在可视化的状态下进行。

5. 协调性

在设计时，由于各专业设计师之间的沟通不到位，往往会出现施工中各种专业之间的碰撞问题，例如结构设计的梁等构件在施工中妨碍暖通等专业中的管道布置等。BIM 建筑信息模型可在建筑物建造前期将各专业模型汇集在一个整体中，进行碰撞检查，并生成碰撞检测报告及协调数据。

6. 模拟性

BIM 不仅可以模拟设计出建筑物模型，还可以模拟难以在真实世界中进行操作的事物，具体表现如下：

（1）在设计阶段，可以对设计上所需数据进行模拟试验，例如节能模拟、日照模拟、热能传导模拟等。

（2）在招投标及施工阶段，可以进行 4D 模拟（3D 模型中加入项目的发展时间），根据施工的组织设计来模拟实际施工，从而确定合理的施工方案；还可以进行 5D 模拟（4D 模型中加入造价控制），从而实现成本控制。

（3）后期运营阶段，可以对突发紧急情况的处理方式进行模拟，例如模拟地震中人员逃生及火灾现场人员疏散等。

7. 优化性

整个设计、施工、运营的过程，其实就是一个不断优化的过程，没有准确的信息是做不出成果的。BIM 模型提供了建筑物存在的实际信息，包括几何信息、物理信息等，还提供了建筑物变化以后的实际存在信息。BIM 及与其配套的各种优化工具提供了项目进行优化的可能，把项目设计和投资回报分析结合起来，计算出设计变化对投资回报的影响，使得业主明确哪种项目设计方案更有利于自身的需求；对设计施工方案进行优化，可以显著地缩短工期和降低造价。

8. 可出图性

BIM 可以自动生成常用的建筑设计图纸及构件加工图纸。通过对建筑物进行可视化展示、协调、模拟及优化，可以帮助业主生成消除了碰撞点、优化后的综合管线图，生成综合结构预留洞图、碰撞检查侦错报告及改进方案等。

1.2.3　BIM 的三个维度

实践表明，从项目阶段、项目参与方和 BIM 应用层次三个维度去理解 BIM 是一个全面、完整认识 BIM 的有效途径，虽然不同的人对项目阶段的划分可能不尽相同，对项目参与方种类的统计未必一致，对 BIM 应用层次的预测不一定完全一样，但是这并不妨碍三个维度认识 BIM 的方法是一个实用、有效的方法。

1. BIM 的第一个维度——不同项目阶段

美国标准和技术研究院（NIST，National Institute of Standards and Technology）关于工程项目信息使用的有关资料把项目的生命周期划分为如下 6 个阶段：① 规划和计划；② 设计；③ 施工；④ 交付和试运行；⑤ 运营和维护；⑥ 清理。

（1）规划和计划阶段

规划和计划是由物业的最终用户发起的，这个最终用户未必一定是业主。这个阶段需要的信息是最终用户根据自身业务发展的需要对现有设施的条件、容量、效率、运营成本和地理位置等要素进行评估，以决定是否需要购买新的物业或者改造已有物业。这个分析既包括财务方面的，也包括物业实际状态方面的。

如果决定需要启动一个建设或者改造项目，下一步就是细化上述业务发展对物业的需求，这也是开始聘请专业咨询公司（建筑师、工程师等）的时间点，这个过程结束以后，设计阶段就开始了。

（2）设计阶段

设计阶段的任务是解决“做什么”的问题。设计阶段把规划和计划阶段的需求转化为对这个建筑物的物理描述，这是一个复杂而关键的阶段，在这个阶段做决策的人以及产生信息的质量会对物业的最终效果产生最大程度的影响。

设计阶段创建的大量信息，虽然相对简单，但却是物业生命周期所有后续阶段的基础。相当数量不同专业的专业人士在这个阶段介入设计过程，其中包括建筑师、土木工程师、结构工程师、机电工程师、室内设计师、预算造价师等，而且这些专业人士可能分属于不同的机构，因此他们之间的实时信息共享非常关键，但真正能做到的却是凤毛麟角。

传统情形下，影响设计的主要因素包括建筑物计划、建筑材料、建筑产品和建筑法规，其中建筑法规包括土地使用、环境、设计规范、试验等。近年来，施工阶段的可建性和施工顺序问题，制造业的车间加工和现场安装方法，以及精益施工体系中的“零库存”设计方法被越来越多地引入设计阶段。设计阶段的主要成果是施工图和明细表，典型的设计阶段通常在进行施工承包商招标的时候结束，但是对于 DB/EPC/IPD 等项目实施模式来说，设计和施工是两个连续进行的阶段。

（3）施工阶段

施工阶段的任务是解决“怎么做”的问题，是让对建筑物的物理描述变成现实的阶段。施工阶段的基本信息实际上就是设计阶段创建的描述将要建造的那个建筑物的信息，传统上通过图纸和明细表进行传递。施工承包商在此基础上增加产品来源、深化设计、加工、安装过程、施工排序和施工计划等信息。

设计图纸和明细表的完整和准确是施工能够按时、按造价完成的基本保证，而事实却非常不乐观。由于设计图纸的错误、遗漏、协调差以及其他质量问题导致大量工程项目的施工过程超工期、超预算。大量的研究和实践表明，富含信息的三维数字模型可以改善设计交给施工的工程图纸文档的质量、完整性和协调性。而使用结构化信息形式和标准信息格式可以使得施工阶段的应用软件，例如数控加工、施工计划软件等，直接利用设计模型。

（4）项目交付和试运行阶段

当项目基本完工，最终用户开始入住或使用该建筑物的时候，交付就开始了，这是由施工向运营转换的一个相对短暂的时间，但是通常这也是从设计和施工团队获取设施信息的最后机会。正是由于这个原因，从施工到交付和试运行的这个转换点被认为是项目生命周期最关键的节点。

在项目交付和试运行阶段，业主认可施工工作、交接必要的文档、执行培训、支付保留款、完成工程结算。主要的交付活动包括：建筑和产品系统启动；发放入住授权，建筑物开始使用；业主给承包商准备竣工查核事项表；运营和维护培训完成；竣工计划提交；保用和保修条款开始生效；最终验收检查完成；最后的支付完成；最终成本报告和竣工时间表生成。

虽然每个项目都要进行交付，但并不是每个项目都进行试运行的。

试运行是这样一个系统化过程，这个过程确保和记录所有的系统和部件都能按照明细和最终用户要求，以及业主运营需要完成其相应功能。随着建筑系统越来越复杂，承包商趋于越来越专业化，传统的开启和验收方式已经被证明是不合适的了。根据美国建筑科学研究院的研究，一个经过试运行的建筑其运营成本要比没有经过试运行的减少 8% ~ 20%。比较而言，试运行的一次性投资大约是建造成本的 0.5% ~ 1.5%。

在传统的项目交付过程中，信息要求集中于项目竣工文档、实际项目成本、实际工期和计划工期的比较、备用部件、维护产品、设备和系统培训操作手册等，这些信息主要由施工团队以纸质文档形式进行递交。

使用项目试运行方法，信息需求来源于项目早期的各个阶段。最早的计划阶段定义了业主和设施用户的功能、环境和经济要求；设计阶段通过产品研究和选择、计算和分析、草稿和绘图、明细表以及其他描述形式将需求转化为物理现实，这个阶段产生了大量信息并被传递到施工阶段。连续试运行概念要求从项目概念设计阶段就考虑试运行的信息要求，同时在项目发展的每个阶段随时收集这些信息。

（5）项目运营和维护阶段

虽然设计、施工和试运行等活动是在数年之内完成的，但是项目的生命周期可能会延伸到几十年甚至几百年，因此运营和维护是最长的阶段，当然也是花费成本最大的阶段。毋庸置疑，运营和维护阶段是能够从结构化信息递交中获益最多的项目阶段。

计算机维护管理系统和企业资产管理系统是两类分别从物理和财务角度进行设施运营和维护信息管理的软件产品。目前情况下自动从交付和试运行阶段为上述两类系统获取信息的能力还相当差，信息的获取还得主要依靠高成本、易出错的人工干预。

运营和维护阶段的信息需求包括设施的法律、财务和物理信息等各个方面，信息的使用者包括业主、运营商（包括设施经理和物业经理）、住户、供应商和其他服务提供商等。

物理信息，几乎完全来源于交付和试运行阶段设备和系统的操作参数，质量保证书，检查和维护计划，维护和清洁用的产品、工具、备件；法律信息，包括出租、区划和建筑编号、安全和环境法规等；财务信息，包括出租和运营收入，折旧计划，运维成本。此外，运维阶段也产生自己的信息，这些信息可以用来改善设施性能，以及支持设施扩建或清理的决策。运维阶段产生的信息包括运行水平、入住程度、服务请求、维护计划、检验报告、工作清单、设备故障时间、运营成本、维护成本等。最后，还有一些在运营和维护阶段对建筑物造成影响的项目，例如住户增建、扩建、改建、系统或设备更新等，每一个这样的项目都有自己的生命周期、信息需求和信息源，实施这些项目最大的挑战就是根据项目变化来更新整个设施的信息库。

（6）处置

建筑物的处置有资产转让和拆除两种方式。如果出售的话，关键的信息包括财务和物理性能数据：设施容量、出租率、土地价值、建筑系统和设备的剩余寿命、环境整治需求等。如果是拆除的话，需要的信息就包括需要拆除的材料数量和种类、环境整治需求、设备和材料的废品价值、拆除结构所需要的能量等，这里的有些信息需求可以追溯到设计阶段的计算和分析工作。

2. BIM 的第二维度——不同项目参与方

2007 年发布的美国国家 BIM 标准，对 BIM 能够对项目不同参与方和利益相关方能够带来的利益进行了如下说明：

（1）业主：所有物业的综合信息，按时、按预算物业交付。

（2）规划师：集成场地现状信息和公司项目规划要求。

（3）经纪人：场地或设施信息支持买入或卖出。

（4）估价师：设施信息支持估价。

（5）按揭银行：关于人口统计、公司、生存能力的信息。

（6）设计师：规划、场地信息和初步设计。

（7）工程师：从电子模型中输入信息到设计和分析软件。

（8）成本和工程量预算师：使用电子模型得到精确工程量。

（9）明细人员：从智能对象中获取明细清单。

（10）合同和律师：更精确的法律描述，无论应诉还是起诉都更精确。

（11）施工承包商：智能对象支持投标、订货以及存储得到的信息。

（12）分包商：更清晰地沟通以及上述和承包商同样的支持。

（13）预制加工商：使用智能模型进行数控加工。

（14）施工计划：使用模型优化施工计划和分析可建性问题。

（15）规范负责人（行业主管部门）：规范检查软件处理模型信息更快更精确。

（16）试运行：使用模型确保设施按设计要求建造。

（17）设施经理：提供产品、保修和维护信息。

（18）维修保养：确定产品进行部件维修或更换。

（19）翻修重建：最小化预料之外的情况以及由此带来的成本。

（20）废弃和循环利用：更好地判断什么可以循环利用。

（21）范围、试验、模拟：数字化建造设施以消除冲突。

（22）安全和职业健康：知道使用了什么材料以及相应的材料安全数据表。

（23）环境：为环境影响分析提供更好的信息。

（24）工厂运营：工艺流程三维可视化。

（25）能源：BIM 支持更多设计方案比较使得能源优化分析更易实现。

（26）安保：智能三维对象更好帮助发现漏洞。

（27）网络经理：三维实体网络计划对故障排除作用巨大。

（28）CIO：为更好的商业决策提供基础，现有基础设施信息。

（29）风险管理：对潜在风险和如何避免及最小化有更好的理解。

（30）居住（使用）支持：可视化效果帮助找地方——非专业人士读懂平面图。

（31）第一反映人：及时和精确的信息帮助最小化生命和财产损失。

3. BIM的第三维度——不同应用层次

（1）社会形态法

这种方法通过项目成员之间应用BIM的关系把BIM应用由低到高划分为三个层次：孤立BIM，社会BIM，亲密BIM。

（2）拆字释义法

该方法通过对BIM三个字母不同含义的理解对BIM的应用层次进行描述，这里也把BIM应用分为三个层次，分别为：M-模型应用；I-信息集成；B-业务模式和业务流程优化。

（3）乾坤大挪移法

这个方法模拟乾坤大挪移的七个层次武功境界，把BIM应用的境界由低到高分为如下七个层次：

第1层：回归3D。

第2层：协调综合。

第3层：4D5D。

第4层：团队改造。

第5层：整合现场。

第6层：工业化自动化。

第7层：打通产业链。

1.2.4 BIM评级体系

在CAD刚刚开始应用的年代，也有类似的问题出现：一张只用CAD画了轴网，其余还是手工画的图纸能称得上是一张CAD图吗？显然不能。那么一张用CAD画了所有线条，而用手工涂色块和根据校审意见进行修改的图是一张CAD图吗？答案当然是“yes”。虽然中间也会有一些比较难以说清楚的情况，但总体来看，判断是否是CAD的难度不大，甚至可以用一个百分比来把这件事情讲清楚：即这是一张百分之多少的CAD图。

同样一件事情，对BIM来说，难度就要大得多。事实上，目前有不少关于某个软件产品是不是BIM软件、某个项目的做法属不属于BIM范畴的争论和探讨一直在发生和继续着。那么如何判断一个产品或者项目是否可以称得上是一个BIM产品或者BIM项目，如果两个产品或项目比较起来，哪一个的BIM程度更高或能力更强呢？美国国家BIM标准提供了一套以项目生命周期信息交换和使用为核心的可以量化的BIM评价体系，叫作BIM能力成熟度模型（BIM Capability Maturity Model-以下简称BIMCMM），以下是该BIM评价体系的主要内容。

1. BIM评价指标

BIM评价体系选择了下列十一个要素作为评价BIM能力成熟度的指标：

（1）数据丰富性（Data Richness）。

（2）生命周期（Lifecycle Views）。

（3）变更管理（Change Management）。

（4）角色或专业（Roles or Disciplines）。

（5）业务流程（Business Process）。
（6）及时性 / 响应（Timeliness/Response）。
（7）提交方法（Delivery Method）。
（8）图形信息（Graphic Information）。
（9）空间能力（Spatial Capability）。
（10）信息准确度（Information Accuracy）。
（11）互用性 /IFC 支持（Interoperability/IFC Support）。

2. BIM 指标成熟度

BIM 为每一个评价指标设定了 10 级成熟度，其中 1 级为最不成熟，10 级为最成熟。例如第八个评价指标“图形信息”的 1 ~ 10 级成熟度的描述如下：

1 级：纯粹文字。
2 级：2D 非标准。
3 级：2D 标准非智能。
4 级：2D 标准智能设计图。
5 级：2D 标准智能竣工图。
6 级：2D 标准智能实时。
7 级：3D 智能。
8 级：3D 智能实时。
9 级：4D 加入时间。
10 级：5D 加入时间成本 nD。

1.2.5 BIM 指标权重

根据每个指标的重要因素，BIM 评价体系为每个指标设置了相应的权重，见表 1–1。

表 1–1　BIM 评价指标权重

指　标	权　重	指　标	权　重	指　标	权　重
数据丰富性	1.1	业务流程	1.3	空间能力	1.6
生命周期	1.1	及时性响应	1.3	信息准确度	1.7
变更管理	1.2	提交方法	1.4	互用性 /IFC 支持	1.8
角色和专业	1.2	图形信息	1.5		

1.2.6 BIM 与相关技术和方法

BIM 对建筑业的绝大部分同行来说还是一种比较新的技术和方法，在 BIM 产生和普及应用之前及其过程中，建筑行业已经使用了不同种类的数字化及相关技术和方法，包括 CAD、可视化、参数化、CAE、协同、BLM、IPD、VDC、精益建造、流程、互联网、移动通信、RFID等，那么这些技术和方法与BIM之间的关系如何？BIM是如何和这些相关技术方法一起来帮助建筑业实现产业提升的呢？

这些内容涉及的面非常广，要完全讲清楚需要相当大的篇幅，甚至值得写一本专门的书来进行阐述，本小节只做简要介绍。

1. BIM和CAD

BIM和CAD是两个天天要碰到的概念，因为目前工程建设行业的现状就是人人都在用着CAD，人人都知道了还有一个新东西叫作BIM，听到碰到的频率越来越高，而且用BIM的项目和人在慢慢多起来，这方面的资料也在慢慢多起来。

BIM和CAD这两个概念乍一讲好像很清楚，仔细一琢磨好像不是那么容易讲清楚。

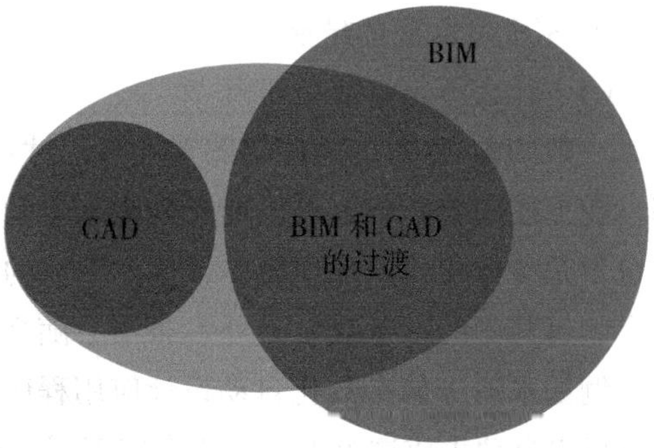

图1-6　BIM和CAD现状

2. BIM和可视化

可视化是创造图像、图表或动画来进行信息沟通的各种技巧，自从人类产生以来，无论是沟通抽象的还是具体的想法，利用图画的可视化方法都已经成为一种有效的手段。

从这个意义上来说，实物的建筑模型、手绘效果图、照片、电脑效果图、电脑动画都属于可视化的范畴，符合“用图画沟通思想”的定义，但是二维施工图不是可视化，因为施工图本身只是一系列抽象符号的集合，是一种建筑业专业人士的“专业语言”，而不是一种“图画”，因此施工图属于“表达”范畴，也就是把一件事情的内容讲清楚，但不包括把一件事情讲得容易沟通。

当然，我们这里说的可视化是指电脑可视化，包括电脑动画和效果图等。有趣的是，大家约定成俗地对电脑可视化的定义与维基百科的定义完全一致，也和建筑业本身有史以来的定义不谋而合。

如果我们把BIM定义为建设项目所有几何、物理、功能信息的完整数字表达或者称之为建筑物的DNA的话，那么2DCAD平、立、剖面图纸可以比作是该项目的心电图、B超和X光，而可视化就是这个项目特定角度的照片或者录像，即2D图纸和可视化都只是表达或表现了项目的部分信息，但不是完整信息。

在目前CAD和可视化作为建筑业主要数字化工具的时候，CAD图纸是项目信息的抽象表达，可视化是对CAD图纸表达的项目部分信息的图画式表现。由于可视化需要根据CAD图纸重新建立三维可视化模型，因此时间和成本的增加以及错误的发生就成为这个过程的必然结果。更何况CAD图纸是在不断调整和变化的，这种情形下，要让可视化的模型和CAD图纸始终保持一致，成本会非常高。一般情形下，效果图看完也就算了，不会去更新保持和CAD图纸一致。这也就是为什么目前情况下项目建成的结果和可视化效果不一致的主要原因之一。

使用BIM以后这种情况就变过来了。首先，BIM本身就是一种可视化程度比较高的工具，而可视化是在 BIM 基础上的更高程度的可视化表现。其次，由于 BIM 包含了项目的几何、物理和功能等完整信息，可视化可以直接从 BIM 模型中获取需要的几何、材料、光源、视角等信息，不需要重新建立可视化模型，可视化的工作资源可以集中到提高可视化效果上来，而且可视化模型可以随着 BIM 设计模型的改变而动态更新，保证可视化与设计的一致性。第三，由于 BIM 信息的完整性以及与各类分析计算模拟软件的集成，拓展了可视化的表现范围，例如 4D 模拟、突发事件的疏散模拟、日照分析模拟等。

3. BIM 和参数化建模

（1）什么不是参数化建模

一般的 CAD 系统，确定图形元素尺寸和定位的是坐标，这不是参数化。为了提高绘图效率，在上述功能基础上可以定义规则来自动生成一些图形，例如复制、阵列、垂直、平行等，这也不是参数化。道理很简单，这样生成的两条垂直的线，其关系是不会被系统自动维护的，用户编辑其中的一条线，另外一条不会随之变化。在 CAD 系统基础上，开发对于特殊工程项目（例如水池）的参数化自动设计应用程序，用户只要输入几个参数（如直径、高度等），程序就可以自动生成这个项目的所有施工图、材料表等，这还不是参数化。有两点原因：这个过程是单向的，生成的图形和表格已经完全没有智能（这个时候如果修改某个图形，其他相关的图形和表格不会自动更新）；这种程序对能处理的项目限制极其严格，也就是说，嵌入其中的专业知识极其有限。为了使通用的 CAD 系统更好地服务于某个行业或专业，定义和开发面向对象的图形实体（被称之为"智能对象"），然后在这些实体中存放非几何的专业信息（如墙厚、墙高等），这些专业信息可用于后续的统计分析报表等工作，这仍然不是参数化。理由如下：

用户自己不能定义对象（例如一种新的门），这个工作必须通过 API 编程才能实现。

用户不能定义对象之间的关系（例如把两个对象组装起来变成一个新的对象）。

非几何信息附着在图形实体（智能对象）上，几何信息和非几何信息本质上是分离的，因此需要专门的工作或工具来检查几何信息和非几何信息的一致性和同步性，当模型大到一定程度以后，这个工作慢慢变成实际上的不可能。

（2）什么是参数化建模

图形由坐标确定，这些坐标可以通过若干参数来确定。例如，要确定一扇窗的位置，我们可以简单地输入窗户的定位坐标，也可以通过几个参数来定位：如放在某段墙的中间、窗台高度 900mm、内开，这样这扇窗在这个项目的生命周期中就跟这段墙发生了永恒的关系，除非被重新定义。而系统则把这种永恒的关系记录了下来。

参数化建模是用专业知识和规则（而不是几何规则，用几何规则确定的是一种图形生成方法，例如两个形体相交得到一个新的形体等）来确定几何参数和约束的一套建模方法，宏观层面我们可以总结出参数化建模的如下几个特点：

参数化对象是有专业性或行业性的，例如门、窗、墙等，而不是纯粹的几何图元。因此基于几何元素的 CAD 系统可以为所有行业所用，而参数化系统只能为某个专业或行业所用。

这些参数化对象（在这里就是建筑对象）的参数是由行业知识（Domain Knowledge）来驱动的，例如，门窗必须放在墙里面，钢筋必须放在混凝土里面，梁必须要有支撑等。

行业知识表现为建筑对象的行为，即建筑对象对内部或外部刺激的反应，如层高变化楼梯的踏步数量自动变化等。

参数化对象对行业知识广度和深度的反应模仿能力决定了参数化对象的智能化程度，也就是参数化建模系统的参数化程度。

微观层面，参数化模型系统应该具备下列特点：

可以通过用户界面（而不是像传统 CAD 系统那样必须通过 API 编程接口）创建形体，以及对几何对象定义和附加参数关系和约束，创建的形体可以通过改变用户定义的参数值和参数关系进行处理。

用户可以在系统中对不同的参数化对象（如一堵墙和一扇窗）之间施加约束。

对象中的参数是显式的，这样某个对象中的一个参数可以用来推导其他空间上相关的对象的参数。

施加的约束能够被系统自动维护（如两墙相交，一墙移动时，另一墙体需自动缩短或增长以保持与之相交）。应该是 3D 实体模型。应该是同时基于对象和特征的。

（3）BIM 和参数化建模

BIM 是一个创建和管理建筑信息的过程，而这个信息是可以互用和重复使用的。BIM 系统应该有以下几个特点：

基于对象的；使用三维实体几何造型；具有基于专业知识的规则和程序；使用一个集成和中央的数据仓库。

从理论上说，BIM 和参数化并没有必然联系，不用参数化建模也可以实现 BIM，但从系统实现的复杂性、操作的易用性、处理速度的可行性、软硬件技术的支持性等几个角度综合考虑，就目前的技术水平和能力来看，参数化建模是 BIM 得以真正成为生产力的不可或缺的基础。

4. BIM 和 CAE

简单地讲，CAE 就是国内同行常说的工程分析、计算、模拟、优化等软件，这些软件是项目设计团队决策信息的主要提供者。CAE 的历史比 CAD 早，当然更比 BIM 早，电脑的最早期应用事实上是从 CAE 开始的，包括历史上第一台用于计算炮弹弹道的 ENIAC 计算机，干的工作就是 CAE。

CAE 涵盖的领域包括以下几个方面：

（1）使用有限元法，进行应力分析，如结构分析等。

（2）使用计算流体动力学进行热和流体的流动分析，如风 – 结构相互作用等。

（3）运动学，如建筑物爆破倾倒历时分析等。

（4）过程模拟分析，如日照、人员疏散等。

（5）产品或过程优化，如施工计划优化等。

（6）机械事件仿真。

一个 CAE 系统通常由前处理、求解器和后处理三个部分组成，三者的主要功能如下：前处理：根据设计方案定义用于某种分析、模拟、优化的项目模型和外部环境因素（统称为作用，例如荷载、温度等）；求解器：计算项目对于上述作用的反应（例如变形、应力等）；后处理：以可视化技术、数据 CAE 集成等方式把计算结果呈现给项目团队，作为调整、优化设计方案的依据。

目前大多数情况下，CAD 作为主要设计工具，CAD 图形本身没有或极少包含各类 CAE 系统所需要的项目模型非几何信息（如材料的物理、力学性能）和外部作用信息，在能够进行计算以前，项目团队必须参照 CAD 图形使用 CAE 系统的前处理功能重新建立 CAE 需要的计算模型和外部作用；在计算完成以后，需要人工根据计算结果用 CAD 调整设计，然后再进行下一次计算。

由于上述过程工作量大、成本过高且容易出错，因此大部分 CAE 系统只好被用来对已经确定的设计方案的一种事后计算，然后根据计算结果配备相应的建筑、结构和机电系统，至于这个设计方案的各项指标是否达到了最优效果，反而较少有人关心，也就是说，CAE 作为决策依据的根本作用并没有得到很好发挥。

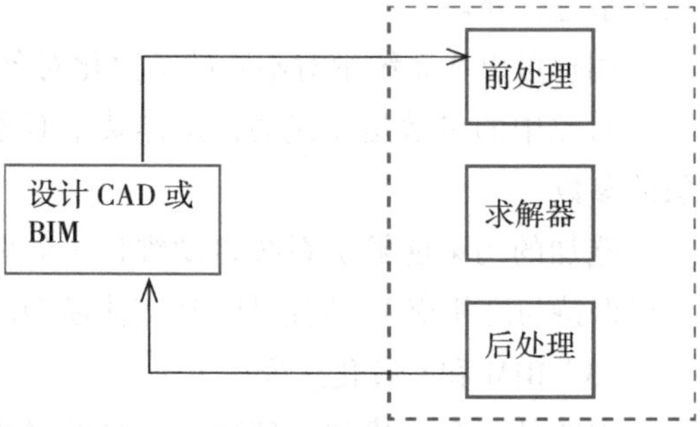

图 1–7　设计过程

CAE 在 CAD 以及前 CAD 时代的状况，可以用一句话来描述：有心杀贼，无力回天。

由于 BIM 包含了一个项目完整的几何、物理、性能等信息，CAE 可以在项目发展的任何阶段从 BIM 模型中自动抽取各种分析、模拟、优化所需要的数据进行计算，这样项目团队根据计算结果对项目设计方案调整以后又立即可以对新方案进行计算，直到满意的设计方案产生为止。

因此可以说，正是 BIM 的应用给 CAE 带来了第二个春天（电脑的发明是 CAE 的第一个春天），让 CAE 回归了真正作为项目设计方案决策依据的角色。

5. BIM 和 GIS

在 GIS（地理信息系统）及以此为基础发展起来的领域，有三个流行名词跟我们现在要谈的这个话题有关，对这三个流行名词，不知道作者以下的感觉跟各位同行有没有一些共鸣？GIS：用起来不错；数字城市：听上去很美；智慧地球：离现实太远。

不管如何反应，这样的方向我们还是基本认可的，而且在保证人身独立、自由、安全不受侵害的情况下，甚至我们还是有些向往的。至少现在出门查行车路线、聚会找饮食娱乐场所、购物了解产品性能销售网点等事情做起来的方便程度是以前不敢想象的吧。

大家知道，任何技术归根结底都是为人类服务的，人类基本上就两种生存状态：不是在房子里，就是在去房子的路上。抛开精确的定义，用最简单的概念进行划分，GIS 是管房子外面的（道路、燃气、电力、通信、供水），BIM（建筑信息模型）是管房子里面的（建筑、结构、机电）。

说到这儿，没给 CAD 任何露脸的机会，CAD 可能会有意见，咱们得给 CAD 一个明确的定位：CAD 不是用来“管”的，而是用来“画”的，既能画房子外面的，也能画房子里面的。

技术是为人类服务的，人类是生活在地球上一个一个具体的位置上的（就是去了月球也还是与位置有关)。按照 GIS 的这个定义, GIS 应该是房子外面房子里面都能管的,至少 GIS 自己具有这样的远大理想。

但是在 BIM 出现以前, GIS 始终只能待在房子外面,因为房子里面的信息是没有的。BIM 的应用让这个局面有了根本性的改变,而且这个改变的影响是双向的。

对 GIS 而言:由于 CAD 时代不能提供房子里面的信息,因此把房子画成一个实心的盒子天经地义。但是现在如果有人提供的不是 CAD 图,而是 BIM 模型呢? GIS 总不能把这些信息都扔了,还是用实心盒子代替房子吧?

对 BIM 而言:房子是在已有的自然环境和人为环境中建设的,新建的房子需要考虑与周围环境和已有建筑物的互相影响,不能只管房子里面的事情,而这些房子外面的信息 GIS 系统里面早已经存在了, BIM 应该如何利用这些 GIS 信息避免重复工作,从而建设和谐的新房子呢?

BIM 和 GIS 的集成和融合能给人类带来的价值将是巨大的,方向也是明确的。但是从实现方法来看,无论在技术上还是管理上都还有许多需要讨论和解决的困难和挑战,至少有一点是明确的,简单地在 GIS 系统中使用 BIM 模型或者反之,目前都还不是解决问题的办法。

6. BIM 和 BLM

工程建设项目的生命周期主要由两个过程组成:第一是信息过程,第二是物质过程。施工开始以前的项目策划、设计、招投标的主要工作就是信息的生产、处理、传递和应用;施工阶段的工作重点虽然是物质生产(把房子建造起来),但是其物质生产的指导思想却是信息(施工阶段以前产生的施工图及相关资料),同时伴随施工过程还在不断生产新的信息(材料、设备的明细资料等);使用阶段实际上也是一个信息指导物质使用(空间利用、设备维修保养等)和物质使用产生新的信息(空间租用信息、设备维修保养信息等)的过程。

BLM 的服务对象就是上述建设项目的信息过程,可以从三个维度进行描述。第一维度 – 项目发展阶段:策划、设计、施工、使用、维修、改造、拆除;第二维度 – 项目参与方:投资方、开发方、策划方、估价师、银行、律师、建筑师、工程师、造价师、专项咨询师、施工总包、施工分包、预制加工商、供货商、建设管理部门、物业经理、维修保养、改建扩建、拆除回收、观测试验模拟、环保、节能、空间和安全、网络管理、CIO、风险管理、物业用户等,据统计,一般高层建筑项目的合同数在 300 个左右,由此大致可以推断参与方的数量;第三维度 – 信息操作行为:增加、提取、更新、修改、交换、共享、验证等。在项目的任何阶段(例如设计阶段),任何一个参与方(例如结构工程师),在完成他的专业工作时(例如结构计算),需要和 BLM 系统进行的交互可以描述如下:

从 BLM 系统中提取结构计算所需要的信息(如梁柱墙板的布置、截面尺寸、材料性能、荷载、节点形式、边界条件等)。

利用结构计算软件进行分析计算,利用结构工程师的专业知识进行比较决策,得到结构专业的决策结果(例如需要调整梁柱截面尺寸)。

把上述决策结果(以及决策依据如计算结果等)返回增加或修改到 BLM 系统中。

而在这个过程中 BLM 需要自动处理好这样一些工作:每个参与方需要提取的信息和返回

增加或修改的信息是不一样的；系统需要保证每个参与方增加或修改的信息在项目所有相关的地方生效，即保持项目信息的始终协调一致。

BLM 对建设项目的影响有多大呢？美国和英国的相应研究都认为这种系统的真正实施可以减少项目 30% ~ 35% 的建设成本。

虽然从理论上来看，BLM 并没有规定使用什么样的技术手段和方法，但是从实际能够成为生产力的角度来分析，下列条件将是 BLM 得以真正实现的基础：

需要支持项目所有参与方的快速和准确决策，因此这个信息一定是三维形象容易理解不容易产生歧义的；对于任何参与方返回的信息增加和修改必须自动更新整个项目范围内所有与之相关联的信息，非参数化建模不足以胜任；需要支持任何项目参与方专业工作的信息需要，系统必须包含项目的所有几何、物理、功能等信息。大家知道，这就是 BIM。

对于数百甚至更多不同类型参与方各自专业的不同需要，没有一个单个软件可以完成所有参与方的所有专业需要，必须由多个软件去分别完成整个项目开发、建设、使用过程中各种专门的分析、统计、模拟、显示等任务，因此软件之间的数据互用必不可少。

建设项目的参与方来自不同的企业、不同的地域甚至讲不同的语言，项目开发和建设阶段需要持续若干年，项目的使用阶段需要持续几十年甚至上百年，如果缺少一个统一的协同作业和管理平台其结果将无法想象。

因此，也许可以这样说：BLM=BIM+ 互用 + 协同。最后，我想大家会问：BLM 离我们有多远？或者已经得出结论：BLM 离我们有点太遥远了。事实上，这个问题或者这个结论并不重要，重要的是我们如何去实现 BLM 这个目标，我们的答案很简单：

从今天做起，从 BIM 做起，该做 BIM 就做 BIM。

从今天做起，从互用做起，该做互用就做互用。

从今天做起，从协同做起，该做协同就做协同。

只要我们把 BIM、互用、协同做好了，我相信，BLM 也就不远了，或者已经就在那里了。

7. BIM 和 RFID

RFID（无线射频识别、电子标签）并不是什么新技术，在金融、物流、交通、环保、城市管理等很多行业都已经有广泛应用，远的不说，每个人的二代身份证就使用了 RFID。介绍 RFID 的资料非常多，这里不再重复。

从目前的技术发展状况来看，RFID 还是一个正在成为现实的不远未来——物联网的基础元素，当然大家都知道还有一个比物联网更“美好”的未来——智慧地球。互联网把地球上任何一个角落的人和人联系了起来，靠的是人的智慧和学习能力，因为人有脑袋。但是物体没有人的脑袋，因此物体（包括动物，应该说除人类以外的任何物体）无法靠纯粹的互联网联系起来。而 RFID 作为某一个物体的带有信息的具有唯一性的身份证，通过信息阅读设备和互联网联系起来，就成为人与物和物与物相连的物联网。从这个意义来说，我们可以把 RFID 看作是物体的“脑”。简单介绍了 RFID 以后，再回头来看看影响建设项目按时、按价、按质完成的因素，基本上可以分为两大类：

由于设计和计划过程没有考虑到的施工现场问题（例如管线碰撞、可施工性差、工序冲突等），导致现场窝工、待工。这类问题可以通过建立项目的 BIM 模型进行设计协调和可施工性模拟，以及对施工方案进行 4D 模拟等手段，在电脑中把计划要发生的施工活动都虚拟地做一遍来解决。施工现场的实际进展和计划进展不一致，现场人员手工填写报告，管理人员不能实时得到现场信息，不到现场无法验证现场信息的准确度，导致发现问题和解决问题不及时，从而影响整体效率。BIM 和 RFID 的配合可以很好地解决这类问题。没有 BIM 以前，RFID 在项目建设过程中的应用主要限于物流和仓储管理，和 BIM 技术的集成能够让 RFID 发挥的作用大大超越传统的办公和财务自动化应用，直指施工管理中的核心问题——实时跟踪和风险控制。

RFID 负责信息采集的工作，通过互联网传输到信息中心进行信息处理，经过处理的信息满足不同需求的应用。如果信息中心用 excel 表或者关系数据库来处理 RFID 收集来的信息，那么这个信息的应用基本上就只能满足统计库存、打印报表等纯粹数据操作层面的要求；反之，如果使用 BIM 模型来处理信息，在 BIM 模型中建立所有部品部件与 RFID 信息一致的唯一编号，那么这些部品部件的状态就可以通过 RFHX 智能手机、互联网技术在 BIM 模型中实时地表示出来。

在没有 RFID 的情况下，施工现场的进展和问题依靠现场人员填写表格，再把表格信息通过扫描或录入方式报告给项目管理团队，这样的现场跟踪报告实时吗？不可能。准确吗？不知道。在只使用 RHD，没有使用 BIM 的情况下，可以实时报告部品部件的现状，但是这些部品部件包含了整个项目的哪些部分？有了这些部品部件明天的施工还缺少其他的部品部件吗？是否有多余的部品部件过早到位而需要在现场积压比较长的时间呢？这些问题都不容易回答。

当 RFID 的现场跟踪和 BIM 的信息管理和表现结合在一起的时候，上述问题迎刃而解。部品部件的状况通过 RFID 的信息收集形成了 BIM 模型的 4D 模拟，现场人员对施工进度、重点部位、隐蔽工程等需要特别记录的部分，根据 RFID 传递的信息，把现场的照片资料等自动记录到 BIM 模型的对应部品部件上，管理人员对现场发生的情况和问题了如指掌。

1.3　国内外 BIM 技术应用现状研究

经过 21 世纪将近 10 年的快速发展，BIM 技术正在逐步成为城市建设和运营管理的主要支撑技术和方法之一，政府机构在这方面也同样具有很大的机会和潜力。

世界各国政府为提高城市规划、建设和运营管理的水平，一直致力于发展和应用信息化技术和方法，从 20 世纪 90 年代初期美国副总统戈尔提出的“数字城市”发展到今天各国政府正在大力提倡的“智慧城市”，不断改进的信息技术在此过程中扮演了极其重要的角色。业界已熟知的 CAD（Computer Aided Design，计算机辅助设计）、GIS（Geographical Information System，地理信息系统）、VR（Virtual Reality，虚拟现实）等技术已被广泛地应用到“数字城市”和“智慧城市”的建设中。

随着 BIM 技术的不断成熟和各国政府的积极推进，以及配套技术（数据共享、数据集成、数据交换标准研究等）的不断完善，BIM 已经成为和 CAD、GIS 同等重要的技术支撑，共同为

"智慧城市"带来更多的可能性和生命力。

在当前阶段，通过学习借鉴国内外先进的 BIM 技术应用经验，结合我国实际应用环境，研究总结出 BIM 技术在我国政府机构的相关应用方法，对提高我国城市建设和管理水平具有战略意义。政府的 BIM 技术应用可以分为三个层面：

第一个层面的应用是指政府在城市公共基础设施的建设中，将 BIM 应用于具体的建设工程。

第二个层面的应用是指各政府职能部门颁布相应政策、法规，支持编制相关技术标准，引导行业应用 BIM 技术，并利用 BIM 技术提升行业精细化管理水平。

第三个层面的应用是指各政府职能部门在 BIM 应用的基础之上，形成城市 BIM 数据库，构建"智慧城市"，为城市公共设施管理提供决策支持服务。

第一层面的应用通过近 10 年的发展和积累已比较成熟，在欧美、日本及中国香港和内地都形成了一定的应用规模，这种针对单个项目的应用模式，与建设机构的 BIM 应用很类似，其目的是通过 BIM 技术在建设工程全生命周期中，进行质量、成本、工期、安全运营的提升和优化。

第二、三层面的应用将从城市建设管理层面角度出发，探讨城市管理者如何引导行业 BIM 应用，并最终集成城市工程建设的 BIM 数据库和标准库，为城市建设和运营管理提供技术支撑。目前这两个层面的应用只是在少数地区的城市政府有一些探索应用，例如，美国政府（联邦政府及少数州政府）、温哥华、柏林、伦敦、巴黎及中国广州的相关政府部门，总体来说也还处于探索和发展阶段。

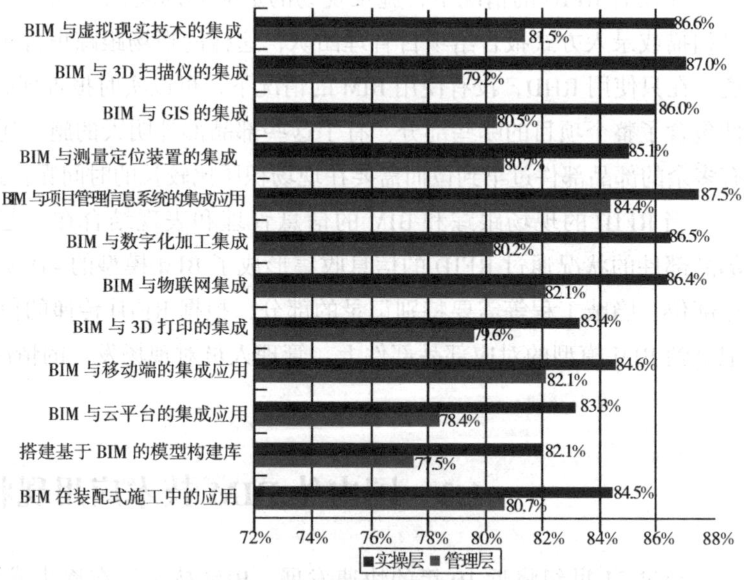

图 1–8 我国 BIM 应用意愿状况调查

当这两个阶段的应用不断成熟后，BIM 将与 CAD、GIS 等传统技术方法一起为构建"智慧城市"提供技术支撑。当形成了整个城市的"智慧"信息之后，就可以虚拟城市、进行专业分析，最终为城市管理者提供城市应急、城市发展决策依据。

1.3.1 国外 BIM 技术应用现状

1. 美国

美国是较早启动建筑业信息化研究的国家，发展至今，BIM 研究与应用都走在世界前列。目前，美国大多建筑项目已经开始应用 BIM，BIM 的应用点也种类繁多，而且存在各种 BIM

协会，也出台了各种 BIM 标准。根据 McGraw. Hill 的调研，2012 年工程建设行业采用 BIM 的比例从 2007 年的 28% 增长至 2009 年的 49% 直至 2012 年的 71%。其中 74% 的承包商已经在实施 BIM，超过了建筑师（70%）及机电工程师（67%）。BIM 的价值在不断被认可。

关于美国 BIM 的发展，不得不提到几大 BIM 的相关机构。

（1）GSA

美国总务署（General Service Administration，GSA）负责美国所有的联邦设施的建造和运营。早在 2003 年，为了提高建筑领域的生产效率、提升建筑业信息化水平，GSA 下属的公共建筑服务（Public Building Service）部门的首席设计师办公室（Office of the Chief Architect，OCA）推出了全国 3D4DBIM 计划。3D4DBIM 计划的目标是为所有对 3D4DBIM 技术感兴趣的项目团队提供"一站式"服务，虽然每个项目功能、特点各异，OCA 将帮助每个项目团队提供独特的战略建议与技术支持，目前 OCA 已经协助和支持了超过 100 个项目。

GSA 要求，从 2007 年起，所有大型项目（招标级别）都需要应用 BIM，最低要求是空间规划验证和最终概念展示都需要提交模型。所有 GSA 的项目都被鼓励采用 3D 技术，并且根据采用这些技术的项目承包商的应用程序不同，给予不同程度的资金支持。目前 GSA 正在探讨在项目生命周期中应用 BIM 技术，包括：空间规划验证、4D 模拟，激光扫描、能耗和可持续发展模拟、安全验证等，并陆续发布各领域的系列 BIM 指南，并在官网提供下载，对于规范 BIM 在实际项目中的应用起到了重要作用。

GSA 对 BIM 的强大宣传直接影响并提升了美国整个工程建设行业对 BIM 的应用。

（2）USACE

美国陆军工程兵团（The U. S. Army Corps of Engineers，USACE）是公共工程、设计和建筑管理机构。2006 年 10 月，USACE 发布了为期 15 年的 BIM 发展路线规划（Building Information Modeling：A Road Map for Implementation to Support MILCON Trans for mation and Civil Works Projects within the U. S. Army Corps of Engineers），为 USACE 采用和实施 BIM 技术制定战略规划，以提升规划、设计、施工质量和效率。

其实在发布发展路线规划之前，USACE 就已经采取了一系列的方式为 BIM 做准备了。USACE 的第一个 BIM 项目是由西雅图分区设计和管理的一项无家眷军人宿舍项目，利用 Bentley 的 BIM 软件进行碰撞检查以及算量。随后 2004 年 11 月，USACE 路易维尔分区在北卡罗来纳州的一个陆军预备役训练中心项目也实施了 BIM。2005 年 3 月，USACE 成立了项目交付小组（Project Delivery Team，PDT），研究 BIM 的价值并为 BIM 应用策略提供建议。发展路线规划即是 PDT 的成果。同时，USACE 还研究合同模板，制定合适的条款来促使承包商使用 BIM。此外，USACE 要求标准化中心（Centers of Standardization，COS）在标准化设计中应用 BIM，并提供指导。

在发展路线规划的附录中，USACE 还发布了 BIM 实施计划，从 BIM 团队建设、BIM 关键成员的角色与培训、标准与数据等方面为 BIM 的实施提供指导。2010 年，USACE 又发布了适用于军事建筑项目分别基于 Autodesk 平台和 Bentley 平台的 BIM 实施计划，并在 2011 年进行了更新。适用于民事建筑项目的 BIM 实施计划还在研究制定当中。

（3）BSA

BuildingSMART 联盟（BuildingSMART Alliance，BSA）是美国建筑科学研究院（National Institute of Building Science，NIBS）在信息资源和技术领域的一个专业委员会，BSA 致力于 BIM 的推广与研究，使项目所有参与者在项目生命周期阶段能共享准确的项目信息。BIM 通过收集和共享项目信息与数据，可以有效地节约成本、减少浪费。因此，美国 BSA 的目标是在 2020 年之前，帮助建设部门节约 31% 的浪费或者节约 4 亿美元。

BSA 下属的美国国家 BIM 标准项目委员会（The National Building Information Model Standard Project Committee-United States，NBIMS-US）专门负责美国国家 BIM 标准（National Building Information Model Standard，NBIMS）的研究与制定。2007 年 12 月 NBIMS-US 发布了 NBIMS 的第一版的第一部分，主要包括了关于信息交换和开发过程等方面的内容，明确了 BIM 过程和工具的各方定义、相互之间数据交换要求的明细和编码，使不同部门可以开发充分协商一致的 BIM 标准，更好地实现协同。2012 年 5 月，NBIMS-US 发布 NBIMS 的第二版的内容。NBIMS 第二版的编写过程采用了一个开放投稿（各专业 BIM 标准）、民主投票决定标准的内容（Open Consensus Process），因此，也被称为是第一份基于共识的 BIM 标准。

除了 NBIMS 外，BSA 还负责其他的工程建设行业信息技术标准的开发与维护，包括：美国国家 CAD 标准（United States National CAD Standard）的制定与维护，2011 年 5 月已经发布了第五版；施工运营建筑信息交换数据标准（Construction Operations Building Information Exchange，COBie），2009 年 12 月已经发布国际 COBie 标准，以及设施管理交付模型视图定义格式（Facility Management Handover Model View Definition formats）等。

BIM技术起源于美国Chuck Eastman博士于20世纪末提出的建筑计算机模拟系统（Building Description System），根据 Chuck Eastman 博士的观点，BIM 是在建筑生命周期对相关数据和信息进行制作和管理的流程。从这个意义上讲，BIM 可称为对象化开发或 CAD 的深层次开发，或者为参数化的 CAD 设计，即对二维 CAD 时代产生的信息孤岛进行再组织基础上的应用。

随着信息的不断扩展，BIM 模型也在不断地发展成熟。在不同阶段，参与者对 BIM 的需求关注度也不一样，而且数据库中的信息字段也可以不断扩展。因此,BIM 模型并非一成不变，从最开始的概念模型、设计模型到施工模型再到设施运维模型，一直不断成长。

美国是较早启动建筑业信息化研究的国家。发展至今，其在 BIM 技术研究和应用方面都处于世界领先地位。目前，美国大多建筑项目已经开始应用 BIM，BIM 的应用点也种类繁多，并且创建了各种 BIM 协会，出台了 NBIM 标准。根据 McGraw. Hill 的调研，2012 年美国工程建设行业采用 BIM 的比例从 2007 年的 28%，增长至 2009 年的 49%，直至 2012 年的 71%。在美国，首先是建筑师引领了早期的 BIM 实践，随后是拥有大量资金以及风险意识的施工企业。当前，美国建筑设计企业与施工企业在 BIM 技术的应用方面旗鼓相当且相对比较成熟，而在其他工程领域的发展却比较缓慢。在美国，Chuck 认可的施工方面 BIM 技术应用包括：① 使用 BIM 进行成本估算；② 基于 4D 的计划与最佳实践；③ 碰撞检查中的创新方法；④ 使用手持设备进行设计审查和获取问题；⑤ 计划和任务分配中的新方法；⑥ 现场机器人的应用；⑦ 异地构件预制。

BIM 是从美国发展起来，逐渐扩展到欧洲、日韩等发达国家，目前 BIM 在这些国家的发展态势和应用水平都达到了一定的程度，其中，又以美国的应用最为广泛和深入。

在美国，关于 BIM 的研究和应用起步较早。发展到今天，BIM 的应用已初具规模，各大设计事务所、施工公司和业主纷纷主动在项目中应用 BIM，政府和行业协会也出台了各种 BIM 标准。有统计数据表明，2009 年美国建筑业 300 强企业中 80% 以上都应用了 BIM 技术。

早在 2003 年，为了提高建筑领域的生产效率，支持建筑行业信息化水平的提升，美国总务署（GSA）推出了国家 3D-4D-BIM 计划，在 GSA 的实际建筑项目中挑选 BIM 试点项目，探索和验证 BIM 应用的模式、规则、流程等一整套全建筑生命周期的解决方案。所有 GSA 的项目被鼓励采用 BIM 技术，并对采用这些技术的项目承包方根据应用程度的不同，给予不同程度的资金资助。从 2007 年起，GSA 开始陆续发布系列 BIM 指南，用于规范和引导 BIM 在实际项目的应用。

美国联邦机构美国陆军工程兵团（USACE-the U. S. Army Corps of Engineers）于 2006 年制定并发布了一份 15 年期限（2006 ~ 2020 年）的 BIM 路线图。

美国陆军工程兵团的 BIM 战略以最大限度和美国国家 BIM 标准（NBIMS）一致为准则，因此对 BIM 的认识也基于如下两个基本观点：

（1）BIM 模型是建设项目物理和功能特性的一种数字表达；

（2）BIM 模型作为共享的知识资源为项目全生命周期范围内各种决策提供一个可靠的基础。

规划认为在一个典型的 BIM 过程中，BIM 模型作为所有项目参与方不同建设活动之间进行沟通的主要方式，当 BIM 完全实施以后，将发挥如下价值：

（1）提高设计成果的重复利用（减少重复设计工作）。

（2）改善电子商务中使用的转换信息的速度和精度。

（3）避免数据互用不适当的成本。

（4）实现设计、成本预算、提交成果检查和施工的自动化。

（5）支持运营和维护活动。

在此基础上，美国陆军工程兵团的 BIM 十五年规划一共设置了六大战略目标。2007 年，美国建筑科学研究院（NIBS）发布美国国家 BIM 标准（NBIMS），旗下的 BuildingSMART 联盟负责研究 BIM，探讨通过应用 BIM 来提高美国建筑行业生产力的方法。

NIBS 是根据 1974 年的住房和社区发展法案（The Housing and Community Development Act of 1974）由美国国会批准成立的非营利、非政府组织，作为建筑科学技术领域沟通政府和私营机构之间的桥梁，旨在通过支持建筑科学技术的进步，改善建筑环境（Built Environment）与自然环境（Natural Environment）对应来为国家和公众利益服务。NIBS 集合政府、专家、行业、劳工和消费者的利益，专注于发现和解决影响既安全又支付得起的居住、商业和工业设施建设的问题和潜在问题。NIBS 同时为私营和公众机构就建筑科学技术的应用提供权威性的建议。

BuildingSMART 联盟是美国建筑科学研究院在信息资源和技术领域的一个专业委员会，成立于 2007 年，是在原有的国际数据互用联盟（IAI-International Alliance Of Interoperability）

建立起来的。2008 年底，原有的美国 CAD 标准和美国 BIM 标准成员正式成为 BuildingSMART 联盟的成员。

前面已经提到，建筑业设计、施工的无用功和浪费高达 57%，而制造业只有 26%。BuildingSMART 联盟认为通过改善我们提交、使用和维护建筑信息的流程，建筑行业完全有可能在 2020 年消除高出制造业的那部分浪费（31%）。按照美国 2008 年大约 1.2 万亿美元的设计、施工投入计算，这个数字就是每年将近 4 000 亿美元。BuildingSMART 联盟的目标就是建立一种方法抓住这个每年 4 000 亿美元的机会，以及帮助应用这种方法通往一个更可持续的生活标准和更具生产力及环境友好的工作场所。BuildingSMART 联盟目前的主要产品包括：

（1）IFC 标准；

（2）美国国家 BIM 标准第一版第一部分（National Building Informational Modeling Standard Version 1 Part 1）；

（3）美国国家 CAD 标准第 4 版（United States National CAD Standard Version 4.0）；

（4）BIM 杂志（JBIM-Journal of Building Information Modeling）。

在美国 BIM 标准的现有版本中，主要包括了关于信息交换和开发过程等方面的内容。计划中，美国 BIM 标准将由为使用 BIM 过程和工具的各方定义，相互之间数据交换要求的明细和编码组成，主要包括：

① 出版交换明细用于建设项目生命周期整体框架内的各个专门业务场合。

② 出版全球范围接受的公开标准下使用的交换明细编码作为参考标准。

③ 促进软件厂商在软件中实施上述编码。

④ 促进最终用户使用经过认证的软件来创建和使用可以互通的 BIM 模型交换。2009 年 7 月，美国威斯康星州成为第一个要求州内新建大型公共建筑项目使用 BIM 的州政府。威斯康星州国家设施部门发布实施规则，要求从 2009 年 7 月 1 日开始，州内预算在 500 万美元以上的所有项目和预算在 250 万美元以上的施工项目，都必须从设计开始就应用 BIM 技术。

在 2009 年 8 月，德克萨斯州设施委员会也宣布对州政府投资的设计和施工项目提出应用 BIM 技术的要求，并计划发展详细的 BIM 导则和标准。2010 年 9 月，俄亥俄州政府颁布 BIM 协议。

2. 日本

在日本，BIM 应用已扩展到全国范围，并上升到政府推进的层面。日本的国土交通省负责全国各级政府投资工程，包括建筑物、道路等的建设、运营和工程造价的管理。国土交通省的大臣官房（办公厅）下设官厅营缮部，主要负责组织政府投资工程建设、运营和造价管理等具体工作。

在 2010 年 3 月，国土交通省的官厅营缮部门宣布，将在其管辖的建筑项目中推进 BIM 技术，根据今后施行对象的设计业务来具体推行 BIM 应用。

在日本，有“2009 年是日本的 BIM 元年”之说。大量的日本设计公司、施工企业开始应用 BIM，而日本国土交通省也在 2010 年 3 月表示：已选择一项政府建设项目作为试点，探索 BIM 在设计可视化、信息整合方面的价值及实施流程。

2010 年秋天，日本 BP 社调研了 517 位设计院、施工企业及相关建筑行业从业人士，了解他们对于 BIM 的认知度与应用情况。结果显示，BIM 的知晓度从 2007 年的 30.2% 提升至 2010 年的 76.4%；2008 年采用 BIM 的最主要原因是 BIM 绝佳的展示效果，而 2010 年采用 BIM 主要用于提升工作效率；仅有 7% 的业主要求施工企业应用 BIM，这也表明日本企业应用 BIM 更多是企业的自身选择与需求；日本 33% 的施工企业已经应用 BIM，在这些企业当中近 90% 是在 2009 年之前开始实施的。日本软件业较为发达，在建筑信息技术方面也拥有较多的国产软件。日本 BIM 相关软件厂商认识到：BIM 是多个软件来互相配合而达到数据集成的目的的基本前提。因此多家日本 BIM 软件商在 IAI 日本分会的支持下，以福井计算机株式会社为主导，成立了日本国国产解决方案软件联盟。

此外，日本建筑学会于 2012 年 7 月发布了日本 BIM 指南，从 BIM 团队建设、BIM 数据处理、BIM 设计流程、应用 BIM 进行预算、模拟等方面为日本的设计院和施工企业应用 BIM 提供了指导。

3. 韩国

在韩国，已有多家政府机关致力于 BIM 应用标准的制定，如韩国国土海洋部、韩国教育科学技术部、韩国公共采购服务中心（Public Procurement Service）等。

	短期（2010 ~ 2012 年）	中期（2013 ~ 2015 年）	长期（2016 年 ~）
目标	通过扩大 BIM 应用来提高设计质量	构建 4D 设计预算管理系统	设施管理全部采用 BIM，实行行业革新
对象	500 亿韩元以上交钥匙工程及公开招标项目	500 亿韩元以上的公共工程	所有公共工程
方法	通过积极的市场推广，促进 BIM 的应用；编制 BIM 应用指南，并每年更新；BIM 应用的奖励措施	建立专门管理 BIM 发包产业的诊断队伍；建立基于 3D 数据的工程项目管理系统	利用 BIM 数据库进行施工管理、合同管理及总预算审查
预期成果	通过 BIM 应用提高客户满意度；促进民间部门的 BIM 应用；通过设计阶段多样的检查校核措施，提高设计质量	提高项目造价管理与进度管理水平；实现施工阶段设计变更最少化，减少资源浪费	革新设施管理并强化成本管理

图 1–9 韩国 BIM 路线图

韩国国土海洋部分别在建筑领域和土木领域制定 BIM 应用指南。其中，《建筑领域 BIM 应用指南》于 2010 年 1 月完成发布。该指南是建筑业主、建筑师、设计师等采用 BIM 技术时必需的要素条件以及方法等的详细说明文书。该指南为开发商、建筑师和工程师在申请 4 大行政部门、16 个都市以及 6 个公共机构的项目时，提供采用 BIM 技术时必须注意的方法及要素的指导。根据指南能在公共项目中系统地实施 BIM，同时也为企业建立实用的 BIM 实施标准。目前，土木领域的 BIM 应用指南也已立项，暂定名为《土木领域 3D 设计指南》。

韩国公共采购服务中心（PPS）是韩国所有政府采购服务的执行部门。2010 年 4 月，PPS 发布了 BIM 路线图，内容包括：2010 年，在 1 ~ 2 个大型工程项目应用 BIM；2011 年，在 3 ~ 4 个大型工程项目应用 BIM；2012 ~ 2015 年，超过 500 亿韩元大型工程项目都采月 4DBIM 技术（3D+ 成本管理）；2016 年前，全部公共工程应用 BIM 技术。2010 年 12 月，PPS 发布了《设施管理 BIM 应用指南》，针对设计、施工图设计、施工等阶段中的 BIM 应用进行指导，并于 2012 年 4 月对其进行了更新。

韩国主要的建筑公司已经都在积极采用 BIM 技术，如现代建设、三星建设、空间综合建筑事务所、大宇建设、GS 建设、Daelim 建设等公司。其中，Daelim 建设公司应用 BIM 技术到桥梁的施工管理中，BMIS 公司利用 BIM 软件 digital project 对建筑设计阶段以及施工阶段的一体化的研究和实施等。

同时，BuildingSMART 在韩国的分会表现也很活跃，他们和韩国的一些大型建筑公司和大学院校正在共同努力，致力于 BIM 在韩国建设领域的研究、普及和应用。

根据 BuildingSMART Korea 与延世大学 2010 年的一份调研，问卷调查表共发给了 89 个 AEC 领域的企业，34 个企业给出了答复：其中 26 个公司反映说他们已经在项目中采用了 BIM 技术，3 个企业报告说他们正准备采用 BIM 技术，而 4 个企业反映说尽管他们的某些项目已经尝试 BIM 技术，但是还没有准备开始在公司范围内采用 BIM 技术。

4. 英国

2010 年、2011 年英国 NBS 组织了全英的 BIM 调研，从网上 1 000 份调研问卷中最终统计出英国的 BIM 应用状况。从统计结果可以发现：2010 年，仅有 13% 的人在使用 BIM，而 43% 的人从未听说过 BIM；2011 年，有 31% 的人在使用 BIM，48% 的人听说过 BIM，而 21% 的人对 BIM 一无所知。还可以看出，BIM 在英国的推广趋势十分明显，调查中有 78% 的人认同 BIM 是未来趋势，同时有 94% 的受访人表示会在 5 年之内应用 BIM。

与大多数国家相比，英国政府要求强制使用 BIM。2011 年 5 月，英国内阁办公室发布了“政府建设战略”文件，其中关于建筑信息模型的章节中明确要求：到 2016 年，政府要求全面协同的 3DBIM，并将全部的文件以信息化管理。为了实现这一目标，文件制定了明确的阶段性目标，如 2011 年 7 月发布 BIM 实施计划；2012 年 4 月，为政府项目设计一套强制性的 BIM 标准；2012 年夏季，BIM 中的设计、施工信息与运营阶段的资产管理信息实现结合；2012 年夏天起，分阶段为政府所有项目推行 BIM 计划；至 2012 年 7 月，在多个部门确立试点项目，运用 3D、BIM 技术来协同交付项目。文件也承认由于缺少兼容性的系统、标准和协议，以及客户和主导设计师的要求存在区别，大大限制了 BIM 的应用。因此，政府将重点放在制定标准上，确保 BIM 链上的所有成员能够通过 BIM 实现协同工作。

政府要求强制使用 BIM 的文件得到了英国建筑业 BIM 标准委员会的支持。迄今为止，英国建筑业 BIM 标准委员会已于 2009 年 11 月发布了英国建筑业 BIM 标准，2011 年 6 月发布了适用于 Revit 的英国建筑业 BIM 标准，2011 年 9 月发布了适用于 Bentley 的英国建筑业 BIM 标准。这些标准的制定都为英国的 AEC 企业从 CAD 过渡到 BIM 提供切实可行的方案和程序，例如如何命名模型、如何命名对象、单个组件的建模，与其他应用程序或专业的数据交换等。特定产品的标准是为了在特定 BIM 产品应用中解释和扩展通用标准中的一些概念。标准编委会成员均来自建筑行业，他们熟悉建筑流程，熟悉 BIM 技术，所编写的标准有效地应用于生产实际。

针对政府建设战略文件，英国内阁办公室于 2012 年起每年都发布“年度回顾与行动计划更新”报告。报告中分析本年度 BIM 的实施情况与 BIM 相关的法律、商务、保险条款以及标准的制定情况，并制定近期 BIM 实施计划，促进企业、机构研究基于 BIM 的实践。

伦敦是众多全球领先设计企业的总部，如 Foster and Partners、Zaha Hadid Architects、BDP 和 Amp Sports；也是很多领先设计企业的欧洲总部，如 HOK、SOM 和 Gensler。在这样的环境下，其政府发布的强制使用 BIM 文件可以得到有效执行。因此，英国的 BIM 应用处于领先水平，发展速度更快。

5. 新加坡

新加坡负责建筑业管理的国家机构是建筑管理署（以下简称 BCA）。在 BIM 这一术语引进之前，新加坡当局就注意到信息技术对建筑业的重要作用。早在 1982 年，BCA 就有了人工智能规划审批的想法；2000 ~ 2004 年，发展 CORENET（Construction and Real Estate NETwork）项目，用于电子规划的自动审批和在线提交，研发了世界首创的自动化审批系统。2011 年，BCA 发布了新加坡 BIM 发展路线规划，规划明确推动整个建筑业在 2015 年前广泛使用 BIM 技术。为了实现这一目标，BCA 分析了面临的挑战，并制定了相关策略，截至 2014 年底，新加坡已出台了多个清除 BIM 应用障碍的主要策略，包括：2010 年 BCA 发布了建筑和结构的模板；2011 年 4 月发布了 BIM 的模板；与新加坡 BuildingSMART 分会合作，制定了建筑与设计对象库，并发布了项目协作指南。为了鼓励早期的 BIM 应用者，BCA 为新加坡的部分注册公司成立了 BIM 基金，鼓励企业在建筑项目上把 BIM 技术纳入其工作流程，并运用在实际项目中。BIM 基金有以下用途：支持企业建立 BIM 模型，提高项目可视力及高增值模拟，提高分析和管理项目文件能力；支持项目改善重要业务流程，如在招标或者施工前使用 BIM 作冲突检测，达到减少工程返工量（低于 10%）的效果，提高生产效率 10%。

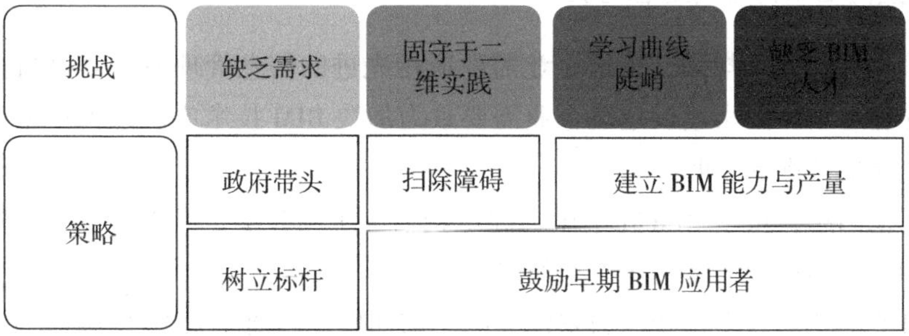

图 1-10　新加坡 BIM 发展策略

每家企业可申请总经费不超过 10.5 万新加坡元，涵盖大范围的费用支出，如培训成本、咨询成本、购买 BIM 硬件和软件等。基金分为企业层级和项目协作层级，公司层级最多可申请 2 万新元，用以补贴培训、软件、硬件及人工成本；项目协作层级需要至少 2 家公司的 BIM 协作，每家公司、每个主要专业最多可申请 3.5 万新元，用以补贴培训、咨询、软件及硬件和人力成本。申请的企业必须派员工参加 BCA 学院组织的 BIM 建模或管理技能课程。

在创造需求方面，新加坡决定政府部门必须带头在所有新建项目中明确提出 BIM 需求。2011 年，BCA 与一些政府部门合作确立了示范项目。BCA 将强制要求提交建筑 BIM 模型（2013 年起）、结构与机电 BIM 模型（2014 年起），并且最终在 2015 年前实现所有建筑面积大于 5 000m^2 的项目都必须提交 BIM 模型的目标。

在建立 BIM 能力与产量方面，BCA 鼓励新加坡的大学开设 BIM 的课程、为毕业学生组织密集的 BIM 培训课程、为行业专业人士建立了 BIM 专业学位。

6. 北欧国家

北欧国家包括挪威、丹麦、瑞典和芬兰，是一些主要的建筑业信息技术的软件厂商所在地，如 Tekla 和 Solibri，而且对发源于匈牙利的 ArchiCAD 的应用率也很高。因此，这些国家是全球最先一批采用基于模型设计的国家，并且也在推动建筑信息技术的互用性和开放标准（主要指 IFC）。由于北欧国家冬季漫长多雪的地理环境，建筑的预制化显得非常重要，这也促进了包含丰富数据、基于模型的 BIM 技术的发展，使这些国家及早地进行了 BIM 部署。

与上述国家不同，北欧 4 国政府并未强制要求使用 BIM，但由于当地气候的要求以及先进建筑信息技术软件的推动，BIM 技术的发展主要是企业的自觉行为。Senate Properties 是一家芬兰国有企业，也是芬兰最大的物业资产管理公司。2007 年，Senate Properties 发布了一份建筑设计的 BIM 要求，要求中规定："自 2007 年 10 月 1 日起，Senate Properties 的项目仅强制要求建筑设计部分使用 BIM，其他设计部分可根据项目情况自行决定是否采用 BIM 技术，但目标将是全面使用 BIM。"该要求还提出："在设计招标阶段将有强制的 BIM 要求，这些 BIM 要求将成为项目合同的一部分，具有法律约束力；建议在项目协作时，建模任务需创建通用的视图，需要准确的定义；需要提交最终 BIM 模型，且建筑结构与模型内部的碰撞需要进行存档；建模流程分为 4 个阶段：Spatial Group BIM、Spatial BIM，Pre- liminary Building Element BIM 和 Building Element BIM。"

1.3.2 国内 BIM 技术应用现状

根据国家"十二五"规划，建筑企业需要应用先进的信息管理系统以提高企业的素质和加强企业的管理水平。国家建议建筑企业需要致力加快 BIM 技术应用于工程项目中，希望借此培育一批建筑业的领导企业。

相比较其他国家，虽然 BIM 在中国的施工企业中刚刚起步，但正处于快速发展阶段，在能充分利用 BIM 价值的较大型企业中尤其如此。

近来 BIM 在国内建筑业形成一股热潮，除了前期软件厂商的大声呼吁外，政府相关单位、各行业协会与专家、设计单位、施工企业、科研院校等也开始重视并推广 BIM。

早在 2010 年，清华大学通过研究，参考 NBIMS，结合调研提出了中国建筑信息模型标准框架（Chinese Building Information Modeling Standard，简称 CBIMS），并且创造性地将该标准框架分为面向 IT 的技术标准与面向用户的实施标准。

2011 年 5 月，住房和城乡建设部发布的《2011 ～ 2015 建筑业信息化发展纲要》中明确指出：在施工阶段开展 BIM 技术的研究与应用，推进 BIM 技术从设计阶段向施工阶段的应用延伸，降低信息传递过程中的衰减；研究基于 BIM 技术的 4D 项目管理信息系统在大型复杂工程施工过程中的应用，实现对建筑工程有效的可视化管理等。

2012 年 1 月，住房和城乡建设部《关于印发 2012 年工程建设标准规范制订修订计划的通知》宣告了中国 BIM 标准制定工作的正式启动，其中包含 5 项 BIM 相关标准：《建筑工程信息模型应用统一标准》《建筑工程信息模型存储标准》《建筑工程设计信息模型交付标准》《建筑工程设计信息模型分类和编码标准》《制造工业工程设计信息模型应用标准》。其中，《建筑工程信息模型应用统一标准》的编制采取“千人千标准”的模式，邀请行业内相关软件厂商、设计院、施工单位、科研院所等近百家单位参与标准研究项目、课题、子课题的研究。至此，工程建设行业的 BIM 热度日益高涨。

2011 年 5 月，住房和城乡建设部发布了《2011 ～ 2015 建筑业信息化发展纲要》，这拉开了 BIM 技术在中国应用的序幕。随后，关于 BIM 的相关政策进入了一个冷静期，即使没有 BIM 的专项政策，政府在其他的文件中都会重点提出 BIM 的重要性与推广应用意向，如《住房和城乡建设部工程质量安全监管司 2013 年工作要点》明确指出，“研究 BIM 技术在建设领域的作用，研究建立设计专有技术评审制度，提高勘察设计行业技术能力和建筑工业化水平”；2013 年 8 月，住房和城乡建设部发布《关于征求关于推荐 BIM 技术在建筑领域应用的指导意见（征求意见稿）意见的函》，征求意见稿中明确，2016 年以前政府投资的 2 万平方米以上大型公共建筑以及省报绿色建筑项目的设计、施工采用 BIM 技术；截至 2020 年，完善 BIM 技术应用标准、实施指南，形成 BIM 技术应用标准和政策体系。

2014 年，各地方政府关于 BIM 的讨论与关注更加活跃，北京、广东、山东、陕西等各地区相继出台了各类具体的政策推动和指导 BIM 的应用与发展。

以 2014 年 10 月 29 日上海市政府《关于在本市推进建筑信息模型技术应用的指导意见》简称《指导意见》正式出台最为突出。《指导意见》由上海市人民政府办公厅发文，市政府 15 个分管部门参与制定 BIM 发展规划、实施措施，协调推进 BIM 技术应用推广，相比其他省市主管部门发布的指导意见，上海市 BIM 技术应用推广力度最强，决心最大。《指导意见》明确提出，要求 2017 年起，上海市投资额 1 亿元以上或单体建筑面积 2 万平方米以上的政府投资工程、大型公共建筑、市重大工程，申报绿色建筑、市级和国家级优秀勘察设计和施工等奖项的工程，实现设计、施工阶段技术应用。另外，上海市政府在其发布的指导意见中还提到，扶持研发符合工程实际需求、具有我国自主知识产权的 BIM 技术应用软件，保障建筑模型信息安全；加大产学研投入和资金扶持力度，培育发展 BIM 技术咨询服务和软件服务等国内龙头企业。

在我国，一向是亚洲潮流风向标的香港地区，BIM 技术已经广泛应用于各类型房地产开发项目中，并于 2009 年成立香港 BIM 学会。在中国大陆地区，我们可以了解到的状况是：

（1）大部分业内同行听到过 BIM。

（2）对 BIM 的理解尚处于“春秋战国”时期，由于受软件厂商的“流毒”较深，有相当大比例的同行认为 BIM 只是换一种软件。

（3）有一定数量的项目和同行在不同项目阶段和不同程度上使用了 BIM，其中最值得关注的是，作为中国在建的第一高楼，上海中心项目对项目设计、施工和运营的全过程 BIM 应用进行了全面规划，成为第一个由业主主导，在项目全生命周期中应用 BIM 的标杆。

（4）建筑业企业（业主、地产商、设计、施工等）和 BIM 咨询顾问不同形式的合作是 BIM 项目实施的主要方式。

（5）BIM 已经渗透到软件公司、BIM 咨询顾问、科研院校、设计院、施工企业、地产商等建设行业相关机构。

（6）行业协会方面，中国房地产业协会商业地产专业委员会率先在 2010 年组织研究并发布了《中国商业地产 BIM 应用研究报告》，用于指导和跟踪商业地产领域 BIM 技术的应用和发展。

（7）建筑业企业开始有对 BIM 人才的需求，BIM 人才的商业培训和学校教育已经逐步开始启动。

（8）建设行业现行法律、法规、标准、规范对 BIM 的支持和适应只有一小部分刚刚被提到议事日程，大部分还处于静默状态。

1. BIM 在香港应用现状

香港的 BIM 发展也主要靠行业自身的推动。早在 2009 年，香港便成立了香港 BIM 学会。2010 年时，香港 BIM 学会主席梁志旋表示，香港的 BIM 技术应用目前已经完成从概念到实用的转变，处于全面推广的最初阶段。香港房屋署自 2006 年起，已率先试用 BIM；为了成功地推行 BIM，自行订立了 BIM 标准、用户指南、组建资料库等设计指引和参考。这些资料有效地为模型建立、管理档案以及用户之间的沟通创造良好的环境。2009 年 11 月，香港房屋署发布了 BIM 应用标准。

2. BIM 在台湾应用现状

自 2008 年起，“BIM”这个名词在台湾的建筑营建业开始被热烈地讨论，台湾各界对 BIM 的关注度也十分之高。

早在 2007 年，台湾大学与 Autodesk 签订了产学合作协议，重点研究 BIM 及动态工程模型设计。2009 年，台湾大学土木工程系成立了“工程信息仿真与管理研究中心”（简称 BIM 研究中心），建立技术研发、教育训练、产业服务与应用推广的服务平台，促进 BIM 相关技术与应用的经验交流、成果分享、人才培训与产学研合作。为了调整及补充现有合同内容在应用 BIM 上之不足，BIM 中心与淡江大学工程法律研究发展中心合作，并在 2011 年 11 月出版了《工程项目应用建筑信息模型之契约模板》一书，并特别提供合同范本与说明，让用户能更清楚了解各项条文的目的、考虑重点与参考依据。高雄应用科技大学土木系也于 2011 年成立了工程资讯整合与模拟研究中心。此外，交通大学、台湾科技大学等对 BIM 进行了广泛的研究，极大地推动了台湾对于 BIM 的认知与应用。

台湾有几家公转民的大型工程顾问公司与工程公司，由于一直承接政府大型公共建设，财力、人力资源雄厚，对于 BIM 有一定的研究并有大量的成功案例。2010 年元旦，台湾世曦工程顾问公司成立 BIM 整合中心；2011 年 9 月，中兴工程顾问股份 3D/BIM 中心成立；此外亚新工程顾问股份有限公司也成立了 BIM 管理及工程整合中心。台湾的小规模建筑相关单位，由于高昂的软件价格，对于 BIM 的软硬件投资有些踌躇不前，是目前民间企业 BIM 普及的重要障碍。

台湾的政府层级对 BIM 的推动有两个方向。一方面是对于建筑产业界，政府希望其自行引进 BIM 应用，官方并没有具体的辅导与奖励措施。对于新建的公共建筑和公有建筑，其拥有者为政府单位，工程发包监督都受政府的公共工程委员会管辖，则要求在设计阶段与施工阶段都以 BIM 完成。另一方面，台北市、新北市、台中市，这 3 个市的建筑管理单位为了提高建筑审查的效率，正在学习新加坡的 eSummision，致力于日后要求设计单位申请建筑许可时必须提交 BIM 模型，委托公共资讯委员会研拟编码工作，参照美国 MasterFormat 的编码，根据台湾地区性现况制作编码内容。预计两年内会从公有建筑物开始试办。如台北市政府于 2010 年启动了“建造执照电脑辅助查核及应用之研究”，并先后公开举办了三场专家座谈会：第一场为“建筑资讯模型在建筑与都市设计上的运用”，第二场为“建造执照审查电子化及 BIM 设计应用之可行性”，第三场为“BIM 永续推动及发展目标”。2011 年和 2012 年，台北市政府又举行了“台北市政府建造执照应用 BIM 辅助审查研讨会”，邀请各界的专家学者齐聚一堂，从不同方面就台北市政府的研究专案说明、推动环境与策略、应用经验分享、工程法律与产权等课题提出专题报告并进行研讨。这一学界的公开对话，被业内喻为“2012 台北 BIM 愿景”。

3. BIM 在大陆应用现状

近来 BIM 在大陆建筑业形成一股热潮，除了前期软件厂商的大声呼吁外，政府相关单位、各行业协会与专家、设计单位、施工企业、科研院校等也开始重视并推广 BIM。

在行业协会方面，2010 年和 2011 年，中国房地产业协会商业地产专业委员会、中国建筑业协会工程建设质量管理分会、中国建筑学会工程管理研究分会、中国土木工程学会计算机应用分会组织并发布了《中国商业地产 BIM 应用研究报告 2010》和《中国工程建设 BIM 应用研究报告 2011》，一定程度上反映了 BIM 在我国工程建设行业的发展现状。根据两届的报告，关于 BIM 的知晓程度从 2010 年的 60% 提升至 2011 年的 87%。2011 年，共有 39% 的单位表示已经使用了 BIM 相关软件，而其中以设计单位居多。

在科研院校方面，早在 2010 年，清华大学通过研究，参考 NBIMS，结合调研提出了中国建筑信息模型标准框架（简称 CBIMS），并且创造性地将该标准框架分为面向 IT 的技术标准与面向用户的实施标准。

在产业界，前期主要是设计院、施工单位、咨询单位等对 BIM 进行一些尝试。最近几年，业主对 BIM 的认知度也在不断提升，SOHO 董事长潘石屹已将 BIM 作为 SOHO 未来三大核心竞争力之一；万达、龙湖等大型房产商也在积极探索应用 BIM；上海中心、上海迪士尼等大型项目要求在全生命周期中使用 BIM，BIM 已经是企业参与项目的门槛；其项目中也逐渐将

BIM 写入招标合同，或者将 BIM 作为技术标的重要亮点。国内大中小型设计院在 BIM 技术的应用也日臻成熟，国内大型工、民用建筑企业也开始争相发展企业内部的 BIM 技术应用，山东省内建筑施工企业如青建集团股份、山东天齐集团、潍坊昌大集团等已经开始推广 BIM 技术应用。BIM 在国内的成功应用有奥运村空间规划及物资管理信息系统、南水北调工程、香港地铁项目等。目前来说，大中型设计企业基本上拥有了专门的 BIM 团队，有一定的 BIM 实施经验；施工企业起步略晚于设计企业，不过很多大型施工企业也开始了对 BIM 的实施与探索，并有一些成功案例；运维阶段目前的 BIM 还处于探索研究阶段。

我国建筑行业 BIM 技术应用正处于由概念阶段转向实践应用阶段的重要时期，越来越多的建筑施工企业对 BIM 技术有了一定的认识并积极开展实践，特别是 BIM 技术在一些大型复杂的超高层项目中得到了成功应用，涌现出一大批 BIM 技术应用的标杆项目。在这个关键时期，我国住建部及各省市相关部门出台了一系列政策推广 BIM 技术。

2011 年 5 月，住建部发布的《2011 ~ 2015 年建筑业信息化发展纲要》中明确指出：在施工阶段开展 BIM 技术的研究与应用，推进 BIM 技术从设计阶段向施工阶段的应用延伸，降低信息传递过程中的衰减；研究基于 BIM 技术的 4D 项目管理信息系统在大型复杂工程施工过程中的应用，实现对建筑工程有效的可视化管理等。文件中对 BIM 提出 7 点要求：一是推动基于 BIM 技术的协同设计系统建设与应用；二是加快推广 BIM 在勘察设计、施工和工程项目管理中的应用，改进传统的生产与管理模式，提升企业的生产效率和管理水平；三是推进 BIM 技术、基于网络的协同工作技术应用，提升和完善企业综合管理平台，实现企业信息管理与工程项目信息管理的集成，促进企业设计水平和管理水平的提高；四是研究发展基于 BIM 技术的集成设计系统，逐步实现建筑、结构、水暖电等专业的信息共享及协同；五是探索研究基于 BIM 技术的三维设计技术，提高参数化、可视化和性能化设计能力，并为设计施工一体化提供技术支撑；六是在施工阶段开展 BIM 技术的研究与应用，推进 BIM 技术从设计阶段向施工阶段的应用延伸，降低信息传递过程中的衰减；七是研究基于 BIM 技术的 4D 项目管理信息系统在大型复杂工程施工过程中的应用，实现对建筑工程有效的可视化管理。

同时，要求发挥行业协会的 4 个方面服务作用：一是组织编制行业信息化标准，规范信息资源，促进信息共享与集成；二是组织行业信息化经验和技术交流，开展企业信息化水平评价活动，促进企业信息化建设；三是开展行业信息化培训，推动信息技术的普及应用；四是开展行业应用软件的评价和推荐活动，保障企业信息化的投资效益。

2014 年 7 月 1 日，住建部发布的《关于推进建筑业发展和改革的若干意见》中要求，提升建筑业技术能力，推进建筑信息模型（BIM）等信息技术在工程设计、施工和运行维护全过程的应用，提高综合效益。

2014 年 9 月 12 日，住建部信息中心发布《中国建筑施工行业信息化发展报告（2014）BIM 应用与发展》。该报告突出了 BIM 技术时效性、实用性、代表性、前瞻性的特点，全面、客观、系统地分析了施工行业 BIM 技术应用的现状，归纳总结了在项目全过程中如何运用 BIM 技术提高生产效率，带来管理效益，收集和整理了行业内的 BIM 技术最佳实践案例，为 BIM 技术在施工行业的应用和推广提供了有力的支撑。

2014 年 10 月 29 日，上海市政府转发上海市建设管理委员会《关于在上海推进建筑信息模型技术应用的指导意见》（沪府办〔2014〕58 号）。首次从政府行政层面大力推进 BIM 技术的发展，并明确规定：2017 年起，上海市投资额 1 亿元以上或单体建筑面积 2 万 m^2 以上的政府投资工程、大型公共建筑、市重大工程，申报绿色建筑、市级和国家级优秀勘察设计、施工等奖项的工程，实现设计、施工阶段 BIM 技术应用；世博园区、虹桥商务区、国际旅游度假区、临港地区、前滩地区、黄浦江两岸等 6 大重点功能区域内的此类工程，全面应用 BIM 技术。

上海关于 BIM 的通知，做了顶层制度设计，规划了路线图，力度大、可操作性强，为全国 BIM 的推广做了示范，堪称“破冰”，在中国 BIM 界引来一片叫好声，也象征着住建部制定的《“十二五”信息化发展纲要》中明确提出的“BIM 作为新的信息技术，要在工程建设领域普及和应用”的要求正在被切实落实，BIM 将成为建筑业发展的核心竞争力。

广东省住建厅 2014 年 9 月 3 日发出《关于开展建筑信息模型 BIM 技术推广应用的通知》（粤建科函〔2014〕1652 号），要求 2014 年底启动 10 项 BIM；2016 年底政府投资 2 万 m^2 以上公建以及申报绿建项目的设计、施工应采用 BIM，省优良样板工程、省新技术示范工程、省优秀勘察设计项目在设计、施工、运营管理等环节普遍应用 BIM；2020 年底 2 万 m^2 以上建筑工程普遍应用 BIM。

深圳市住建局 2011 年 12 月公布的《深圳市勘察设计行业十二五专项规划》提出，“推广运用 BIM 等新兴协同设计技术”。为此，深圳市成立了深圳工程设计行业 BIM 工作委员会，编制出版《深圳市工程设计行业 BIM 应用发展指引》，牵头开展 BIM 应用项目试点及单位示范评估；促使将 BIM 应用推广计划写入政府工作白皮书和《深圳市建设工程质量提升行动方案（2014—2018 年）》。深圳市建筑工务署根据 2013 年 9 月 26 日深圳市政府办公厅发出的《智慧深圳建设实施方案（2013—2015 年）》的要求，全面开展 BIM 应用工作，先期确定创投大厦、孙逸仙心血管医院、莲塘口岸等为试点工程项目。2014 年 9 月 5 日，深圳市决定在全市开展为期 5 年的工程质量提升行动，将推行首席质量官制度、新建建筑 100% 执行绿色建筑标准；在工程设计领域鼓励推广 BIM 技术，力争 5 年内 BIM 技术在大中型工程项目覆盖率达到 10%。

山东省政府办公厅 2014 年 9 月 19 日发布的《关于进一步提升建筑质量的意见》要求，推广 BIM 技术。

工程建设是一个典型的具备高投资与高风险要素的资本集中过程，一个质量不佳的建筑工程不仅造成投资成本的增加，还将严重影响运营生产，工期的延误也将带来巨大的损失。BIM 技术可以改善因不完备的建造文档、设计变更或不准确的设计图纸而造成的每一个项目交付的延误及投资成本的增加。它的协同功能能够支持工作人员可以在设计的过程中看到每一步的结果，并通过计算检查建筑是否节约了资源，或者说利用信息技术来考虑，对节约资源产生多大的影响。它不仅使得工程建设团队在实物建造完成前预先体验工程，更产生一个智能的数据库，提供贯穿于建筑物整个生命周期中的支持。它能够让每一个阶段都更透明、预算更精准，更可以被当作预防腐败的一个重要工具，特别是运用在政府工程中。值得一提的是中国第一个全 BIM 项目—总高 632m 的“上海中心”，通过 BIM 提升了规划管理水和建设质量，据有关数据显示，其材料损耗从原来的 3% 降低到万分之一。

但是，如此“万能”的 BIM 正在遭遇发展的瓶颈，并不是所有的企业都认同它所带来的经济效益和社会效益。

现在面临的一大问题是 BIM 标准缺失。目前，BIM 技术的国家标准还未正式颁布施行，寻求一个适用性强的标准化体系迫在眉睫。应该树立正确的思想观念：BIM 技术 10% 是软件，90% 是生产方式的转变。BIM 的实质是在改变设计手段和设计思维模式。虽然资金投入大，成本增加，但是只要全面深入分析产生设计 BIM 应用效率成本的原因和把设计 BIM 应用质量效益转换为经济效益的可能途径，再大的投入也值得。技术人员匮乏，是当前 BIM 应用面临的另一个问题，现在国内在这方面仍有很大缺口。地域发展不平衡，北京、上海、广州、深圳等工程建设相对发达的地区，BIM 技术有很好的基础，但在东北、内蒙古、新疆等地区，设计人员对 BIM 却知之甚少。

随着技术的不断进步，BIM 技术也和云平台、大数据等技术产生交叉和互动。上海市政府就对上海现代建筑设计（集团）有限公司提出要求：建立 BIM 云平台，实现工程设计行业的转型。据了解，该 BIM 云计算平台涵盖二维图纸和三维模型的电子交付，2017 年试点 BIM 模型电子审查和交付。现代集团和上海市审图中心已经完成了“白图替代蓝图”及电子审图的试点工作。同时，云平台已经延伸到 BIM 协同工作领域，结合应用虚拟化技术，为 BIM 协同设计及电子交付提供安全、高效的工作平台，适合市场化推广。

1.3.3 BIM 相关标准、学术与辅助工具研究现状

1. BIM 相关标准研究

建筑对象的工业基础类（Industry Foundation Class，以下简称 IFC）数据模型标准是由国际协同联盟（International Alliance for Ineteroperability，以下简称 IAI）在 1995 年提出的标准，该标准是为了促成建筑业中不同专业，以及同一专业中的不同软件可以共享同一数据源，从而达到数据的共享及交互。

目前不同软件的信息共享与调用主要是由人工完成，解决信息共享与调用问题的关键在于标准。有了统一的标准，也就有了系统之间交流的桥梁和纽带，数据自然在不同系统之间流转起来。作为 BIM 数据标准，IFC 在国际上已日趋成熟，在此基础上，美国提出了 NBIMS 标准。中国建筑标准设计研究院提出了适用于建筑生命周期各个阶段内的信息交换以及共享的 JG/T198—2007 标准，该标准参照国际 IFC 标准，规定了建筑对象数字化定义的一般要求，资源层、核心层及交互层。2008 年由中国建筑科学研究院、中国标准化研究院等单位共同起草了工业基础类平台规范（国家指导性技术文件）。此标准相对于 IFC 在技术和内容上保持一致，并根据我国国家标准制定相关要求，旨在将其转换成我国国家标准。

清华大学软件学院在欧特克中国研究院（ACRD）的支持下开展中国 BIM 标准的研究，BIM 标准研究课题组于 2009 年 3 月正式启动，旨在完成中国建筑信息模型标准（即 CBIMS，China Building Information Modeling Standard）的研究。同时，为进一步开展中国建筑信息模型标准的实证研究，清华大学软件学院与 CCDI 集团签署 BIM 研究战略合作协议，CCDI 集团成为“清华大学软件学院 BIM 课题研究实证基地”。马智亮教授等对比了 IFC 标准和现行的成

本预算方法及标准，为 IFC 标准在我国成本预算中的应用提出了解决方案。邓雪原等研究了设计各专业之间信息的互用问题，并以 IFC 标准为基准，提出了可以将建筑模型与结构模型很好结合的基本方法。张晓菲等在阐述 IFC 标准的基础上，重点强调了 IFC 标准在基于 BIM 的不同软件系统之间信息传递中发挥的重要作用，指出 IFC 标准有效地实现了建筑业不同应用系统之间的数据交换和建筑物全生命周期管理。

2012 年 1 月，住建部《关于印发 2012 年工程建设标准规范制订修订计划的通知》宣告了中国 BIM 标准制定工作的正式启动，其中包含 5 项 BIM 相关标准:《建筑工程信息模型应用统一标准》《建筑工程信息模型存储标准》《建筑工程设计信息模型交付标准》《建筑工程设计信息模型分类和编码标准》和《制造工业工程设计信息模型应用标准》。其中,《建筑工程信息模型应用统一标准》的编制采取“千人千标准”的模式，邀请行业内相关软件厂商、设计院、施工单位、科研院所等近百家单位，参与标准的项目、课题、子课题的研究。至此，工程建设行业的 BIM 热度日益高涨。

总之，关于 BIM 标准的研究为实现中国自主知识产权的 BIM 系统工程奠定坚实基础。

2. BIM 相关学术研究

相关学者在阐述 BIM 技术优势的基础上，研究了钢结构 BIM 三维可视化信息、制造业信息及分析信息的集成技术，并在 Autodesk 平台上，选用 ObjectARX 技术开发了基于上述信息的轻钢厂房结构、重钢厂房结构及多高层钢框架结构 BIM 软件，实现了 BIM 与轻、重钢厂房和高层钢结构工程的各个阶段的数据接口。也有学者构建了一种主要涵盖建筑和结构设计阶段的信息模型集成框架体系，该体系可初步实现建筑、结构模型信息的集成，为研发基于 BIM 技术的下一代建筑工程软件系统奠定了技术基础。相关的 BIM 研究小组深入分析了国内外现行建筑工程预算软件的现状，并基于 BIM 技术提出了我国下一代建筑工程预算软件框架。同时还建立了基于 IFC 标准和 1DF 格式的建筑节能设计信息模型，然后基于该模型，建立并实现了由节能设计 IFC 数据生成 IDF 数据的转换机制。该转换机制为开发基于 BIM 的我国建筑节能设计软件奠定了基础。

还有学者进行了多项研究，主要有以下几项成果：建立了施工企业信息资源利用概念框架，建立了基于 IFC 标准的信息资源模型并成功将 IFC 数据映射形成信息资源，最后设计开发了施工企业信息资源利用系统 IrvfoReuse；在 C++ 语言开发环境下，研制了一种可以灵活运用 BIM 软件开发的三维图形交互模块 3DGI，并进行了实际应用。曾旭东教授研究了 BIM 技术在建筑节能设计领域的应用，提出将 BIM 技术与建筑能耗分析软件结合进行设计的新方法；通过结合 BIM 技术和成熟的面向对象建筑设计软件 ABD，研究了构建基于 BIM 技术为特征的下一代建筑工程应用软件等技术；利用三维数据信息可视化技术实现了以《绿色建筑评价标准》为基础的绿色建筑评价功能；从建筑软件开发的角度对 BIM 软件的集成方案进行初步研究，从接口集成和系统集成两大方面总结了 BIM 软件集成所要面临的问题；研究了基于 BIM 的可视化技术，并应用于实际工程中；将 BIM 技术应用于混凝土截面时效非线性分析中，开发了基于 BIM 技术的混凝土截面时效非线性分析软件系统（Non-Linear Analysis System，NLAS）。

3. BIM 辅助工具研究

在美国，很多 BIM 项目在招标和设计阶段以使用基于 BIM 的三维模型进行管理，而且更注重 BIM 模型与现场数据的交互，采用较多的技术有激光定位、无线射频技术和三维激光扫描技术。目前国内一些单位也开始积极使用新技术，进一步加深 BIM 模型与现场数据的交互。

（1）激光定位技术。目前，国内的放线更多采用传统测绘方式，在美国也有部分地方用 Trimble 激光全站仪，在 BIM 模型中选定放线点数据和现场环境数据，然后将这些数据上传到手持工作端。运行放线软件，使工作端与全站仪建立连接，用全站仪定位放线点数据，手持工作端选择定位数据并可视化显示，实现放线定位，将现场定位数据和报告传回 BIM 模型，BIM 模型集成现场定位数据。

（2）无线射频技术（RFID）。该技术目前被用来定位人和现场材料，对人的定位主要还在研究阶段。RFID 安全帽在工地上不受工人们的欢迎，但是，材料的定位和 BIM 模型集成已经相对成熟。有的工地上，钢筋绑着条形码标签，材料在出厂、进场和安装前进行条形码扫描，成本并不高，扫描后的信息可以直接集成到 BIM 模型中，这些信息可以节省人工统计和录入报表的时间，而且可以根据这些信息来组织和优化场地布置、塔吊使用计划和采购及库存计划。

（3）三维激光扫描技术（3DLaser）。已有美国承包商根据 3D 激光扫描仪作实时的数据采集，根据扫描的点云模型，可以绘制施工现场建筑进度现状。点云模型技术在监测地下隧道施工中应用较多。根据点云模型自动识别生成实际施工模型会存在误差，如果建模人员对 BIM 模型非常熟悉，则可根据点云数据进行手动绘制，结果更准确，这样可以直观地看到当前形象进度与计划形象进度间差异。

1.3.4 BIM 在我国的推广应用与发展阻碍

1. 国家政府部门推动 BIM 技术的发展应用

“十五”期间科技攻关计划的研究课题“基于 IFC 国际标准的建筑工程应用软件研究”重点在对 BIM 数据标准 IFC 和应用软件的研究上，并开发了基于 IFC 的结构设计和施工管理软件。

“十一五”期间，科技部制定国家科技支撑计划重点项目《建筑业信息化关键技术研究与应用》，基于项目的总体目标，重点开展以下 5 个方面的研究与开发工作：

（1）建筑业信息化标准体系及关键标准研究；

（2）基于 BIM 技术的下一代建筑工程应用软件研究；

（3）勘察设计企业信息化关键技术研究与应用；

（4）建筑工程设计与施工过程信息化关键技术研究与应用；

（5）建筑施工企业管理信息化关键技术研究与应用。

2012 年，住房和城乡建设部印发《2011—2015 年建筑业信息化发展纲要》，《纲要》提出，“十二五”期间，普及建筑企业信息系统的应用，加快建设信息化标准，加快推进 BIM、基于网络的协同工作等新技术的研发，促进具有自主知识产权软件的研究并将其产业化，使我国建筑企业对信息技术的应用达到国际先进水平。该纲要明确指出：在施工阶段开展 BIM 技术的研究与应用，推进 BIM 技术从设计阶段向施工阶段的应用延伸，降低信息传递过程中的衰减；研究基于 BIM 技术的 4D 项目管理信息系统在大型复杂工程施工过程中的应用，实现对建筑工程有效的可视化管理等。可以说，《纲要》的颁布，拉开了 BIM 技术在我国施工企业全面推进的序幕。

2012 年 3 月，由住房和城乡建设部工程质量安全监管司组织，中国建筑科学研究院、中国建筑业协会工程建设质量管理分会等实施的《勘察设计和施工 BIM 技术发展对策研究》课题启动，以期探讨施工领域 BIM 发展现状、分析 BIM 技术的价值及其对建筑业产业技术升级的意义，为制定我国勘察设计与施工领域 BIM 技术发展对策提供帮助。

2012 年 3 月 28 日，中国 BIM 发展联盟成立会议在北京召开。中国 BIM 发展联盟旨在推进我国 BIM 技术、标准和软件协调配套发展，实现技术成果的标准化和产业化，提高企业核心竞争力，并努力为中国 BIM 的应用提供支撑平台。

2012 年 6 月 29 日，由中国 BIM（建筑信息模型）发展联盟、国家标准《建筑工程信息模型应用统一标准》编制组共同组织、中国建筑科学研究院主办的中国 BIM 标准研究项目发布暨签约会议在北京隆重召开。中国 BIM 标准研究项目实施计划将为由住房城乡建设部批准立项的国家标准《建筑工程信息模型应用统一标准》（NBIMSCHN）的最后制定和施行打下坚实的基础。

2013 年 4 月，住建部又准备正式出台《关于推进 BIM 技术在建筑领域应用的指导意见》等纲领性文件，对加快 BIM 技术应用的指导思想和基本原则以及发展目标、工作重点、保障措施等方面做出了更加细致的阐述和更加具体的安排。文件要求在 2016 年前，政府投资的 2 万 m^2 以上的大型公共建筑及申报绿色建筑项目的设计、施工采用 BIM 技术，到 2020 年，在上述项目中全面实现 BIM 技术的集成应用。

住房和城乡建设部于 2016 年 12 月 2 日发布第 1380 号公告，批准《建筑信息模型应用统一标准》为国家标准（附录 1 为征求意见稿），编号为 GB/T51212-2016，自 2017 年 7 月 1 日起实施。

2. 科研机构、行业协会等推动 BIM 技术的集成应用

2004 年，中国首个建筑生命周期管理（BLM）实验室在哈尔滨工业大学成立，并召开 BIM 国际论坛会议。清华大学、同济大学、华南理工大学在 2004-2005 年先后成立 BIM 实验室及 BIM 课题组，BLM 正是 BIM 技术的一个应用领域。国内先进的建筑设计团队和房地产公司也纷纷成立 BIM 技术小组，如清华大学建筑设计研究院、中国建筑设计研究院、中国建筑科学研究院、中建国际建设有限公司、上海现代建筑设计集团等。2008 年，中国 BIM 门户网站（www.chinabim.com）成立，该网站以“推动发展以 BIM 为核心的中国土木建筑工程信息化事业”为宗旨，是一个为 BIM 技术的研发者、应用者提供信息资讯、发展动态、专业资料、技术软件以及交流沟通的平台。2010 年 1 月，欧特克有限公司（“欧特克”或“Autodesk”）与中国勘察设计协会共同举办了首届“创新杯”BIM 设计大赛，推动建筑行业更广泛、深入地参与和应用 BIM 技术。

2011 年，华中科技大学成立 BIM 工程中心，成为首个由高校牵头成立的专门从事 BIM 研究和专业服务咨询的机构。2012 年 5 月，全国 BIM 技能等级考评工作指导委员会成立大会在北京友谊宾馆举办，会议颁发了“全国 BIM 技能等级考评工作指导委员会”委员聘书。2012

年10月，由Revit中国用户小组（Revit China UserGroup）主办、全球二维和三维设计、工程及娱乐软件的领导者欧特克有限公司支持、建筑行业权威媒体承办的首届“雕龙杯”Revit中国用户BIM应用大赛圆满落幕。该赛事以Revit用户为基础，针对广大BIM爱好者、研究者以及工程专家在项目实施、软件应用心得和经验等方面内容而举办。

3. 行业需求推动BIM技术的发展应用

目前，我国正在进行着世界上最大规模的基础设施建设，工程结构形式愈加复杂、超型工程项目层出不穷，使项目各参与方都面临着巨大的投资风险、技术风险和管理风险。要从根本上解决建筑生命周期各阶段和各专业系统间信息断层问题，应用BIM技术，从设计、施工到建筑全生命周期管理全面提高信息化水平和应用效果。国家体育场、青岛海湾大桥、广州西塔等工程项目成功实现4D施工动态集成管理，并获2009年、2010年华夏建设科学技术一等奖。上海中心项目工程总承包招标，明确要求应用BIM技术。这些大型工程项目对BIM的应用与推广，引起了业主、设计、施工等企业的高度关注，因此必将推动BIM技术在我国建筑业的发展和应用。

4. BIM发展阻碍

我国工程建设业从2002年以后开始接触BIM理念和技术，现阶段国内BIM技术的应用以设计单位为主，远不及美国的发展水平及普及程度，整体上仍处于起步阶段，远未发挥出其全生命周期的应用价值。对比中外建筑业BIM发展的关键阻碍因素，可发现中国的阻碍因素具有如下7个特点：

（1）缺乏政府和行业主管部门的政策支持。我国建筑企业中国有大型建筑企业占据主导地位，其在新技术引入时往往比较被动，BIM技术作为革命性技术，目前尚处于前期探索阶段，企业难以从该技术的推广应用中获取效益。从目前的政府推动力度来看，政府和行业主管部门往往只提要求，不提或很少提政策扶持，资金投入基本由企业自筹，严重影响了企业应用BIM技术的积极性。

（2）缺少完善的技术规范和数据标准。BIM技术的应用主要包括设计阶段、建造阶段以及后期的运营维护阶段，只有三个阶段的数据实现共享交互，才能发挥BIM技术的价值。国内BIM数据交换标准、BIM应用能力评估准则和BIM项目实施流程规范等标准的不足，使得国内BIM的应用或局限于二维出图、三维翻模的设计展示型应用，或局限于原来设计、造价等专业软件的孤岛式开发，造成了行业对BIM技术能否产生效益的困惑。

（3）BIM系列软件技术发展缓慢。现阶段BIM软件存在一些弱点：本地化不够彻底，工种配合不够完善，细节不到位，特别是缺乏本土第三方软件的支持。国内目前基本没有自己的BIM概念的软件，鲁班、广联达等软件仍然是以成本为主业的专项软件，而国外成熟软件的本土化程度不高，不能满足建筑从业者技术应用的要求，严重制约了我国从业人员对于BIM软件的使用。软件的本地化工作，除原开发厂商结合地域特点增加自身功能特色之外，本土第三方软件产品也会在实际应用中发挥重要作用。2D设计方面，在我国建筑、结构、设备各专业实际上均在大量使用国内研发的基于AutoCAD平台的第三方工具软件，这种产品大幅提高了设计效率，推广BIM应借鉴这些宝贵经验。

（4）机制不协调。BIM 应用不仅带来技术风险，还影响到设计工作流程。因此，设计应用 BIM 软件不可避免地会在一段时间内影响到个人及部门利益，并且一般情况下设计无法获得相关的利益补偿。因此，在没有切实的技术保障和配套管理机制的情况下，强制单位或部门推广 BIM 并不现实。另外，由于目前的设计成果仍以 2D 图纸表达，BIM 技术在 2D 图纸成图方面仍存在着一定细节表达不规范的现象。因此，一方面应完善 BIM 软件的 2D 图档功能，另一方面国家相关部门也应该结合技术进步，适当改变传统的设计交付方式及制图规范，甚至能做到以 3DBIM 模型作为设计成果载体。

（5）人才培养不足。建筑行业从业人员是推广和应用 BIM 技术的主力军，但由于 BIM 技术学习的门槛较高，尽管主流 BIM 软件一再强调其易学易用性，但实际上相对 2D 设计而言，BIM 软件培训仍有难度，对于一部分设计人员来说熟练掌握 BIM 软件并不容易。另外，复杂模型的创建甚至要求建筑师具备良好的数学功底及一定的编程能力，或有相关 CAD 程序工程师的配合，这在无形中也提高了 BIM 的应用难度。加之很多从业人员在学习新技术方面的能力和意愿不足，严重影响了 BIM 技术的推广，并且国内 BIM 技术培训体系不完善、力度不足，实际培训效果也不理想，

（6）任务风险。我国普遍存在着项目设计周期短、工期紧张的情况，BIM 软件在初期应用过程中，不可避免地会存在技术障碍，这有可能导致无法按期完成设计任务。

（7）BIM 技术支持不到位。BIM 软件供应商不可能对客户提供长期而充分的技术支持。通常情况下，最有效的技术支持是在良好的成规模的应用环境中客户之间的相互学习，而环境的培育需要时间和努力。各设计单位首先应建立自己的 BIM 技术中心，以确保本单位获得有效的技术支持。这种情况在一些实力较强的设计院所应率先实现，这也是有实力的设计公司及事务所的通常做法。在越来越强调分工协作的今天，BIM 技术中心将成为必不可少的保障部门。

5. 我国 BIM 发展建议

BIM 技术被认为是一项能够突破建筑业生产效率低和资源浪费等问题的技术，是目前世界建筑业最关注的信息化技术。我国工程建设业从 2002 年以后开始接触 BIM 理念和技术，现阶段国内 BIM 技术的应用以设计单位为主，远不及美国的发展水平和普及程度，整体上仍处于起步阶段，远未发挥出其全生命周期的应用价值。当前国内各类 BIM 咨询企业、培训机构、政府及行业协会也越来越重视 BIM 的应用价值和意义，国内先进的建筑设计单位等亦纷纷成立 BIM 技术小组，积极开展建筑项目全生命周期各阶段 BIM 技术的研究与应用。借鉴美国的发展经验，可从以下几点着手：

首先，从政府的角度来说，需要关注两方面的工作：一是建立公平、公正的市场环境，在市场发展不明朗的时刻，标准和规范应该缓行。标准、规范的制定应总结成功案例的经验，否则制定的标准即为简单的、低层次的引导，反而会引发出一些问题。目前市场情况，设计阶段 BIM 应用时间长，施工阶段相对较少，运维阶段应用则几乎没有，如果过早制定标准、规范，反而会影响市场的正常运转，或者这样的规范和标准无人理会。另外，在标准和规范制定过程中，负责人不要出自有利害关系的商业组织，而应该来自比较中立的高校、行业协会等。只有做到组织公正、流程公正，才有可能做到结果公正。二是积极推动和实践 BIM。政府投资和监

管的一些项目，可以率先尝试 BIM，真正体验 BIM 的价值。对于进行 BIM 应用和推动的标准企业和个人，可以设立一些奖项进行鼓励。BIM 如何影响行业主管部门的职能转变，取决于市场和政府两方面的态度。

其次，企业在 BIM 健康发展中的责任最大，在企业层面，需要从 3 个方面来推进：一是要积极地进行 BIM 实践。要鼓励大家去积极尝试，但不宜大张旗鼓、全方位地去使用，可以在充分了解几家主流 BIM 方案的基础上，选择一个小项目或一个大项目的某几个应用开始。二是总结、制定企业的 BIM 规范。制定企业规范比国家标准容易，可以根据企业的情况不断改进。在试行一个或两个项目后，制定企业规范，当然，若在 BIM 咨询公司帮助下制定的规范会更加完善。三是制定激励措施。新事物带来的不确定性和恐惧感，会让一部分人有消极和抵触的情绪。可以在企业内部鼓励尝试新事物，奖励应用 BIM 的个人和组织。

最后，从软件企业的层面来说，责任同样重大。软件企业不能急功近利，而是要真正把产品做好，正确地引导客户，提供真正有价值的产品，而不能挣一切的“快钱”。这样，BIM 才可以持久、深入地发展，对软件企业的回报也会更大。我们不期望 BIM 为客户解决所有的问题，我们要解决的首先是一些最核心、大家最关注的共性问题。

第二章　BIM技术应用价值的评估及对软件、人员的研究

2.1　BIM的技术应用价值评估

BIM的全称是Building Information Modeling，即建筑信息模型，BIM技术是一种多维（三维空间、四维时间、五维成本、N维更多应用）模型信息集成技术，可以使建设项目的所有参与方（包括政府主管部门、业主、设计、施工、监理、造价、运营管理、项目用户等）在项目从概念产生到完全拆除的整个生命周期内都能够在模型中操作信息和在信息中操作模型，从而从根本上改变从业人员依靠符号文字形式图纸进行项目建设和运营管理的工作方式，实现在建设项目全生命周期内提高工作效率和质量以及减少错误和风险的目标。

2.1.1　BIM应用含义

BIM的含义总结为以下三点：

第一，BIM是以三维数字技术为基础，集成了建筑工程项目各种相关信息的工程数据模型，是对工程项目设施实体与功能特性的数字化表达。

第二，BIM是一个完善的信息模型，能够连接建筑项目生命周期不同阶段的数据、过程和资源，是对工程对象的完整描述，提供可自动计算、查询、组合拆分的实时工程数据，可被建设项目各参与方普遍使用。

第三，BIM具有单一工程数据源，可解决分布式、异构工程数据之间的一致性和全局共享问题，支持建设项目生命周期中动态的工程信息创建、管理和共享，是项目实时的共享数据平台。

传统的项目管理模式，管理方法成熟、业主可控制设计要求、施工阶段比较容易提出设计变更、有利于合同管理和风险管理。但存在的不足在于：

业主方在建设工程不同的阶段可自行或委托进行项目前期的开发管理、项目管理和设施管理，但是缺少必要的相互沟通；我国设计方和供货方的项目管理还相当弱，工程项目管理只局限于施工领域；监理项目管理服务的发展相当缓慢，监理工程师对项目的工期不易控制、管理和协调工作较复杂、对工程总投资不易控制、容易互相推诿责任；我国项目管理还停留在较粗放的水平，与国际水平相当的工程项目管理咨询公司还很少；前期的开发管理、项目

管理和设施管理的分离造成的弊病，如仅从各自的工作目标出发，而忽视了项目全寿命的整体利益；由多个不同的组织实施，会影响相互间的信息交流，也就影响项目全寿命的信息管理等；二维 CAD 设计图形象性差，二维图纸不方便各专业之间的协调沟通，传统方法不利于规范化和精细化管理；造价分析数据细度不够，功能弱，企业级管理能力不强，精细化成本管理需要细化到不同时间、构件、工序等，难以实现过程管理；施工人员专业技能不足、材料的使用不规范、不按设计或规范进行施工、不能准确预知完工后的质量效果、各个专业工种相互影响；施工方对效益过分地追求，现有管理方法很难充分发挥其作用，对环境因素的估计不足，重检查，轻积累。因此我国的项目管理需要信息化技术弥补现有项目管理的不足，而 BIM 技术正符合目前的应用潮流。

“十二五”规划中提出“全面提高行业信息化水平，重点推进建筑企业管理与核心业务信息化建设和专项信息技术的应用”，可见 BIM 技术与项目管理的结合不仅符合政策的导向，也是发展的必然趋势。基于 BIM 的管理模式是创建信息、管理信息、共享信息的数字化方式，其具有很多的优势，具体如下：

基于 BIM 的项目管理，工程基础数据如量、价等，数据准确、数据透明、数据共享，能完全实现短周期、全过程对资金风险以及盈利目标的控制；基于 BIM 技术，可对投标书、进度审核预算书、结算书进行统一管理，并形成数据对比；可以提供施工合同、支付凭证、施工变更等工程附件管理，并为成本测算、招投标、签证管理、支付等全过程造价进行管理；BIM 数据模型保证了各项目的数据动态调整，可以方便统计，追溯各个项目的现金流和资金状况；根据各项目的形象进度进行筛选汇总，可为领导层更充分的调配资源、进行决策创造条件；基于 BIM 的 4D 虚拟建造技术能提前发现在施工阶段可能出现的问题，并逐一修改，提前制定应对措施；使进度计划和施工方案最优，在短时间内说明问题并提出相应的方案，再用来指导实际的项目施工；BIM 技术的引入可以充分发掘传统技术的潜在能量，使其更充分、更有效地为工程项目质量管理工作服务；除了可以使标准操作流程“可视化”外，也能够做到对用到的物料，以及构建需求的产品质量等信息随时查询。

采用 BIM 技术，可实现虚拟现实和资产、空间等管理、建筑系统分级等技术内容，从而便于运营维护阶段的管理应用；运用 BIM 技术，可以对火灾等安全隐患进行及时处理，从而减少不必要的损失，对突发事件进行快速应变和处理，快速准确掌握建筑物的运营情况。总体上讲，采用 BIM 技术可使整个工程项目在设计、施工和运营维护等阶段都能够有效地实现建立资源计划、控制资金风险、节省能源、节约成本、降低污染和提高效率。应用 BIM 技术，能改变传统的项目管理理念，引领建筑信息技术走向更高层次，从而大大提高建筑管理的集成化程度。

BIM 集成了所有的几何模型信息功能要求及构件性能，利用独立的建筑信息模型涵盖建筑项目全生命周期内的所有信息，如规划设计、施工进度、建造及维护管理过程等。它的应用已经覆盖建筑全生命周期的各个阶段。

虽然我国房地产业新增建设速度已经放缓，但因为疆域辽阔、人口众多、东西部发展不均衡，我国基础建设工程量仍然巨大。在建筑业快速发展的同时，建筑产品质量越来越受到行业内外关注，使用方越来越精细、越来越理性的产品要求，使得建设管理方、设计方、施工企业等参建单位也面临更严峻的竞争。

2.1.2　BIM 应用必然性

在这样的背景下，我们看到了国内 BIM 技术在项目管理中应用的必然性：

第一，巨大的建设量同时也带来了大量因沟通和实施环节信息流失而造成的损失，BIM 信息整合重新定义了信息沟通流程，很大程度上能够改善这一状况。

第二，社会可持续发展的需求带来更高的建筑生命周期管理要求，以及对建筑节能设计、施工、运维的系统性要求。

第三，国家资源规划、城市管理信息化的需求。BIM 技术在建筑行业的发展，也得到了政府高度重视和支持，2015 年 6 月 16 日，中 华人民共和国住房和城乡建设部印发《关于推进建筑信息模型应用的指导意见》，确定 BIM 技术应用发展目标为：到 2020 年末，建筑行业甲级勘察、设计单位以及特级、一级房屋建筑工程施工企业应掌握并实现 BIM 与企业管理系统和其他信息技术的一体化集成应用。到 2020 年末，以下新立项项目勘察设计、施工、运营维护中，集成应用 BIM 的项目比率达到 90%：以国有资金投资为主的大中型建筑；申报绿色建筑的公共建筑和绿色生态示范小区。

各地方政府也相继出台了相关文件和指导意见，在这样的背景下，BIM 技术在项目管理中的应用将越来越普遍，全生命周期的普及应用将是必然趋势。

2.1.3　BIM 应用模式

在《BIM 技术概论》一书中，详细介绍了 BIM 技术的特点。在具体的项目管理中，根据应用范围、应用阶段、参与单位等的不同，BIM 技术的应用又可大致分为以下几种模式。

1. 单业务应用

基于 BIM 模型，有很多具体的应用是解决单点的业务问题，如复杂曲面设计、日照分析、风环境模拟、管线综合碰撞、4D 施工进度模拟、工程量计算、施工交底、三维放线、物料追踪等等，如果 BIM 应用是通过使用单独的 BIM 软件解决类似上述的单点业务问题，一般就称为单业务应用。

单业务应用需求明确、任务简单，是目前最为常见的一种应用形式，但如果没有模型交付和协同，如果为了单业务应用而从零开始搭建 BIM 模型，往往成效比较低。

2. 多业务集成应用

在单业务应用的基础上，根据业务需要，通过协同平台、软件接口、数据标准集成不同模型，使用不同的软件，并配合硬件，进行多种单业务应用，就称为多业务集成应用。例如，将建筑专业模型协同供结构专业、机电专业设计使用，将设计模型传递给算量软件进行算量使用等等。

随着 BIM 技术的单业务应用、多业务集成应用案例逐渐增多，BIM 技术信息协同可有效解决项目管理中生产协同和数据协同这两个难题的特点，越来越成为使用者的共识。目前，

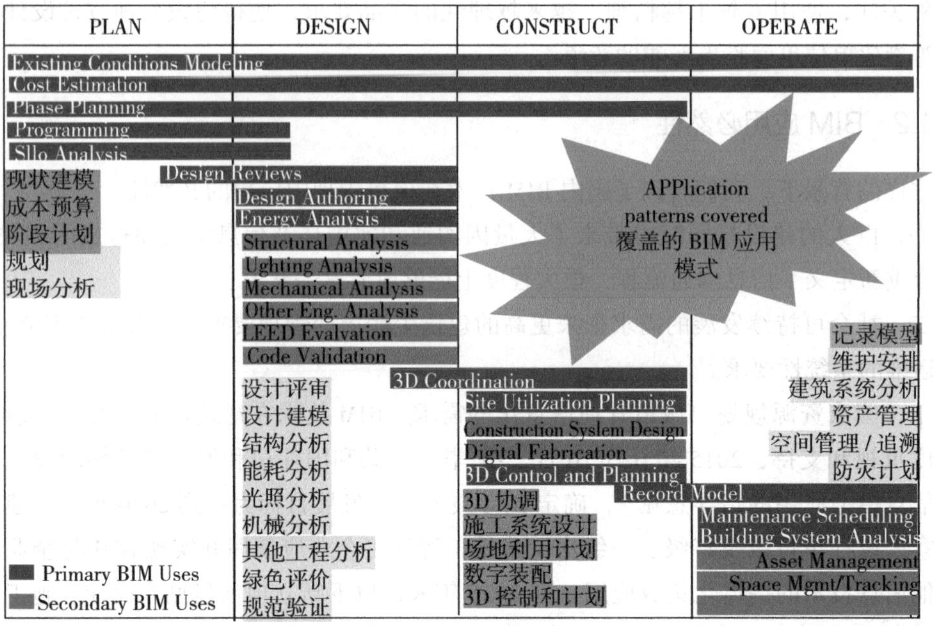

图 2-1　BIM 应用模式

BIM 技术已经不再是淡出的技术应用，正在与项目管理紧密结合应用，包括文件管理、信息协同、设计管理、成本管理、进度管理、质量管理、安全管理等等，越来越多的协同平台、项目管理集成应用在项目建设中体现，这已成为 BIM 技术应用的一个主要趋势。从项目管理的角度看，BIM 技术与项目管理的集成应用在现阶段主要有以下两种模式：

（1）IPD 模式。集成产品开发（Integrated Product Development，简称 IPD）是一套产品开发的模式、理念与方法。IPD 的思想来源于美国 PRTM 公司出版的《产品及生命周期优化法》一书，施工方、材料供应商、监理方等各参建方一起做出一个 BIM 模型，这个模型是竣工模型，即所见即所得，最后做出来就是这个样子。然后各方就按照这个模型来做自己的工作就行了。采用 IPD 模式后，施工过程中不需要再返回设计院改图，材料供应商也不会随便更改材料进行方案变更。这种模式虽然前期投入时间精力多，但是一旦开工就基本不会再浪费人、财、物、时在方案变更上。最终结果是可以节约相当长的工期和不小的成本。

（2）VDC 模式。美国发明者协会于 1996 年首先提出了虚拟建设的概念。虚拟建设的概念是从虚拟企业引申而来的，只是虚拟企业针对的是所有的企业，而虚拟建设针对的是工程项目，是虚拟企业理论在工程项目管理中的具体应用。

虚拟设计建设模式（Virtual Design Construction，简称 VDC），是指在项目初期，即用 BIM 技术进行整个项目的虚拟设计、体验和建设模拟，甚至是运维，通过前期反复的体验和演练，发现项目存在的不足，优化项目实施组织，提高项目整体的品质和建设速度、投资效率。

1）基于 BIM 的工程设计。作为一名建筑师，首先要真实地再现他们脑海中或精致，或宏伟，或灵动或庄重的建筑造型，在使用 BIM 之前，建筑师们很多时候是通过泡沫、纸盒做的手工模型展示头脑中的创意，相应调整方案的工作也是在这样的情况下进行，由创意到手工模型的工作需要较长的时间，而且设计师还会反复多次在创意和手工模型之间进行工作。

对于双重特性项目，只有采用三维建模方式进行设计，才能避免许多二维设计后期才会发现的问题。采用基于 BIM 技术的设计软件作支撑，以预先导入的三维外观造型做定位参考，在软件中建立体育场内部建筑功能模型、结构网架模型、机电设备管线模型，实现了不同专业设计之间的信息共享，各专业设计可从信息模型中获取所需的设计参数和相关信息，不需要重复录入数据，避免数据冗余、歧义和错误。

由于 BIM 模型其真实的三维特性，它的可视化纠错能力直观、实际，对设计师很有帮助，这使施工过程中可能发生的问题，提前到设计阶段来处理，减少了施工阶段的反复，不仅节约了成本，更节省了建设周期。BIM 模型的建立有助于设计对防火、疏散、声音、温度等相关的分析研究。

BIM 模型便于设计人员跟业主进行沟通。二维和一些效果图软件只能制作效果夸张的表面模型，缺乏直观逼真的效果；而三维模型可以提供一个内部可视化的虚拟建筑物，并且是实际尺寸比例，业主可以通过电脑里的虚拟建筑物，查看任意一个房间、走廊、门厅，了解其高度构造、梁柱布局，通过直观视觉的感受，确定建筑业主高度是否满意，窗户是否合理，在前期方案设计阶段通过沟通提前解决很多现实当中的问题。

2）基于 BIM 的施工及管理。基于 BIM 进行虚拟施工可以实现动态、集成和可视化的 4D 施工管理。将建筑物及施工现场 3D 模型与施工进度相连接，并与施工资源和场地布置信息集成一体，建立 4D 施工信息模型。实现建设项目施工阶段工程进度、人力、材料、设备、成本和场地布置的动态集成管理及施工过程的可视化模拟，以提供合理的施工方案及人员、材料使用的合理配置，从而在最大范围内实现资源合理运用。在计算机上执行建造过程，虚拟模型可在实际建造之前对工程项目的功能及可建造性等潜在问题进行预测，包括施工方法实验、施工过程模拟及施工方案优化等。

3）基于 BIM 的建筑运营维护管理。综合应用 GIS 技术，将 BIM 与维护管理计划相连接，实现建筑物业管理与楼宇设备的实时监控集成的智能化和可视化管理，及时定位问题来源。结合运营阶段的环境影响和灾害破坏，针对结构损伤、材料劣化及灾害破坏，进行建筑结构安全性、耐久性分析与预测。

4）基于 BIM 的生命周期管理。BIM 的意义在于完善了整个建筑行业从上游到下游的各个管理系统和工作流程间的纵、横向沟通和多维性交流，实现了项目全生命周期的信息化管理。BIM 的技术核心是一个由计算机三维模型所形成的数据库，包含了贯穿于设计、施工和运营管理等整个项目全生命周期的各个阶段，并且各种信息始终是建立在一个三维模型数据库中。BIM 能够使建筑师、工程师、施工人员以及业主清楚全面地了解项目：建筑设计专业可以直接生成三维实体模型；结构专业则可取其中墙材料强度及墙上孔洞大小进行计算；设备专业可以据此进行建筑能量分析、声学分析、光学分析等；施工单位则可根据混凝土类型、配筋等信息进行水泥等材料的备料及下料；开发商则可取其中的造价、门窗类型、工程量等信息进行工程造价总预算、产品订货等。

中国建筑科学研究院副总工程师李云贵认为：“BIM 在促进建筑专业人员整合、改善设计成效方面发挥的作用与日俱增，它将人员、系统和实践全部集成到一个流程中，使所有参与者充分发挥自己的智慧和才华，可在设计，制造和施工等所有阶段优化项目成效、为业主增加价值、减少浪费并最大限度提高效率。”

5）基于 BIM 的协同工作平台。BIM 具有单一工程数据源，可解决分布式、异构工程数据之间的一致性和全局共享问题，支持建设项目生命周期中动态的工程信息创建、管理和共享。工程项目各参与方使用的是单一信息源，确保信息的准确性和一致性。实现项目各参与方之间的信息交流和共享。从根本上解决项目各参与方基于纸介质方式进行信息交流形成的“信息断层”和应用系统之间的“信息孤岛”问题。

连接建筑项目生命周期与不同阶段数据、过程和资源的一个完善的信息模型是对工程对象的完整描述，建设项目的设计团队、施工单位、设施运营部门和业主等各方人员共用，进行有效的协同工作，节省资源、降低成本以实现可持续发展。促进建筑生命周期管理，实现建筑生命周期各阶段的工程性能、质量、安全、进度和成本的集成化管理，对建设项目生命周期总成本、能源消耗、环境影响等进行分析、预测和控制。

2.2 BIM 应用软件及其分类

2.2.1 BIM 软件应用背景

欧美建筑业已经普遍使用 Autodesk Revit 系列、Benetly Building 系列，以及 Graphsoft 的 ArchiCAD 等，而我国对基于 BIM 技术本土软件的开发尚属初级阶段，主要有天正、鸿业、博超等开发的 BIM 核心建模软件，中国建筑科学研究院的 PKPM，上海和北京广联达等开发的造价管理软件等，而对于除此之外的其他 BIM 技术相关软件如 BIM 方案设计软件、与 BIM 接口的几何造型软件、可视化软件、模型检查软件及运营管理软件等的开发基本处于空白中。国内一些研究机构和学者对于 BIM 软件的研究和开发在一定程度上推动了我国自主知识产权 BIM 软件的发展，但还没有从根本上解决此问题。

因此，在国家“十一五”科技支撑计划中便开展了对于 BIM 技术的进一步研究，清华大学、中国建筑科学研究院、北京航空航天大学共同承接的“基于 BIM 技术的下一代建筑工程应用软件研究”项目目标是将 BIM 技术和 IFC 标准应用于建筑设计、成本预测、建筑节能、施工优化、安全分析、耐久性评估和信息资源利用七个方面。

针对主流 BIM 软件的开发点主要集中在以下几个方面：BIM 对象的编码规则（WBS/EBS 考虑不同项目和企业的个性化需求以及与其他工程成果编码规则的协调）；BIM 对象报表与可视化的对应；变更管理的可追溯与记录；不同版本模型的比较和变化检测；各类信息的快速分组统计（如不再基于对象、基于工作包进行分组，以便于安排库存）；不同信息的模型追踪定位；数据和信息分享；使用非几何信息修改模型。国内一些软件开发商如天正、广联达、理正、鸿业、博超等也都参与了 BIM 软件的研究，并对 BIM 技术在我国的推广与应用做出了极大的贡献。

BIM 软件在我国本土的研发和应用也已初见成效，在建筑设计、三维可视化、成本预测、节能设计、施工管理及优化、性能测试与评估、信息资源利用等方面都取得了一定的成果。但是，正如美国 BuildingSMART 联盟主席 DanaK.Smith 先生所说“依靠一个软件解决所有问题的时代已经一去不复返了”。BIM 是一种成套的技术体系，BIM 相关软件也要集成建设项目的所有信息，对建设项目各个阶段的实施进行建模、分析、预测及指导，从而将使用 BIM 技术的效益最大化。

如果将在市场上具有一定影响的 BIM 软件类型和主要软件产品一并考虑，可以得到表 2-1，从中也可以看出国产软件在此领域内所处的位置。

表 2-1　　具有一定影响力的 BIM 软件类型及产品

序号	BIM 软件类型	主要软件产品	国产软件
1	BIM 核心建模软件	RevitArchiteclure/Structural/MEP，Bentley Architecture/Strautural/ Mechanical，ArchiCAD，Digital Project	空白
2	BIM 方案设计软件	Onuma，Affinity	空白
3	与 BIM 接口的几何造型软件	Rhino SketchUP，Formz	空白
4	可持续分析软件	Ecotech，IES，Green Building Studio，PKPM	
5	机电分析软件	Trane Trace，Design Master，1ES Virtual Environment，博超，鸿业	
6	结构分析软件	ETABS，STAAD，Robot，PKPM	
7	可视化软件	3DS MAX，Lightscape，Accurebder，ARTLABTIS	空白
8	模型检查软件	Sloibri	空白
9	深化设计软件	Tekla Structure（Xsteel）* Tssd	
10	模型综合碰撞检查	Navis works* Proiectwise Navigator（Solibri）	空白
11	造价管理软件	Innovaya，Solibri，鲁班	
12	运营管理软件	Archibus，Navisworks	空白
13	发布和审核软件	PDF，3D PDF，Design Review	空白

2.2.2　美国 AGC 的 BIM 软件分类

美国总承包商协会（AssociatedGeneral Contractors of American，简称 AGC）把 BIM 以及 BIM 相关软件分成 8 个类型，见表 2-2。

表 2-2　　BIM 相关软件的 8 个类型

类型	名称	国内相关软件
第①类	概念设计和可行性研究（Preliminary Design and Feasibility Tools）	国内没有同类软件
第②类	BIM 核心建模软件（BIM Authoring Tools）	天正、鸿业、博超等
第③类	BIM 分析软件（BIM Analysis Tools）	结构分析软件 PKPM、广联达； 日照分析软件 PKPM、天正； 机电分析软件鸿业、博超等
第④类	加工图和预制加工软件（Shop Drawing and Fabrication Tools）	建研院、浙大、同济等研制的空间结构和钢结构软件
第⑤类	施工管理软件（Construction Management Tools）	广联达的项目管理软件
第⑥类	量算和预算软件（Quantity Takeoff and Estimating Tools）	广联达、斯维尔、神机妙算等的量算和预算软件
第⑦类	计划软件（Scheduling Tools）	广联达收购的梦龙软件
第⑧类	文件共享和协同软件（File Sharing and Collaboration Tools）	除 FTP 以外，暂时没有具有一定实际应用和市场影响力的国内软件

不同类型的 BIM 软件包含的具体应用软件分别见表 2-3 ~ 表 2-10。

第一类：概念设计和可行性研究（Preliminary Design and Feasibility Tools）。

表 2-3　　概念设计和可行性研究软件类型

产品名称	厂商	BIM 用途
Revit Architecture	Autodesk	创建和审核三维模型
DProfiler	Beck Technology	概念设计和成本估算
Bentley Architecture	Bentley	创建和审核三维模型
SketchUP	Google	3D 概念建模
ArchiCAD	Graphisoft	3D 概念建筑建模
Vectorworks Designer	Nemetschek	3D 概念建模
Tekla Structures	Tekla	3D 概念建模
Affinity	Trelligence	3D 概念建模
Vico Office	Vico Software	5D 概念建模

第二类：BIM 核心建模软件（BIM Authoring Tools）。

表 2-4　　BIM 核心建模软件类型

产品名称	厂商	BIM 用途
Revit Architecture	Autodesk	建筑和场地设计
AutoCAD		
Architecture		
Revit Structure	Autodesk	结构
Revit MEP	Autodesk	机电
AutoCAD MEP		
Bentley BIM Suite	Bentley	多专业
包括 MicroStation		
Bentley Architecture		
Bentley Structural		
Bentley Building		
Electrical Systems		
Bentley Building		
Electrical Systems for AutoCAD		
Generative Design		
AndGenerative		
Components		
Ditigal Project	Gehry Technologies	多专业
Digital Project MEP	Gehry Technologies	机电
System Routing		
SketchUP	Google	多专业
ArchiCAD	Graphisoft	建筑、机电和场地
Vectonvorks	Nemetschek	建筑
Fastrak	CSC（UK）	结构
SDS/2	Design Data	结构
RISA	RISA Techologies	结构

续表

产品名称	厂商	BIM 用途
Tekla Structures	Tekla	结构
Cadpipe HVAC	AEC DesignGroup	机电
MEP Modeler	Graphisoft	机电
Fabrication for ACAD MEP	East Coas CAD/CAM	机电
CAD-Duct	MicroApplication Packages Ltd.	机电
DuctDesigner 3D PipeDesigner 3D	QuickPen International	机电
HydraCAD	Hydratec	消防
AutoSPRINK VR	M. E. P. CAD	消防
FireCad	Mc4 Software	消防
AutoCAD Civil 3D	Autodesk	土木、基础设施、场地处理
PowerCivil	Bentley o	场地处理
Site Design Site Planning	Eagle Pointt	土木、基础设施、场地处理
Synchro Professional	Synchro Ltd.	场地处理
Tekla Structures	Tekla	场地处理

第三类：BIM 分析软件（BIM Analysis Tools）。

表 2-5　　BIM 分析软件类型

产品名称	厂商	BIM 用途
Robot	Autodesk	结构分析
Green Building Studio	Autodesk	能量分析
Ecotect	Autodesk	能量分析
Structural Analysis/Detailing（STAAD Pro，RAM，Pro Structures）Building Performance（Bentley Hevacomp，Bentley Tas）	Bentley	结构分析 / 详图，工程量统计，建筑性能分析

续表

产品名称	厂商	BIM 用途
Solibri Model Check	Solibri	模型检查和验证
VE-Pro	IES	能量和环境分析
RISA	RISA Structures	结构分析
Digital Projecct	Gehry Technologies	结构分析
GTSTRUDL	Georgia Institute of Technology	结构分析
Energy Plus	DOE、LBNL	能量分析
DOE2	LBNL	能量分析
Flo Vent	MentorGraphics	空气流动 /CFD
Fluent	Ansys	空气流动 /CFD
Acoustical Roon Modeling Software	ODEON	声学分析
Apache HVAC	IES	机电分析
Carrier E20-11	Carrier	机电分析
TRNSYS	University of Wisconsin	热能分析

第四类：加工图和预制加工软件（Shop Drawing and Fabrication Tools）。

表 2-6　加工图和预制加工软件类型

产品名称	厂商	BIM 用途
CADPIPE Commercial Pipe	AEC Design	加工图和工厂制造
Revit MEP	Autodesk	加工图
SDS/2	Design Data	加工图
Fabricators for AutoCAD MEP	East Coast CAD/CAM	预制加工
CAD-Duct	Micro Applicaion Packages Ltd	预制加工
PipeDesigner 3D Duct Designer 3D	QuickPen International	预制加工
Tekla Structures	Tekla	加工图

第五类：施工管理软件（Construction Management Tools）。

表 2-7 管理软件类型

产品名称	厂商	BIM 用途
Navisworks Manage	Autodesk	碰撞检查
ProojectWise Navigator	Bentley	碰撞检查
Digital Project Designer	Gehry Technologies	模型协调
Solobn Model Checker	Solibri	空间协调
Synchro Professional	Synchro Ltd.	施工计划
T'ekla Structures	Tekla	施工管理
Vico Office	Vico Software	多种功能

第六类：算量和预算软件（Quantity Takeoff and Estimating Tools）。

表 2-8 量算软件类型

产品名称	厂商	BIM 用途
QTO	Autodesk	工程量
DProfiler	Beck Technology	概念预算
Visual Applications	Innovaya	预算
Vico Takeoff Manager	Vico Software	工程量

第七类：计划软件（Scheduling Tools）。

表 2-9 计划软件类型

产品名称	厂商	BIM 用途
Navisworks Simulate	Autodesk	计划
ProojectWise Navigator	Bentley	计划
Visual Simulation	Inovaya	计划
Sunchro Professional	Tekla	计划
Tekla Structures	Tekla	计划
Vico Control	Vico Software	计划

第八类：文件共享和协同软件（File Sharing and Collaboration Tools）。

表 2-10　　　　　　　　文件共享和协同软件类型

产品名称	厂商	BIM 用途
Digital Exchange Server	ADAPT Projecct Desivery	文件共享和沟通
Buzzsaw	Autodesk	文件共享
Constructware	Autodesk	协同
ProjectDox	Avolve	文件共享
SharePoint	Microsoft	文件共享、存储、管理
Project Center	Newforma	项目信息管理
Doc Set Manager	Vico Software	图形集比较
FTP Sites	各种供应商	文件共享

2.2.3　BIM 软件中国战略目标

我国建筑业软件市场规模不足建筑业本身这个市场规模的千分之一，而美欧的经验普遍认为 BIM 应该能够为建筑业带来 10% 的成本节省，即使我们把整个建筑业软件市场都归入 BIM 软件，那么从前面两个数字去分析，这里也有超过 100 倍投资回报的潜力。退一步考虑，哪怕通过 BIM 只降低 1% 的成本，从行业角度计算其投资回报也在 10 倍以上。

因此站在工程建设全行业的立场上，我国的 BIM 软件战略就应该以最快速度、最低成本让 BIM 软件实现最大行业价值，在保证目前质量、工期、安全水平的前提下降低建设成本 1%、5%、10% 甚至更多，从而把 BIM 软件完全应用作为实现这个目标的工具和成本中心。

怎样的 BIM 软件组合才能够最大限度地服务于中国工程建设行业，以实现建设质量、工

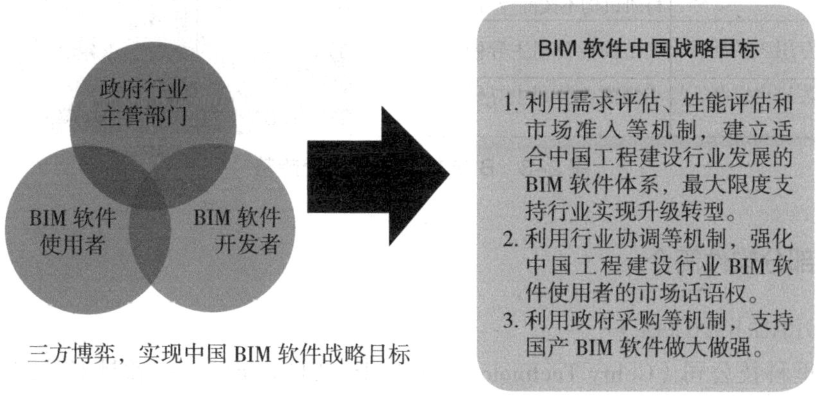

图 2-2　BIM 中国软件目标

期、成本、安全的最优结果呢？站在 BIM 软件市场的立场上，就是要研究我国需要哪种类型和功能的 BIM 软件，这些 BIM 软件如何得到，这些软件各自的市场规模、市场影响力和市场占有率如何？这一系列的问题不仅是软件适应客户还是客户适应软件的问题，也是一个简单的供求关系问题，更是一个市场经济话语权的问题。

BIM 软件使用者的话语权和 BIM 软件开发者的话语权如何在博弈中获得共赢和平衡，是中国 BIM 软件战略需要考虑的又一个重要问题，而在上述两者之间的是政府行业主管部门。

美国和欧洲的经验告诉我们，虽然 BIM 这个被行业广泛接受的专业名词的出现以及 BIM 在实际工程中的大量应用只有不到十年的时间，但是美欧对这种技术的理论研究和小范围工程实践从 20 世纪 70 年代就已开始，且一直没有中断。

美欧形成了一个 BIM 软件研发和推广的良性产业链：大学和科研机构主导 BIM 基础理论研究，经费来源于政府支持和商业机构赞助，大型商业软件公司主导通用产品研发和销售，小型公司主导专用产品研发和销售，大型客户主导客户化定制开发。

我国的基本情况是：一方面研究成果大多停留在论文、非商品化软件、示范案例上，即缺乏机制形成商品化软件，其研究成果也无法为行业共享；另一方面，由于缺乏基础理论研究的支持和资金实力，国内大型商业软件公司只能从事专用软件开发，依靠中国市场和行业的独特性生存发展，而小型商业公司则只能在客户化定制开发上寻找机会，这种经营模式严重受制于平台软件的市场和技术策略，使得小型商业公司的生存和发展变得极不稳定。

要从根本上改变我国在 BIM 软件领域的基本格局不是短期内可以实现的，要实现这个目标的基本战略就是使行业内的各个参与方从左边的现状转变到右边的良性状态上来（如图 2-3 所示）。

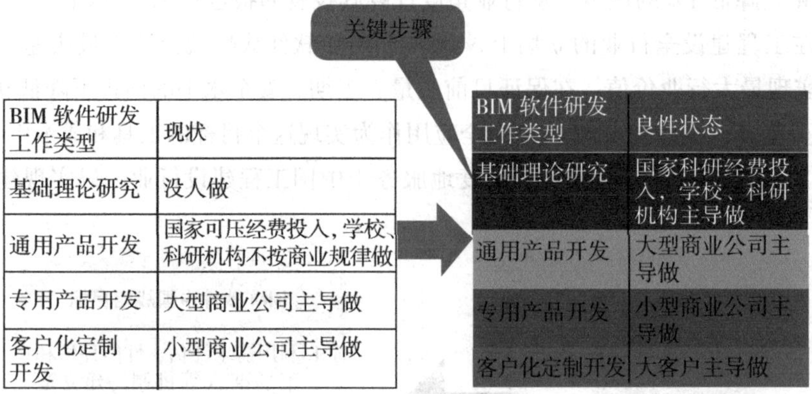

图 2-3　BIM 软件应用转变趋势

2.2.4　部分软件简介

1. DP（Digital Project）

DP 是盖里科技公司（Gehry Technologies）基于 CATIA 开发的一款针对建筑设计的 BIM 软件，目前已被世界上很多顶级的建筑师和工程师所采用，进行一些最复杂，最有创造性的设计，优点就是十分精确，功能十分强大（抑或是当前最强大的建筑设计建模软件），缺点是操作起来比较困难。

2. Revit

AutoDesk 公司开发的 BIM 软件，针对特定专业的建筑设计和文档系统，支持所有阶段的设计和施工图纸。从概念性研究到最详细的施工图纸和明细表。Revit 平台的核心是 Revit 参数化更改引擎，它可以自动协调在任何位置（例如在模型视图或图纸、明细表、剖面、平面图中）所做的更改。这也是在我国普及最广的 BIM 软件，实践证明，它能够明显提高设计效率。优点是普及性强，操作相对简单。

3.Grasshopper

基于 Rhion 平台的可视化参数设计软件，适合对编程毫无基础的设计师，它将常用的运算脚本打包成 300 多个运算器，通过运算器之间的逻辑关联进行逻辑运算，并且在 Rhino 的平台中即时可见，有利于设计中的调整。优点是方便上手，可视操作。缺点是运算器有限，会有一定限制（对于大多数的设计足够）。

4 RhinoScript

RhinoScript 是架构在 VB（Visual Basic）语言之上的 Rhino 专属程序语言，大致上又可分为 Marco 与 Script 两大部分，RhinoScript 所使用的 VB 语言的语法基本上算是简单的，已经非常接近日常的口语。优点是灵活，无限制。缺点是相对复杂，要有编程基础和计算机语言思维方式。

5. Processing

也是代码编程设计，但与 RhinoScript 不同的是，Processing 是一种具有革命前瞻性的新兴计算机语言，它的概念是在电子艺术的环境下介绍程序语言，并将电子艺术的概念介绍给程序设计师。它是 Java 语言的延伸，并支持许多现有的 Java 语言架构，不过在语法（syntax）上简易许多，并具有许多贴心及人性化的设计。Processing 可以在 Windows、MACOS X、MAC OS 9、Linux 等操作系统上使用。

6. Navisworks

Navisworks 软件提供了用于分析、仿真和项目信息交流的先进工具。完备的四维仿真、动画和照片级效果图功能使用户能够展示设计意图并仿真施工流程，从而加深设计理解并提高可预测性。实时漫游功能和审阅工具集能够提高项目团队之间的协作效率。Autodesk Navisworks 是 Autodesk 出品的一个建筑工程管理软件套装，使用 Navisworks 能够帮助建筑、工程设计和施工团队加强对项目成果的控制。Navisworks 解决方案使所有项目相关方都能够整合和审阅详细设计模型，帮助用户获得建筑信息模型工作流带来的竞争优势。

7. iTWO

RIB iTWO（Construction Project life-cycle）建筑项目的生命周期，可以说是全球第一个数字与建筑模型系统整合的建筑管理软件，它的软件构架别具一格，在软件中集成了算量模块、进度管理模块、造价管理模块等，这就是传说中的“超级软件”，与传统的建筑造价软件有质的区别，与我国的 BIM 理论体系比较吻合。

8. 广联达 BIM5D

广联达 BIM5D 以建筑 3D 信息模型为基础，把进度信息和造价信息纳入模型中，形成 5D 信息模型。该 5D 信息模型集成了进度、预算、资源、施工组织等关键信息，对施工过程进行模拟，及时为施工过程中的技术、生产、商务等环节提供准确的形象进度、物资消耗、过程计量、成本核算等核心数据，提升沟通和决策效率，帮助客户对施工过程进行数字化管理，从而达到节约时间和成本、提升项目管理效率的目的。

9. ProjectWise

ProjectWise WorkGroup 可同时管理企业中同时进行的多个工程项目，项目参与者只要在相应的工程项目上，具备有效的用户名和口令，便可登录到该工程项目中根据预先定义的权限访问项目文档。ProjectWise 可实现以下功能：将点对点的工作方式转换为“火锅式”的协同工作方式；实现基础设施的共享、审查和发布；针对企业对不同地区项目的管理提供分布式储存的功能；增量传输；提供树状的项目目录结构；文档的版本控制及编码和命名的规范；针对同一名称不同时间保存的图纸提供差异比较；工程数据信息查询；工程数据依附关系管理；解决项目数据变更管理的问题；红线批注；图纸审查；Project 附件 - 魔术笔的应用；提供 Web 方式的图纸浏览；通过移动设备进行校核（navigator）；批量生成 PDF 文件，交付业主。

10. IES分析软件

IES 是总部在英国的 Integrated Environmental Solutions 公司的缩写，IES<Virtual Environment>（简称 IES <VE>）是旗下建筑性能模拟和分析的软件。IES<VE> 用来在建筑前期对建筑的光照、太阳能，及温度效应进行模拟。其功能类似 Ecmect，可以与 Radi-ance 兼容对室内的照明效果进行可视化的模拟。缺点是，软件由英国公司开发，整合了很多英国规范，与中国规范不符。

11. Ecotect Analysis

Ecotect 提供自己的建模工具，分析结果可以根据几何形体得到即时反馈。这样，建筑师可以从非常简单的几何形体开始进行迭代性（iterative）分析，随着设计的深入，分析也逐渐越来越精确。Ecotect 和 RADIANCE、POV Ray，VRML、EnergyPlus，HTB2 热分析软件均有导入导出接口。Ecotect 以其整体的易用性、适应不同设计深度的灵活性以及出色的可视化效果，已在中国的建筑设计领域得到了更广泛的应用。

12.Green Building Studio

Green Building Studio（GBS）是 Autodesk 公司的一款基于 Web 的建筑整体能耗、水资源和碳排放的分析工具。在登入其网站并创建基本项目信息后，用户可以用插件将 Revit 等 BIM 软件中的模型导出 gbXML 并上传到 GBS 的服务器上，计算结果将即时显示并可以进行导出和比较，在能耗模拟方，GBS 使用的是 DOE-2 计算引擎。由于采用了目前流行的云计算技术，GBS 具有强大的数据处理能力和效率。另外，其基于 Web 的特点也使信息共享和多方协作成为其先天优势。同时，其强大的文件格式转换器，可以成为 BIM 模型与专业的能量模拟软件之间的无障碍桥梁。

13. EnergyPlus

EnergyPlus 模拟建筑的供暖供冷、采光、通风以及能耗和水资源状况。它基于 BLAST 和 DOE-2 提供的一些最常用的分析计算功能，同时，也包括了很多独创模拟能力，例如模拟时间步长低于 1h，模组系统，多区域气流，热舒适度，水资源使用，自然通风以及光伏系统等。需要强调的是：EnergyPlus 是一个没有图形界面的独立的模拟程序，所有的输入和输出都以文本文件的形式完成。

14. DeST

DeST 是 Designer' s Simulation Toolkit 的缩写，意为设计师的模拟工具箱。DeST 是建筑环境及 HVAC 系统模拟的软件平台，该平台以清华大学建筑技术科学系环境与设备研究所十余年的科研成果为理论基础，将现代模拟技术和独特的模拟思想运用到建筑环境的模拟和 HVAC 系统的模拟中去，为建筑环境的相关研究和建筑环境的模拟预测、性能评估提供了方便实用可靠的软件工具，为建筑设计及 HVAC 系统的相关研究和系统的模拟预测、性能优化提供了一流的软件工具。目前 DeST 有 2 个版本，应用于住宅建筑的住宅版本（DeST-h）及应用于商业建筑的商建版本（DeST-c）。

2.3 对于人员的分类分析

在 BIM 技术应用过程中各人员有自己的明确定义，有助于在 BIM 技术发展过程中目标明确，职责清晰，层次分明；有利于不论是 BIM 技术推进还是企业自身 BIM 团队发展的平衡及有效性。本书通过总结国外认可度高的人员分类，推荐一组 BIM 人才配备建议。

2.3.1 BIM 人才名词

BIM 人才可以分为 BIM 标准人才、BIM 工具人才、BIM 应用人才三大名词。其中 BIM 标准人才包括 BIM 基础理论研究人才和 BIM 标准研究人才两类。BIM 工具人才包括 BIM 产品设计人才和 BIM 软件开发人才。BIM 应用人才包括 BIM 专业应用人才和 BIM IT 应用人才。

2.3.2 美国国家 BIM 标准 BIM 人员分类

美国国家 BIM 标准把跟 BIM 有关的人员分成 BIM 用户、BIM 标准提供者及 BIM 工具制造商三类。BIM 用户的职责包括建筑信息创造人和使用人，他们决定支持业务所需要的信息，然后使用这些信息完成自己的业务功能，所有项目参与方都属于 BIM 用户。BIM 标准提供者的职责为建筑信息和建筑信息数据处理建立和维护标准。BIM 工具制造商的职责主要是负责开发和实施软件及集成系统，提供技术和数据处理服务。

2.3.3 美国陆军工程兵 BIM 路线图的 BIM 职位分类

第一类为 BIM 经理。职责为协调“BIM 小窝”，“BIM 小窝”是指所有建筑师和工程师在同一个房间里、在同一个 BIM 模型上、在同一时间内进行协同设计的环境，在这里关于 BIM 模型的沟通和协同都是即时发生的；安排 BIM 培训；配置和更新 BIM 相关的数据集；提供数据变化到项目中心数据集，如果必要的话，最终到企业级数据集样板；安排设计审查。

第二类为技术主管。职责主要为管理 BIM 模型；负责从模型中提取数据、统计工程量、生成明细表；保证所有的 BIM 工作遵守美国国家 CAD 标准和 BIM 标准；使用质量报告工具保证数据质量。

第三类设计师的职责主要是负责本专业的设计要求，在三维环境里执行设计和设计修改。

2.3.4 Willem Kymmell BIM 专著中的 BIM 职位分类

Willem Kymmell 撰写的 BIM 专著 Building Information Modeling—Planning and Managing Construction Project with 4D CAD and Simulations 认为 BIM 经理、BIM 工作人员、BIM 协助人员 3 种类型的 BIM 应用人才可以组建一个有效的 BIM 团队。

第一类,BIM 经理。主要职责为协调团队，负责 BIM 生产和分析。制定战略计划，沟通、协调、评估，决定 BIM 如何能够极好地为某个特定项目服务。关键因素是客户需求和期望项目团队经验和可用资源（人员、软件培训、工具等），BIM 目标应该经过 BIM 经理的分析和评估，因而可以细化出一个实施计划；该角色需要具备进行 BIM 建模和分析的流程和工具的整体知识，不一定需要直接的建模经验，但了解 BIM 的流程和局限对优化项目计划非常重要。

第二类，BIM 操作人员。实际进行 BIM 建模和分析的人员，包括负责创建各自部分 BIM 模型的设计师和咨询师，也包括从不同信息角度和 BIM 模型进行互动的其他人员，例如预算员、计划员、预制加工人员等。

第三类，BIM 协助人员。帮助浏览和获取 BIM 模型里面的信息。一般来说，BIM 的计划和创建主要在办公室完成，但是 BIM 被广泛用于施工现场作为管理目的，因此要把这两部分的功能分开，这样 BIM 才可以更好地和施工现场的各种活动完全集成。BIM 模型的可视化和沟通优势及其他可能性辅助施工现场会议非常有效，BIM 协助人员原则上就是一个施工现场的角色，支持一线施工人员使用 BIM。他们帮助施工负责人建立和所有分包的沟通机制。这个角色需要理解浏览软件以及模型部件的组织方式，他们帮助施工现场从 BIM 模型中抽取信息，通过全面浏览模型帮助施工人员更好地理解他们要完成的工作。

2.3.5 BIM 职位分类

第一类，BIM 战略总监。职位级别为企业级（大型企业的部门或专业级），职责主要是不要求能够操作 BIM 软件，但要求了解 BIM 基本原理和国内外应用现状，了解 BIM 将给建筑业带来的价值和影响，掌握 BIM 在施工行业的应用价值和实施方法，掌握 BIM 实施应用环境：软件、硬件、网络、团队、合同等；负责企业、部门或专业的 BIM 总体发展战略，包括组建团队、确定技术路线、研究 BIM 对企业的质量效益和经济效益、制定 BIM 实施计划等。

第二类，BIM 项目经理。职位级别为项目级，职责主要是对 BIM 项目进行规划、管理和执行，保质保量实现 BIM 应用的效益；自行或通过调动资源解决工程项目 BIM 应用中的技术和管理问题。

第三类，BIM 专业分析工程师。职位级别为专业级，职责主要是利用 BIM 模型对工程项目的整体质量、效率、成本、安全等关键指标进行分析、模拟、优化；对该项目承载体的 BIM 模型进行调整，实现高效、优质、低价的项目总体实现和交付。

第四类，BIM 模型生产工程师。职位级别为专业级，职责主要是建立项目实施过程中需要的各种 BIM 模型。

第五类，BIM 信息应用工程师。职位级别为专业级，职责主要是根据项目 BIM 模型提供的信息完成自己负责的工作。

2.3.6　BIM 未来的几种发展趋势

第一，以移动技术来获取数据。随着互联网和移动智能终端的普及，人们现在可以在任何地点和任何时间获取信息。而在建筑设计领域，将会看到很多承包商，为自己的工作人员都配备这些移动设备，在工作现场就可以进行设计。

第二，数据的整合。现在可以把监控器和传感器放置在建筑物的任何一个地方，对建筑内的温度、空气质量、湿度进行监测。同时加上供热信息、通风信息、供水信息和其他的控制信息。将这些信息汇总之后，设计师就可以对建筑的现状有一个全面充分的把握。

第三，未来还有一个最为重要的概念——云端技术，即无限计算。不管是能耗，还是结构分析，针对一些信息的处理和分析都需要利用云计算这一强大的计算能力。甚至我们渲染和分析过程可以达到实时的计算，帮助设计师尽快在不同的设计和解决方案之间进行比较。

第四，数字化现实捕捉。这种技术，通过一种激光可以对桥梁、道路、铁路等进行扫描，以获得早期的数据。我们也看到，现在不断有新的算法，把激光所产生的点集中成平面或者表面，然后放在一个建模的环境当中。3D 电影《阿凡达》就是在一台电脑上创造一个 3D 立体 BIM 模型的环境。因此，我们可以利用这样的技术为客户建立可视化的效果。值得期待的是，未来设计师可以在一个 3D 空间中使用这种进入式的方式来工作，直观地展示产品开发的未来。

第五，协作式项目交付。BIM 是一个工作流程，而且是基于改变设计方式的一种技术，而且改变了整个项目执行施工的方法，它是一种设计师、承包商和业主之间合作的过程，每个人都有自己非常有价值的观点和想法。所以，如果能够通过分享 BIM 让这些人都参与其中，在这个项目的全生命周期都参与其中，那么，BIM 将能够实现它最大的价值。国内 BIM 应用处于起步阶段，绿色和环保等词语几乎成为各个行业的通用要求。特别是建筑设计行业，设计师早已不再满足于完成设计任务，而更加关注整个项目从设计到后期的执行过程是否满足高效、节能等要求，期待从更加全面的领域创造价值。

第三章　施工管理的分析

3.1　项目管理的基本介绍

3.1.1　项目管理内涵

项目管理是第二次世界大战后期发展起来的重大新管理技术之一，最早起源于美国。20世纪60年代，项目管理的应用范围也还只是局限于建筑、国防和航天等少数领域，但因为项目管理在美国的阿波罗登月项目中取得巨大成功，由此风靡全球。国际上许多人开始对项目管理产生了浓厚的兴趣，并逐渐形成了两大项目管理的研究体系，其一是以欧洲为首的体系——国际项目管理协会（IPMA）；另外是以美国为首的体系——美国项目管理协会（PMI）。在过去的30多年中，他们的工作卓有成效，为推动国际项目管理现代化发挥了积极的作用。项目管理发展史研究专家以20世纪80年代为界，把项目管理划分为两个阶段。项目管理（project management）是美国最早的曼哈顿计划开始的名称。后由华罗庚教授在20世纪50年代引进中国（由于历史原因叫统筹法和优选法）。在台湾省被称为项目专案。我国对项目管理系统研究和行业实践起步较晚。真正称得上项目管理的第一个项目是鲁布革水电站，1984年在国内首先采用国际招标，实行项目管理，缩短了工期，降低了造价，取得了明显的经济效益。此后，我国的许多大中型工程相继实行项目管理体制，包括项目资金制度、法人负责制、合同承包制、建设监理制等。2000年1月1日开始，我国正式实施全国人大通过的《招标投标法》。这个法律涉及项目管理的诸多方面，为我国项目管理的健康发展提供了法律保障。应该说多年来我国的项目管理取得的成绩是显著的，但目前质量事故、工期拖延、费用超支等问题仍然不少。

项目管理是“管理科学与工程”学科的一个分支，是介于自然科学和社会科学之间的一门边缘学科。作为管理学的一个分支学科，对项目管理的定义是：指在项目活动中运用专门的知识、技能、工具和方法，使项目能够在有限资源限定条件下，实现或超过设定的需求和期望的过程。项目管理是对一些与成功地达成一系列目标相关的活动（譬如任务）的整体监测和管控。这包括策划、进度计划和维护组成项目的活动的进展。“项目是在限定的资源及限定的时间内需完成的一次性任务。具体可以是一项工程、服务、研究课题及活动等。”“项目管理是运用管理的知识、工具和技术于项目活动上，来达成解决项目的问题或达成项目的需求。所谓管理包含领导（leading）、组织（organizing）、用人（staffing）、计划（planning）、控制（controlling）等五项主要工作。”项目管理需要运用各种相关技能、方法与工具，为满足或超越项目有关各方对项目的要求与期望，所开展的各种计划、组织、领导、控制等方面的活动。国外的成熟模式，是基于BIM培训资源、BIM软件资源、BIM信息流非常丰富的情况，对于国内应用有一定的参考价值。另外有一点需要指出，BIM实施应用是无止境的。因此，阶段性目标定义需要明确可行，而且基于战略目标的框架之下，才能通过层层实施，将BIM的应用直达公司的业务核心。在有限的资源约束下，运用系统的观点、方法和理论，对项目涉及的全部工作进行有效地管理。项目是指一系列独特的、复杂的并相互关联的活动，这些活动有着一个明确的目标或目的，必须在特定的时间、预算、资源限定内，依据规范完成。项目参数包括项目范围、质量、成本、时间、资源。

项目管理的重要性被越来越多的中国企业及组织所认识，而目前项目管理专业人才却很少。诱人的高额年薪以及广泛的就业前景，使得项目管理师成为超越MBA的最炙手可热的“黄金职业”，从事这一职业的人员也在不断增加中。项目管理是指把各种系统、方法和人员结合在一起，在规定的时间、预算和质量目标范围内完成项目的各项工作。即从项目的投资决策开始到项目结束的全过程进行计划、组织、指挥、协调、控制和评价，以实现项目的目标。在项目管理方法论上主要有：阶段化管理、量化管理和优化管理三个方面。

有代表性的项目管理技术比如关键性途径方法（CPM）和计划评审技术（PERT），它们是两种分别独立发展起来的技术。其中CPM是美国杜邦公司和兰德公司于1957年联合研究提出的，它假设每项活动的作业时间是确定值，重点在于费用和成本的控制。PERT出现是在1958年，由美国海军特种计划局和洛克希德航空公司在规划和研究在核潜艇上发射“北极星”导弹的计划中首先提出。与CPM不同的是，PERT中作业时间是不确定的，是用概率的方法进行估计的估算值，另外它也并不十分关心项目费用和成本，重点在于时间控制，被主要应用于含有大量不确定因素的大规模开发研究项目。随后两者有发展一致的趋势，常常被结合使用，以求得时间和费用的最佳控制，项目管理提升策略见图3-1所示。

项目管理工作总是以两类不同的方式来进行的，一类是持续和重复性的，另一类是独特和一次性的。任何工作均有许多共性，比如：要由个人和组织机构来完成，受制于有限的资源；遵循某种工作程序；要计划、执行、控制等；受限于一定时间内。项目具有以下属性：第一，一次性，一次性是项目与其他重复性运行或操作工作最大的区别。项目有明确的起点和终点，没有可以完全照搬的先例，也不会有完全相同的复制。项目的其他属性也是从这一主要的特征衍生出来的。第二，独特性，每个项目都是独特的。或者其提供的产品或服务有自身的特点；或者其提供的产

3-1 项目管理提升策略

品或服务与其他项目类似，然而其时间和地点，内部和外部的环境，自然和社会条件有别于其他项目，因此项目的过程总是独一无二的。第三，目标的确定性。项目必须有确定的目标包括时间性目标、成果性目标和约束性目标。时间性目标主要是在规定的时段内或规定的时点之前完成；成果性目标主要是提供某种规定的产品或服务；约束性目标，如不超过规定的资源限制；其他需满足的要求，包括必须满足的要求和尽量满足的要求。目标的确定性允许有一个变动的幅度，也就是可以修改。不过一旦项目目标发生实质性变化，它就不再是原来的项目了，而将产生一个新的项目。第四，活动的整体性。项目中的一切活动都是相关联的，构成一个整体。多余的活动是不必要的，缺少某些活动必将损害项目目标的实现。第五，组织的临时性和开放性（组织类型请参考评论中的项目管理的组织）。项目班子在项目的全过程中，其人数、成员、职责是在不断变化的。某些项目班子的成员是借调来的，项目终结时班子要解散，人员要转移。参与项目的组织往往有多个，多数为矩阵组织，甚至几十个或更多。他们通过协议或合同以及其他的社会关系组织到一起，在项目的不同时段不同程度地介入项目活动。可以说，项目组织没有严格的边界，是临时性的开放性的。这一点与一般企、事业单位和政府机构组织很不一样。第六，成果的不可挽回性。项目的一次性属性决定了项目不同于其他事情可以试做，做坏了可以重来；也不同于生产批量产品，合格率达 99.99% 是很好的了。项目在一定条件下启动，一旦失败就永远失去了重新进行原项目的机会。项目相对于运作有较大的不确定性和风险。

按照传统的做法，当企业设定了一个项目后，参与这个项目的至少会有好几个部门，包括财务部门、市场部门、行政部门等等，而不同部门在运作项目过程中不可避免地会产生摩擦，须进行协调，而这些无疑会增加项目的成本，影响项目实施的效率。

而项目管理的做法则不同。不同职能部门的成员因为某一个项目而组成团队，项目经理则是项目团队的领导者，他们所肩负的责任就是领导团队准时、优质地完成全部工作，在不超出预算的情况下实现项目目标。项目的管理者不仅仅是项目执行者，他参与项目的需求确定、项目选择、计划直至收尾的全过程，并在时间、成本、质量、风险、合同、采购、人力资源等各个方面对项目进行全方位的管理，因此项目管理可以帮助企业处理需要跨领域解决的复杂问题，并实现更高的运营效率。

项目的管理者在有限的资源约束下，运用系统的观点、方法和理论，对项目涉及的全部工作进行有效地管理。即从项目的投资决策开始到项目结束的全过程进行计划、组织、指挥、协调、控制和评价，以实现项目的目标。企业中的“项目”说白了就是企业中的各项有始有终的工作或事务。是为了实现项目的目标，对项目的工作内容进行控制的管理过程。它包括范围的界定，范围的规划，范围的调整等。项目的管理时间：是为了确保项目最终按时完成的一系列管理过程。它包括具体活动界定，活动排序，时间估计，进度安排及时间控制等项工作。项目管理的成本：是为了保证完成项目的实际成本、费用不超过预算成本、费用的管理过程。它包括资源的配置，成本、费用的预算以及费用的控制等项工作。项目管理的质量：是为了确保项目达到客户所规定的质量要求所实施的一系列管理过程。它包括质量规划，质量控制和质量保证等。“项目管理”有时被描述为对连续性操作进行管理的组织方法。这种方法，更准确地应该被称为“由项目实施的管理”，这是将连续性操作的许多方面作为项目来对待，以便对其可以采用项目管理的方法。

项目管理的应用从20世纪80年代仅限于建筑、国防、航天等行业迅速发展到今天的计算机、电子通讯、金融业甚至政府机关等众多领域。目前在国内，对项目管理认识较深，并要求项目管理人员拥有相应资格认证的还主要为大的跨国公司、IT公司等与国际接轨的企业。

1.项目管理应注意的问题

项目管理包含十个原则：工欲善其事，必先利其器；名不正则言不顺，言不顺则事不成；其身正，不令而行；凡事预则立，不预则废；磨刀不误砍柴工；统筹兼顾；无以规矩不成方圆；欲速则不达；众人拾柴火焰高；不知言，无以知人也。进行项目管理时需要注意几方面的问题：

（1）项目组成立。成立项目组是项目能否成功的第一要素，没有项目组，项目管理就无从谈起。成立项目组一般包括以下几个方面：项目背景、目标、领导组、执行组、时间表等。项目组背景与目标比较容易确定，但是领导组与执行组的成立，就要考验项目组的智慧了。

第一，项目领导组组长是谁，一般情况下，大项目都会找一个职位高权力重的人担当组长，但是，这样的人一般事情比较多，外地出差时间长，很难真正参与到项目运作当中。另方面，也只需要他把控一下方向，控制一下节奏。所以，可以让此人进行全面授权，找一个职位稍微低，但是能够全身参与到项目中的人担当协助人。第二，项目执行组的人员安排涉及几个部门，就安排几个部门负责人。这里要知道，虽然是部门负责人负责项目组执行，但实际中，往往是部门负责人安排部门其中一个人去参与其中，所以，安排这个人的工作情况，需及时通报部门负责人，如果不行，则需要及时换人。

（2）注意企业风向。一个项目组的存在与工作目标不仅仅是一个项目是否完工，还可能是公司重点工作是否发生变更，也就是公司“风向”变了。原来企业高层对项目很关注，慢慢变得不管不问了，这个时候，你也要注意了，项目组是否要停止了。项目组的工作重点也不是一成不变的，某一个阶段需要做哪些工作，哪些工作是重点，哪些工作已经过时，项目负责人必须有高度敏感。企业风向可以从企业每个月度的工作例会上了解一二，下个月的重点工作是什么，一般在高层工作通报的文件中。作为项目负责人要明白哪些是项目组需要加大力度做的，哪些是已经完成的，不能再继续的。不能等到高层直接告诉你，让项目做什么，你才知道“风向”已经变了。

（3）项目规划与激励。一般来说，项目组成立的时候，也会对项目进行规划与激励。项目组规划包括时间内容规划，项目分工，项目制度等。一旦项目启动，项目就进入到运作当中，通知什么时间发文，物料什么时候到位，工作例会什么时间开始，市场部该做什么，渠道部该做什么，这些都要明确。项目激励不能少，许多企业管理者认为，项目组是公司安排的，不需要什么激励。作者不认同这个观点，项目毕竟是员工“额外”的工作，必须有激励来刺激。作者认为：项目组以正激励为主，小项目有小激励，大项目有大激励，谨慎使用负激励。有时候来看，部分部门负责人参与不多，他只是安排下属员工参与项目组，这个时候需要不需要激励？作者认为需要，因为他毕竟是项目参与者的上司，他的态度决定了下属参与的程度，因此，必须进行激励。

（4）严格督促。人天生都是有惰性的，能拖的就拖，这个时候，就必须要严格督促。作者认为：没有督促就没有成果。督促不仅仅是直接面对面要求他人做事情，可以有多种方式。比如：项目例会、邮件群发、进度通报等。项目组负责人要学会一些“向上管理”的工具，比如邮件，比如工作联络函等，工作提醒等。项目负责人搞不定的事情，可能高层看到你的工作提醒，一个电话就安排落实了，所以，这些工具务必学会使用。项目组中总会有些人勤快一点，有些人懒惰一些，这个时候就要奖励积极者，督促后进者。可以用阶段例会进行奖励通报，哪些人做得好就应该及时获得奖励。

（5）勤于沟通。勤于沟通、敢于沟通，不管是对上，还是对下，都是需要的。首先是对上，一定要与项目领导组组长做好沟通，大胆沟通，勤于汇报工作，特别是在项目初期，高层领导不了解你，不知道你是否能够胜任，因此，对你也会有所顾忌，怕你不能承担，这个时候，你要勇于表达自己，表明你的立场：我能。项目进入正常轨道后，沟通不能少，必须让领导及时知道项目进度，让他们心中有底。对下沟通，要大胆“骚扰”别人，除了督促、要求别人做事情，也要找时机拉拉家常，谈谈心之类。如果项目基金允许的话，可以项目组一起吃个饭，开展体育活动等，来加强沟通。

（6）工作魅力。最后一点，也是作者认为很重要的一点，凭什么让相同级别的同事“替”你做事，作者认为，不仅仅是项目组赋予你奖罚的权力，更多的是你个人的工作魅力能够感染他们。项目组负责人一定要做到身先士卒，速度、作风、专业，一样都不能少。自己必须做得好，做得正，比别人更专业，更投入，你才可能去感动对方，去激励对方。

2.项目管理的体系与流程

项目认证的管理体系。目前国际上比较认可的项目管理认证体系主要有IPMP和PMP两大类。IPMP即国际项目管理专业资质认证（International Project Management Professional）的简称，是国际项目管理协会（International Project Management Association，简称IPMA）在全球推行的四级项目管理专业资质认证体系的总称。PMP即由美国项目管理协会Project Management Institute（PMI）发起的，严格评估项目管理人员知识技能是否具有高品质的资格认证考试。其目的是为了给项目管理人员提供统一的行业标准。1999年，PMP考试在所有认证考试中第一个获得ISO9001国际质量认证，从而成为全球最权威的认证考试。目前，美国项目管理协会建立的认证考试有：PMP（项目管理师）和CAPM（项目管理助理师），已在全世界130多个国家和地区设立了认证考试机构，分为REP机构和核心REP机构，上海清晖是核心REP机构（No.2460）。项目管理的工作内容主要包括：对项目进行前期调查、收集整理相关资料，制定初步的项目可行性研究报告，为决策层提供建议。协同配合制定和申报立项报告材料；对项目进行分析和需求策划；对项目的组成部分或模块进行完整系统设计；制定项目目标及项目计划、项目进度表；制定项目执行和控制的基本计划；建立项目管理的信息系统；项目进程控制，配合上级管理层对项目进行良好的控制；跟踪和分析成本；记录并向上级管理层传达项目信息；管理项目中的问题、风险和变化；项目团队建设；各部门、各项目组之间的协调并组织项目培训工作；项目及项目经理考核；理解并贯彻公司长期和短期的方针与政策，用以指导公司所有项目的开展。

这些技术或方法用于计划、评估、控制工作活动，以按时、按预算、依据规范达到理想的最终效果。项目管理内容：

第一，项目范围管理，是为了实现项目的目标，对项目的工作内容进行控制的管理过程。它包括范围的界定，范围的规划，范围的调整等。

第二，项目时间管理，是为了确保项目最终按时完成的一系列管理过程。它包括具体活动界定，活动排序，时间估计，进度安排及时间控制等项工作。很多人把 GTD 时间管理引入其中，大幅提高工作效率。

第三，项目成本管理，是为了保证完成项目的实际成本、费用不超过预算成本、费用的管理过程。它包括资源的配置，成本、费用的预算以及费用的控制等项工作。

第四，项目质量管理，是为了确保项目达到客户所规定的质量要求所实施的一系列管理过程。它包括质量规划，质量控制和质量保证等。

第五，人力资源管理，是为了保证所有项目关系人的能力和积极性都得到最有效地发挥和利用所做的一系列管理措施。它包括组织的规划、团队的建设、人员的选聘和项目的班子建设等一系列工作。

第六，项目沟通管理，是为了确保项目的信息的合理收集和传输所需要实施的一系列措施，它包括沟通规划，信息传输和进度报告等。

第七，项目风险管理，涉及项目可能遇到的各种不确定因素。它包括风险识别，风险量化，制订对策和风险控制等。

第八，项目采购管理，是为了从项目实施组织之外获得所需资源或服务所采取的一系列管理措施。它包括采购计划，采购与征购，资源的选择以及合同的管理等项目工作。

第九，项目集成管理，是指为确保项目各项工作能够有机地协调和配合所展开的综合性和全局性的项目管理工作和过程。它包括项目集成计划的制定，项目集成计划的实施，项目变动的总体控制等。

只要流程界定清晰，项目经理就能保证项目的发展方向与最终目标相契合。广义而言，要掌控各种类型项目的发展，首先要关注十个关键的流程。

（1）生命周期与方法论。项目的生命周期与方法论，是项目的纪律，为项目开展划出了清晰的界限，以保证项目进程。生命周期主要是协调相关项目，而方法论为项目进程提供了持续稳定的方式方法。生命周期通常由项目的阶段组成（包括：开始、规划、执行与控制、完成），或由工作的重复周期构成。项目生命周期的细节一般都会随具体业务、项目、客户要求而改变。因此即使在同一个项目中，周期也会有多种可能的变化。对工作细致度、文件管理、项目交付、项目沟通的要求体现在生命周期标准和考核的方方面面。大项目的阶段一般更多更长，而小项目的阶段少，考核点也少。与生命周期类似，项目方法也因项目而异，细节关注程度高。产品开发项目的方法经常涉及使用何种工具或系统，以及如何使用。信息技术项目的方法包括版本控制标准、技术文档管理、系统开发的各个方面。项目方法往往不是由项目团队自行确定，而由公司为所有项目设定。采用与否，其实项目团队没有太多选择。公司管理层设定的方法本身代表权威，也是你作为项目领导获得项目控制权的一个途径。考虑项目方法某方面的作用时，始终要把握其对项目人员管理的效率，即在可能出现问题的地方争取正面效应。

（2）项目定义。清晰的项目描述决定了你的项目控制能力，因为接下来所有工作都在描述范畴之内。不管你如何并为何要进行描述，你要对你的项目进行书面定义，让项目各方和项目组随时参考。项目定义的形式和名称各式各样，包括：项目章程、提案、项目数据表、工做报告书、项目细则。这些名称的共同点在于，项目主管方和其他相关各方面从上而下地传达了他们对项目的期待。清晰的项目定义还包括以下方面：项目目标陈述（一小段文字，对项目交付成果、工期、预期成本或人力进行高层次的描述）；项目回报（包括商业案例或投资分析的回报）；使用中的信息或客户需求；对项目范围进行定义，列出所有预期的项目成果；成本和时间预算目标；重大困难和假设；描述该项目对其他项目的依赖；高风险、所需的新技术、项目中的重大问题；努力将尽可能多的具体信息，囊括在项目描述或章程中，并使其在项目主管方和相关方面获得认可，进而生效。

（3）合同与采购管理。不管你在你的组织内有多大的影响力和权力，你对受雇于其他公司的项目成员的影响会比较小。虽然不一定普遍适用，但你可以尽量不将项目工作外包，这是提高项目控制力的一个技巧。在考虑起用合同商或外部顾问之前，对整体采购流程进行重检。寻找有服务合同起草经验并可以帮助你的人。建立成功的外包关系需要时间和精力，这些工作要及早着手。为了不误项目工期，你要及时做到所有细节到位，所有合同及时签订。你打算外包哪部分项目交付成果，对这部分工作的细化就是你实施项目控制的着手点。记录这些细化内容、评估和接收标准、所有相关要求、必要时间规划。项目定义信息一定要包括在合同之内，相关责任及早确定。和所有你考虑到的供应商讨论这些要求，这样你的项目期望才会在各方之间明晰。

（4）项目规划、执行、跟踪。作为项目领导，通过制定有力的规划、跟踪、执行流程，你可以建立项目控制的基础。争取各方面的支持，进而在项目内全面推广。让项目组成员参与规划和跟踪活动，这可以争取大家的支持并提高积极性。睿智的项目领导往往大范围地鼓励参与，并通过流程汇聚大家的力量。当大家看到自己的努力以及对项目的贡献被肯定的时候，项目很快就从“他们的项目”变成“我们的项目”。当项目成员视项目工作为己任的时候，项目控制就会简单得多。较之于漠不关心的团队，此时的项目管理成功概率更大。运用项目管理流程也会鼓励项目成员的合作，这也让你的项目控制工作更加轻松。

（5）变化管理。技术性项目中问题最集中的方面就是缺少对具体变化的管理控制。要解决这个问题，需要在项目的各方面启用有效的变化管理流程。解决方法可以很简单，例如被项目团队、项目主办方、相关方认可的流程图。这提醒了项目人员，变化在被接受之前会进行细致的考察，并且提高了变化提案的门槛。审查变化提案的时候，要注意该提案是否对变化有清晰到位的描述。如果变化提案的动因描述得不清不楚，该提案就要打回去，并且要求对变化所带来的益处进行定量评估。对于那些仅局限于技术解决方案的变化提案，要多打几个问号，因为提案人也许不能全面地判断问题。如果变化提案过多地关注问题的解决，而不注重实际问题，打回去并要求关注具体的业务形势。最后，如果不接受某项变化提案，一定要做到有理有据。而且，对项目时间、成本、精力等其他相关因素所受的影响，进行合理的估计。

（6）风险管理。风险管理的流程能让你制定出全面的规划，找出潜在的麻烦，就风险问题的解决方法达成一致，根除严重的问题。风险管理要做到事半功倍，就要与项目规划同时进行。进行项目工作分解安排时，注意对项目活动的不恰当理解；分配项目任务和开展评估时，寻找风险；烽火猎聘资深顾问认为资源匮乏或项目资源不足，或项目工作依赖于某一个人时，要知道风险的存在。分析项目工作将遇到的困难，鼓励所有参与规划的人在规划过程中，设想最坏的情况和潜在困难。

（7）质量管理。质量管理提供了另一套搭建项目结构的流程，保证项目领导提出的工作要求一个不落地执行到位。项目质量的标准分两类：行业内实行的全球质量标准，公司或项目独有的质量标准。如果你的公司实行或接受了质量标准，要注意该标准对你和你的团队有何要求。具体而言，这些标准会包括 ISO 9000 标准或六西格玛。进而确定质检清单、质控流程及相关要求，并将其与你的项目规划进行整合。项目必须遵守的书面步骤、报告、评估，对团队成员是强有力的推动，让大家步调一致。标准比你的临时要求更有效。质量管理流程还能将项目要求与客户心声联系起来。不管你说什么，只要是在传递客户或用户的要求，你都要加以强调。市场调查、标杆分析、客户访谈都是评估和记录用户需求并确定项目要求价值的好工具。

（8）问题管理。项目开展过程中问题的出现不可避免。在项目初期，在资源、工期、优先事项等其他方面为项目的问题管理确定流程。争取让团队支持及时发现、跟踪、解决问题的流程规定。建立跟踪流程，记录当前问题。问题记录信息包括：问题描述、问题特征或表现（用于沟通）、开始时间、责任人、目前状态、预计结束时间。处理待解决问题的流程很简单，包括列出新问题的流程、定期复查待解决的问题、处理老问题的方法。对于没有太多组织管理权的项目领导而言，问题跟踪流程的力量在于让其把握了问题状态和进度的实时信息。一旦问题责任人承诺了问题解决的时限，你可以任意公布问题解决过程中的变数。不管问题责任人是本项目成员，还是其他项目或部门的成员，谁都不乐意随时将自己的大名置于人们质疑的目光中。问题清单的公开使得掌握该清单的人获得一定的影响力和控制力。

（9）决策。项目管理时时有决策，快速得当的决策对于项目控制至关重要。即使项目领导掌握了控制权，完善的集体决策流程仍然裨益颇多，因为共同决策能获得更多内部支持，效果自然会更好。项目工作中的决策绝非易事，项目组内纷繁复杂的观点使得决策更加困难。项目各方认同的问题解决流程可以简化决策的过程，照顾各方要求。尽早和你的项目组一起设立决策流程，或采用现有流程，或对现有流程做适当的修改。好的决策流程能为你的项目控制提供强有力的支持。该流程应该包括以下步骤：清楚地陈述必须解决的问题；吸纳所有需要参与决策或将会受该决策影响的成员参与决策过程，这样可以争取团队支持；与项目组一道重审项目陈述，必要时进行修正，让每位成员获得一致认识；针对决策标准（如：成本、时间、有效性、完整性、可行性），开展头脑风暴或讨论。选择那些与计划目标关联的、可执行、可供项目各方参考供决策之用的标准；与项目组一道确定各标准的权重（所有标准的权重总和为 100 个百分点）；设定决策的时限，规定用于调查、分析、讨论、最终决策的时间；开展头脑风暴，在规定时间内尽可能多地产生决策想法。多方发展整个项目组都能接受的想法；通过集体投票的方法进行筛选，至多确定六个考虑项进行具体分析。分析其与决策标准的契合度；理性对待讨论中出现的异议。有必要的话，可增加决策标准；根据评估和权重标准，将这些选项进行排序；考虑采用首位选项的结果。如果没有异议，则结束讨论并开始实施决策；将决策写入文件，并与团队成员及项目相关方面沟通决策结果。

（10）信息管理。项目信息是非常关键的资源，如何管理值得仔细思考。有的项目使用网站和网络服务器，或信息管理系统，进行项目重要信息的存储。有的项目则使用群件来维护项目文件，并提供电子邮件等服务。不管你用何种方式存储项目数据，都要保证所有项目成员能随时获得所需信息。将最新的项目文件存储在方便查找的位置，进行清楚地标记，及时删除过时信息。

通过对质量管理的理论和项目过程的分析以及质量控制技术的学习，培养学生对项目质量管理策划、控制、改进以满足客户需求的能力，使之初步具备参加实际工作所必需的基本知识和解决问题的能力。在项目管理中，质量应用有两个方面：项目过程的质量和项目产品的质量。这两方面中的任何一个达不到要求，都可能对项目产品、项目产品的利益相关者及项目组织产生重大影响。这也强调了达到质量要求是一项管理职责，要求项目组织的各层次都对质量做出承诺，对相应的过程和产品负责。项目的过程和产品质量的产生和保持要求一个系统性的方法。

3. 项目管理的特点及内容

（1）项目管理的特点

第一，普遍性。项目作为一种一次性和独特性的社会活动而普遍存在于我们人类社会的各项活动之中，甚至可以说人类现有的各种物质文化成果最初都是通过项目的方式实现的，因为现有各种运营所依靠的设施与条件最初都是靠项目活动建设或开发的。

第二，目的性。项目管理的目的性要通过开展项目管理活动去保证满足或超越项目有关各方面明确提出的项目目标或指标和满足项目有关各方未明确规定的潜在需求和追求。一切项目管理活动都是为实现“满足或超越项目有关各方对项目的要求和期望”这一目的服务的。

第三，独特性。项目管理的独特性是项目管理不同于一般生产、服务运营管理，也不同于常规的政府和独特的行政管理内容，它有自己独特的管理对象、独特管理活动和独特管理方法与工具，是一种完全不同的管理活动。

第四，集成性。项目管理的集成性是项目的管理中必须根据具体项目各要素或各专业之间的配置关系做好集成性的管理，而不能孤立地开展项目各个专业或专业的独立管理。

第五，创新性。项目管理的创新性包括两层含义：其一是指项目管理是对于创新（项目所包含的创新之处）的管理，其二是指任何一个项目的管理都没有一成不变的模式和方法，都需要通过管理创新去实现对于具体项目的有效管理。

第六，组织的临时性和开放性。项目组织没有严格的边界，是临时性的、开放性的。这一点与一般企业、事业单位和政府机构组织很不一样。项目班子在项目的全过程中，其人数、成员、职责是在不断变化的。某些项目班子的成员是借调来的，项目终结时班子要解散，人员要转移。参与项目的项目组织往往有多个，他们通过协议或合同以及其他的社会关系组织到一起，在项目的不同时段不同程度地介入项目活动。

第七，成果的不可挽回性。项目的一次性属性决定了项目不同于其他事情可以试做，做砸了可以重来；也不同于生产批量产品，合格率达 99.99% 是很好的了。项目在一定条件下启动，一旦失败就永远 失去了重新进行原项目的机会，项目相对于运营有较大的不确定性和风险。

（2）项目管理的内容

第一，项目范围管理。为了实现项目的目标，对项目的工作内容进行控制的管理过程。它包括范围的界定、范围的规划、范围的调整等。

第二，项目时间管理。为了确保项目最终按时完成的一系列管理过程。它包括具体活动界定、活动排序、时间估计、进度安排及时间控制等各项工作。

第三，项目成本管理。为了保证完成项目的实际成本、费用不超过预算成本、费用的管理过程。它包括资源的配置，成本、费用的预算以及费用的控制等项工作。

第四，项目质量管理。为了确保项目达到客户所规定的质量要求所实施的一系列管理过程。它包括项目质量规划，项目质量控制和项目质量保证等。

第五，项目采购管理。为了从项目实施组织之外获得所需资源或服务所采取的一系列管理措施。它包括采购计划，采购与征购，资源的选择以及合同的管理、产品需求和鉴定潜在的来源，依据报价招标等方式选择潜在的卖方，管理与卖方的关系等项目工作。

第六，其他管理。包括项目人力资源管理，项口风险管理、项目集成管理等（见工程项目管理图 3-2 所示）。

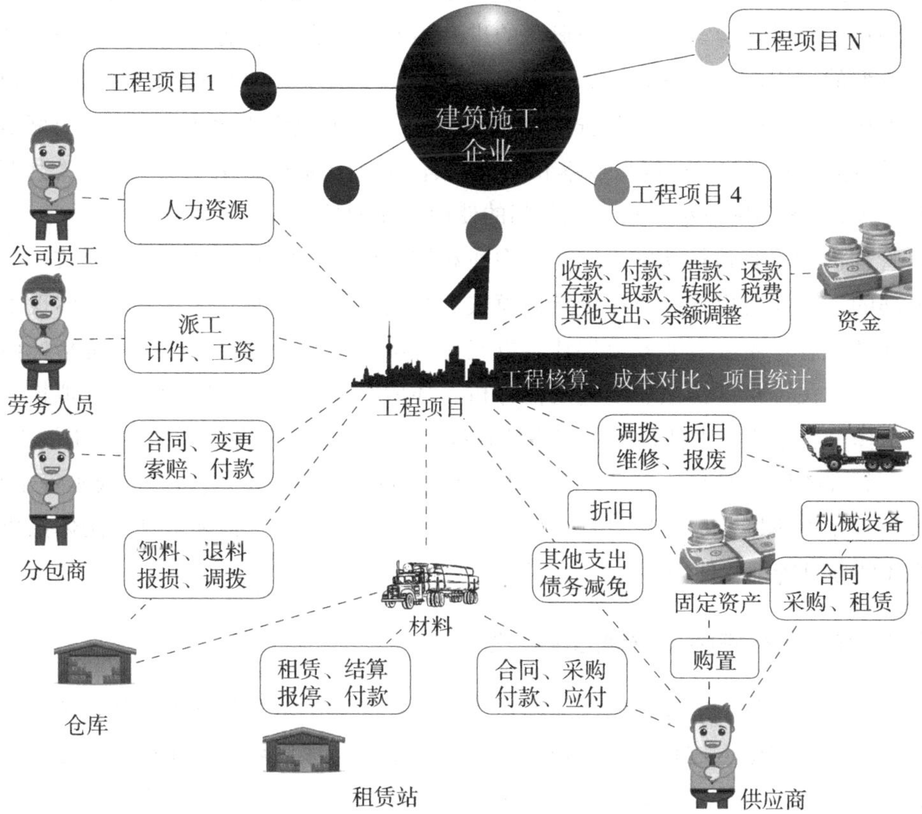

图 3-2　工程项目管理

在传统的项目管理方法中，项目的开发被分成 5 个阶段：项目启动：启动项目，包括发起项目，授权启动项目，任命项目经理，组建项目团队，确定项目利益相关者；项目策划：包括制定项目计划，确定项目范围，配置项目人力资源，制定项目风险管理计划，编制项目预算表，确定项目预算表，制定项目质量保证计划，确定项目沟通计划，制定采购计划；项目执行：当项目启动和策划中要求的前期条件具备时，项目即开始执行；项目监测：实施、跟踪与控制项目，包括实施项目，跟踪项目，控制项目；项目完成：也叫收尾项目，包括项目移交评审，项目合同收尾，项目行政收尾。不是每个项目都必须经过以上每一个阶段，因为有些项目可能会在达到完成阶段之前被停止。有些项目不需要策划或者监测。有的项目需要重复多次后面几个阶段。

许多工业也使用这些阶段的变种。例如在砖混结构的设计中，项目通常包含以下步骤：预计划、概念设计、初步设计、深化设计、工程图（或合同文本）和施工管理。尽管在不同的工业中阶段的名称不同，实际的阶段通常是一些问题解决的基本步骤：定义问题、权衡选项、选择路径、实现和评估。项目管理试图获得对 5 个变量的控制：时间、成本、质量、范围、风险，有三个变量可以由内部或者外部的客户提供，其余的变量则由项目经理理想地基于一些可靠的估计技术来设定。这些变量最终的值还需要在项目管理人员与客户的协商过程确定。通常，时间、成本、质量和范围将以合同的方式固定下来。为了从项目开始到自然结束的整个过程中保持控制，项目经理需要使用各种不同的技术：如项目策划、净值管理、风险管理、进度计划和过程改进等等。项目控制概念的进一步发展是融合了基于过程的管理。这个领域由成熟度模型的使用而得以发展，如 CMMI（能力成熟度模型）和 ISO/IEC15504（SPICE- 软件过程改进和能力决断）。这两种模式已经被世界范围内的组织成功地应用，以更好地管理项目。为了提高估计的紧缺度，降低成本和预防缺陷，CMMI 被广泛用于美国和澳大利亚的国防工业及其分包商，SPICE 在欧洲的私人部门的使用正在增长。

项目管理模式内容包括功能、结构、沟通和控制模式、项目过程和运行模式、资源管理模式、外部的动态联盟模式以及评价指标模式。对应的项目管理工具方法体系体现了多学科知识与技能的融合。主要有要素分层法、方案比较法、资金的时间价值、评价指标体系、项目财务评价、国民经济评价法、不确定性分析、环境影响评价、项目融资、模拟技术、里程碑计划、工作分解结构、责任矩阵、网络计划技术、甘特图、资源费用曲线、质量技术文件、并行工程、数理统计、偏差分析法、决策树、鱼骨刺图、直方图、生命周期成本等工具方法，随着计算机技术的不断发展，项目管理软件技术进步很快，项目管理工具方法体系更直接地体现在具体的项目管理软件当中。

3.1.2 建筑工程中施工管理的重要性

所谓建筑施工管理，主要指的是加强建筑全过程的施工组织和管理，其整个过程涵盖了建筑施工前期准备到施工过程再到后期竣工验收以及回访保修环节。而在整个过程当中，要想保障建筑工程施工质量，那么就必须要做好整个建筑施工过程的管理工作，并且建筑工程中施工管理工作做得是否合理，直接影响到建筑企业的经济效益以及在市场当中的地位。现阶段，伴随着社会的发展，各种新技术、新工艺、新材料的不断创新应用，使得建筑施工企业迎来了新的发展机遇同时也迎来了挑战，建筑结构变得更为复杂，功能更加多样化，所以，随着施工技术水平以及材料装备的不断更新，对管理的要求也就越来越高，那么如何营造一个科学、现代化建筑施工管理的体系就显得尤为重要。

对企业的经营效益起着很大决定作用的就是管理工作做得是否到位，并且与企业的信誉甚至企业的生死存亡都有直接的关系。建筑工程施工要求一定要具备技术装备及条件，这些技术条件与装备需要企业的技术力量及管理水平来支持与执行。建筑施工有一定的特殊性。建筑有较多的类型，样式也较多，对规模的要求也不一样，天气对施工作业会有很大的影响，因此，在生产的过程中必须要把管理工作做好，这样才能使施工顺利进行，并且使施工的质量得到保障，除此之外，还能达到建筑成本的降低的要求。建筑业的发展越来越快，新技术、新工艺、新材料与新的装备相继出现，与此同时，新工程的结构也变得越来越复杂，功能更加的特殊化，装修也变得更加新颖，这就要求生产技术要不断地提高，不断更新技术装备，并且还要提高技术管理的水平，施工管理的重要性被充分地体现出来。

建筑工程施工项目是由建筑企业自施工承包投标开始到保修期满为止的全过程中完成的项目。施工企业项目管理的基本任务是进行施工项目的进度、质量、安全和成本目标控制，而要实现这些目标就得从施工方项目施工管理抓起，施工方作为项目建设的一个参与方，其项目施工管理主要服务于项目的整体利益和施工方本身的利益。管理工作的好坏，很大程度上决定了企业的经营效益、企业信誉乃至企业存亡的问题。建筑工程施工必须具备一定的技术条件和技术装备，而这些技术条件和技术装备需要企业的技术力量和技术工作组织管理水平来支撑和实施。建筑施工有其特殊性。建筑的类型、样式繁多，规模要求各不相同，施工作业受天气影响较大，而复杂得多工种交叉施工、多项技术综合应用、工序搭接较多，在这些生产过程中都需要加强管理，进而保证施工正常有序地进行，以便达到预期的质量要求、使用功能要求和降低建筑成本要求的目标。随着建筑业的发展，新工艺、新技术、新材料、新装备不断出现，同时承担的新工程可能结构更复杂，功能更特殊，装修更新颖，从而促使生产技术水平再提高，技术主装备越先进，技术管理要求越高，这也使得施工管理更显重要。

（1）材料的采购供应及使用。工程施工中，其所需的材料种类繁多，并且经常有许多最新的材料应用问题。因此针对材料，必须解决好材料的采购供应、分类堆放及合理发放等方面的问题。对所需材料的品牌、材质、规格、数量要精心测算，一次到位以避免材料订购不符，进而影响工程进度。根据现场实际情况及进度情况，合理安排材料进场，对材料做进场验收整理分类，根据施工组织平面布置图指定位置归类堆放于不同场地。使用追踪清验。对于到场材料，清验造册登记，严格按照施工进度合理发放使用材料。

（2）技术支持。对于一个工程项目，其施工工艺复杂，材料品种繁多，各施工工种班组多。这就要求我们作为现场施工管理人员务必做好技术准备。首先，必须熟悉施工图纸，针对具体的施工合同要求，尽最大限度去优化每一道工序，每一分项（部）工程，认真合理地做好施工组织计划。其次，针对工程特点，除了合理的施工组织计划外，还必须在具体的施工工艺上作好技术准备，特别是高新技术要求的施工工艺。通过有计划有目的地培训，技术交底进而保证施工质量。再者，从技术角度出发，施工质量问题是否达到相关的设计要求和有关规范标准要求，仅仅对施工过程中的每一道工序做出严格的要求是远远不够的，必须有相应的质量检查制度，以确保工程质量。

（3）各级人员的管理与协作。从一定意义上来说，人是决定工程成败的关键。怎样才能使施工队伍中的技术管理人员和技术工人在施工中配合默契呢？首先，必须职责分明但不失亲和力，对工人要奖罚分明多鼓励，从精神物质上双管齐下，培养凝聚力。其次，必须完善施工队伍的管理体制，各岗位职责权利明确，做到令出必行，才能面对工期紧逼、技术复杂的工程时，按期保质地完成施工任务。再者，针对具体情况适当使用经济杠杆的手段，对人员管理必定起到意想不到的作用。

（4）工程施工。施工的关键是进度和质量。进度是施工管理中不可缺少的重要一环，有着特殊的重要地位与作用。进度与工程施工管理的关系与作用：进度控制的目标与投资控制、质量控制的目标是对立统一的，一般说来，进度快就要增加投资，但工期提前也会提高投资效益；进度快可能影响质量，而质量控制严格就可能影响进度；但如果质量控制严格而避免了返工，又会加快进度。工程管理就是要解决好三者的矛盾，既要进度快，又要投资省、质量好。影响工程进度的因素分析：对于工程进度的影响因素，一般认为有人为因素、技术因素、材料和设备因素、机具因素、地基因素、资金因素、气候因素、环境因素等等，但我认为，人的因素是最主要的干扰因素，常见的有以下几种情况：对项目的特点与项目实现的条件认识不清。比如过低地估计了项目的技术困难，没有考虑到设计与施工中遇到的问题。项目参加人员的工作失误。如设计人员工作拖拉，建设业主不能及时决策；施工队伍的选择失误；有关部门拖延了审批时间。不可预见的事情发生。如暴雨洪水、工程事故等天灾人祸的发生。项目进度管理需要做好的工作：要搞好项目的进度管理，需要重点解决以下问题：建立项目管理的模式与组织结构。一个成功的项目，必然有一个成功的管理团队，一套规范的工作模式、操作程序、业务制度，一流的管理目标；建立一个严密的合同网络体系。一个较大的工程，是由很多的建设者参加的共同体，这就需要有一个严密的合同体系，从而避免相互的拆台、扯皮；制定一个切实可行的工程进度计划。这一计划不仅要包含施工单位的工作，还要包含业主、设计单位、监理单位的工作等。项目进度计划的检查与调整：在项目实施中，经常出现实际进度与计划进度不一致的现象。这种偏差必须采取措施予以纠正。项目部通过结合现场情况，了解工程实际进展情况，对工程的施工进度及存在的问题及时发现，并分析偏差的原因，分析偏差是否影响到后续工作和总工期并采取各种手段解决进度滞后问题。施工质量能否得到保证，除了施工中使用合格的材料外，最主要的是一定要严格按照相关的国家规范和有关标准的要求来完成每一道工序，严禁偷工减料。狠抓施工阶段的质量控制，必须贯彻执行“三检”制，即自检、专检、联检，通过层层的检查，验收后方允许进入下一道工序，从而确保整个工程的质量。高度重视项目施工过程中的质量控制：工程项目施工涉及面广，是一个极其复杂的过程，影响质量的因素很多，施工中极易造成质量事故。因此工程项目施工过程中的质量控制，就显得极其重要。一定要高度重视，对影响工程质量的人员、施工工艺、机械工具、材料和环境五大因素要进行控制。

（5）资料与施工同步。项目施工中，资料与施工要同步进行。任何项目的验收，都必须有竣工资料这一项。竣工资料所包含的材料合格证、检验报告、竣工图、验收报告、设计变更、测量记录、隐蔽工程验收单，有关技术参数测定验收单、工作联系函、工程签证等等，都要求我们在整个项目施工过程中要注意收集归类存档。如有遗漏，将给竣工验收和项目结算带来不必要的损失，有的影响更是无法估量。

（6）成品保护。在工程施工过程中，成品保护可谓至关重要，对于每一道工序，任何一小点的破坏都会从整体上破坏观感质量，影响工程验收。因此，必须高度重视成品保护。

（7）施工中的安全管理。安全管理是工程建设的核心，是决定工程建设成败的关键。施工必须安全，安全为了施工，只有确保了安全，工程施工才能顺利进行，因此在工程项目施工中，必须重视安全管理。针对相应的施工安全问题，需设置专职安全员日日抓，天天讲，多培训学习，防患于未然。综上所述，工程项目的施工管理是一项较为复杂的工作，必须高度重视精心组织，科学管理，做好各方面的每一项工作，齐心协力才能按时保质地完成施工任务。

3.1.3　施工准备阶段的项目管理

施工准备阶段是建筑工程开工前的重要环节，它决定了在以后的施工过程中的各项协调工作和各施工工种、各项资源之间的相互关系。所以施工准备阶段是施工管理的重中之重，我们要努力做好施工准备工作。

1. 施工条件

本工程已具备“三通一平”的施工条件，施工用水、用电利用城市现有管网接至工地，基本上满足施工要求。消防用水，安装临时加压泵，敷设钢管供各层消防。施工排水经沉淀后排入城市污水管道。按有关文明施工规定进行临时设施的报建工作，得到城市规划、市政、环保等部门审批后方可搭建，按施工平面布置图搭设办公室、食堂、材料仓、水泥仓、监理办公室及会议室、厕所等各种临时设施。另外，根据公司文明施工的规定在相应位置设立各种标志牌。

2. 施工准备阶段

由生产技术部门协助项目组织有关人员认真学习图纸，并进行自审、会审工作，以便正确无误地施工。通过学习，熟悉图纸内容，了解设计上要求施工达到的技术标准，明确工艺流程，进一步了解设计意图和要求，必要时根据设计意图修正或提出新的施工实施方案。

进行自审，组织各工种的施工管理人员对本工种的有关图纸进行审查，掌握和了解图纸中的细节。组织各专业施工队伍共同学习施工图纸，商定施工配合事宜。组织图纸会审，由设计方进行交底，理解设计意图及施工质量标准、准确掌握设计图纸中的细节。

编制施工图预算和施工预算，由预算部门根据施工图、预算定额、施工组织设计、施工定额等文件，编制施工图预算和施工预算，以便为施工作业的计划的编制、施工任务单和限额领料单的签发提供依据。

建筑材料准备，根据施工组织设计中的施工进度计划和施工预算中的工料分析，编制工程所需的材料用量计划，作好备料、供料工作和确定仓库、堆场面积及组织运输的依据。根据施工进度计划的要求编制施工材料和用品需要计划，按时、按质、按量组织进场并按现场布置图要求绘制各施工阶段的计划，材料堆放整齐。根据规范规定和要求进行各种材料的检测、试验以保证工程质量。

施工机械准备，根据施工组织设计中确定的施工方法、施工机具、设备的要求和数量以及施工进度的安排，编制施工机具需用量计划，组织施工机具设备需用量计划的落实，必须预先做好维修保养工作，确保按期进场。

人员组织准备。根据施工计划的部署安排本工程，各主要专业工程均选用专业队伍。根据确定的现场管理机构建立施工管理层，选择高素质的施工作业队伍进行该工程的施工。根据该工程的特点和施工进度计划要求，确定各施工阶段的劳动力需用量计划。对进场工人进行必要的技术、安全、思想和法制教育，使工人树立“质量第一，安全第一”的正确思想；遵守有关施工和安全的技术法规；遵守地方治安法规。向班组进行计划和技术交底，使班组明确自己的任务、质量安全和进度要求。做好施工队伍的组织及特殊工种的培训、健康体检及安全教育工作，加强环境保护意识，制定防扬尘及环境保护措施。

与建设单位的协调。工程开工后主动与建设单位取得联系，服从建设单位意见。及时与建设单位办理有关签证手续。向建设单位提交所需资料文件。结合工程情况提出合理化建议。

与监理工程师的协调。进入现场后将严格按照施工方案进行施工，完全接受监理工程师的质量监督检查，接受监理工程师的验收和不合格的整改意见，协助监理工程师开展工作。

施工现场准备。事先向甲方征询地下管线分布情况及相关地块管线分布图，以安全施工为前提遇到不明情况及时向相关单位咨询并请相关人员到现场认定，做好标记标明管线走向及警示牌，在确保万无一失情况下施工。依据施工图和作业计划编制材料需用计划和进场时间表。对地下管线敷设及地上设施等进行勘查登记避免发生破坏及不必要的损失。安排落实施工机具进场时间，组织落实专业队伍进场。清理现场，落实供水、供电情况及通信设施搭设，施工中必用的临时设施应做好施工现场平面布置。

3. 施工进行阶段

（1）施工队伍的管理。施工队伍主要包括项目经理、技术员、施工员、材料员、安全员等众多岗位，而项目部需要根据参建项目的整体规模和施工的具体情况来进行管理人员的职能分配，组织各个职能部门需要加强对施工项目整体情况的了解，确保在施工过程中能够有条不紊地进行，最后还要在施工工期内制定详细的施工进度计划。

建立以项目经理为首的管理层，推行项目法施工，承担整个工程项目过程中的质量、工期、安全、文明施工等的组织协调和管理工作，在施工进度控制上，着重将责任分解，落实到人，促使项目管理人员优质高效地完成本职工作，同时做好与各有关单位及施工队伍的协调配合工作，避免互相拉扯，保证各工期控制点目标的实现。

（2）施工材料的管理。施工材料作为建筑物的基础，做好施工材料的管理对于提升建筑工程质量有重要作用。所以，我们可以在施工项目部根据造价预算的实际情况分发的施工材料表，进行核对各分项施工材料的用量，制定成施工材料计划表，再由材料采购人员根据此表来进行采购，在这个过程当中，采购人员需要严格掌控施工材料的质量符合相关的要求。

物资材料计划应明确材料的数量、规格和进场时间。现场材料储备应有一定的库存量，以保证工程提前或节假日运输困难时，工程对物资材料的需要，确保现场施工正常进行。

（3）施工设备的管理。在建筑施工中需要应用到各种大、中型的施工器械，这些施工机械通常都是建筑企业物资供应部来提供，物资部设备部门根据项目提供机器名称，提供施工设备并对设备进行维修，从而保证施工设备在施工过程中能够正常稳定地工作。

根据本工程的需要选择性能优良的施工机械，合理布置，以保证各种物资材料的加工、运输能及时到位，使现场施工按正常的施工程序进行，特别要加强使用中的设备维修保养，使机械处于良好状态，为施工进度提供可靠保证。按计划进场的机具，进场前必须进行维护、保养和试运转工作，保证所有机具进场后能够投入正常的使用。

（4）施工技术的准备。施工人员需要在对施工图纸详细掌握的基础上，针对施工图纸，归纳出在施工过程中可能遇到的那些问题，统一上报给相关的部门进行协商探讨，共商处理对策，这样就能有效地避免在施工中出现问题影响施工的顺利进行。此外，施工技术人员还要在项目部的指导下，根据参建项目的综合特点，进行施工组织设计方案的编制，做好施工技术的准备工作，有效地确保施工的顺利进行。

（5）工作调配。做好施工协调配合工作，保证按正常的施工程序进行施工，确保各控制点目标的实现。在施工中不但要按计划施工，而且要严格按照正常的施工程序进行施工，切不可为赶施工进度而违背施工程序打乱仗，影响整体工程施工进度。因此，施工中要认真做好土建工程各工种之间以及土建与安装之间的协调配合工作，特别是土建与安装的预埋预留工程之间的协调配合工作。由于工程的预埋预留工作量较大，因此，在土建各施工工序之间要留出时间给予安装预埋预留施工，在砼浇筑前要认真逐一检查预埋标高是否准确。保证预埋预留工程的施工质量符合设计要求，以免造成漏埋、漏留或留设位置不正确而导致返工，影响工程施工进度。

（6）质量管理。搞好质量管理。严格按照质量体系要求，执行施工程序，保证各分项工程质量一次成活，避免返工与耗时费工。搞好与建设单位、设计单位、监理单位的配合，在多边的条件下尽早把变更修改的内容决定下来；认真细致组织图纸会审，及时解决图纸中所存在的各种技术问题。样板间、样板层等要早做，以便能够早日把工法和标准定下，以便能够提早进入大面积施工。加强质量检查和成品保护工作，尤其是样板间的贯彻和施工过程中的监督检查工作，确保各道工序顺利一次成功，减少返工、窝工造成的时间浪费和对其他工序工程的延误、压缩和对整体工程的拖延。为充分调动项目全体员工的积极性，针对各项目控制点的实现制定奖罚措施，对按期完成的给予一定的奖励，否则予以罚款，以带动整个工程施工健康、顺利地按期完成。

（7）资金管理。落实资金管理，保证施工正常进行。以工程合同为准则，搞好资金的管理，督促、检查工程总包合同和各专业单位分包合同的执行情况，使财力能够准时投入，专款专用。

（8）施工安全管理。一直以来，建筑安全问题是社会各界共同关注度最高的一个话题，同时安全管理问题也是施工管理工作的核心内容。在施工过程中，安全管理的原则是要预防为主，防患于未然，相关部门需要制定相关的安全教育培训计划，确保在建筑施工过程中做好安全监督和安全检查工作。加强施工安全及消防、文明施工、现场与环保、治安保卫工作以及与政府各部门的联系，提供完善的总承包管理和服务，减少由于外围保障不周或事故而对施工造成的干扰，从而创造良好的施工环境和条件，使施工人员能够集中精力搞施工，施工过程能够不间断地快速进行。

（9）施工进度控制。根据总工期和每个工期目标控制点，按实际情况进一步细化施工进度计划，编制切实可行的季度计划、月计划、周计划，确保施工计划的进一步落实。根据阶段性控制目标，每周召开生产协调会，解决施工生产过程中影响施工进度的问题，如实际施工进度与进度计划有超前或拖后时，应对施工进度计划作适当调整，以适应总进度计划的要求。实行“日报表”制，对每天的施工进度情况进行跟踪检查记录，并对照周计划随时调整，确保各控制点目标的实现。

（10）施工后期的管理。在建筑施工中施工后期的管理工作同样非常重要，但是因为施工的后期阶段，项目的各项内容都非常精细，各个环节交叉重叠在一起，很容易造成施工时间的增加，延误了施工的顺利实施。因此，作为施工管理者一定要加强重视施工后期管理的工作，我们可以按照项目施工后期的规模及特点，合理安排施工管理的各项工作职能，有效地实现目标的层层落实以及工作效率的提升。

3.1.4 目前我国建筑工程施工管理存在的问题

改革开放以来，建筑行业为中国经济的发展做出了巨大的贡献。随着中国城市化的快速发展，建筑工程项目不断增多，所以对建筑工程项目的施工管理提出了更高的要求。进入21世纪以来，我国的建筑工程施工管理水平有了很大的提升，但仍然存在着很多隐患，例如施工质量事故、施工技术落后、施工进度拖延等。现阶段我国虽然对建筑施工管理有了一定的研究，但仍然没有科学的、系统的结论，与国外发达国家相比存在很大的差距。

随着中国经济的快速发展，作为国民经济支柱产业之一的建筑业也获得了快速发展，主要表现为：建筑施工工地数量急剧增多；建筑施工队伍迅速膨胀。建筑业因设计多样化，施工复杂化、建筑市场多元化、高空作业多和职工整体素质较低等特点，决定了施工生产过程中难以避免的不确定性，施工过程、施工环境必然处于多变状态，因而潜在的安全隐患增多，若处置不当容易发生安全事故，给人民生命财产造成损失，影响社会稳定。

建筑安全生产关系到国家和人民群众生命财产安全，关系到人民群众的切身利益，甚至关系到社会稳定的大局。但是由于建筑生产具有一次性、复杂性、露天高空作业多、劳动力密集等特点，使得建筑安全事故频繁发生。

和国外发达国家相比，我国建筑安全水平从管理制度和理念、评估方法手段、市场主动调节等方面还存在着很多不足，制约着安全管理向纵深发展，我国年死亡率比起发达国家还高出许多，建筑安全水平要达到发达国家水平还有很长一段路要走。

1. 施工管理方面存在问题

在建筑设计中会涉及很多的内容，所以，在建筑设计中也有很多管理方面的问题存在。例如安全方面，怎样来实现结构设计、抗震、防火及加固等功能。设计与技术间存在各种矛盾，就会导致管理方面的不利，所以，这些矛盾如何解决是建筑设计需要解决的问题，除此之外，还包括与需要间存在的矛盾，设计本身与使用者、投资者、施工制作及城市规划间的矛盾，还有建筑物群体与单体间的矛盾，以及建筑物外部与内部间存在的矛盾等。以上这些矛盾有的可以通过管理进行解决，但很多时候又是不能解决的，管理者在进行决策的时候就会变得犹豫不决，有时还会做出错误的决定，这给安全质量带来很大的风险。

与蓬勃发展的建筑行业不相称的是，我国至今仍未建立起完善的建筑工程施工管理体系，大部分建筑企业自身的管理组织体系尚未完善，在技术管理、人才管理、服务功能以及组织体系等方面都无法达到现代建筑工程施工管理的相关标准和要求。虽然国家也就此制定了一些规章制度，然而现实的情况是绝大部分建筑企业都没有执行这些制度，甚至有些建筑企业只建立项目承包部门，并没有依据材料采购、施工经营管理以及质量控制等成立专门的部门，从而使得建筑工程施工管理缺乏规范以及有序性。

高位瘫痪的脱节管理模式。激烈的市场竞争迫使相当部分建筑施工企业实际丧失了自主权和控制权，被动地依附项目承建人，仅收取管理费，从而被迫违心听从和放任于项目承建人，项目承建人又把工程进行层层转包或分包，从而造成部分建筑施工现场，未能很好贯彻落实有关建筑施工安全文件，造成政令不通和建筑施工现场失控的被动局面。

一组统计数字显示，建筑物的平均使用寿命，英国为 130 年，欧洲大陆为 80 年，即使建筑更新较快的美国也达到了 60 年，而在中国内地，建筑物的平均使用寿命还不到 30 年，见图 3-3。建筑物的使用寿命是其质量的客观反映，我国建筑物的使用寿命如此低，其质量难免令人担心。从宏观角度分析，既有政策方面的原因，也有市场方面的原因。然而更突出的问题却存在于微观方面，建筑施工企业的内部管理存在问题。如管理职责不落实，资源配置不充分。大部分质量管理上的不合格项和实物质量不合格的出现都与职责不落实密切相关。对分承包队伍的评价选择和管理不能满足实现质量目标的需要。对劳务分承包队伍的评价大多只停留在其所持证件的验证，忽视对其实际质量保证能力的评价、考察。预防、纠正措施的机制形同虚设。政府监管不到位，竣工验收把关不严。有些工程违反法定建设程序，未办理相应手续就盲目开工建设；有些工程层层转包，企业资质审查不严；有些工程施工图纸未经审查即开始施工，边施工边设计，盲目追求施工进度，留下很多质量隐患。验收作为工程质量的最后一道关口，最初由政府监管部门把关，但随着政府职能的转变，实行竣工验收备案制后，工程质量由业主负责，开发企业在验收过程中处于主导地位，一些质量监督部门监督不力，竣工验收并没有发挥其应有的作用。

图 3-3 我国建筑使用寿命现状

2. 施工质量与安全方面存在问题

自从四川汶川发生地震以后，政府以及社会各界对于施工的质量及安全变得更加的关注，建筑施工一旦出现质量安全问题，不但给国家与企业带来很大的经济损失，还会导致民众不再相信中国的建筑。尽管如此，在关于施工质量及安全的问题上，一些责任单位仍存在管理方面的问题，如：有的建设单位不按照法律法规进行作业，不按施工企业的资质要求承接业务，导致市场中出现很多不合格的施工企业。还有的施工项目对应招投标的项目不进行实质的招投标，导致建筑市场的混乱，还有更为严重的是部分施工单位只为了收取管理费，允许没有资质的施工企业挂靠在自己的名下，以自己的名义承接工程，这些管理中存在的问题都会给质量安全带来很大的威胁。

一些地区建设主管部门和一些企业没有真正树立安全发展的理念，并没有按照要求将安全工作纳入发展规划和重要议程。存在一些建设主管部门的主管领导和协调部门的工作人员，根本不懂安全工作却要领导和协调这方面的工作，以致只能应付任务，造成所管辖范围的安全工作滞后于质量管理和资质管理；而有些建筑企业的领导不能把安全生产工作真正摆在应有位置，看不到安全工作对企业发展的重要作用，安全生产规章制度不健全、责任制度不落实，甚至还有的领导认为“建筑施工死人不可避免”，片面强调妨碍建筑施工安全的客观原因，忽视或开脱自己作为主管责任。

从目前建筑业的总体情况来看，操作工人主要是来自农村的多余劳动力，其文化素质普遍偏低，安全意识普遍缺乏，安全技术素质普遍偏低。主要原因是企业对使用的职员教育培训不到位，甚至放任不管，招来即用。这部分人员目前占操作者的绝大多数，缺乏基本的安全知识，不具备起码的安全意识；从伤亡事故的统计情况来看，绝大部分的伤亡者也是这部分人。很多建筑工程施工管理人员并没有意识到施工安全的重要性，过于强调工程施工的实际效益，致使目前我国的建筑工程施工的安全管制较差，很多建筑企业对于安全生产的要求流于形式。在实际施工的过程中，只是一句口号，并没有制定完善、规范的施工安全体制，很多施工人员并没有按照规范进行安全施工，在施工现场也没有必要的安全设备，一些新进的施工人员，也没有积极做好安全预防的教育工作。目前施工现场经常出现施工洞口没有及时防护，电线、电缆乱拉乱接，施工电梯、塔吊等大型设备没有做好相应的漏电以及没有接地保护，这些问题都存在严重的安全隐患。安全经费投入不足，安全设施、设备、用品、用具等配备不到位。安全经费和安全设施的投入，是进行安全生产，抓好安全生产的重要保证。

施工材料是关系到建筑工程施工质量的重点，建筑工程施工需要的材料种类繁多，很难实施全面的管理控制。因此，许多建筑企业对于施工材料的质量主要通过随机抽样检查的形式实现，同时由于建筑企业事前未能与相应的材料供应商建立起有效的沟通交流机制，导致在施工后出现材料供应不足的问题；而且还存在着某些建筑企业对于施工材料的检查较为随意，不依据施工材料检查的规章制度实施检查，致使某些不达标的施工材料被用于施工，尤其是一些现代化的新兴材料，之前并没有接触过，很多质检师并不了解新的材料，导致材料质量存在很大的安全隐患。

工期延长造成设备租赁费等费用的增加，为了抢工期额外发生很多质量上的事故而造成成本增加。在激烈的市场竞争中，建筑企业为了生存和发展，多是低价中标，所以普遍存在片面强调工程造价低，或资金不到位、拖欠工程款等现象，在压缩各项费用支出时首先压缩安全支出，致使施工现场安全设施标准偏低，安全设施陈旧、老化，操作人员的自身防护用品缺乏，职工处在一个充满事故隐患的生产和生活环境中。有些单位领导在侥幸心理支配下，舍不得必要的安全投入，不愿开展必要的安全活动，保护措施不到位，致使安全状况得不到有效改善。

相关部门安全监管不力。我国安全执法检查监督的力量明显不足：工程项目数量巨大，而监督力量薄弱。如在建的建筑企业单位工程达 100 万个，而监督执法人员不足万人，这样平均每个安全执法员要监管 100 多个工程项目。安全检查的方式还主要以事先告知型的检查为主，不是随机抽查及巡查，多流于形式。缺乏权威性和真实性。很多地方领导在思想上出于对自身政绩的考虑，对于安全事故有大事化小，小事化了的思想，安全事故记录与管理缺乏权威性和真实性，建筑安全事故瞒报、漏报、甚至不报现象普遍发生。安全检查中的违纪违法问题不能得到及时严厉的惩处，安全责任事故的法定损失赔偿标准偏低，“私了”现象普遍。检查内容上只注重施工过程实体安全，而不注重监督检查企业安全责任制的建立和落实情况。此外，建筑安全监督机制缺乏协调有序，出现一些部门职权划分不清、政出多门、多头管理、各行其是的现象，使得政府安全管理整体效能相对减弱，企业无所适从，负担加重。这些都严重干扰我国建筑安全形势的进一步好转。

建筑安全法律责任不明确。按照《中华人民共和国建筑法》第五章“建筑安全生产管理”第 16 条的规定，建筑施工安全责任几乎完全由建筑企业承担，建设单位（业主）承担的责任非常有限。作为业主代表的监理单位按《建筑法》的第四章规定，从法理上对施工单位的安全问题不承担监督管理责任。因此在我国，业主和监理单位一般只注重工程的质量、进度、投资等问题，而对施工过程的人员、机械等安全问题则认为是施工企业内部的事，很少参与管理。作者认为，有必要进一步完善现行的法律法规，建立多方安全连带责任制，让业主和监理单位承担部分安全监督管理法律责任，使得安全施工活动时刻处在监管之下，不仅弥补了政府安检部门力量不足，检查不细的缺陷，而且调动了各方重视安全生产的积极性。

缺乏完备的建筑安全业绩评估指标。我国对建筑企业施工安全评估主要由政府安全检查执法部门采用“安全检查评分表”打分的方法进行。这种安全检查的方式具有被动性和一定的偶然性，只能静态地反映某一特定时刻的安全施工状况。往往国家开展安全大检查的年份（或月份），安全形势明显好转，一旦风声过去，安全事故极易反弹。并且“安全检查评分表”的得分，不能充分反映出企业是否具有良好的安全业绩，企业间的安全状况也缺乏横向可比性。应该建立一套适应我国国情的，能充分反映建筑安全业绩的指标体系，不仅可以满足政府安全管理机构、建设单位（业主）、保险公司等部门了解施工企业安全状况和业绩的需要，从而促使建筑企业更加关注自身的安全形象，立足于激烈的市场经济竞争之中。

缺乏有效的市场激励机制。实践证明，安全状况仅仅依靠外部法律制度强压的被动做法，其效果有限，要彻底扭转被动局面，必须借助市场经济杠杆的巨大调节作用，变被动为主动，充分调动建筑业主体真正自发追求良好安全业绩的动力。由于建筑市场安全制约机制不健全，建筑企业在市场竞争中不重视安全业绩，有关安全的强制保险制度不完善，违规处罚力度较轻等原因，市场经济杠杆对我国建筑企业安全业绩没有发挥出应有的积极调节作用。而由于保险法制不健全，没有权威及真实的安全业绩纪录，建筑企业安全状况无法判断，保险公司不敢过多涉足建筑市场，直接导致建筑保险市场发展缓慢，保险险种单一，保费高昂，理赔困难，大多数建筑企业参加保险的积极性不高。

3. 成本管理方面存在问题

施工企业成本管理人员的观念淡薄，落实情况较差。很多施工企业还停留在按部就班的完成产值的观念中，并没有把全过程、全方位、全要素、全员参与控制成本支出提到日程上来，忽视了产值增大，利润减少的情况；有些施工企业已针对成本管理制定了相关的方法和措施，但在具体实施过程中却因为机制、分工等种种问题得不到真正落实。这种只安排工作而不考核其工作效果，或者只奖不罚、奖罚不到位的做法，不仅会严重挫伤有关人员的积极性，而且会给今后的成本管理工作带来不可估量的损失。建筑施工企业对安全生产及文明施工工作重视不够。在管理工作中，未能将施工的安全管理工作摆到应有位置，未能真正认识到建筑施工安全生产责任重大。国家有关建筑的法律、法规、规范、标准和省级下发的建筑施工安全生产文件，不能及时传达贯彻和落实到每一个施工现场，安全施工监管薄弱，检查、处罚不到位。

成本管理水平较低，对生产成本控制不严，浪费现象严重。目前我国基础建设投资步伐较前几年已经放缓，施工企业的竞争更趋于白热化，使得工程项目利润空间受到挤压，造成了目前施工企业非常艰难的现状。要想改变这种局面，就必须扩大利润空间，在施工合同金额已经确定，找建设单位变更索赔也非常困难的情况下，降低工程成本尤其显得重要，就必须完善成本管理。有些项目施工队伍选择不当、工作效率低等造成人工费的浪费严重；有些项目不严格执行领料用料制度、有的材料失窃时有发生，造成材料费浪费严重；有些项目机械设备闲置等造成的机械使用费浪费严重；监督机制也不健全，出了问题往往找不到责任人。

成本控制存在于整个项目的各个环节，而各环节或多或少存在一定的问题，具体如下：首先，投标环节存在的问题。由于受外部环境的影响和企业内部管理水平的制约，投标环节主要存在以下两方面的问题：建筑市场竞争日益激烈，投标报价风险加剧。投标单位为提高中标率，在报价时恶性竞争，相互压低报价，使造价降低幅度达到预算成本难以接受的程度，严重地制约了项目的效益水平；投标费用难以控制。由于建筑市场管理尚不规范，到处存在拉关系、找门路的情况，投标费用占企业管理费的比例偏大，且有逐年上升之势。其次，项目评估环节存在的问题。企业对中标项目进行评估，目的是通过评估编制该项目的目标责任成本预算，测算项目效益指标，然后根据评估结果签订项目目标责任合同，明确利润指标及其他经济指标。评估中存在的问题主要有：项目评估依据不统一；项目评估思路与方法随意性强；为了提高项目评估效益指标，有意压低应上交费用，变相降低项目应承担的劳动保险费等政策性费用，有违国家政策，侵害国家和职工的长远利益。最后，考核奖惩环节存在的问题。项目竣工后由于种种原因决算工作较为滞后，有的一拖就是一年半载，给绩效考核带来困难。由于绩效考核不及时，项目完工后的费用控制常常被忽视，费用支出时有发生，对项目效益影响较大。此外，项目绩效考核存在奖罚不对等的现象，项目盈利了皆大欢喜，奖金不少发，亏损了就找客观原因，千方百计减轻处罚或不予处罚。这种奖罚不对等，实质是企业缺乏科学公正的激励与约束机制，不利于调动广大员工的积极性，必然损害企业的长期利益。

非生产性支出管理不严，铺张浪费严重。企业存在超规格购置小车，对小车管理不严的现象，对业务招待费、差旅费等重要费用也没有控制标准。

4. 施工技术方面存在问题

建筑工程施工包含的项目众多，不仅涵盖建筑屋面、地基基础、主体结构等，同时它们中每一项施工的工序要求都各有不同。随着我们对于建筑工程质量要求的逐渐提高，不少建筑企业依然沿用陈旧的施工技术，同时建筑企业缺乏对施工具体环境的了解，在尚未完全掌握设计图纸的重点前，导致建筑企业无法就具体的施工环境以及企业陈旧的施工技术实施有效的组织分工。建筑企业施工人员技术水平不高，当前一线的施工人员绝大部分属于知识水平较低的农村务工人员，他们不仅缺乏相应的建筑知识，更很少接受过相关的知识、技术的培训。

3.1.5　做好建筑工程施工管理的建议

建筑工程项目是企业生产和管理的基点，同时也是企业经济效益的源泉，做好建筑工程施工管理是企业实现质量控制目标的根本保证。加强工程项目施工管理，提高项目的运作质量，也是施工企业生存和发展的必要条件。提高建筑工程施工管理的对策主要包括以下几点：

1. 抓好项目质量保证体系。质量体系是达到施工质量要求的组织、程序、过程和资源，那么，施工企业为提升建筑工程的整体质量就要加强注重管理水平的提升，建立由项目经理作为第一责任人的总工程师负责制，各级质量和技术管理部门和质量监督部门为监督的质量体系，之后在通过质量监督检查、内部审核和管理评审，分析建筑施工质量形成的整个过程，进而促进建筑质量体系有效运行的规范化。同时，作为项目管理水平的项目管理部门，在建立建筑企业质量方针目标的同时，加强合同为业主的建设提供了保证。

建筑项目工程施工单位基于招标承包制度的管理在受到市场风雨持续的洗礼后，人们逐步形成了竞争意识与市场观念，并持续加强，项目施工能否顺利全面实施，合理解决企业与项目关系成为关键性问题，建筑市场国际化与逐步完善发展势必要求建筑项目工程施工管理应持续创新。

建立健全建筑工程全面质量监督管理的告知制度，提高建筑工程监督执法的社会及行业内的高透明度，使建筑工程质量监督真正成为“阳光监督”。工程建设各方从建设工程项目一开始，就应享有知情权，了解监督工作的方式、方法、内容和手段，以便充分调动和鞭策工程建设、工程监理和施工等受监督单位自查自纠、自我约束的积极性、主动性和规则约束性，使其自觉规范质量行为，减少和避免质量事故的发生。建立全方位的集体监督机制，保证执法监督的公正性和准确性。建立预先预警性、服务性的质量监督模式，做到和谐服务严格执法。建立行为监督与事实监督并重的质量监督运行机制，实现从单一事实监督向工程建设各方质量行为监督的延伸，并特别注意工程建设各方衔接部分的工程质量的有效监督。

强化管理，向管理要质量，向管理要效益。管理是通过人来掌握的，如忽视了对建筑工程质量和信誉切实相关的以人为本的技术质量创新——即企业素质、人力资源的开发，必然造成企业缺乏发展动力。全面质量管理是以全员的技术质量创新，提高人的工作质量，通过管理创新，使建设工程企业具有动力、凝聚力，形成强大潜力的内在机制，为提高工程质量，为企业生存和发展奠定坚实的群众基础。

2. 加强对施工人员的管理。施工人员根据在建筑施工过程中各项责任及其作用进行划分，可分为以下三类：领导人员、管理人员和操作人员。这三个阶层的人员，其综合素质和专项能力都是各不相同的，但是作为一名合格的施工人员，我们首先需要具备基本的职业素质和管理控制能力。要把选准项目经理，建好项目管理层，作为加强工程项目管理的“龙头”。首先，要实行项目经理职业化管理。项目经理应从受过正规培训、具有项目经理资格证书的人员中选拔。要制定项目经理任用制度，健全项目经理管理制度，明确项目经理的责、权、利、险，遏制不良现象。同时要加强项目经理后备人选的培养和作风建设，让他们有机会在项目经理、项目副经理、项目经理助理或见习项目经理岗位上锻炼，并不断提高其思想政治水平和职业道德水平，提高业务素质。

其次，要坚持精干高效，结构合理、“一岗多责、一专多能”的原则，做到对项目机构的设置和人员编制弹性化，对项目部管理层人员要根据项目的不同特点和不同阶段的要求，在各项目之间合理组合和有效流动。实行派遣与聘用相结合的机制，根据项目大小和管理人员性格、特长、管理技能等因素合理组合。防止项目经理自由组阁，形成独立“王国”，保证项融部管理层整体合作的有效发挥。要把项目评估、合同签订作为加强工程项目管理的基础。当前不少施工企业对项目评估、测算的地位和作用认识不足：有的评估、测算的权限不明确，方法不科学；有的评估、测算滞后，激励、约束不到位，缺乏动态跟踪考核，造成项目管理失控，项目盈亏到竣工时才算总账。

3. 优化施工成本管理。需要充分开展三项工作，就是做好项目的成本预算、计划使用以及合理规划经费支出；做好招投标阶段的成本控制，认真研究和深入了解招标文件中列出的条款，预测项目投标成本，认真撰写项目书，为未来可能的索赔和确定合同的有利条件提供保障。在施工成本管理过程中，首先要实现优化施工方案，对施工组织设计的招投标文件进行认真审查，同时在施工阶段的每一阶段的施工方案的选择，并牢牢把握施工方案的优化和编制的先进技术，建立合理高效的施工方案，从而有效降低成本，提高施工企业的经济效益。

4. 建筑工程进度控制。加强进度计划的审批。在建设项目正式实施时，作为项目的负责人，我们必须掌控项目施工的整体进度，使项目的整体安排，也就是说，项目进度的发展。进度计划不仅可以划分项目的进度目标，而且可以动态地监测项目的建设进度。对进度计划进行动态控制，即在不影响项目整体进度的前提下，对项目的进度进行一些修改和调整。由于施工项目在施工过程中总是会遇到各种意想不到的情况，那么我们应该结合外部世界的实际情况，对计划的进展进行不断的修订。特别是在材料采购方面，在规格、品种、质量和数量上都要不断调整，按施工进度计划。

5. 各个专业间要协调管理。作为建筑施工的组织者、管理者，应该充分认识施工管理协调工作的重要性，并讲究工作方法的科学性。应该有一个科学的管理模式，能在现有管理水平的基础上，针对影响工程质量品质的关键问题，从技术、人事制度上给予有效的、合理的解决。技术协调工作要避免交叉烦琐，提高设计图纸的质量，减少因技术错误带来的协调问题。图纸会签关系到各专业的协调，设计人员对自己设计的部分一般都较为严密和完整，但与其他人的工作不一定能够衔接。这就需要在图纸会签时找出问题，并认真落实，从图纸上加以解决。

6. 建立问题责任制度，建立由管理层到班组逐级的责任制度。建立奖罚制度，在责任制度的基础上建立奖惩制度，提高施工人员的责任心和积极性。建立严格的隐蔽验收与中间验收制度。隐蔽验收与中间验收是做好协调管理工作的关键。此时的工作已从图纸阶段进入实物阶段，各专业之间的问题更加形象与直观，问题更容易发现，同时也最容易解决和补救。通过各部门的认真检查，可以把问题减少到最小。组织协调要避免扯皮推诿。建立专门的协调会议制度，施工中甲方、项目经理应定期组织举行协调会议，解决施工中的协调问题。对于较复杂的部位，在施工前应组织专门的协调会，使各专业队进一步明确施工顺序和责任。特别要强调的是，无论会签、会审还是隐蔽验收，所有制定的制度决不能只是形式，而必须实实在在，所有的技术管理人员，对自己的工作、签名应承担相关责任。这些只有在统一的领导基础下，并设立相关的奖罚措施，才有可能落到实处。

加大对工程质量的监督力度。施工企业必须改变其管理方式，建立健全质量责任制。首先，从企业实际出发构筑企业内部组织结构。企业的发展靠一定的结构支撑，只有在结构合理、功能优化、职责分明的前提下，才可能形成企业的鲜明特色，形成领先竞争对手的优势。其次，重视内部秩序的重组。工作秩序是一种责任要求和纪律要求，更是企业效率的保障。

安全生产是施工企业的大事，施工技术员是工人的直接领导，必须十分重视安全。在施工中做到一事一交底，事事派专人负责，随时随地纠正和处理违章作业，消除不安全因素，保证工人的人身安全，防止事故发生，具体措施如下：建章立制，完善体系，层层把关，逐级签订安全生产目标责任书。监督人员应检查和督促施工企业建立健全安全生产责任制和安全生产教育培训制度，制定安全生产规章制度和安全生产操作规程，完善安全保障体系，对制度不健全，体系不完善，责任不明确的施工企业，要求限期落实整改，做到“有章可循，违章必究”。

7. 信息技术在现代施工管理中的应用。广泛建立基于网络的信息化共享平台及网上办公系统，建筑行业的发展越来越快，大规模建设项目也越来越多，并且成了施工企业的重要建设对象，在办理这些项目的过程中都会涉及很多国内外的工程文件，如：审核的标准、进度的安排、设计、图纸的变更等，包括的信息量非常大，涉及面也非常的广。如果只是采用传统的纸质的文件传输的话，就会给工程项目信息的管理带来很大的不便，在交流中会出现很多的误差，无形中降低了工作效率，增加了成本，这会给企业带来很大的经济损失。所以，我们可以采用信息化的技术，在信息共享的平台上进行网络办公，这样可以减少很多复杂的环节，用信息化技术代替纸质文件的工作模式，并且还能促进信息化建设的发展。

除此之外，我们还能够扩大建筑施工企业在信息建设中的应用职能，充分利用自动化的办公系统，对于网络招标、网上采购、网上资料查询以及网络会议的开展起到很大的推进作用。把信息技术进行推广，使计算机控制软件在建筑施工中得到充分的应用，如今，在建筑工程施工的过程中，对于信息技术的应用还只是停留在管理层面，要想把施工的效率提高，使施工企业更具科学化、创新化的发展，就必须把信息技术的应用渠道进行拓宽，使计算机工艺控制软件广泛应用到建筑施工中去。如信息技术在混凝土施工中的应用，并且要做到规范控制，能够对建筑施工材料的安全性进行检测，并对相关数据进行采集管理。

8. 提高全员施工成本管理意识。企业要全员全过程参与到成本管理中来，成本核算制是项目成本管理的依据和基础，由公司对各项目成本核算员实行统一委派，集中管理，定期或不定期学习、交流、考核并竞争上岗，建立健康有序的施工成本管理与核算工作网络程序。为解决好这个问题，必须抓好四个方面的工作：一是要提高认识。在思想上切实把项目评估、测算作为加强项目管理的基础、堵塞效益流失的第一道关口来认识。自觉地搞好评估和测算。二要加强评估、测算的组织领导，要成立专门的领导小组，有专人负责，有科学的评估、测算指标体系。三要依法签订承包经营合同，上缴风险保证会、委派主办会计。四要认真进行项目运行中的监督、检查、指导和考核。

要把深化责任成本管理作为加强工程项目管理的“核心”，建立健全项目责任成本集约化管理体系。体系应包括责任、策划、控制、核算和分析评价五方面内容。一要明确成本费用发生的项目部门、分队（班组）和岗位应负的成本效益责任，使成本与经济活动紧密挂钩；二要分时段对成本发生进行预测、决策、计划、预算等方面的策划。制定成本费用管理标准；三要综合运用强制或弹性纠偏手段，围绕增效及时发现和解决偏离管理标准的问题；四要认真加工和处理成本会计信息，以期改善管理、降本增效；要按期进行成本偏差和效益责任的分析评价，严格业绩考核和奖惩兑现。

堵住“四个漏洞”，实行“六项制度”即：堵住工程分包、材料采供、设备购管和非生产性开支等效益流失渠道。实行工程二次预算分割制、材料采供质价对比招标制、购置设备开支计划审批制、管理费用开支定额制、主办会计委派制和项目经理对资金回收清欠终身负责制，杜绝项目资金沉淀和挪用。

切实转变观念，强化成本意识，一是要树立“企业管理以项目管理为中心，项目管理以成本管理为中心”的经营理念；二是要树立集约经营，精耕细作和挖潜增效的观念；三是要树立责任、成本、效益意识，项目部全员参与，形成施工生产全过程控制成本费用的良好氛围。

9. 要合理地制订资金使用计划。使成本控制与进度控制相协调，严格按照工程技术规范和安全操作规程办事，减少和消灭质量和安全事故的发生，把各种损失减少到最低限度。在进度管理的同时更要加强施工质量管理，控制返工率，在施工过程中要严把质量关，使质量管理工作贯穿于项目的全过程中，做到工程一次成型、一次合格，杜绝返工现象的发生，避免因不必要的人、材、物等大量的投入而加大工程成本。

10. 合理安排施工任务，确保按期完成施工任务，凡是按时间计算的成本费用，在加快施工进度、缩短施工周期的情况下，都会有明显的节约。因此，加快施工进度也是降低项目成本的有效途径之一。为了加快施工进度，也会增加一定的成本支出，如在组织两班制施工的时候，需要增加模板的使用费、夜间施工的照明费和工效损失等费用。因此，在签订合同时，应根据业主要求和赶工情况，将赶工费列入施工图预算。

11. 加强人工费控制和材料成本控制。人工费一般占工程全部费用的10%左右，所占比例较大，所以要严格控制人工费，加强定额用工管理。主要是施工队伍要选择实力较强，遵守信誉的队伍；改善劳动组织、合理使用劳动力，提高工作效率；执行劳动定额，实行合理的工资和奖励制度；对施工队伍加强技术教育和培训工作；压缩非生产用工和辅助用工，严格控制非生产人员比例。材料成本是整个项目成本的重要环节，材料费一般占工程全部费用的60%左右，不仅比重大，而且有潜力可挖，材料成本控制的好坏将直接影响工程成本和经济效益。主要通过做好材料用量和材料价格控制两方面的工作来严格控制材料费。在材料用量方面：材料部门坚持按定额实行限额领料制度，根据本月消耗数，联系本月实际完成的工程量，分析材料消耗水平和节超原因，会同项目经理制订相应的措施，分别落实给有关人员和生产班组；根据尚可使用数，联系项目施工的形象进度，从总量上控制今后的材料消耗，而且要保证有所节约；尽量避免和减少二次搬运等。在材料价格方面，在保质保量前提下，要货比三家，择优购料；降低运输成本；减少资金占用；降低存货成本。

12. 加强机械费的控制。根据工程的需要，正确选配和合理利用机械设备，做好机械设备的保养修理工作，避免不正当使用造成机械设备的闲置，从而加快施工进度、降低机械使用费；同时，还可以考虑通过设备租赁等方式来降低机械使用费。

13. 优化设计方案，节约生产成本。在编制施工组织设计或方案时，应该选择技术上可行、经济上合理的施工方案，优化施工组织设计，达到施工组织设计与经济效益相统一。同时根据施工现场的实际情况，科学规划施工现场的布置，为减少浪费，节约开支创造条件。

14. 严控临时设施费及其他非生产性费用，避免造成铺张浪费。工程项目的临建设施应秉承经济适用的原则布置，最好是使用可以周转的成品或者半成品。对业务招待费等重点费用要核定标准，总额控制。

15. 竣工验收阶段的成本控制。竣工验收阶段的成本控制工作，主要包含对工程验收过程中发生的费用和保修费用的控制。项目完工后，要及时进行总结，并与调整的目标计划成本进行对比，找出差异并分析原因。在对项目进行全面总结评价的同时，施工企业根据工程项目成本控制过程的实际情况，注意总结成本节约的经验，吸取成本超支的教训，改进和完善决策水平，从而提高经济效益。

16. 加大应收账款的清欠工作，提高应收账款的回收率，公司资金集中统筹，调剂使用，可以减少贷款，从而达到减少财务费用的目的。

3.2 BIM在施工管理项目中的优势分析

随着建筑行业的快速发展，传统的分专业设计、分包施工的模式虽然提高了设计和施工速度，但是由于各专业的协作不紧密、三维设计无法表现、各施工队交接不衔接的问题，越来越多地困扰着设计和施工质量的提升。BIM的主要目标就是通过三维表现技术、互联网技术、物联网技术、大数据处理技术等方式使各专业设计协同化、精细化，全周期项目成本明细化、透明化，施工质量可控化、工程进度可视化，做到施工过程的精细化管理。由于社会对精细化设计的要求会越来越高，建设规模的速度不断降低，国家对于工程浪费等现象管理越来越严格，BIM 技术的推广和普及将是建筑行业发展的必然趋势。BIM 的应用，使工程项目造价管理从 2D 向 ND 不断发展，促进了工程造价管理的信息化和精细化进程。本文通过分析总结传统造价管理在建筑经济大环境下存在的问题，结合 BIM 的特征，研究 BIM 技术在工程造价管理中的应用。

3.2.1　传统项目管理可以提升的方面

传统的项目管理模式，管理方法成熟、业主可控制设计要求、施工阶段比较容易提出设计变更、有利于合同管理和风险管理。但存在的不足在于：

1. 业主方在建设工程不同的阶段可自行或委托进行项目前期的开发管理、项目管理和设施管理，但是缺少必要的相互沟通；

2. 我国设计方和供货方的项目管理还相当弱，工程项目管理只局限于施工领域；

3. 监理项目管理服务的发展相当缓慢，监理工程师对项目的工期不易控制、管理和协调工作较复杂、对工程总投资不易控制、容易互相推诿责任；

4. 我国项目管理还停留在较粗放的水平，与国际水平相当的工程项目管理咨询公司还很少；

5. 前期的开发管理、项目管理和设施管理的分离造成的弊病，如仅从各自的工作目标出发，而忽视了项目全寿命的整体利益；

6. 由多个不同的组织实施，会影响相互间的信息交流，也就影响项目全寿命的信息管理等；

7. 二维 CAD 设计图形象性差，二维图纸不方便各专业之间的协调沟通，传统方法不利于规范化和精细化管理；

8. 造价分析数据细度不够，功能弱，企业级管理能力不强，精细化成本管理需要细化到不同时间、构件、工序等，难以实现过程管理；

9. 施工人员专业技能不足、材料的使用不规范、不按设计或规范进行施工、不能准确预知完工后的质量效果、各个专业工种相互影响；

10. 施工方对效益过分地追求，质量管理方法很难充分发挥其作用，对环境因素的估计不足，重检查，轻积累。

因此我国的项目管理需要信息化技术弥补其不足，而 BIM 技术正符合目前的应用潮流。

3.2.2　基于 BIM 技术的项目管理的优势

“十二五”规划中提出“全面提高行业信息化水平，重点推进建筑企业管理与核心业务信息化建设和专项信息技术的应用”，可见 BIM 技术与项目管理的结合不仅符合政策的导向，也是发展的必然趋势。基于 BIM 的管理模式是创建信息、管理信息、共享信息的数字化方式，其具有很多的优势，具体如下：

基于 BIM 的项目管理，工程基础数据如量、价等，数据准确、数据透明、数据共享，能完全实现短周期、全过程对资金风险以及盈利目标的控制；基于BIM技术，可对投标书、进度审核预算书、结算书进行统一管理，并形成数据对比；可以提供施工合同、支付凭证、施工变更等工程附件管理，并为成本测算、招投标、签证管理、支付等全过程造价进行管理；BIM数据模型保证了各项目的数据动态调整，可以方便统计，追溯各个项目的现金流和资金状况；根据各项目的形象进度进行筛选汇总，可为领导层更充分地调配资源、进行决策创造条件；基于BIM的4D虚拟建造技术能提前发现在施工阶段可能出现的问题，并逐一修改，提前制定应对措施；使进度计划和施工方案最优，在短时间内说明问题并提出相应的方案，再用来指导实际的项目施工。BIM技术的引入可以充分发掘传统技术的潜在能量，使其更充分、更有效地为工程项目质量管理工作服务；除了可以使标准操作流程“可视化”外，也能够做到对用到的物料，以及构建需求的产品质量等信息随时查询。采用BIM技术，可实现虚拟现实和资产、空间等管理、建筑系统分级等技术内容，从而便于运营维护阶段的管理应用；运用BIM技术，可以对火灾等安全隐患进行及时处理，从而减少不必要的损失，对突发事件进行快速应变和处理，快速准确掌握建筑物的运营情况。

总体上讲，采用BIM技术可使整个工程项目在设计、施工和运营维护等阶段都能够有效地实现建立资源计划、控制资金风险、节省能源、节约成本、降低污染和提高效率（见图3–4）。应用BIM技术，能改变传统的项目管理理念，引领建筑信息技术走向更高层次，从而大大提高建筑管理的集成化程度。BIM集成了所有的几何模型信息功能要求及构件性能，利用独立的建筑信息模型涵盖建筑项目全生命周期内的所有信息，如规划设计、施工进度、建造及维护管理过程等。

BIM技术较二维CAD技术的优势。基本元素方面，CAD技术的基本元素为点、线、面，无专业意义。BIM技术的基本元素为墙、窗、门等，不但具有几何特性，同时还具有建筑物理特征和功能特征；修改图元位置或大小方面，CAD技术需要再次画图，或者通过拉伸命令调整大小。BIM技术所有图元均为附有建筑属性的参数化建筑构件，更改属性即可调节构件的尺寸、样式、材质、颜色等；各建筑元素的关联性方面，CAD技术各建筑元素之间没有相关性，BIM技术各个构件相互关联，如删除一面墙，墙上的窗和门将自动删除，删除一扇窗，墙上将会自动恢复为完整的墙；建筑物整体修改方面，CAD技术需要对建筑物各投影面依次进行人工修改，BIM技术只需进行一次修改，则与之相关的平面、立面、剖面、三维视图、明细表等均自动修改，建筑信息的表达方面，CAD技术纸质图纸电子化提供的建筑信息非常有限，BIM技术包含了建筑的全部信息，不仅提供形象可视的二维和三维图纸，而且提供工程组清单、施工管理、虚拟建造、造价估算等更加丰富的信息。

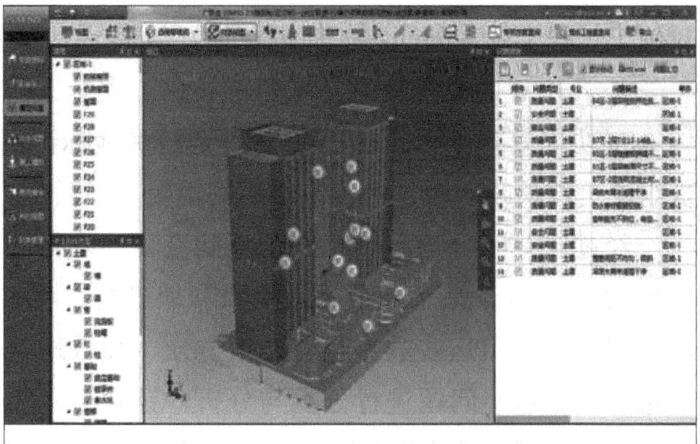

图3–4　BIM成本管理可视化

BIM技术提供给建设各方的益处主

要包括：业主方，实现规划方案预演、场地分析、建筑性能预测和成本估算；设计单位，实现可视化设计、协同设计、性能化设计、工程系统设计和管线综合；施工单位，实现施工进度模拟、数字化建造、物料跟踪、可视化管理和施工配合；运营维护单位，实现虚拟现实和漫游、资产、空间等管理、建筑系统分析和灾害应急模拟；软件商，软件的用户数和销售价格迅速增长，为满足项目各方提出的各种需求，不断开发、完善软件的功能，从软件后续升级和技术支持中获得收益。

工程的事前控制首先通过技术交底来实现，传统的技术交底都是纸质的，通过文字表达某一道工序的施工工艺，施工过程，注意要点，虽然也经过各班组的签字确认，但限于文字的表现力和工人的文化层次，工人们不能很好地理解技术交底的内容，结果纸质的技术交底被束之高阁，还是按照自己以往的经验干。基于 BIM 的可视化的技术交底是利用 BIM 技术的可视化、模拟性的优势特点，将特殊施工工艺和专项施工方案做成视频动画，对技术人员及工人进行交底，能够直观准确地掌握整个施工过程和技术要点难点，避免施工中因过程不清楚、技术经验不足造成的质量、安全问题。可视化交底的具体操作流程是：根据工程部给出的某一道工序的施工方案，用 BIM 建模软件建立三维模型，模型建好后用渲染工具进行渲染，然后用视频剪辑软件将施工过程和注意事项的文字注释合成一个视频，经工程部技术人员审核可视化交底的施工过程和注意点表达完整后，最终形成可视化交底资料供工人学习使用。例如在东广场项目上，通过地连墙、抗拔桩等分项的可视化交底，在工程管理层及一线工人中起到了很好的效果。工人们根据直观真实的动画效果快速高效地了解了地连墙的施工原理，明确了成槽机、挖土机、大型吊车的作业范围，明确了地连墙及抗拔桩施工过程中的各种注意事项，避免了施工中因过程不清楚造成的返工，也避免了因多个大型机械交叉作业过程中造成的安全事故；项目的技术安全管理人员则省去了每天一遍又一遍地对着工人讲这些技术要点和注意事项，提高了工程质量和生产效率。

经过可视化的技术交底，避免了出现工程质量的方向性错误和现场大的安全隐患，但现场的很多细节上仍有不到位的地方，在传统的管理方式下，现场技术、安全人员对发现的问题，告知分项的班组长，由班组长派工人处理，但是由于没有对发现的问题进行记录，经常会遗漏很多问题未及时处理，再加上业主要求的工期都很紧，往往是匆匆忙忙就浇筑混凝土了。这样一来，像钢筋工程、预埋件等隐蔽工程的问题就成了糊涂账，那么现场的管理人员对施工过程中发现的问题如何进行很好的记录、管理和复检呢？

基于 BIM 的质量控制是项目的技术、安全人员将施工过程中的质量、安全问题的图片上传 BIM 协同管理平台，通过 BIM 模型精确地标记问题所在部位，描述问题的内容，由分项的班组长负责整改问题，上传整改后的情况，最后由上传问题的人确认整改是否通过。

经过这一闭合的质量、安全控制流程，取得的效果：施工单位能够很好地解决管理人员发现的所有细部问题，保证工程顺利地进行；将这些质量、安全问题以这种方式形成资料，在后期需要调出这些数据时，能很方便、高效地查出某个问题的细节。在问题资料整理一定数量后，对这些问题进行分类与分析，针对某一类出现次数频繁的问题采取专门的预防与管理措施，把问题消灭在源头上。在 BIM 协同平台的三维模型上可直观看出不同坐标、不同高程的监测点的位置，可按不同类型、不同日期快速查询每个监测点的数值，以及系统分析处理后给出监测点的状态。经过监测值与规范要求的极限值的对比，对变形大的监测点显示红色预警。通过这样的精细化管理，使项目的管理方和相关各部门成员都能清晰地掌握基坑安全情况，及时对预警部位设置警戒标志，采取加固措施等，从而保证工程的顺利、安全进行。

根据施工总进度计划安排的工程进度，在施工前通过 BIM 软件对施工全过程及关键过程进行了模拟施工，验证了施工方案的可行性并优化了施工方案；可视化施工计划进度和实际形象进度；由模型提取的工程量数据，成本数据可以对项目进行阶段性的资源分配等。通过这些措施，减少了不必要的返工和材料浪费，大大提高了建设项目的实施效果。

第四章　基于 BIM 技术的建筑项目管理体系的研究

4.1　对于 BIM 实施总体目标的分析

4.1.1　纠正对 BIM 应用的一些错误认识

在 BIM 实施应用的过程中，经常碰到这样的问题：企业购买了 BIM 软件，也派人学会了软件使用，回来以后还是不知道如何利用 BIM 为团队或企业创造效益。是 BIM 软件没买对吗？是 BIM 软件特别难使用吗？还是工程师没学会呢？对于不同的企业来说，这些情况都有可能。根据作者的经验，在问这些问题，寻找 BIM 为什么没有用起来的原因之前，建议先从宏观或者战略层面入手，分析我们的企业，从高管到基层，对 BIM 的认识是否处在同一个起跑线上？BIM 对中国的整个工程建设行业来说还是一个新生事物。以行业目前已经普及并正在大面积使用的 CAD 作为参照系，可以帮助我们理解为什么 BIM 应用不容易成功。

BIM 与 CAD 的相异之处主要有以下几点。第一，BIM 不是一个软件的事。CAD 基本上用一个软件就完成了"甩图板"的工作，直尺、圆规、比例尺、橡皮擦，一切尽在一个 CAD 软件中，用 CAD 做出来的成果就是你的客户跟你要的东西——图纸。而用 BIM 做出来的东西（BIM 模型）不是你的客户需要的最终产品，而只是可以产生客户最终产品的"原材料"——模型和信息，你还需要用其他的应用软件把这些"原材料"处理成客户需要的成品，当然这些成品的种类和质量可以超越以前 CAD 提供的内容。

第二，BIM 不只是简单地换一个工具的事。1998 年，科技部、建设部等几个部委把推广普及 CAD 的活动称之为"甩图板"，这个说法提出来以后，曾经引起不小的争论，有相当一部分人认为这个提法只代表了 CAD 的"Drafting"功能，而没有很好代表 CAD 的"Design"功能。十多年后的今天，大家都会同意，当年用"甩图板"来描述 CAD 推广普及的这个说法相当精准，CAD 就只是换了工程师绘图的工具，CAD 大范围推广普及的快速成功，正好从另外一个角度说明了"甩图板"这个说法的传神。而这正是 BIM 和 CAD 的又一个不同点，也是导致 BIM 应用不容易成功的难点所在，BIM 不仅仅改变了从业者的生产工具，同时也改变了 CAD 没有改变的生产内容——图纸。

第三，BIM 不是一个人的事。企业 100 人当中有一个人开始使用 CAD，其他人还用手工绘图，这一个人马上就可以产生效益。因此 CAD 的推广普及更多地体现为自下而上的态势，工程师看到其他企业的同行用 CAD 绘图又快又好，回来就向企业负责人要求买电脑买软件。这里面至少包含了两个信息，其一，CAD 可以一个人产生效益；其二，谁使用 CAD，谁直接获益。而 BIM 在这两点上与 CAD 都有较大区别，首先，BIM 产生的 BIM 模型只是生产客户需要产品的“原材料”，使用这个“原材料”生产不同的客户要求的产品，不可能由一个人单独完成（涉及不同专业、不同项目阶段等），一个人只能利用“原材料”生产自己负责的那部分产品。显而易见，使用这个“原材料”的人越多，“原材料”能发挥的价值也越高；其次，利用 BIM 模型产生最大利益的那一方未必就是建立 BIM 模型的那一方，这就发生了“前人栽树后人乘凉”的情况。

第四，BIM 不是换一张图纸的事。CAD 生产的电子版本图纸和手工绘制的纸质图纸在本质上没有什么区别，有电脑可以在电脑上交流，没有电脑打印在图纸上就解决问题了。BIM 的成果是多维的、动态的，输出到图纸上的只能是 BIM 成果在某一个时间点和某一个投影方向的“快照”，要完整理解和应用 BIM 成果，目前的技术条件下必须借助电脑和对应的软件才能完成，就像看 3D 电影必须借助 3D 眼镜一样。这种转变，除了技术设备需要更新以外，从业人员的知识构成和工作习惯也面临着更新的挑战。当然，在人员和设备条件保持现状的前提下，可以通过多输出一些上述所说的“快照”来充分利用 BIM 给项目建设运营带来价值。

4.1.2　BIM 技术的特点

BIM 技术具有以下特点：

第一，可视化。可视化即“所见所得”的形式，对于建筑行业来说，可视化的真正运用在建筑业的作用是非常大的，例如经常拿到的施工图纸，只是各个构件的信息在图纸上的采用线条绘制表达，但是其真正的构造形式就需要建筑业参与人员去自行想象了。对于一般简单的东西来说，这种想象也未尝不可，但是现在建筑业的建筑形式各异，复杂造型在不断地推出，那么这种光靠人脑去想象的东西就未免有点不太现实了。所以 BIM 提供了可视化的思路，让人们将以往的线条式的构件形成一种三维的立体实物图形展示在人们的面前；现在建筑业也有设计方面出效果图的事情，但是这种效果图是分包给专业的效果图制作团队进行识读设计制做出的线条式信息制做出来的，并不是通过构件的信息自动生成的，缺少了同构件之间的互动性和反馈性，然而 BIM 提到的可视化是一种能够同构件之间形成互动性和反馈性的可视，在 BIM 建筑信息模型中，由于整个过程都是可视化的，所以，可视化的结果不仅可以用来展示效果图及生成报表，更重要的是，项目设计、建造、运营过程中的沟通、讨论、决策都在可视化的状态下进行。

第二，协调性。这个方面是建筑业中的重点内容，不管是施工单位还是业主及设计单位，无不在做着协调及相配合的工作。一旦项目的实施过程中遇到了问题，就要将各有关人士组织起来开协调会，找出各施工问题发生的原因及解决办法，然后出变更，做相应补救措施等进行问题的解决。那么这个问题的协调真的就只能出现问题后再进行吗？在设计时，往往由于各专业设计师之间的沟通不到位，而出现各种专业之间的碰撞问题，例如暖通等专业中的管道在进行布置时，由于施工图纸是各自绘制在各自的施工图纸上的，真正施工过程中，可能在布置管线时正好在此处有结构设计的梁等构件妨碍着管线的布置，这种就是施工中常遇到的碰撞问题，像这样的碰撞问题的协调解决就只能在问题出现之后再进行吗？BIM 的协调性服务就可以帮助处理这种问题，也就是说 BIM 建筑信息模型可在建筑物建造前期对各专业的碰撞问题进行协调，生成协调数据，提供出来。当然 BIM 的协调作用也并不是只能解决各专业间的碰撞问题，它还可以解决例如：电梯井布置与其他设计布置及净空要求之协调，防火分区与其他设计布置之协调，地下排水布置与其他设计布置之协调等。

第三，模拟性。模拟性并不是只能模拟设计出的建筑物模型，还可以模拟不能够在真实世界中进行操作的事物。模拟性设计阶段，BIM 可以对设计上需要进行模拟的一些东西进行模拟实验，例如：节能模拟、紧急疏散模拟、日照模拟、热能传导模拟等；在招投标和施工阶段可以进行 4D 模拟（三维模型加项目的发展时间），也就是根据施工的组织设计模拟实际施工，从而确定合理的施工方案来指导施工。同时还可以进行 5D 模拟（基于 3D 模型的造价控制），从而来实现成本控制；后期运营阶段可以模拟日常紧急情况的处理方式，例如地震人员逃生模拟及消防人员疏散模拟等。

第四，优化性。优化性：事实上整个设计、施工、运营的过程就是一个不断优化的过程，当然优化和 BIM 也不存在实质性的必然联系，但在 BIM 的基础上可以做更好的优化、更好地做优化。优化受三样东西的制约：信息、复杂程度和时间。没有准确的信息做不出合理的优化结果，BIM 模型提供了建筑物的实际存在的信息，包括几何信息、物理信息、规则信息，还提供了建筑物变化以后的实际存在。复杂程度高到一定程度，参与人员本身的能力无法掌握所有的信息，必须借助一定的科学技术和设备。现代建筑物的复杂程度大多超过参与人员本身的能力极限，BIM 及与其配套的各种优化工具提供了对复杂项目进行优化的可能。目前基于 BIM 的优化可以做下面的工作：

项目方案优化：把项目设计和投资回报分析结合起来，设计变化对投资回报的影响可以实时计算出来；这样业主对设计方案的选择就不会主要停留在对形状的评价上，而更多的可以使得业主知道哪种项目设计方案更有利于自身的需求。

特殊项目的设计优化：例如裙楼、幕墙、屋顶、大空间到处可以看到异型设计，这些内容看起来占整个建筑的比例不大，但是占投资和工作量的比例和前者相比却往往要大得多，而且通常也是施工难度比较大和施工问题比较多的地方，对这些内容的设计施工方案进行优化，可以带来显著的工期和造价改进。

第五，可出图性。BIM 并不是为了出大家日常多见的建筑设计院所出的建筑设计图纸，及一些构件加工的图纸，而是通过对建筑物进行了可视化展示、协调、模拟、优化以后，可以帮助业主出如下图纸：综合管线图（经过碰撞检查和设计修改，消除了相应错误以后）；综合结构留洞图（预埋套管图）；碰撞检查侦错报告和建议改进方案。

由上述内容，我们可以大体了解 BIM 的相关内容了。目前在国外很多国家已经有比较成熟的 BIM 标准或者制度了，那么 BIM 在中国建筑市场内是否能够同国外的一些国家一样那么顺利的发展呢？这个必须要看BIM如何同国内的建筑市场特色相结合了，当能够满足国内建筑市场的特色需求后，BIM将会给国内建筑业带来一次巨大变革。

4.1.3 BIM的优势

建立以BIM应用为载体的项目管理信息化，提升项目生产效率、提高建筑质量、缩短工期、降低建造成本。具体体现在：

第一，三维渲染，宣传展示。三维渲染动画，给人以真实感和直接的视觉冲击。建好的BIM模型可以作为二次渲染开发的模型基础，大大提高了三维渲染效果的精度与效率，给业主更为直观的宣传介绍，提升中标概率。

第二，快速算量，精度提升。BIM数据库的创建，通过建立5D关联数据库，可以准确快速计算工程量，提升施工预算的精度与效率。由于BIM数据库的数据粒度达到构件级，可以快速地提供支撑项目各条线管理所需的数据信息，有效提升施工管理效率。BIM技术能自动计算工程实物量，这个属于较传统的算量软件的功能，在国内此项应用案例非常多。

第三，精确计划，减少浪费。施工企业精细化管理很难实现的根本原因在于海量的工程数据，无法快速准确获取以支持资源计划，致使经验主义盛行。而BIM的出现可以让相关管理条线快速准确地获得工程基础数据，为施工企业制定精确人才计划提供有效支撑，大大减少了资源、物流和仓储环节的浪费，为实现限额领料、消耗控制提供技术支撑。

第四，多算对比，有效管控。管理的支撑是数据，项目管理的基础就是工程基础数据的管理，及时、准确地获取相关工程数据就是项目管理的核心竞争力。BIM数据库可以实现任一时点上工程基础信息的快速获取，通过合同、计划与实际施工的消耗量、分项单价、分项合价等数据的多算对比，可以有效了解项目运营是盈是亏，消耗量有无超标，进货分包单价有无失控等等问题，实现对项目成本风险的有效管控。

第五，虚拟施工，有效协同。三维可视化功能再加上时间维度，可以进行虚拟施工。随时随地直观快速地将施工计划与实际进展进行对比，同时进行有效协同，施工方、监理方、甚至非工程行业出身的业主领导都对工程项目的各种问题和情况了如指掌。这样通过BIM技术结合施工方案、施工模拟和现场视频监测，大大减少建筑质量问题、安全问题，减少返工和整改。

第六，碰撞检查，减少返工。BIM最直观的特点在于三维可视化，利用BIM的三维技术在前期可以进行碰撞检查，优化工程设计，减少在建筑施工阶段可能存在的错误损失和返工的可能性，而且优化净空，优化管线排布方案。最后施工人员可以利用碰撞优化后的三维管线方案，进行施工交底、施工模拟，提高施工质量，同时也提高了与业主沟通的能力。

第七，冲突调用，决策支持。BIM数据库中的数据具有可计量（computable）的特点，大量工程相关的信息可以为工程提供数据后台的巨大支撑。BIM中的项目基础数据可以在各管理部门进行协同和共享，工程量信息可以根据时空维度、构件类型等进行汇总、拆分、对比分析等，保证工程基础数据及时、准确地提供，为决策者制订工程造价项目群管理、进度款管理等方面的决策提供依据。

举例：

BIM 的应用——成本核算

成本核算困难的原因，一是数据量大。每一个施工阶段都牵涉大量材料、机械、工种、消耗和各种财务费用，每一种人、材、机和资金消耗都统计清楚，数据量十分巨大。工作量如此巨大，实行短周期（月、季）成本在当前管理手段下就变成了一种奢侈。随着进度进展，应付进度工作尚且自顾不暇，过程成本分析、优化管理就只能搁在一边。

二是牵涉部门和岗位众多。实际成本核算，当前情况下需要预算、材料、仓库、施工、财务多部门多岗位协同分析汇总提供数据，才能汇总出完整的某时点实际成本，往往某个或某几个部门不能实行，整个工程成本汇总就难以做出。

三是对应分解困难。一种材料、人工、机械甚至一笔款项往往用于多个成本项目，拆分分解对应好专业要求相当高，难度非常高。

四是消耗量和资金支付情况复杂。材料方面，有的进了库未付款，有的先预付款未进货，用了未出库，出了库未用掉的；人工方面，有的先干未付，预付未干，干了未确定工价；机械周转材料租赁也有类似情况；专业分包，有的项目甚至未签约先干，事后再谈判确定费用。情况如此复杂，成本项目和数据归集在没有一个强大的平台支撑情况下，不漏项做好三个维度（时间、空间、工序）的对应很困难。

BIM技术在处理实际成本核算中有着巨大的优势。基于BIM建立的工程5D（3D 实体、时间、工序）关系数据库，可以建立与成本相关数据的时间、空间、工序维度关系，数据粒度处理能力达到了构件级，使实际成本数据高效处理分析有了可能。

解决方案：

第一，创建基于BIM的实际成本数据库。建立成本的5D（3D 实体、时间、工序）关系数据库，让实际成本数据及时进入5D关系数据库，成本汇总、统计、拆分对应瞬间可得。以各 WBS 单位工程量人才机单价为主要数据进入实际成本 BIM 中。未有合同确定单价的项目，按预算价先进入。有实际成本数据后，及时按实际数据替换掉。第二，实际成本数据及时进入数据库，一开始实际成本 BIM 中成本数据以采取合同价和企业定额消耗量为依据。随着进度进展，实际消耗量与定额消耗量会有差异，要及时调整。每月对实际消耗进行盘点，调整实际成本数据。化整为零，动态维护实际成本 BIM，大幅减少一次性工作量，并有利于保证数据准确性。材料实际成本。要以实际消耗为最终调整数据，而不能以财务付款为标准，材料费的财务支付有多种情况：未订合同进场的、进场未付款的、付款未进场的，按财务付款为成本统计方法将无法反映实际情况，会出现严重误差。仓库应每月盘点一次，将入库材料的消耗情况详细列出清单向成本经济师提交，成本经济师按时调整每个 WBS 材料实际消耗。

人工费实际成本。同材料实际成本。按合同实际完成项目和签证工作量调整实际成本数据，一个劳务队可能对应多个WBS，要按合同和用工情况进行分解落实到各个WBS。

机械周转材料实际成本。要注意各WBS分摊，有的可按措施费单独立项。管理费实际成本。由财务部门每月盘点，提供给成本经济师，调整预算成本为实际成本，实际成本不确定的项目仍按预算成本进入实际成本。按本文方案，过程工作量大为减少，做好基础数据工作后，各种成本分析报表瞬间可得。

第三，快速实行多维度（时间、空间、WBS）成本分析。建立实际成本BIM模型，周期性（月、季）按时调整维护好该模型，统计分析工作就很轻松，软件强大的统计分析能力可轻松满足我们各种成本分析需求。基于BIM的实际成本核算方法，较传统方法具有极大优势：快速。由于建立基于BIM的5D实际成本数据库，汇总分析能力大大加强，速度快，短周期成本分析不再困难，工作量小、效率高、准确。比传统方法准确性大为提高。因成本数据动态维护，准确性大为提高。消耗量方面仍会存在误差，但已能满足分析需求。通过总量统计的方法，消除累积误差，成本数据随进度进展准确度越来越高。另外通过实际成本BIM模型，很容易检查出哪些项目还没有实际成本数据，监督各成本条线实时盘点，提供实际数据。分析能力强。可以多维度（时间、空间、WBS）汇总分析更多种类、更多统计分析条件的成本报表。总部成本控制能力大为提升。将实际成本BIM模型通过互联网集中在企业总部服务器。总部成本部门、财务部门就可共享每个工程项目的实际成本数据，数据粒度也可掌握到构件级。实行了总部与项目部的信息对称，总部成本管控能力大大加强。

4.1.4 BIM实施目标分析

“城市发展与工程管理——转型·变革·创新”国际学术研讨会暨中国建筑学会工程管理研究分会2012年年会（ASC-CMRS2012，以下简称中国建筑学会工程管理研究分会2012年会）于2012年9月15日至16日在山东建筑大学举行，东北大学校长、中国建筑学会工程管理研究分会理事长丁烈云出席会议并在会上做报告。丁烈云校长的报告就BIM应用展开，他表示，中国BIM应用还有空间待挖掘。

2012年9月15日，中国建筑学会工程管理研究分会开幕式结束后，丁烈云校长第一个上台做报告，报告题为《BIM应用：从3D到nD》。最近几年，BIM（Building Information Modeling，建筑信息模型）在建筑行业的应用越来越广泛，它是以建筑工程项目的各项相关信息数据作为模型的基础，进行建筑模型的建立。

谈到BIM应用，丁烈云校长分别从3D应用和4D应用两方面展开论述。近几年基于3D-BIM的工程管理，主要用于规划、设计阶段的方案评审、火灾模拟、应急疏散能耗分析以及运营阶段的设施管理。

与传统模式相比，3D-BIM的优势明显，因为建筑模型的数据在建筑信息模型中的存在是以多种数字技术为依托，从而以这个数字信息模型作为各个建筑项目的基础，可以进行各个相关工作。建筑工程与之相关的工作都可以从这个建筑信息模型中拿出各自需要的信息，既可指导相应工作又能将相应工作的信息反馈到模型中。建筑信息模型不是简单地将数字信息进行集成，它还是一种数字信息的应用，并可以用于设计、建造、管理的数字化方法，这种方法支持建筑工程的集成管理环境，可以使建筑工程在其整个进程中显著提高效率、大量减少风险。

同时 BIM 可以四维模拟实际施工，以便于在早期设计阶段就发现后期真正施工阶段所会出现的各种问题，来提前处理，为后期活动打下坚固的基础。在后期施工时能作为施工的实际指导，也能作为可行性指导，以提供合理的施工方案及人员，材料使用的合理配置，从而在最大范围内实现资源合理运用。在谈到 4D-BIM 应用时，丁烈云校长表示，基于 4D-BIM 的工程管理，主要用于施工阶段的进度、成本、质量安全以及碳排放测算。

企业在应用 BIM 技术进行项目管理时，需明确自身在管理过程中的需求，并结合 BIM 本身特点确定 BIM 辅助项目管理的服务目标。

BIM 技术在项目中的应用点众多，各个公司不可能做到样样精通，若没有服务目标而盲目发展 BIM 技术，可能会出现在弱势技术领域过度投入的现象，从而产生不必要的资源浪费。只有结合自身建立有切实意义的服务目标，才能有效提升技术实力，在 BIM 技术快速发展的趋势下占有一席之地。为完成 BIM 应用目标，各企业应紧随建筑行业技术发展步伐，结合自身在建筑领域全产业链的资源优势，确立 BIM 技术应用的战略思想。如某施工企业根据其“提升建筑整体建造水平、实现建筑全生命周期精细化动态管理、实现建筑生命周期各阶段参与方效益最大化”的 BIM 应用目标，确立了“以 BIM 技术解决技术问题为先导、通过 BIM 技术实现流程再造为核心，全面提升精细化管理，促进企业发展”的 BIM 技术应用战略思想。

企业在实施 BIM 之前都要问个为什么，要用 BIM 做些什么事情？达到什么样的目标？如何一步一步制订 BIM 实施规划？ BIM 规划该如何根据企业的工作流程和价值需求，并结合可利用的资源，来制订未来的 BIM 应用与目标？

无论企业级还是项目级的应用，在正式实施前有一个整体战略和规划，都将对 BIM 项目的效益最大化起到关键作用。企业 BIM 战略需要考虑的是如何在若干年之内拥有专业 BIM 团队、改造企业业务流程、提升企业核心竞争力。企业 BIM 战略的实施一般来说会分阶段来进行。

企业 BIM 战略的具体实施要从项目的 BIM 应用入手。纯粹从技术层面分析，BIM 可以在建设项目的所有阶段使用，可以被项目的所有参与方使用，可以完成各种不同的任务和应用。因此，BIM 项目规划就是要根据建设项目的特点、项目团队的能力、当前的技术发展水平以及 BIM 实施成本等多个方面综合考虑，得到一个对特定建设项目性价比最优的方案，从而使项目和项目团队成员实现如下目标：所有成员清晰理解和沟通实施 BIM 的战略目标；项目参与方明确在 BIM 实施中的角色和责任；保证 BIM 实施流程符合各个团队成员已有的业务实践和业务流程；提出成功实施每一个计划的 BIM 应用所需要的额外资源、培训和其他能力；对于未来要加入项目的参与方提供一个定义流程的基准；采购部门可以依据 BIM 模型确定合同语言，来保证参与方承担相应的责任；为衡量项目进展情况提供基准线。

具体分析，为保障 BIM 项目的高效和成功实施，BIM 项目实施规划制定程序主要包括以下几个方面。

表 4-1　　BIM 规划步骤表

确定 BIM 目标	BIM 目标分项目目标和企业目标两类，项目目标包括缩短工期、提高现场生产效率、通过工厂制造提升质量、为项目运营获取重要信息等；企业目标包括业主通过样板项目描述设计、施工、运营之间的信息交换等，设计机构获取高效使用数字化设计工具的经验等。
确定 BIM 的应用	确定目标是进行项目规划的第一步，目标明确以后才能决定要完成一些什么任务（应用）去实现这个目标,这些 BIM 应用包括创建 BIM 设计模型、4D 模拟、成本预算、空间管理等。BIM 规划通过不同的 BIM 应用，对该建设项目的利益贡献进行分析和排序，最后确定本规划要实施的具体 BIM 任务。
设计 BIM 实施流程	BIM 实施流程分整体流程和详细流程两个层面，整体流程确定上述不同 BIM 应用之间的顺序和相互关系，使得所有团队成员都清楚各自的工作流程和其他团队成员工作流程之间的关系；详细流程描述一个或几个参与方完成某一个特定任务（例如能源分析）的流程。
制定信息交换要求	定义不同参与方之间的信息交换要求，特别是每一个信息交换的信息创建者和信息接受者之间必须非常清楚信息交换的内容和标准。
确定实施上述 BIM 规划所需要的基础条件	包括交付成果的结构和合同、沟通程序、技术架构、质量控制程序等，以保证 BIM 模型的质量。

BIM 规划完成以后应该包含以下内容：

➢ BIM 实施目标：建设项目实施 BIM 的任务和主要价值；

➢ BIM 实施流程：BIM 任务各个参与方的工作流程；

➢ BIM 实施范围：BIM 实施在设计、施工、还是运营阶段，以及具体阶段的 BIM 模型所包含的元素和详细程度；

➢ 组织的角色和人员安排：确定项目不同阶段的 BIM 参与者、组织关系，以及 BIM 成功实施所必需的关键人员；

➢ 实施战略合同：确定 BIM 的实施战略（例如选择设计 - 建造，还是设计 - 招标 - 建造等）以及为确保顺利实施所涉及的合同条款设置；

➢ 沟通方式：包括 BIM 模型管理方法（例如命名规则、文件结构、文件权限等）以及典型的会议议程；

➢ 技术基础设施：BIM 实施需要的硬件、软件和网络基础设施；

➢ 模型质量控制：详细规定 BIM 模型的质量要求，并保证和监控项目参与方都能达到规划定义的质量。

如果考虑 BIM 的应用跨越了建设项目各个阶段的全生命周期，那么就应该在该建设项目的早期成立 BIM 规划团队，着手 BIM 实施规划的制订。虽然有些项目的 BIM 实施是在中间阶段才开始介入，但是 BIM 规划应该在 BIM 实施以前制订。

BIM 规划团队包括项目主要参与方的代表，即业主、设计、施工总包和分包、主要供应商、物业管理等，其中业主的决心是成功的关键。业主是最佳的 BIM 规划团队负责人，在项目参与方还没有较成熟的 BIM 实施经验的情况下，可以委托专业 BIM 咨询服务公司帮助牵头制订 BIM 实施规划。

在具体选择某个建设项目要实施的 BIM 应用以前，BIM 规划团队首先要为项目确定 BIM 目标，这些 BIM 目标必须是具体的、可衡量的，以及能够促进建设项目的规划、设计、施工和运营成功进行的。BIM 目标可以分为两种类型。

第一类跟项目的整体表现有关，包括缩短项目工期、降低工程造价、提升项目质量等，例如，关于提升质量的目标，包括通过能量模型的快速模拟得到一个能源效率更高的设计、通过系统的 3D 协调得到一个安装质量更高的设计、开发一个精确的记录模型和改善运营模型建立的质量等。

第二类跟具体任务的效率有关，包括利用 BIM 模型更高效地绘制施工图，通过自动工程量统计更快做出工程预算，减少在物业运营系统中输入信息的时间等。

有些 BIM 目标对应于某一个 BIM 应用，也有一些 BIM 目标可能需要若干个 BIM 应用来帮助完成。在定义 BIM 目标的过程中，可以用优先级表示某个 BIM 目标对该建设项目设计、施工、运营成功的重要性。

BIM 是建设项目信息和模型的集成表达，BIM 实施的成功与否，不但取决于某个 BIM 应用对建设项目带来的生产效率提高，更取决于该 BIM 应用建立的 BIM 信息在建设项目整个生命周期中被其他 BIM 应用重复利用的利用率。换言之，为了保证 BIM 实施的成功，项目团队必须清楚他们建立的 BIM 信息未来的用途。例如，建筑师在建筑模型中增加一个墙体，这个墙体可能包括材料数量、热工性能、声学性能和结构性能等，建筑师需要知道将来这些信息是否有用以及会被如何使用？数据在未来的使用可能和使用方法，将直接影响模型的建立以及涉及数据精度的质量控制等过程。通过定义 BIM 的后续应用，项目团队就可以掌握未来会被重复利用的项目信息以及主要的项目信息交换要求，从而最终确定与该建设项目相适应的 BIM 应用。

选择 BIM 应用，需要从以下几个方面进行评估决定：

➢ 定义可能的 BIM 应用：规划团队考虑每一个可能的 BIM 应用，以及它们和项目目标之间的关系；

➢ 定义每一个 BIM 应用的责任方：每个 BIM 应用至少应该包括一个责任方，责任方应该包括涉及该 BIM 应用实施的所有项目成员，以及对 BIM 应用实施起辅助作用的可能外部参与方；

➢ 评估每一个 BIM 应用的每一个参与方以下几个方面的能力；

- 资源：参与方具备实施 BIM 应用需要的资源吗？这些资源包括 BIM 团队、软件、软件培训、硬件、IT 支持等；
- 能力：参与方是否具备实施某一特定 BIM 应用的知识；
- 经验：参与方是否曾经实施过某一特定 BIM 应用。

➢ 定义每一个 BIM 应用增加的价值和风险：进行某一特定 BIM 应用可能获得的价值和潜在风险；

➢ 确定是否实施某一个 BIM 应用：规划团队详细讨论每一个 BIM 应用是否适合该建设项目和项目团队的具体情况，包括每一个 BIM 应用可能给项目带来的价值以及实施的风险与成本等，最后确定在该建设项目中实施哪一些 BIM 应用，不实施哪一些 BIM 应用。

4.2　BIM 组织机构的研究

在项目建设过程中需要有效地将各种专业人才的技术和经验进行整合，让他们各自的优势和经验得到充分的发挥，以满足项目管理的需要，提高管理工作的成效。为更好地完成项目 BIM 应用目标，响应企业 BIM 应用战略思想，需要结合企业现状及应用需求，先组建能够应用 BIM 技术为项目提高工作质量和效率的项目级 BIM 团队，进而建立企业级 BIM 技术中心，以负责 BIM 知识管理、标准与模板、构件库的开发与维护、技术支持、数据存档管理、项目协调、质量控制等。

要掌握 BIM，需要多样化的工具和实现项目的技能。虽然 BIM 是在传统工序和基础原则上发展起来的，但是它代表了一种全新的实现项目的方式。打个比方，过渡到 BIM 的过程类似于让一个会骑自行车的人学习如何开车：BIM 技术（如软件、硬件和连接方式）代表了你使用的车辆和行驶的道路、桥梁或隧道。BIM 内容就像车辆的燃料一样，要求丰富充足而且能够方便获取。BIM 标准代表了各方面的交通规则和条例，可让你的驾驶变得高效和顺畅。BIM 教育、培训和认证就如同学习驾驶和发放驾驶许可证。这些都是 BIM 的关键组成部分，没有这些就难以获得这项技术带来的真正益处。

BIM 用户一般都了解市场上多种软件的选择。大多数用户对于主要的 BIM 软件平台供应商有很高的认知度，对于结合 BIM 使用的其他软件工具则有中等程度的认识。

需要明确的是，知道如何选择软件对整体项目交付工作会起到关键作用。虽然每个用户并不需要了解在其特定工作领域以外的每一项软件工具，但是了解其他团队成员能使用哪些软件，以及这些工具如何能影响自己的工作是有意义的。例如，尽管其中的一位团队成员可能不使用设备制造软件，但了解他们的数据怎样在该软件中运用将非常有帮助。

在一个一体化的团队环境中，一种软件的缺陷所造成的限制往往会超出它给主要用户带来的影响。因此，一个团队成员使用某项软件的决定可能受其他人影响。随着用户不断获得 BIM 及如何处理非协同障碍的经验，实现共同理解的可能性将越来越明显。

BIM 帮助用户提升了使用专业分析工具的能力——从设计模型中提取数据并进行有价值的分析，这也成为许多项目推广使用 BIM 的动力之一。主动运用数据标准将有助于促进项目建设活动中的交流。对于所有用户而言，在此方面拥有的巨大潜力可以在很大程度上增加 BIM 的价值。此功能最多的应用于工程量概算。

虽然 BIM 促进了一种新的工作方式产生，但许多传统的需求仍然存在。当使用 CAD 工作时，建筑师还是喜欢在开始 BIM 设计时使用普通构件，然后再用制造商的特定构件替代它们。将近一半的建筑师非常同意这个看法。

但是承包商需要细节。顺理成章，近一半的承包商强烈认同，在开始建模时他们需要尽可能多的制造商的具体构件数据。虽然承包商可以通过其他团队成员获取一些对象数据，但许多承包商会建立自己的模型，并在进程中自己创建构件数据。但随着越来越多的承包商成为重要用户，给 BIM 提供制造商信息的压力可能还会上升。

BIM 的发展远远超出了任何一个公司或行业组织、软件平台或实践领域的发展。由于其广泛的影响，参与者或用户贯穿于整个行业，同时也促进了 BIM 的发展。这种有广泛基础的方法创造了一个非常活跃的环境，就像是不断填充小块图片的拼图游戏。而其最大的缺陷是，任何增加的小块可能并不是完全适合于与其他人一起完成的大图片。因此，项目建设团队成员可能无法共享 BIM 相关项目中的各种技术数据。由于如此众多的参与者努力开发利用 BIM，使得许多人呼吁制定标准，以便于这些不同的平台和应用程序可以相互兼容。在这一使命下，building-SMART 联盟于 2006 年成立，这一旨在促进协同设计的国际联盟，定义了建设过程中数据兼容性的标准。在该组织的努力下，帮助建立了行业基础课程，它能够以电子格式界定建筑设计的各项要素，并可以在应用程序之间实现共享。整个行业的参与者用户正在尝试实施行业基础课程。

越来越多的 BIM 使用者不断努力掌握各种技术以获得竞争优势，许多公司预计他们的培训需求也会增加。因为 BIM 仍然是行业内一项新兴的技术，用户反映出最强烈的对基本技能的迫切需要。然而，随着他们经验的增长，可以预期在未来几年会有更高层次的培训需求。其他标准也发挥了作用，比如 XML，它代表可扩展标记语言，此格式可通过互联网实现数据交换。总体上，BIM 用户会被培训资源的各种核心知识所吸引。用户在引入外部培训师、场外定点培训、使用内部培训师或自学方面所做的决定几乎没有差异。

建筑师最不倾向自学，但最有可能在办公室或其他外部地点引入外部培训师。工程师们最希望采用自学的方式。承包商较倾向使用内部培训，最不希望采用办公室之外的培训。十分之一的业主把 BIM 外包，因此不需要培训。大多数专家级用户依靠内部培训。内部培训呈稳步上升，同时公司也获取相应经验。这表明当用户更多地投入 BIM 时，他们将看到员工培训带来的益处。初级用户和小型企业比其他所有用户更有可能采用自学。要加快培养企业的 BIM 应用能力，另一个途径就是鼓励高校培养学生运用 BIM 工具，毕业后进入企业即成为现成的 BIM 专家。

4.2.1 项目级 BIM 团队的组建

一般来讲，项目级 BIM 团队中应包含各专业 BIM 工程师、软件开发工程师、管理咨询师、培训讲师等。项目级 BIM 团队的组建应遵循以下原则：

1. BIM 团队成员有明确的分工与职责，并设定相应奖惩措施。

2. BIM 系统总监应具有建筑施工类专业本科以上学历，并具备丰富的施工经验、BIM 管理经验。

3. 团队中包含建筑、结构、机电各专业管理人员若干名，要求具备相关专业本科以上学历，具有类似工程设计或施工经验。

4. 团队中包含进度管理组管理人员若干名，要求具备相关专业本科以上学历，具有类似工程施工经验。

5. 团队中除配备建筑、结构、机电系统专业人员外，还需配备相关协调人员、系统维护管理员。

6. 在项目实施过程中，可以根据项目情况，考虑增加团队角色，如增设项目副总监、BIM 技术负责人等。

4.2.2　BIM 人员培训

在组建企业 BIM 团队前，建议企业挑选合适的技术人员及管理人员进行 BIM 技术培训，了解 BIM 概念和相关技术，以及 BIM 实施带来的资源管理、业务组织、流程变化等，从而使培训成员深入学习 BIM 在施工行业的实施方法和技术路线，提高建模成员的 BIM 软件操作能力，加深管理人员 BIM 施工管理理念，加快推动施工人员由单一型技术人才向复合型人才转变。进而将 BIM 技术与方法应用到企业所有业务活动中，构建企业的信息共享、业务协同平台，实现企业的知识管理和系统优化，提升企业的核心竞争力。BIM 人员培训应遵循以下原则：

1. 关于培训对象，应选择具有建筑工程或相关专业大专以上学历、具备建筑信息化基础知识、掌握相关软件基础应用的设计、施工、房地产开发公司技术和管理人员。

2. 关于培训方式，应采取脱产集中学习方式，授课地点应安排在多媒体计算机房，每次培训人数不宜超过 30 人，为学员配备计算机，在集中授课时，配有助教随时辅导学员上操作。技术部负责制订培训计划、组织培训实施、跟踪检查并定期汇报培训情况，最后进行考核，以确保培训的质量和效果。

3. 关于培训主题，应普及 BIM 的基础概念，从项目实例中剖析 BIM 的重要性，深度剖析 BIM 的发展前景与趋势，多方位展示 BIM 在实际项目操作中与各个方面的联系；围绕市场主要 BIM 应用软件进行培训，同时要对学员进行测试，将理论学习与项目实战相结合，并对学员的培训状况及时反馈。

BIM 在项目中的工作模式有多种，总承包单位在工程施工前期可以选择在项目部组建自己的 BIM 团队，完成项目中一切 BIM 技术应用（建模、施工模拟、工程量统计等）；也可以选择将 BIM 技术应用委托给第三方单位，由第三方单位 BIM 团队负责 BIM 模型建立及应用，并与总承包单位各相关专业技术部门进行工作对接。总包单位可根据需求，选择不同的 BIM 工作模式，并成立相应的项目级 BIM 团队。

4.3　BIM 实施标准的解析

BIM 是一种新兴的复杂建筑辅助技术，融入项目的各个阶段与层面。在项目 BIM 实施前期，应制定相应的 BIM 实施标准，对 BIM 模型的建立及应用进行规划，实施标准主要内容包括：明确 BIM 建模专业、明确各专业部门负责人、明确 BIM 团队任务分配、明确 BIM 团队工作计划、制定 BIM 模型建立标准。

现有的 BIM 标准有美国 NBIMS 标准、新加坡 BIM 指南、英国 AutodeskBIM 设计标准、中国 CBIMS 标准以及各类地方 BIM 标准等。但由于每个施工项目的复杂程度不同、施工办法不同、企业管理模式不同，仅仅依照国家级统一标准难以实现在 BIM 实施过程中对细节的把握，导致对工程的 BIM 实施造成一定困扰。为了能有效地利用 BIM 技术，企业有必要在项目开始阶段建立针对性强、目标明确的企业级乃至于项目级的 BIM 实施办法与标准，全面指导项目 BIM 工作的开展。总承包单位可依据已发行的 BIM 标准，设计院提供的蓝图、版本号、模型参数等内容，制定企业级、项目级 BIM 实施标准。

大型项目模型的建立涉及专业多、楼层多、构件多，BIM 模型的建立一般是分层、分区、分专业。为了保证各专业建模人员以及相关分包在模型建立过程中，能够进行及时有效的协同，确保大家的工作能够有效对接，同时保证模型的及时更新，BIM 团队在建立模型时应遵从一定的建模规则，以保证每一部分的模型在合并之后的融合度，避免出现模型质量、深度等参差不齐的现象。为了保证建模工作的有效协同和后期的数据分析，需对各专业的工作集划分、系统命名进行规范化管理，并将不同的系统、工作集分别赋予不同颜色加以区分，方便后期模型的深化调整。由于每个项目需求不同，在一个项目中的有效工作集划分标准未必适用于另一个项目，故应尽量避免把工作集想象成传统的图层或者图层标准，划分标准并非一成不变。建议综合考虑项目的具体状况和人员状况，按照工作集拆分标准进行工作集拆分。为了确保硬件运行性能，工作集拆分的基本原则是：对于大于 50M 的文件都应进行检查，考虑是否能进行进一步拆分。理论上，文件的大小不应超过 200M。

4.3.1 BIM 模型建立要求

（1）模型命名规则

大型项目模型分块建立，建模过程中随着模型深度的加深、设计变更的增多，BIM 模型文件数量成倍增长。为区分不同项目、不同专业、不同时间创建的模型文件，缩短寻找目标模型的时间，建模过程中应统一使用一个命名规则。

（2）模型深度控制

在建筑设计、施工的各个阶段，所需要的 BIM 模型的深度不同，如建筑方案设计阶段仅需要了解建筑的外观、整体布局，而施工工程量统计则需要了解每一个构件的尺寸、材料、价格等。这就需要根据工程需要，针对不同项目、项目实施的不同阶段建立对应标准的 BIM 模型。

（3）模型质量控制

BIM 模型的用处大体体现在以下两个方面：可视化展示与指导施工。不论哪个方面，都需要对 BIM 模型进行严格的质量控制，才能充分发挥其优势，真正用于指导施工。

（4）模型准确度控制

BIM 模型是利用计算机技术实现对建筑的可视化展示，需保持与实际建筑的高度一致性，才能运用到后期的结构分析、施工控制及运维管理中。

（5）模型完整度控制

BIM 模型的完整度包含两部分：一是模型本身的完整度，二是模型信息的完整度。模型本身的完整度应包括建筑的各楼层、各专业到各构件的完整展示。信息的完整度包含工程施工所需的全部信息，各构件信息都为后期工作提供有力依据。如钢筋信息的添加给后期二维施工图中平法标注自动生成提供属性信息。

（6）模型文件大小控制

BIM 软件因包含大量信息，占用内存大，建模过程中要控制模型文件的大小，避免对电脑的损耗及建模时间的浪费。

（7）模型整合标准

对各专业、各区域的模型进行整合时，应保证每个子模型的准确性，并保证各子模型的原点一致。

（8）模型交付规则

模型的交付完成建筑信息的传递，交付过程应注意交付文件的整理，保持建筑信息的完整性。

4.3.2 BIM 模型建立具体建议

（1）BIM 移动终端

基于网络采用笔记本电脑、移动平台等进行模型建立及修改。

（2）模型命名规则

制定相应模型的命名规则，方便文件筛选与整理。

（3）BIM 制图

需按照美国建筑师学会制定的模型详细等级来控制 BIM 模型中的建筑元素的深度。

（4）模型准确度控制

模型准确度的校检遵从以下步骤：建模人员自检，检查的方法是结合结构常识与二维图纸进行对照调整；专业负责人审查；合模人员自检，主要检查对各子模型的链接是否正确；项目负责人审查。

（5）模型完整度控制

应保证 BIM 模型本身的完整度，尤其注意保证关键及复杂部位的模型完整度。BIM 模型本身应精确到螺栓的等级，如对机电构件，检查法门、管件是否完备；对发电机组，检查其油箱、油泵和油管是否完备。BIM 模型信息的完整体现在构建参数的添加上，如对柱构件，检查材料、截面尺寸、长度、配筋、保护层厚度信息是否完整等。

（6）模型文件大小

控制 BIM 模型文件大小，超过 200M 必须拆分为若干个文件，以减轻电脑负荷及软件崩溃概率，控制模型文件大小在规定的范围内的办法如：分区、分专业建模，最后合模；族文件建立时，建模人员应使相互构件间关系条理清晰，减少不必要的嵌套；图层尽量符合前期 CAD 制图命名的习惯，避免垃圾图层的出现。

（7）模型整合标准

模型整合前期应确保子模型的准确性，这需要项目负责人员根据 BIM 建模标准对子模型进行审核，并在整合前进行无用构件、图层的删除整理，注意保持各子模型在合模时原点及坐标系的一致性。

（8）模型交付规则

BIM 模型建成后，在进一步移交给施工方或业主方时，应遵从规定的交付准则。模型的交付应按相关专业、区域的划分创建相应名称的文件夹，并链接相关文件；交付 Word 版模型详细说明。

4.4 BIM 技术资源配置的研究

4.4.1 硬件配置

BIM 模型带有庞大的信息数据，因此，在 BIM 实施的硬件配置上也要有严格的要求，并在结合项目需求以及节约成本的基础上，需要根据不同的使用用途和方向，对硬件配置进行分级设置，即最大程度保证硬件设备在 BIM 实施过程中的正常运转，最大限度地控制成本。

在项目 BIM 实施过程中，根据工程实际情况搭建 BIM Server 系统，方便现场管理人员和 BIM 中心团队进行模型的共享和信息传递。通过在项目部和 BIM 中心各搭建服务器，以 BIM 中心的服务器作为主服务器，通过广域网将两台服务器进行互联，然后分别给项目部和 BIM 中心建立模型的计算机进行授权，就可以随时将自己修改的模型上传到服务器上，实现模型的异地共享，确保模型的实时更新。

4.4.2 软件配置

BIM 工作覆盖面大，应用点多。因此任何单一的软件工具都无法全面支持，需要根据工程实施经验，拟定采用合适的软件作为项目的主要模型工具，并自主开发或购买成熟的 BIM 协同平台作为管理依托。

为了保证数据的可靠性，项目中所使用的 BIM 软件应确保正常工作，且甲方在工程结束后可继续使用，以保证 BIM 数据的统一、安全和可延续性。同时根据公司实力可自主研发用于指导施工的实用性软件，如三维钢筋节点布置软件，其具有自动生成三维形体、自动避让钢骨柱翼缘、自动干涉检查、自动生成碰撞报告等多项功能；BIM 技术支吊架软件，其具有完善的产品族库、专业化的管道受力计算、便捷的预留孔洞等多项功能模块。在工作协同、综合管理方面，通过自主研发的施工总包 BIM 协同平台，来满足工程建设各阶段需求。

4.4.3 工作节点

为了充分配合工程，实际应用将根据工程施工进度设计 BIM 应用方案。主要节点为：投标阶段初步完成基础模型建立、厂区模拟、应用规划、管理规划，依实际情况还可建立相关的工艺等动画；中标进场前初步制定本项目 BIM 实施导则、交底方案，完成项目 BIM 标准大纲；人员进场前针对性进行 BIM 技能培训，实现各专业管理人员掌握 BIM 技能；确保各施工节点前一个月完成专项 BIM 模型，并初步完成方案会审；各专业分包投标前一个月完成分包所负责部分模型工作，用于工程量分析，招标准备；各专项工作结束后一个月完成竣工模型以及相应信息的三维交付；工程整体竣工后针对物业进行三维数据交付。

4.4.4　建模计划

模型作为 BIM 实施的数据基础，为了确保 BIM 实施能够顺利进行，应根据应用节点计划合理安排建模计划，并将时间节点、模型需求、模型精度、责任人、应用方向等细节进行明确要求，确保能够在规定时间内提供相应的 BIM 应用模型。

项目模型不要包含项目的所有元素，因此 BIM 规划团队必须定义清楚 BIM 模型需要包含的项目元素以及每个专业需要的特定交付成果，以便使 BIM 实施的价值最大化，同时最小化不必要的模型创建。组织职责和人员安排是要定义每个组织（项目参与方）的职责、责任以及合同要求，对于每一个已经确定要实施的 BIM 应用，都需要指定由哪个参与方安排人员负责执行。BIM 团队可能需要分包人和供货商创建相应部分的模型做 3D 设计协调，也可能希望收到分包和供货商的模型或数据并入协调模型或记录模型。需要分包人和供货商完成的 BIM 工作，要在合同中定义范围、模型交付时间、文件及数据格式等。

在确定电子沟通程序和技术基础设施要求以后，核心 BIM 团队必须就模型的创建、组织、沟通和控制等达成共识，模型创建基本原则包括以下几个方面：

（1）参考模型文件统一坐标原点，以方便模型集成；

（2）定义一个由所有设计师、承包商、供货商使用的文件命名结构；定义模型正确性和允许误差协议。

4.4.5　实施流程

设计 BIM 流程的主要任务，是为上一阶段选定的每一个 BIM 应用设计具体的实施流程，以及为不同的 BIM 应用之间制定总体的执行流程。

BIM 流程的两个层次：总体流程和详细流程。总体流程是说明在一个建设项目里面计划实施的不同 BIM 应用之间的关系，包括在这个过程中主要的信息交换要求。详细流程是说明上述每一个特定的 BIM 应用的详细工作顺序，包括每个过程的责任方、参考信息的内容和每一个过程中创建和共享的信息交换要求。

建立 BIM 总体流程的工作包括几个方面：首先，把选定的所有 BIM 应用放入总体流程：有些 BIM 应用可能在流程的多处出现（例如项目的每个阶段都要进行设计建模）；其次，根据建设项目的发展阶段，为 BIM 应用在总体流程中安排顺序；再次，定义每个 BIM 过程的责任方：有些 BIM 过程的责任方可能不止一个，规划团队需要仔细讨论哪些参与方最合适完成某个任务，被定义的责任方需要清楚地确定执行每个 BIM 过程需要的输入信息以及由此而产生的输出信息；最后，确定执行每一个 BIM 应用需要的信息交换要求：总体流程包括过程内部、过程之间以及成员之间的关键信息交换内容，重要的是要包含从一个参与方向另一个参与方进行传递的信息。

详细流程包括如下三类信息：参考信息，执行一个 BIM 应用需要的公司内部和外部信息资源。进程，构成一个 BIM 应用需要的具有逻辑顺序的活动。信息交换：一个进程产生的 BIM 交付成果，可能会被以后的进程作为资源。创建详细流程的工作包括以下内容：首先，把 BIM 应用逐层分解为一组进程；然后，定义进程之间的相互关系，弄清楚每个进程的前置进程和后置进程，有的进程可能有多个前置或后置进程；最后，生成具有以下参考信息、信息交换以及责任方等信息的详细流程图。

参考信息：确定需要执行某个 BIM 应用的信息资源，例如价格数据库、气象数据、产品数据等。

信息交换：所有内部和外部交换的信息。

责任方：确定每一个进程的责任方。

在流程的重要决策点设置决策框：决策框既可以判断执行结果是否满足要求，也可以根据决策改变流程路径。决策框可以代表一个 BIM 任务结束以前的任何决策、循环迭代或者质量控制检查。

记录、审核、改进流程为将来所用：通过对实际流程和计划流程进行比较，从而改进流程，为未来其他项目的 BIM 应用服务。

为了保证 BIM 的顺利实施，必须定义不同 BIM 流程之间以及 BIM 参与方之间关键信息的交换，并且保证定义的关键信息为每个 BIM 团队所了解熟知。BIM 流程确定了项目参与方之间的信息交换行为，本阶段的任务，是要为每一个信息交换的创建方和接收方确定项目交换的内容，主要工作程序如下：

定义 BIM 总体流程图中的每一个信息交换：两个项目参与方之间的信息交换必须定义，使得所有参与方都清楚随着建设项目工期的进展，相应的 BIM 交付成果是什么。

为项目选择模型元素分解结构使得信息交换内容的定义标准化。

确定每一个信息交换的输入、输出信息要求，内容包括：模型接收者：确定所有需要执行接收信息的项目团队成员。

模型文件类型：列出所有在项目中拟使用的软件名称以及版本号，这对于确定信息交换之间需要的数据互用非常必要。

信息详细程度：信息详细程度目前分为三个档次，精确尺寸和位置，包括材料和对象参数；总体尺寸和位置，包括参数数据；概念尺寸和位置。

注释：不是所有模型需要的内容都能被信息和元素分解结构覆盖，注释可以解决这个问题，注释的内容可以包括模型数据或者模型技巧。

分配责任方创建需要的信息：信息交换的每一个内容都必须确定负责创建的责任方。潜在责任方有建筑师、结构工程师、机电工程师、承包商、土木工程师、设施管理方、供货商等。

比较输入和输出的内容：信息交换内容确定以后，项目团队对于输出（创建的信息）灌入信息（需求的信息）不一致的元素需要进行专门讨论，并形成解决方案。

所谓基础设施就是保障前述 BIM 规划能够高效实施的各类支持系统，这些支持系统构成了 BIM 应用的执行环境。最终这些支持系统和执行环境全部都要落实到《BIM Project Execution Plan》（BIM 项目执行计划）的文本中，这份文本将成为整个项目执行的核心依据。BIM 目标要说明在该建设项目中实施 BIM 的根本目的，以及为什么决定选择这些 BIM 应用而不是另外一些，包括一个 BIM 目标的列表，决定实施的 BIM 应用清单，以及跟这些 BIM 应用相关的专门信息。

4.4.6　战略合同

BIM 战略合同主要包含 BIM 实施可能会涉及建设项目总体实施流程的变化，例如，一体化程度高的项目实施流程如“设计 – 建造”或者“一体化项目实施”更有助于实现团队目标，BIM 规划团队需要界定 BIM 实施对项目实施结构、项目团队选择以及合同战略等的影响。业主和团队成员在起草有关 BIM 合同要求时需要特别小心，因为它将指导所有参与方的行为。可能的话，合同应该包含以下几个方面内容：BIM 模型开发和所有参与方的职责；模型分享和可信度；数据互用 / 文件格式；模型管理；知识产权。除了业主和承包人的合同以外，主承包人和分包人以及供货商的合同也必须包含相应的 BIM 内容。

4.4.7　项目实施方法

BIM 可以在任何形式的项目执行流程中实施，但越是一体化程度高的项目执行流程，BIM 实施就越容易。在衡量 BIM 对项目流程的影响时，需要考虑如下四个方面的因素：组织架构 / 实施方法、采购方法、付款方法、工作分解结构（WBS）。在选择项目实施方法和准备合同条款的时候，需要考虑 BIM 要求，在合同条款中根据 BIM 规划分配角色和责任。

4.4.8　会议沟通

会议沟通程序，包括以下几个方面：界定所有需要模型支持的会议；需要参考模型内容的会议时间表；模型提交和批准的程序和协议。团队需要确定实施 BIM 需要哪些硬件、软件、空间和网络等基础设施，其他诸如团队位置（集中还是分散办公）、技术培训等事项也需要讨论。

实施 BIM 的硬件和软件：所有团队成员必须接受培训，能够使用相应的软硬件系统，为了解决可能的数据互用问题，所有参与方还必须对使用什么软件、用什么文件格式进行存储等达成共识。

选择软件的时候需要考虑下面几类常用软件：设计创建、3D 设计协调、虚拟样机、成本预算、4D 模型、能量模型。

交互式工作空间：团队需要考虑一个在项目生命周期内可以使用的物理环境，用于协同、沟通和审核工作，以改进 BIM 规划的决策过程，包括支持团队浏览模型互动讨论以及异地成员参与的会议系统。

4.4.9 质量控制

为了保证项目每个阶段的模型质量，必须定义和执行模型质量控制程序，在项目进展过程中建立起来的每一个模型，都必须预先计划好模型内容、详细程度、格式、负责更新的责任方以及对所有参与方的发布等。

下面是质量控制需要完成的一些工作：

视觉检查：保证模型充分体现设计意图，没有多余部件；

碰撞检查：检查模型中不同部件之间的碰撞；

标准检查：检查模型是否遵守相应的 BIM 和 CAD 标准；

元素核实：保证模型中没有未定义或定义不正确的元素。

关键项目信息：下面的一些项目信息有助于团队成员更好地理解项目、项目状态和项目主要成员，需要在 BIM 规划中尽早定义。

表 4-2 关键项目信息表

1	项目名称、地址
2	简要项目描述
3	项目阶段和里程碑
4	合同类型
5	合同状态；资金状态
7	主要项目联系人：业主、设计、咨询顾问、主承包商、分承包商、制造商、供货商等，每一个项目参与方至少要有一个 BIM 代表，而且其联系信息应该在团队中公布

4.5 BIM 技术实施保障措施的研究

4.5.1 建立系统运行保障体系

1. 按 BIM 组织架构表成立总包 BIM 系统执行小组，由 BIM 系统总监全权负责。经业主审核批准，小组人员立刻进场，以最快速度投入系统的创建工作。

2. 成立 BIM 系统领导小组，小组成员由总包项目总经理、项目总工、设计及 BIM 系统总监、土建总监、钢结构总监、机电总监、装饰总监、幕墙总监组成，定期沟通，及时解决相关问题。

3. 总包各职能部门设专人对口 BIM 系统执行小组，根据团队需要及时提供现场进展信息。

4. 成立 BIM 系统总分包联合团队，各分包派固定的专业人员参加。如果因故需要更换，必须有很好的交接，保持其工作的连续性。

5. 购买足够数量的 BIM 正版软件，配备满足软件操作和模型应用要求的足够数量的硬件设备，并确保配置符合要求。

4.5.2　编制 BIM 系统运行工作计划

1. 各分包单位、供应单位根据总工期以及深化设计出图要求，编制 BIM 系统建模以及分阶段 BIM 模型数据提交计划、四维进度模型提交计划等，由总包 BIM 系统执行小组审核，审核通过后由总包 BIM 系统执行小组正式发文，各分包单位参照执行。

2. 根据各分包单位的计划，编制各专业碰撞检测计划，修改后重新提交计划。

4.5.3　建立系统运行例会制度

1. BIM 系统联合团队成员，每周召开一次专题会议，汇报工作进展情况以及遇到的困难、需要总包协调的问题。

2. 总包 BIM 系统执行小组，每周内部召开一次工作碰头会，针对本周本条线工作进展情况和遇到的问题，制定下周工作目标。

3. BIM 系统联合团队成员，必须参加每周的工程例会和设计协调会，及时了解设计和工程进展情况。

4.5.4　建立系统运行检查机制

1. BIM 系统是一个庞大的操作运行系统，需要各方协同参与。由于参与的人员多且复杂，需要建立健全一定的检查制度来保证体系的正常运作。

2. 对各分包单位，每两周进行一次系统执行情况飞行检查，了解 BIM 系统执行的真实情况、过程控制情况和变更修改情况。

3. 对各分包单位使用的 BIM 模型和软件进行有效性检查，确保模型和工作同步进行。

4.5.5　模型维护和应用机制

1. 督促各分包在施工过程中维护和应用 BIM 模型，按要求及时更新和深化 BIM 模型，并提交相应的 BIM 应用成果。如在机电管线综合设计过程中，对综合后的管线进行碰撞校验并生成检验报告。设计人员根据报告所显示的碰撞点与碰撞量调整管线布局，经过若干个检测与调整的循环后，可以获得一个较为精确的管线综合平衡设计。

2. 在得到管线布局最佳状态的三维模型后，按要求分别导出管线综合图、综合剖面图、支架布置图以及各专业平面图，并生成机电设备及材料量化表。

3. 在管线综合过程中建立精确的 BIM 模型，还可以采用 Autodesk Inventor 软件制作管道预制加工图，从而大大提高项目的管道加工预制化、安装工程的集成化程度，进一步提高施工质量，加快施工进度。

4. 运用 Revit Navisworks 软件建立四维进度模型，在相应部位施工前一个月内进行施工模拟，及时优化工期计划，指导施工实施。同时，按业主所要求的时间节点提交与施工进度相一致的 BIM 模型。

5. 在相应部位施工前的一个月内，根据施工进度及时更新和集成 BIM 模型，进行碰撞检验，提供包括具体碰撞位置的检测报告。设计人员根据报告迅速找到碰撞点所在位置，并进行逐一调整。为了避免在调整过程中有新的碰撞点产生，检测和调整会进行多次循环，直至碰撞报告显示零碰撞点。

6. 对于施工变更引起的模型修改，在收到各方确认的变更单后的 14 天内完成。

7. 在出具完工证明以前，向业主提交真实准确的竣工 BIM 模型、BIM 应用资料和设备信息等，确保业主和物业管理公司在运营阶段具备充足的信息。

8. 集成和验证最终的 BIM 竣工模型，按要求提供给业主。

4.5.6 BIM 模型的应用计划

1. 根据施工进度和深化设计及时更新和集成 BIM 模型，进行碰撞检测，提供具体碰撞的检测报告，并提供相应的解决方案，及时协调解决碰撞问题。

2. 基于 BIM 模型，探讨短期及中期之施工方案。

3. 基于 BIM 模型，准备机电综合管道图（CSD）及综合结构留洞图（CBWD）等施工深化图纸，及时发现管线与管线、管线与建筑、管线与结构之间的碰撞点。

4. 基于 BIM 模型，及时提供能快速浏览的 mvf，dwf 等格式的模型和图片，以便各方查看和审阅。

5. 在相应部位施工前的一个月内，施工进度表进行 4D 施工模拟，提供图片和动画视频等文件，协调施工各方优化时间安排。

6. 应用网上文件管理协同平台，确保项目信息及时有效传递。

7. 将视频监视系统与网上文件管理平台整合，实现施工现场的实时监控和管理。

4.5.7 实施全过程规划

为了在项目期间最有效地利用协同项目管理与 BIM 计划，先投入时间对项目各阶段中团队各利益相关方之间的协作方式进行规划。从建筑的设计、施工、运营，直至建筑全生命周期的终结，各种信息始终整合于一个三维模型信息数据库中；设计、施工、运营和业主等各方可以基于 BIM 进行协同工作，有效提高工作效率、节省资源、降低成本，以实现可持续发展。借助 BIM 模型，可大大提高建筑工程的信息集成化程度，从而为项目的相关利益方提供了一个信息交换和共享的平台。结合更多的数字化技术，还可以被用于模拟建筑物在真实世界中的状态和变化，在建成之前，相关利益方就能对整个工程项目的成败做出完整的分析和评估。

4.5.8 协同平台准备

为了保证各专业内和专业之间信息模型的无缝衔接和及时沟通，BIM 项目需要在一个统一的平台上完成。该协同平台可以是专门的平台软件，也可以利用 Windows 操作系统实现。其关键技术是具备一套具体可行的合作规则。协同平台应具备的最基本功能是信息管理和人员管理。

在协同化设计的工作模式下，设计成果的传递不应为 U 盘拷贝及快递发图纸等系列低效滞后的方式，而应利用 Windows 共享、FTP 服务器等共享功能。

BIM 设计传输的数据量远大于传统设计，其数据量能达到几百兆，甚至于几个 GB，如果没有一个统一的平台来承载信息，则设计的效率会大大降低。信息管理的另一方面是信息安全。项目中有些信息不宜公开，比如 ABD 的工作环境 workspace 等。这就要求在项目中的信息设定权限。各方面人员只能根据自己的权限享有 BIM 信息。至此，在项目中应用 BIM 所采用的软件及硬件配置，BIM 实施标准及建模要求，BIM 应用具体执行计划，项目参与人员的工作职责和工作内容，以及团队协同工作的平台均已经准备完毕。那么下面要做的就是项目参与方各司其职，进行建模、沟通、协调。

第五章　对于 BIM 应用的实施步骤的研究分析

5.1　建筑工程管理 BIM 需求分析

BIM 技术将收集到的工程各环节信息输入计算机，利用计算机技术或软件建立虚拟建筑模型，在虚拟建筑模型上完成诸如策划、施工、运行、维护等建筑全周期的仿真性应用。BIM 的使用目标是帮助设计、施工和技术人员了解和掌握建筑项目各环节的信息特点，以优化设计方案、提高施工效率、降低作业成本、缩短建筑工期、提高工程利润，使建筑工程在有效控制成本的前提下实现经济效益和社会效益的最大化（见图 5–1）。

BIM 概念最早出现于 1975 年，其理论形成的背景环境是 1973 年爆发的全球石油危机，当时全美社会各行业深刻感受到提高生产效益的紧迫性。1975 年乔治亚大学 Chunk Eastman 教授提出了 BIM 理论，旨在通过建筑工程的量化及可视化分析，实现降低成本与提高效率的目标。BIM 最大的优势之一就是利用计算机实现了建筑工程的可视化操作。传统建筑行业在设计阶段可视的只有二维化的图纸，成品未制作完成前，技术人员只能凭借图纸上纵横的线条在头脑中想象三维的构件。传统建筑相对简单的部件或许可以仅仅依赖人脑想象，但现代化建筑错综复杂的设计仅凭人脑已经很难实现由二维转换为三维，BIM 技术帮助人类实现了这一需求。BIM 技术实现的立体效果图与传统制作效果图的差异在于：传统效果图的制作通常交由专业的制图单位制作，尽管也能制做出三维的图形，但并非是由二维的图纸信息自动生成的三维图形，构件之间相对独立，不能反映构件之间的关联性。而 BIM 则通过集成二维图纸上的信息自动生成三维模型，构件之间的关联性自动呈现，任何信息的变化影响到相邻构件的情况一目了然。不仅如此，BIM 应用过程中，工程全程均为可视化操作，

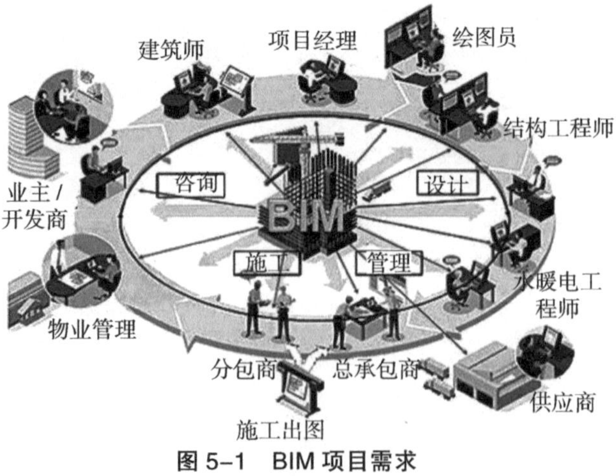

图 5–1　BIM 项目需求

无论设计、施工、运营、维护任一环节有变动、交流、设想或决策均可以可视化立体呈现。

每个项目都有五种典型的利益相关者，项目发起人、项目客户、项目经理、项目团队、项目相关职能部门的负责人，他们应该对项目承担责任。所以，在应用 BIM 技术进行项目管理时，需明确自身在管理过程中的需求，并结合 BIM 本身特点来确定项目管理的服务目标。这些 BIM 目标必须是具体的、可衡量的，并且能够促进建设项目的规划、设计、施工和运营成功。

理论而言，BIM 技术有很大的市场需求，培养应用型专业人才十分必要，比如，信息应用工程师、模型生产工程师、专业分析工程师、项目经理、总监。但是，受到技术与人员的局限，国内目前能够培养的 BIM 应用型专业人才只限于模型生产工程师一类。制约国内 BIM 专业人才培养的客观因素有二：标准和软件，主观因素则是人才匮乏。当前制约国内 BIM 人才培养最大瓶颈问题就是师资力量的匮乏。作为培养 BIM 人才的教师队伍而言，除了应具备理论教学知识以外，还应具备熟练的 BIM 实际操作能力。然而，国内高职院校中不缺乏熟悉 BIM 理论知识的教师，也不缺乏兼具建筑工程理论与实际操作能力的工程师，唯一不足的是缺乏既有 BIM 理论又有 BIM 实际应用能力的“BIM 理论 + 实际操作”型的师资力量。因此，整体上我国的 BIM 教学与人才培养还处于摸索和研究阶段之中。

BIM 专业人才应当具备的能力首先是熟练的理论基础知识。通过课堂教学掌握利用 BIM 技术将建筑二维信息转化为三维模型的理论知识；其次，运用掌握的 BIM 理论知识进行虚拟的建筑项目策划、设计、施工、运营、维护，进一步熟悉 BIM 在建筑工程项目中的运用。第三，进入实训基地或企业开展现场操作，利用 BIM 工具结合实际工程项目开展设计、施工、质检、竣工等实际操作，通过现场工作积累工作经验并反馈理论学习，加强理论联系实际的学习效果并提高实际工作能力。

“校企合作” + “工学结合”解决 BIM 技术人员的需求。针对当前国内高职院校 BIM 人才培养的实际情况，解决 BIM 技术人员需求的措施应有两点：第一，提高教师队伍整体水平；第二，加强学生理论联系实际的教育培养。“校企合作” + “工学结合”可以作为实现以上两个目标的有效策略。

校企结合，指高职院校的专业 BIM 教师联合 BIM 专业咨询公司共同开展 BIM 人才的培养工作。以广州番禺作业技术学院为例，2011 年，该校与互联立方技术公司合作开创了校内实训基地，学校提供场地，设备和软件则由合作双方共同承担，企业和学校以互聘制为基地提供工作人员，共同开展人才培养工作，学校的专业教师与 BIM 专业工程师共同参与实训基地的

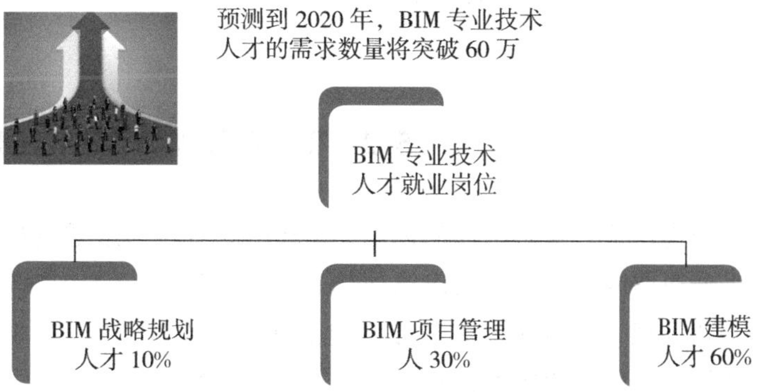

图 5-2　BIM 人才需求

管理。实训基地建立后，教师与学生分别与北京建筑设计院、中南建筑设计院等知名企业 BIM 设计专家进行了全方位的合作与交流，获得了理论和实际工作中的大量宝贵经验。至第六学期，学生得到了顶岗实习的机会，基地提供了结构设计、建筑设计、模型制作、设备设计等项目的实习内容。在学校教师的指导下，学生实现了与实际工作的“零距离”接触，大大提高了职业技能与水平，教师队伍整体教学水平也在学生实习过程中得到了有效磨炼和提高。

工学结合，这种人才培育模式特别适合 BIM 这类应用型专业学科的教育教学，以广东工程职业技术学院为例，自 2012 年开始，该校开启了“订单”式人才培养机制，与当地众多 BIM 专业公司和建筑工程公司开展合作，为企业定向培养 BIM 建模人才。学校首先从校内建筑专业中挑选出全专业范围的学生，第一学期只学习学校原先设置的建筑工程基础知识课程。从第二学期开始，在学校基础知识课程外，学生开始额外增学 BIM 建模课程，这是学校和委培企业联合设置的四门专业课程之一。至第四学期，学生开始增学其他三门专业课程——施工组织实训、施工技术实训、计价与计量实训。额外增学的四门专业课程旨在培养学生从二维向三维转化建模的理论知识和实际操作能力。四门额外增学的课程学成后，学生于第三学期进入“广东工程 BIM 应用技术研发中心”，这是学校与企业共同创建的实训基地。学生进入实训基地开始接触真实的建筑项目，在此期间，院方专业教师、公司企管、BIM 专工对学生开展“滚动”式教育——学生先在实训基地进行一星期建模操作，之后到项目施工现场观察并监控建模的具体施工。由于学生独立完成从二维向三维转换建模的操作极为困难，这时候企业的 BIM 专工会对学生进行辅助性修正，之后学生返回实训基地针对发现的问题及时弥补，完成后再返回施工现场观察并监控，以此类推。

通过反复进行以上步骤的滚动式培训，该院“订单”式 BIM 人才培训的学生均成为熟练的 BIM 建模工程师，相关企业对这些学生极为青睐，学生一毕业即进入当地知名 BIM 专业公司或建筑工程公司，可谓供不应求。BIM 技术在中国建筑工程领域属于引进不久的新鲜事物，无论标准或软件均未实现自给自足，目前还处于刚刚起步的初始阶段。高职院校开展建筑工程专业的 BIM 培训既面临师资不足的困境，又难以为学生提供优质的实际操作机会。鉴于此，各地高职院校可以参考广州有关高职院校的做法，以“校企合作”+“工学结合”的模式同时解决师资与学生培训的两难问题，在尽快提高教师队伍整体素质的同时让学生有机会体验 BIM 的实际操作，不失为一种两全的办法。

5.2 BIM 实施计划的研究

作为建筑行业系统性的创新，BIM 的应用已远远超越技术范畴。研究表明，在建设项目全生命周期内，应用涉及建设项目的规划、建筑、结构、设备、施工技术、造价及项目管理等专业领域，引应用的参与方则包括业主、设计、施工、监理、咨询机构等。恰当地实施，可降低建设项目的成本，有效地缩短建设项目的施工周期，也能提高建设项目的质量与可持续性，应用通过为建设项目决策提供信息支撑而实现上述价值。

5.2.1　实施策划

在实施过程中，应用的输入、输出信息随建设项目的进展而逐渐完善、准确，实施是一个渐进明细的过程。对于初次应用的团队，有效应用的基础是在项目启动前进行系统而细致的实施策划。对于建设项目，也有必要将实施策划看作建设项目整体策划的一部分，分析引导应用对项目目标、组织、流程的影响，并将实施所需的支持落实到建设项目的整体策划中。

实施策划对建设项目的主要作用体现为团队清晰地理解在建设项目中应用的战略目标，明确每个成员在项目中的角色和责任，通过对项目成员在项目中业务实践的分析，设计出实施流程规划，引导实施所需的附加资源、培训等因素。作为成功实施的保障，提供一个用于后续参与者的行为基准，为测度项目过程和目标提供基准线。对整个项目团队而言，将减少执行中的未知成分，进而减少项目的全程风险而获得收益。作为提升企业发展能力与市场竞争能力的抓手，是建筑企业发展战略中一项重要内容。企业应用能力的提升需经历项目实践的历练，期间实施策划对企业的作用将通过以下三个方面体现出来。

第一，通过建设项目实施策划、实施与后评价的参与，培养与锻炼企业的人才。

第二，基于应用在不同建设项目中存在的相似性，借鉴已有项目来策划新项目，有事半功倍的效果。

第三，通过对比新老建设项目的不同之处，也有助于改进新项目的实施策划。试点性的项目级实施策划，是制订企业级应用及发展策划的基础资料。

BIM 实施策划框架由美国宾夕法尼亚州立大学计算机集成设施研究组发布的《项目实施策划指南》给出了一个结构化的实施策划框架，该框架包括以下四个步骤：

- 定义实施所要实现的价值，并为项目团队成员定义完整的目标；
- 设计实施的流程，从总体视角与局部视角分别描述实施流程；
- 定义模型信息的互用要求；
- 定义支持引导实施所需的基础资源。

这四个步骤是从目标定义到实施保障措施设计依次递进的关系。

根据实践现状，BIM 实施规划除了明确具体应用目标外，还应定义工作范围及各节点具体要求，确定组织实施模式、工作界面，明确各相关方职责，确定建模技术规格、成果交付形式等具体内容。概括而言，BIM 实施规划主要包括应用目标、技术规格、组织计划和保障措施四个方面。

（1）BIM 应用目标是指通过运用 BIM 技术为项目带来预期效益，一般分为总体目标和阶段性目标。

BIM 总体目标是指项目从建设初期到建成运营等整个项目周期内所要达到的预期目标，如降低成本、提高项目质量、缩短工期、提升效率和经济效益等，或者面向全生命周期的集成管理。

阶段性目标是指项目在策划、设计、施工、运营等不同时期预期实现的具体功能性目标，如在前期策划阶段，实现快速建模，方案效果可视化展示、调整及审核。在设计阶段，可进行协同设计、环境分析、碰撞检测等，减少因设计缺陷而可能导致的问题。在施工阶段，可进行深化施工设计、虚拟施工等。在运营阶段，实现设备自动检查、维修更换提醒、协同维护，利于运营战略规划、空间管理和项目改造决策等。业主应根据工程项目特点、复杂程度和工作难点，合理确定总体目标，以及实施 BIM 所预期实现的具体功能目标。

（2）BIM 技术规格是指为实施应用 BIM 而应具备的技术层面的具体条件，主要包括模型详细程度、软硬件选型等。

模型范围与详细程度（LOD-level of detail）。不同项目阶段所建模型各不相同，在应用上有性能分析、算量造价、施工模拟、性能测试、碰撞检测等。为了避免模型应用功能的缺失，确保模型成果成功交付使用，应对 BIM 模型的详细程度划分等级。美国建筑师学会（AIA-American In-stitute of Architects）就此制订了 BIM 模型的详细等级或者称精细程度标准。

软硬件选型。BIM 相关的软件大体可分为建模软件、专业分析软件和需要二次开发的软件等三种类型。目前市场上可供选择的 BIM 软件品系众多，各具特色。例如 Autodesk（Revit、Na-vis Works）、Archi CAD、Bentley 系列等，需要根据项目的具体情况，选择合适的 BIM 工具。在软、硬件的选择上，应采用实用性原则，兼顾功能性和经济性要求，尽可能快捷、可靠地部署和使用，将实施、培训成本降到最低。

（3）BIM 组织计划。

① 组织形式。根据 BIM 实施目标和业主自身特点，明确 BIM 实施模式，如是否聘用 BIM 咨询单位，确定设计、施工、运营、监理等相关各方责任、工作要求。

② 工作界面。BIM 工作界面需要开发两个层次的界面流程。

第一层为总体界面，主要包括各参与方之间、不同项目阶段之间的工作接口与流程。

第二层为详细流程，说明每一个特定的 BIM 应用的详细工作顺序，包括每个过程的责任方、参考信息的内容和每一个过程中创建和共享的信息交换要求。

③ BIM 实施合同。根据业主选定的组织实施模式，通过合同方式确定软硬件采购方式、人员职责、工作范围、模型详细程度、交付时间、文件格式要求、模型的维护等实施 BIM 的关键环节。在合同签订时，还应注意以下几个重要方面：

充分考虑软硬件升级换代的可能性；确定软件二次开发的责权；明确模型产品的知识产权等。

（4）BIM 实施保障措施沟通渠道。BIM 实施团队的沟通方式有网络沟通渠道和现场会议沟通渠道。网络沟通渠道是指通过电子网络、移动信息交流等方式建立沟通通道，来创建、上传、发送和存储项目有关文件，同时必须解决文档管理中的文件夹结构、格式、权限、命名规则等问题。现场会议沟通渠道是指通过现场会议、座谈的方式进行交流。为了保证项目每个阶段的模型质量，必须定义和执行模型质量控制程序。在项目进展过程中建立起来的每一个模型都必须预先计划好模型内容、详细程度、格式、负责更新的责任方以及对所有参与方的发布等。

5.2.2 实施目标

一般情况下，实施的目标包括以下两大类：

与建设项目相关的目标。包括缩短项目施工周期、提高施工生产率和质量、降低因各种变更而造成的成本损失、获得重要的设施运行数据等。例如，基于模型强化设计阶段的限额设计控制力度，提升设计阶段的造价控制能力就是一个具体的项目目标。

与企业发展相关的目标。在最早实施的项目上以这类目标为主是可以接受的。如，业主也许希望将当前的项目作为一个实验项目，试验在设计、施工和运行之间信息交换的效果，或者某设计团队希望探索并积累数字化设计的经验。

定义实施目标、选择合适的应用，是实施策划制订过程中最重要的工作，目标的定义必须具体、可衡量。一旦定义了可测量的目标，与之对应的潜在应用就可以识别出来。目标优先级的设定将使得后面的策划工作具有灵活性。根据清晰的目标描述，进一步的工作是对应用进行评估与筛选，以确定每个潜在应用是否付诸实施。为每个潜在应用设定责任方与参与方，评估每个应用参与方的实施能力，包括其资源配置、团队成员的知识水平、工程经验等，评估每个应用对项目各主要参与方的价值和风险水平。综合上述因素，通过讨论，对潜在应用逐一确定。

本工作的目的是为实施提供控制性流程，确定每个流程之间的信息交换模块，并为后续策划工作提供依据。实施流程包括总体流程和详细流程，总体流程描述整个项目中所有应用之间的顺序以及相应的信息输出情况，详细流程则进一步安排每个BIM应用中的活动顺序，定义输入与输出的信息模块。在编制总体流程图时应考虑以下三项内容：根据建设项目的发展阶段安排应用的顺序；定义每个应用的责任方；确定每个应用的信息交换模块。

企业在应用BIM技术进行项目管理时，需明确自身在管理过程中的目标，并结合BIM本身特点确定BIM辅助项目管理的服务目标，比如提升项目的品质（声、光、热、湿等）、降低项目成本（须具体化）、节省运行能耗（须具体化）、系统环保运行等。

为完成BIM应用目标，各企业应紧随建筑行业技术发展步伐，结合自身在建筑领域的优势，确立BIM技术应用的战略思想。比如，某施工单位制定了“提升建筑整体建造水平、实现建筑全生命周期精细化动态管理”的BIM应用目标，据此确立了“以BIM技术解决技术问题为先导、通过BIM技术严格管控施工流程，全面提升精细化管理”的BIM技术应用思路。

5.2.3 组织机构

在项目建设过程中需要有效地将各种专业人才的技术和经验进行整合，将他们各自的优势、长处、经验得到充分的发挥以满足项目管理的需要，提高管理工作的成效。为更好地完成项目BIM应用目标，响应企业BIM应用战略思想，需要结合企业现状及应用需求，先组建能够应用BIM技术为项目提高工作质量和效率的项目级BIM团队，进而建立企业级BIM技术中心，以负责BIM知识管理、标准与模板、构件库的开发与维护、技术支持、数据存档管理、项目协调、质量控制等。

5.2.4 进度计划（以施工为例）

为了充分配合工程，实际应用将根据工程施工进度设计BIM应用方案。主要节点为：1.投标阶段初步完成基础模型建立，厂区模拟，应用规划，管理规划；2.中标进场前初步制定本项目 BIM 实施导则、交底方案，完成项目 BIM 标准大纲；3. 人员进场前针对性进行 BIM 技能培训，实现各专业管理人员掌握 BIM 技能；4. 确保各施工节点前一个月完成专项 BIM 模型，并初步完成方案会审；5. 各专业分包投标前 1 个月完成分包所负责部分模型工作，用于工程量分析，招标准备；6. 各专项工作结束后一个月完成竣工模型以及相应信息的三维交付；7. 工程整体竣工后针对物业进行三维数据交付。

5.2.5 资源配置

1. 软件配置计划

BIM 工作覆盖面大，应用点多，因此任何单一的软件工具都无法全面支持。需要根据我们的实施经验，拟定采用合适的软件作为项目的主要模型工具，并自主开发或购买成熟的 BIM 协同平台作为管理依托。

2. 硬件配置计划

BIM 模型带有庞大的信息数据，因此，在 BIM 实施的硬件配置上也要有着严格的要求。结合项目需求及成本，根据不同的使用用途和方向，对硬件配置进行分级设置，最大程度保证硬件设备在 BIM 实施过程中的正常运转，最大限度地有效控制成本。

5.2.6 实施标准

BIM 是一种新兴的技术，贯穿在项目的各个阶段与层面。在项目 BIM 实施前期，应制定相应的 BIM 实施标准，对 BIM 模型的建立及应用进行规划，实施标准主要内容包括：明确 BIM 建模专业、明确各专业部门负责人、明确 BIM 团队任务分配、明确 BIM 团队工作计划、制定 BIM 模型建立标准等。

现有的 BIM 标准有美国 NBIMS 标准、新加坡 BIM 指南、英国 Autodesk BIM 设计标准、中国 CBIMS 标准以及各类地方 BIM 标准等。

由于每个施工项目的复杂程度不同、施工办法不同、企业管理模式不同，仅仅依照单一的标准难以使 BIM 实施过程中的模型精度、信息传递接口、附带信息参数等内容保持一致，企业有必要在项目开始阶段建立针对性强目标明确的企业级乃至于项目级的 BIM 实施办法与标准，全面指导项目 BIM 工作的开展。如北京建团有限责任公司发布的 BIM 实施标准（企业级）和长沙世贸广场工程项目标准（项目级）。

5.2.7 实施评价

根据 BIM 实施规划实施项目，业主应及时检查工作进展、评估实施效果，科学合理地对已完成工作进行评估、对正在实施的应用进行定期评价，总结建设项目各个阶段 BIM 实施的经验教训，为决策者提供反馈信息，修正目标及执行计划。

BIM 实施评价是建设项目 BIM 应用的重要步骤和手段，是项目管理周期中一个不可缺少的重要阶段，对实现 BIM 目标具有重要作用。根据上海中心大厦、武汉新城国际博览中心等大型项目的具体应用实例，以及中国建筑业协会工程建设质量管理分会等机构所进行的调研分析，目前国内业主驱动的 BIM 组织实施模式大略可归纳为 3 类：即设计主导模式、咨询辅助模式和业主自主模式。

设计主导模式是由业主委托一家设计单位，将拟建项目所需的 BIM 应用要求及模型的详细等级等以 BIM 合同的方式进行约定，由设计单位建立 BIM 模型，并在项目实施过程中，提供 BIM 技术指导及模型信息数据的更新与维护，以设计单位为主导，同施工、设备安装等各方进行沟通协调，最终保证 BIM 技术应用于该拟建项目。此模式侧重于设计阶段的协同，可为集成化实施提供可能性。但业主方在工程实际实施过程中对质量、安全等因素的控制力度较弱，后期运营成本较高，BIM 模型的信息丰富度不高，且具有一定的风险性。

咨询辅助模式。业主分别同设计单位、BIM 咨询公司签订合同，先由设计单位进行传统的二维图纸设计，根据二维图纸资料，BIM 咨询公司进行三维建模，并开展一系列的设计检测、碰撞检查，并将检测结果及时反馈并做修改，以减少工程变更和工程事故。按照 BIM 合同约定，BIM 咨询公司还需对业主方后期项目运营管理提供必要的 BIM 技术培训和指导，以确保项目运营期效益最大化。此模式侧重基于模型的应用，如模式施工、能效仿真等；而且有利于业主方择优选择设计单位，且可供选择的范围较大，招标竞争较激烈，有利于降低工程造价。缺点是业主方前期合同管理工作量大，各方关系复杂，不便于组织协调。

业主自主模式，是由业主方为主导，组建专门 BIM 团队，负责 BIM 的实施与应用。此模式下，业主将直接参与 BIM 具体应用，根据应用需要随时调整 BIM 规划和信息内容。缺点是该模式对业主方 BIM 技术人员及软硬件设备要求较高，特别是对 BIM 团队人员的沟通协调能力、软件操作能力有较高的要求，前期团队组建困难较多、成本较高、应用实施难度大，对业主方的经济、技术实力具有较高的要求和考验。

通过对以上三种模式的分析，从项目全生命周期角度考虑，可以得出业主方拟采用的三种模式在各阶段应用难度（成本）的对比分析如下：

设计主导模式的 BIM 应用通常偏重于前期设计阶段，同时设计单位也有足够的经验将项目设计阶段应用成本降到最低，但随着项目生命周期的进行，到项目后期阶段，BIM 模型详细等级（LOD）不能满足施工运营等阶段的需求，特别是运营期，成本呈大幅度上升趋势。

咨询辅助模式相对设计主导模式，具有更专业的 BIM 应用开发团队，对 BIM 后期应用有更丰富经验，能够一定程度地预见应用困难，但项目建成后需移交运营单位，可能存在信息失真和错误、操作人员技术水平低下、设备等缺陷，不能充分发挥 BIM 预设效果，需开展必要的技术培训，导致成本有所增加。

而业主自主模式是重点着眼于运营阶段，尽管前期组建 BIM 团队困难重重，成本较模式一、二都高很多，但随生命周期进行，业主方积累了丰富技术经验和模型信息数据，将之运用到后期运营，大大降低运营成本，而且 BIM 模型经理专人负责，无须移交，能够充分发挥 BIM 的强大优势。

综上，从项目 BIM 应用实施的初始成本、协调难度、应用扩展性、运营支持程度和对业主要求等 5 个角度来分别考察三种模式的特点，可以得出以下结论：

BIM 技术正在深刻渗透和改变建筑行业信息及生产管理方式，BIM 的最终价值是提供集成化的项目信息交互环境，提高协同工作效率。在工程项目参与各方中，业主处于主导地位。在 BIM 实施应用的过程中，业主是最大的受益者，因此业主实施 BIM 的能力和水平将直接影响到 BIM 实施的效果。当前 BIM 实施应用模式主要是由业主驱动的，业主应当根据项目目标和自身特点选择 BIM 实施模式，以保证实施效果，真正发挥 BIM 信息集成的作用，切实提高工程建设行业的管理水平。

5.2.8 保障措施

在项目 BIM 实施过程中，需要采取一定的措施来保障项目顺利进行。建立系统运行保障体系成立总包 BIM 执行小组：成立 BIM 系统领导小组；职能部门设立 BIM 对口成员；成立总包分包联合团队等，建立系统运行工作计划、编制 BIM 数据提交计划，编制碰撞检测计划等。建立系统运行例会制度：总包 BIM 系统执行小组定期开会，制定下步工作目标；BIM 系统联合团队成员定期参加工程例会和设计协调会等建立系统运行检查机制，BIM 系统联合团队成员定期汇报工作进展及面临困难；模型维护与应用机制分包及时更新和深化模型；按要求导出管线图、各专业平面图及相关表格；运用软件，优化工期计划指导施工实施；施工前，根据新模型进行碰撞检查直至零碰撞；施工引起的模型修改，在各方确认后 14 天内完成；集成和验证最终模型，提交业主等。

5.3 BIM 过程管理研究

项目全过程管理就指工程项目管理企业按照合同约定，在工程项目决策阶段，为业主编制可行性研究报告，进行可行性分析和项目策划；在工程项目设计阶段，负责完成合同约定的工程设计（基础工程设计）等工作；在工程项目实施阶段，为业主提供招标代理、设计管理、采购管理、施工管理和试运行（竣工验收）等服务，代表业主对工程项目进行质量、安全、进度、费用、合同、信息等管理和控制。

科学地进行工程项目施工管理是一个项目取得成功的必要条件。对于一个工程建设项目而言，争取工程项目的保质保量完成是施工项目管理的总体目标，具体而言就是在限定的时间、资源（如资金、劳动力、设备材料）等条件下，以尽可能快的速度，尽可能低的费用（成本投资）圆满完成施工项目任务。

BIM 模型是项目各专业相关信息的集成，适用于从设计再到施工再到运营管理的全过程，贯穿工程项目的全生命周期。

项目的实施、跟踪是一个控制过程，用于衡量项目是否向目标方向进展，监控偏离计划的偏差，在项目的范围、时间和成本三大限制因素之间进行平衡，采取纠正措施使进度与计划相匹配。此过程跨越项目生命周期的各个阶段，涉及项目管理的整体、范围、时间、成本、质量、沟通和风险等各个知识领域。

在 BIM 模型中集成的数据包括任务的进度（实际开始时间、结束时间、工作量、产值、完成比例）、成本（各类资源实际使用、各类物资实际耗用、实际发生的各种费用）、资金使用（投资资金实际到位、资金支付）、物资采购、资源增加等内容。根据采集到的各期数据，可以随时计算进度、成本、资金、物资、资源等各个要素的本期、本年和累积发生数据，与计划数据进行比较，预测项目将提前还是延期完成，是低于还是超过预算完成。

如果项目进展良好，就不需要采取纠正措施，在下一个阶段对进展情况再做分析；如果认为需要采取纠正措施，必须由项目法人、总包、分包及监理等召开联席会议，做出如何修订进度计划或预算的决定，同时更新至 BIM 模型，以确保 BIM 模型中的数据是最新的，有效的。

5.4　建筑工程完成后的评价与分析

5.4.1　项目后评价的概念

项目后评价是指对已经完成的项目或规划的目的、执行过程、效益、作用和影响所进行的系统的客观的分析。通过对投资活动实践的检查总结，确定投资预期的目标是否达到，项目或规划是否合理有效，项目的主要效益指标是否实现，通过分析评价找出成败的原因，总结经验教训，并通过及时有效的信息反馈，为未来项目的决策和提高完善投资决策管理水平提出建议，同时也对被评项目实施运营中出现的问题提出改进建议，从而达到提高投资效益的目的。

近年来，随着我国基础建设投资规模迅速增大，建筑业得到蓬勃发展，但同时，我国建筑领域的安全生产形势十分严峻，建筑业施工伤亡人数居高不下，建筑业成为伤亡事故较多的行业之一。我国也颁发了一系列有关建筑安全生产的法律法规及技术标准，但是由于建筑企业自身缺乏对安全防护和安全投入意识的重视，我国安全监督机构执法力度和方式也存在一定问题，以及我国保险市场的不完善等问题日益突出，我国建筑工程施工安全管理水平还有待进一步提高。

5.4.2　项目后评价理论体系

现实意义上的项目评价方法萌芽于 20 世纪初期，在 20 世纪 30 年代得到了初步的发展。20 世纪 60 年代之后，评价理论和方法体系日趋完善，成为一门较完整的工程经济学学科。1902 年，美国颁布了《河港法》，以法律的形式规定了河流与港口项目的评价方法。该法涉及了一些现代意义的项目评估基本原理。20 世纪 30 年代的世界性经济大萧条使得西方各发达国家的经济形势发生了重大的变化。随着自由放任经济体系的崩溃，一些西方发达国家的政府实行新经济政策，兴办公共建设工程，于是出现了公共项目评价方法。可以说现代意义的项目评估基本原理产生于 20 世纪 30 年代。现代意义上的项目评估的体系方法产生于 20 世纪 60 年代末期，在 20 世纪 60 年代之后，一些西方发展经济学家致力于发展中国家项目评价理论研究，其研究成果受到发展中国家政府和经济学界的普遍好评。英国牛津大学教授李特尔和米尔利斯为建设项目评估学学科做了大量的开创性工作，两位教授于 1968 年合作出版了《发展中国家工业项目分析手册》一书，第一次系统地阐述了项目评估的基本原理和基本方法。1972 年，达斯古帕塔等编著了《项目评价准则》。1975 年，世界银行经济专家夸尔等编著了《项目经济分析》。1980 年，联合国工业发展组织和阿拉伯工业发展中心联合编著了《工业项目评价手册》一书。上述提及的这些经典著作为项目评估理论的发展及运用做了巨大的贡献，并对实际工作具有重要的指导意义。20 世纪 80 年代以后，项目评估工作越来越受到各国，特别是广大发展中国家的重视，成为银行确定贷款与否的重要依据。应当指出，在项目评估理论和实践的发展过程中，世界银行做出了巨大的贡献。世界银行规定，所有的贷款项目都要经过评估，评估的结论是确定贷款与否的主要依据。20 世纪 60 年代初期，项目管理被引入我国。为推动项目管理工作，中国科学院管理科学与科技政策研究所牵头成立了“中国统筹法、优选法与经济数学研究会”。近 10 多年来，项目管理在水利、化工、IT 等领域效果显著。吴之明、卢有杰编著的由清华大学出版社出版的《项目管理引论》一书，主要介绍了项目管理在中国的运用情况，并对项目管理的主要特点做了介绍。随着我国经济的持续、快速发展，国家建设部发布了国家标准《建设工程项目管理规范》，其目的就是为了进一步规划全国建设工程施工项目管理的基本做法，促进建设工程施工管理科学化、规范化和法制化，提高建设工程施工项目管理水平，与国际惯例接轨，以适应社会主义市场经济发展的需要。

我国项目评价研究总的来说起步较晚、发展很快但尚未达到规范化、体统化、制度化。在引进和使用西方国家建设项目的可行性研究与项目评价方法之后，结合我国国情，开展了广泛而深入的工作，并取得了可喜的进展，在实践中逐步形成新的基本建设程序。我国在历经了从承包指标的考评到财务评价的转变、从财务评价到经济效益评价和信息时代下的绩效评价三个阶段的评价历程后，为了适应世界经济形势的变化，更为了适应社会主义市场经济体制下政府职能转变的需要，1999 年 6 月，财政部、国家经贸委、人事部、国家纪委联合颁布了企业绩效评价体系，这标志着绩效评价制度在我国初步建立。目前绩效评级的特点是：第一，以财务指标为核心指标。设计指标体系时，以财务指标为主体指标，以此推动企业提高经营管理水平，以最少的投入获取最大的产出，同时，从企业多方面进行深入对比分析，以有效地推动企业整体效益的提高。第二，采取多层次指标体系和多因素分析方法。指标体系有三个层次，由基本指标、修正指标和评议指标组成。其中，实行初步评价采用基本指标，采用修正指标对初步结论加以校正，实行基本评价，最后在基本评价的基础上，采用评议指标对基本结论做进一步补充校正，实行综合评价。三个层次指标实现了多因素互补和逐级递进修正。运用这套指标体系，能够较好地解决以往评价指标单一、分析简单的缺陷，全面地考察影响企业经营和发展的各种因素，包括计量的和非计量的，做到评价结果的客观、真实、全面。第三，以统一的评价标准做基准。评价体系以横向对比分析为基础，利用全国企业统计资料，采用数理统计方法，统一测算制定和颁布不同行业、不同规模企业的标准值，这在我国尚属首次。采用统一的评价标准值，便于企业在行业内和不同规模间的比较，真实反映企业的主观努力程度。企业可通过评价进行全国横向对比，确定自身在同行业、同区域、同规模中的水平和地位。定量分析和定性分析相结合。一般的绩效评价体系只有定量指标，而这套评价体系中设置了定性指标，分别考察对绩效有直接影响但又难以统一量化的各种非计量因素。采取定量分析与定性分析相结合，可以有效克服单纯定量分析的缺陷，使评价结果更加科学、准确。

5.4.3　项目后评价的内容及意义

1. 项目后评价类型

根据评价时间不同，后评价又可以分为跟踪评价、实施效果评价和影响评价。

（1）项目跟踪评价是指项目开工以后到项目竣工验收之前任何一个时点所进行的评价，它又称为项目中间评价；

（2）项目实施效果评价是指项目竣工一段时间之后所进行的评价，就是通常所称的项目后评价；

（3）项目影响评价是指项目后评价报告完成一定时间之后所进行的评价，又称为项目效益评价。

从决策的需求，后评价也可分为宏观决策型后评价和微观决策型后评价。

（1）宏观决策型后评价指涉及国家、地区、行业发展战略的评价；

（2）微观决策型后评价指仅为某个项目组织、管理机构积累经验而进行的评价。

2. 项目后评价流程

项目后评价的流程如图 5-3。

3. 项目后评价内容

每个项目的完成必然给企业带来三方面的成果：提升企业形象、增加企业收益、形成企业知识。

评价的内容可以分为目标评价、效益评价、影响评价、持续性评价、过程评价等几个方面，

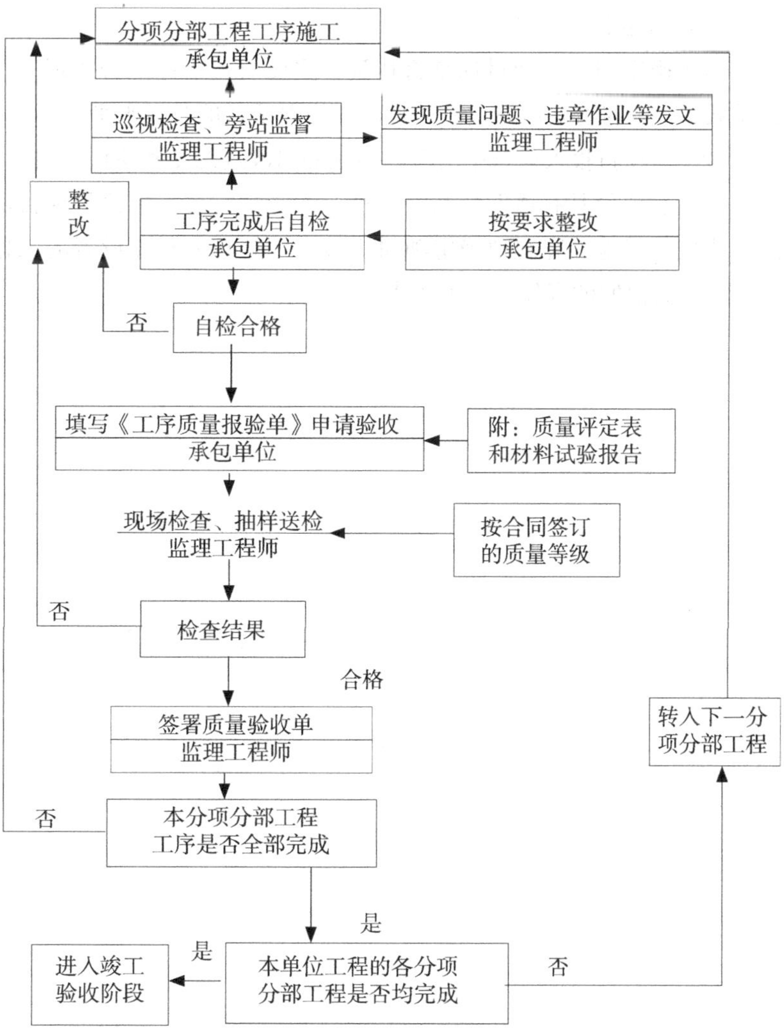

5-3　项目后评价流程图

一般来说，包括如下任务和内容：

（1）根据项目的进程，审核项目交付的成果是否到达项目准备和评估文件中所确定的目标，是否达到了规定要求；

（2）确定项目实施各阶段实际完成的情况，并找出其中的变化。通过实际与预期的对比，分析项目成败的原因；

（3）分析项目的经济效益；

（4）顾客是否对最终成果满意。如果不满意，原因是什么；

（5）项目是否识别了风险，是否针对风险采取了应对策略；

（6）项目管理方法是否起到了作用；

（7）本项目使用了哪些新技巧、新方法，有没有体验新项目后评价的流程软件或者新功能，价值如何；

（8）改善项目管理流程还要做哪些工作，吸取哪些教训和建议，供未来项目借鉴。

4. 项目后评价的意义

（1）确定项目预期目标是否达到，主要效益指标是否实现；查找项目成败的原因，总结经验教训，及时有效反馈信息，提高未来新项目的管理水平；

（2）为项目投入运营中出现的问题提出改进意见和建议，达到提高投资效益的目的；

（3）后评价具有透明性和公开性，能客观、公平地评价项目活动成绩和失误的主客观原因，比较公正地、客观地确定项目决策者、管理者和建设者的工作业绩和存在的问题，从而进一步提高他们的责任心和工作水平。

第六章　基于BIM项目管理平台建设及研究

6.1　项目管理平台的概述

BIM项目管理平台是最近出现的一个概念，基于网络及数据库技术，将不同的BIM工具软件连接到一起，以满足用户对于协同工作的需求。

施工方项目管理的BIM实施，必须建立一个协同、共享平台，利用基于互联网通信技术与数据库存储技术的BIM平台系统，将BIM建模人员创建的模型用于各岗位、各条线的管理决策，按大后台、小前端的管理模式，将BIM价值最大化，而非变成相互独立的BIM孤岛。这也是施工项目、施工作业场地的不确定性等特征所决定的。

目前市场上能够提供企业级BIM平台产品的公司不多，国外有以Autodesk公司的Revit、Bendy的PW为代表，但大多是文件级的服务器系统，还难以算得上是企业级的BIM平台。国内提到最多的是广联达和鲁班软件，其中，广联达软件已经开发了Biq 5D、BIM审图软件、BIM浏览器等，鲁班软件可以实现项目群、企业级的数据计算等，出于数据安全性的考虑，可以预见国内的施工企业将会更加重视国产BIM平台的使用。

国内也有企业尝试独立开发自己的BIM平台来支撑企业级BIM实施，这需要企业投入大量的人力、物力，并要以高昂的成本为试错买单。站在企业的角度，自己投入研发的优势是可以保证按需定制，能切实解决自身实际业务需求。但是从专业分工的角度而言，施工企业搞软件开发是不科学的，反而会增加项目实施风险和成本。并且，由于施工企业独立开发做出来的产品，很难具备市场推广价值，这对于行业整体的发展来说，也是资源上的极大浪费。

因此，与具备BIM平台研发实力兼具顾问服务能力的软件厂商合作，搭建企业级协同、共享BIM平台，对于施工企业实施企业级BIM应用就显得至关重要。而且，要通过BIM系统平台的部署加强企业后台的管控能力，为子公司、项目部提供数据支撑。另外，企业级BIM实施的成功还离不开与之配套的管理体系，包括BIM标准、流程、制度、架构等，企业级BIM实施时需综合考虑。

6.2 项目管理平台的框架分析

项目逻辑框架分析（logic Framework Analysis，LFA）是一种把项目的战略计划和项目设计连接在一起的管理方法，其主要关注的是在多项目利益相关者的环境下对项目目标的制定和资源的计划与配置。项目的垂直逻辑明确了开展项目的工作逻辑，阐明了项目中目的、目标、分解目标、产出、活动的因果关系，并详细说明了项目中重要的假设条件和不确定因素。水平逻辑定义了如何衡量项目目的、目标、分解目标、产出和项目活动及其相应的证实手段。理解这些要素的逻辑关系是为了评估和解决外部因素对项目产生的影响，从而提高项目设计的有效性。

在理解了项目外部（项目利益相关者、客户、需求）和项目内部（资源、价值、逻辑）环境的基础上，项目团队可以开始启动项目。在战略的指导下制定项目的目的使命、具体的项目目标、项目的可交付成果，为项目各项计划的开展奠定坚实的基础。

建筑业是基于项目的产业，参与工程项目建设的业主、承包方、监理、材料商等各自的利益不同、地位不同以及风险规避本性造成了建筑业是高度碎片（Mitropoulos and Tatum，2000）行业。这种碎片性使合同方于近在咫尺的地方常常以脱节的关系工作，并造成不良结果如时间与成本超过、差的质量、顾客满意、过度昂贵的争端和合同方之间的关系中断等（Kumaraswamy，1997）。同时，碎片性也造成了行业效益低、工作效率差、利益相关者间对抗性强等一直困扰着各国建筑业的问题（Jones M. Saad M.，2003），与其他产业相比建筑业生产力水平是非常低的，甚至在一些国家随着时间而下降（Schwegleretal.，2001）。为了整合建筑业的碎片性，减少其对项目实施和产业的危害，世界上许多国家的从业者和产业研究者都对本国建筑产业发展进行了研究，如新加坡（C2IC，1999）、澳大利亚（ISR，1999）、英国（Latham，1994；Egan，1998）与美国（CII 1991，1996）的建筑产业研究报告，都识别出了以上所说的建筑产业自我破坏的趋势并提出了逆转它们的补救措施。例如，各国号召激进的“文化上的”改变和建议通过伙伴模式和结盟等方式进行合作与协作。基于项目的建筑产业“文化”改革本质是强调团队精神作为产业文化的核心，其工作方法是跨组织团队工作方法。Larson and La Fasto（1989）把团队定义为两个或多个人——寻求实现具体的绩效目标或可公认的目标并要求团队成员之间的活动协作为实现目标或目的。在结构意义上，Albanese and Haggard（1993）认为团队是一组有共同愿景或理由工作在一起的人，在有效实现共同目标上相互依赖，并且承诺工作在一起以识别和解决问题。同时，Albanese and Haggard（1993）认为团队工作方法对项目管理来说并不是新的，并且由代表业主、设计师、承包商、分包商以及供应商组成的团队已被广泛用于产生想要的项目结果。但是，Albanese（1994）通过描述组织内与组织外的团队工作之间的差异给出了更广泛的观点：组织内的团队工作指由来自一个组织——业主、设计或建筑组织的成员组成的项目团队，它直接关注提高一个组织的效益和间接有助于项目效益；而跨组织团队工作指由来自业主、设计师或承包组织的代表组成的项目团队，这些组织一起产生结果，它通过研究关于业主、设计师和承包商工作关系的问题直接关注一个项目的效力（Patrick & Lung,2007）。目前在国外实践过的团队方法包括项目联盟、伙伴模式、项目协作开发等，这些方法都比较关注跨组织团队里参与者的关系性质、特征等，在建筑社区里获得了广泛讨论。

现代项目管理开始注重人本与柔性管理。随着社会经济的发展，人类社会的各个方面都发生了巨大的变化，管理理论与管理实践所处环境和所需要解决的问题日益复杂。传统管理面临着严峻的挑战，如个性化的定制、市场对产品和服务更好更快和更便宜带来的加剧竞争、临时性网络组织、知识经济带来的独特性和创新要求等。为了应对上述管理挑战，便产生了项目管理，可以说项目管理理论的产生和发展是时代的需要。但项目管理从经验走向科学，大致经历了传统项目管理、近代项目管理和现代项目管理三个阶段。在20世纪30年代以前的项目管理都划入传统项目管理阶段，这一阶段的项目管理强调成果性，旨在完成既定的工作目标，如古代的金字塔、中国长城和古罗马尼姆水道。20世纪40年代到20世纪70年代是近代项目管理阶段，这一阶段的项目管理主要注重时间、成本和质量三目标的实现，项目管理的重点集中在计划、执行、控制及评价方面，强调项目管理技术，注重工具方法的开发应用如计划评审技术、关键路径方法等。20世纪70年代末直至现在是现代项目管理阶段，这一阶段项目管理的应用领域不断扩大，项目管理开始强调利益相关者的满意度，强调以人为本，注重生态化与柔性管理。特别是20世纪80年代初，美国的一些管理学家如彼得斯（Peters）等人认为，过去的管理理论（包括以泰罗为代表的科学管理理论），过分拘泥于理性，导致了管理中过分依赖数学方法，只相信严密的组织结构、周密的计划方案、严格的规章制度和明确的责任分工，结果忽视了管理的最基本原则。因此，必须进行一场“管理革命”，使管理“回到基点”，即以人为核心做好那些人人皆知的工作，从而“发掘出一种新的以活生生的人为重点的带有感情色彩的管理模式”（苏东水，2003）。管理学领域的人本主义思潮也深深影响了现代项目管理思想的发展。项目管理中对于“人”的因素的强调越来越多，柔性管理方法、人本管理方法成为提高项目管理效率的新的推动力。项目参与者能力的高低、相互之间沟通的效果、合作的倾向，以及项目团队内部的相互信任度的高低，参与者工作积极性等指标与项目成功的正相关关系越来越强。

另一方面，现代项目变得越来越复杂，工期、质量、成本方面的约束也变得越来越高，项目管理仅凭技术层次的提高和法律法规的完善已经很难带来明显的边际收益。过分地强调技术的提高，过分地强调利益、合同关系已经开始给项目管理带来负面效应。国外一些报告也认为，过度分散、缺乏合作与沟通、对立的合同关系等都成为阻碍行业进步的绊脚石，项目的成功越来越依赖于项目参与各方之间的相互信任、坦诚沟通、良好协作。项目管理理念也越来越注重以人为本，强调“人”在项目执行中的核心作用。中国提出“和谐建筑业与和谐项目管理”。2004年，中国提出了“构建社会主义和谐社会”的社会发展战略目标，简称“和谐社会”。“和谐社会”指的是一种和睦、融洽并且各阶层齐心协力的社会状态，是以人为中心、以人为本的社会。为了适应这一要求，《中国建筑业改革与发展研究报告（2007）》提出了“构建和谐与创新发展”的主题。建筑业作为整个社会系统的一个子系统，建筑业的和谐直接关系到中国“和谐社会”战略的实现。建筑业又是基于项目的产业，项目作为一个社会过程进行价值创造，必须考虑其所面临的不同利益集团的交互作用事件，因此项目中的和谐将影响建筑业和谐从而也是整个社会和谐因素之一。同时，国内也有学者将“和谐”理念应用于工程项目管理，提出和谐工程项目管理（何伯森等，2007；吴伟巍等，2007）。吴伟巍等（2007）按照系统论的要求，将工程项目作为整个社会系统中的一个一级子系统，将工程项目全生命周期中直接参与的各方作为工程项目子系统下的二级子系统，同时将每个二级子系统的要素分为物要素（物及可物化的要素）和人要素（个人特征和群体行为），要素与要素之间有着一定的结构。和谐项目管理的目的就是让系统实现三个层面上的和谐：微观（二级子系统内部）和谐、中观（二级子系统间）和谐和宏观（一级子系统与其他社会和环境系统间）和谐。其中中观和谐（即项目参与各方之间的和谐）是系统和谐的重要组成部分，是总体和谐不可缺少的层面。微观和谐并不能够保证工程实现三大目标，只有在各二级子系统之间实现和谐，即业主、承包商以及监理之间的和谐才可能实现项目目标。根据和谐管理理论（席酉民等，2003、2004），和谐项目管理主要是通过消减项目面临的复杂环境带来的不确定性以改进和提高项目绩效，在这个过程中人是最基本的、最重要的要素。通过人与人之间的信任、交流、合作、承诺等使得项目面临的不确定性得以消减，从而提高项目绩效。和谐项目管理的终极目标是通过“以人为本”的一些管理方法如伙伴模式等来降低项目面临的复杂多变的环境带来的不确定性，为保证和提高项目绩效创造条件。何伯森等（2007）认为和谐工程项目管理即伙伴关系模式管理。伙伴关系（Partnering）是指参与一个工程项目的各方之间的合作关系。美国建筑业协会认为：“伙伴关系是在两个或两个以上的组织之间为了获取特定的商业利益，充分利用各方资源而做出的一种相互承诺。”英国国家经济发展委员会认为：“伙伴关系是在双方或者更多的组织之间，通过所有参与方最大的努力，为了达到特定目标的一种长期的义务和承诺。”伙伴关系模式是以伙伴关系理念为基础的一种项目管理模式，在该模式下业主与参建各方在相互信任、资源共享的基础上，通过签订伙伴关系协议做出承诺和组建工作团队，在兼顾各方利益的条件下，明确团队的共同目标，建立完善的协调和沟通机制，实现风险的合理分担和争议的友好解决。在中国，儒家思想倡导“和为贵”，道家崇尚“和谐共生”，近年来党中央提出了建立和谐社会，可以说“和谐”是中国文化的核心理念和根本精神。实际上，几千年来传统的中华文化中蕴含的和谐思想和西方近年来提出的伙伴关系的理念，本质上都是一个目的——合作与共赢。无论是和谐项目管理还是伙伴模式管理，其主要是倡导“团队精神”（Team Spirit），重视“伙伴关系”，理解“双赢”（Win-Win）思想是项目成功的关键；尽量采用和解或调解的方式解决争议，将项目各方关系真正由传统的对立关系转为伙伴关系。

随着对项目参与者关系的日益重视以及项目关系相关研究的不断深入，近年来相关领域的学者也开始分析项目关系与项目绩效的关联关系。这些研究普遍认为，项目参与者之间的良好关系能够减少信息不对称、降低不确定性等，从而保证项目成功并有利于项目绩效的改进和提升。与此相关的研究包括如下几类：

第一类研究是从权变的观点定性分析，即直接将项目参与者关系作为影响项目绩效的一个环境变量进行定性分析。在其整个生命周期，每个项目都被嵌入在包括其他项目和永久组织的环境中，其绩效不可能离开其起作用的环境。基于项目管理从业者驱动的标准化理论和将项目为一个独立的项目来研究局限性，比较水力发电项目和电力传输项目后，认为“没有项目是孤岛，项目的内部过程是受其历史与组织背景（即项目环境）影响的”，从而扩展了其关于项目观点（视角）包括对环境因素和这些因素如何影响不同项目的结构、过程和结果。因此，有必要讨论项目的环境维度。项目不会独立于价值、规范和环境中参与者的关系，不考虑这些项目不可能被理解。项目依赖不同的资源如金钱、时间、知识、声誉、信任等，项目通过不同关系获取信息、知识和其他资源等。从这个观点来看，一个项目不仅被看作项目管理者及其计划和控制能力的结果，而且更是在与其他参与者亲密交互关系中被创造，该环境不同程度地影响项目。项目在项目参与者交互中发展，项目产品是他们交互作用过程的结果。环境中的交互作用对项目的完成有更直接影响，因为它将对项目参与者如何完成其任务产生不确定性。项目参与者之间的交互作用关系是环境不确定性的决定性因素，这种交互作用将带来垂直和水平不确定性。前者是指项目安排的等级条件所形成的组织间委托代理关系和交易关系，后者指在运作工作过程中执行分配的任务相互作用的参与者之间协作关系。结合水平和垂直维度形成四个理想化的环境类型即信任环境、监督环境、谈判环境和限制环境，每个类型都暗示关于项目结构、过程和结果的不同问题。如较低的水平和垂直不确定性创造一个信任环境。在这种环境下最有利于项目探究知识的新领域、学习项目执行中的新规则和创造新的实践，这种环境被描述为对更新和创新有促进作用。

第二类体现在项目成功因素识别方面的相关研究。许多研究被执行在项目成功与失败因素的领域，近期的研究中识别了协作、承诺、交流、冲突、内外部交互作用等反映项目参与者之间关系方面的因素是影响项目成功的关键因素。与此同时，一些研究也从实证或案例上证明了这些因素与项目绩效的关系。Matthew & Wenhong（2007）通过 324 个项目中收集到的数据来证实委托——顾问协作被发现对项目绩效有最大的全面的显著影响。然而，其影响是通过建立信任、目标一致和减少需求不确定性间接实现的。信任和目标一致性对项目绩效的积极影响表明了该项目中委托——顾问关系的重要性。Iyer and Jha 通过一个预备调查识别了 55 个项目成功与失败关键因素后，采用回归方法对这些可能影响项目绩效的特征与项目绩效的关系进行了一系列的研究。在 2005 年，Jha K.N. & Iyer K.C.（2005）采用逐步回归技术，分析表明项目参与者之间的协作是所有因素中对成本绩效产生最大最显著影响的因素。并从实证上提出了在实现项目成本目标中项目参与者之间的恰当协作有极大的贡献。2006 年，Jha K.N. & Iyer K.C. 从所识别的关键成功与失败因素中，采用多项逻辑回归分析了对项目质量和进度绩效有贡献的因素主要是参与者之间的交互作用，参与者包括内部参与者如承包商的团队成员，以及外部团队成员如不同的分包商和卖主。并且认为当项目质量遭受参与者之间交互作用的短缺时，项目参与者的协作能力和积极态度是最大的资产。项目团队成员间简短和非正式的交流以及常规的建筑控制会议进一步支持所期望的质量目标实现。2007 年，Jha K.N. & Iyer K.C. 采用两阶段问卷调查，当第一阶段问卷反映分析中识别出 11 个成功因素和 9 个失败因素时，第二阶段问卷帮助评价这些因素的关键程度关于项目给定的绩效评价。发现许多成功或失败因素的贡献程度随着项目当前水平的绩效评价而变化。采用多项逻辑回归分析铁三角对成功因素的影响，结果表明，承诺、协作和竞争的出现是实现进度、成本和质量目标的关键因素。在进度绩效中，项目参与者的承诺是最显著的因素，更好的协作不仅是组织内部成员所需要的，而且也是外部代理所需要的，缺乏协作将导致成本增加。

第三类研究体现在伙伴关系、团队文化等领域。在建筑管理中，人与人之间关系、团队精神和协作的影响是一个重现的主题。创新采购和商业实践的出现如伙伴模式、精益建设和供应链管理需要采取非对抗性态度、协作精神和信任，这反过来，突出了建筑组织与项目管理中社会、人力和文化因素的重要性（Akintoye et al.，2000）。项目伙伴模式获得了大量关注，在建筑业中作为转变敌视、对抗的业主承包商关系成为一个更合作和生产性的团队的手段与方法，但是实证上伙伴模式却很缺乏。

业主承包商关系有伙伴关系和非伙伴关系两种方法可供选择，一些案例或实证研究表明采用伙伴关系方法管理可以取得更好的项目绩效或成功。Weston D. C. andGibson，G. E.（1993）通过比较伙伴项目与非伙伴项目（但不是定量的实证研究），比较标准包括成本、时间、变更顺序成本、索赔成本和价值工程节省等。美国军团工程师发现使用“伙伴对大的和小的合同导致了 80%-100% 成本超支的减少、有效减少了时间超支、75% 较少的文书工作并且在现场安全和更好士气与民心上有重大改进”。基于 280 个建设项目的研究，Larson（1995）发现与那些采用敌对的、防御性敌对和非正式的伙伴方式的项目相比较，在控制成本、技术绩效和满足顾客期望方面，采用伙伴关系方式管理业主承包商关系的项目获得了更好的效果。此后，在 291 个项目中，Larson E.（1997）使用邮件的问卷数据来检验具体的伙伴模式的相关活动与项目成功的关系。所有主要的伙伴活动都是项目成功的一个测量指标（满足进度表、控制成本、技术性能、顾客需求、避免诉讼以及整个结果）。该结果建议使用综合方法到伙伴模式并且横跨组织的团队的高层管理支持是成功的关键。

随着组织领域对组织文化的重视，项目管理领域也开始重视项目文化对项目绩效的影响。文化对建设的影响是很深的，例如 Maloney and Federle（1990）宣称一个建设组织的文化是绩效的主要决定因素，像 Latham’s（1994）和 Egan’s（1998）所做的建筑产业报告也明确断言了相同的影响。克罗地亚高速公路的战后重建（Eaton Consulting Group Inc.，2002）进一步证明了除了制度差距，文化差距也阻止了项目的有效执行。Abukhder（2003）也提出证据表明建筑业中许多中小企业中不恰当的文化阻止了像“伙伴模式”与“最佳价值”理念的执行。这些暗示了在人力交互作用因素产生作用的交界面产生冲突的可能性，并且这有可能转移对进度或预算的注意力。为了使团队成功，提供充分的信息和方向，开发控制与协作的合适的正式手续和恰当的机制，有必要打破项目参与者需求之间的平衡。恰当的平衡可能导致协同或 Nicolini（2002）所提出的“化学”的发展，项目结合中的较少冲突和更好的项目交付。Ankrah & Langford（2005）认为“项目参与人之间的冲突在许多建筑产业报告中被识别出来作为建设项目绩效差的基本原因之一。这些冲突发生在界面，一方面是因为参与者有不同的目标和不同的组织文化，这决定了他们的工作方法和与其他项目参与者的关系。”因此，通过组织文化的改变形成共同的项目文化，可以改进项目参与者之间的关系，从而有助于改进项目绩效。

第四类研究直接案例分析或实证检验项目关系对项目绩效的影响。与以上三类研究相比，直接验证项目关系与项目绩效关联性研究相对较少，而 Xiao-Hua Jin 等则是这些少数研究者之一。当试图预测项目绩效时基于关系的因素很少被考虑，Xiao-Hua Jin 把关系风险和关系建立工具探索作为基于关系的因素。基于中国一般建筑项目，Xiao-Hua Jin，Florence Yean Yng Ling（2006）定义了 13 个测量建设项目成功水平的绩效指标，并分成 4 组即成本、进度、质量和关系绩效。

"关系"一词的字面意思是"事物之间相互作用、影响的状态"或"人与人之间、人与事物之间某种性质的联系"，在中国常常被理解为"人际关系"，强调的是个人与个人之间的联系。关系作为学术术语在关系营销中理解为两个和多个客体、人和组织之间的一种联系，或者理解为由双方各自或共同的兴趣、利益和资源优势为基础的社会连接，其重点关注消费者市场中组织与个人之间的关系。一般来说，任何项目都会涉及众多参与者而且关系复杂。以一般工业与民用建筑为例，项目参与者包括业主、业主单位的相关部门、项目管理咨询单位、专业设计师（建筑、结构、供暖、通风、空调电器等等）、技术鉴定单位、各施工企业（包括总包、分包及其他施工单位）、材料设备供应商以及其他相关单位（城建、水电供应、环保、工商等等），他们之间存在着错综复杂的联系，例如，业主相关部门对于业主的领导，技术鉴定部门对于工程质量的验收，城建部门对于工程施工许可证的审核发放，环保部门对于工程环境保护的要求等。在所有这些参与者中业主是一个焦点参与者，因为没有业主的需求就没有项目的存在。而在这些所有的关系中，业主——承包商关系是一个焦点关系。以这个焦点关系为基础，其他参与者都分别直接或间接地与这两个关系主体相关。

项目具有高度复杂性和不确定性，需要多个公司和个人参与，因此这些参与者之间的合作与协作是必不可少的。合作能够维持伙伴关系的目标一致性，关系方之间的频繁的合作与协作可以促进他们之间的信任从而增强关系良性发展。项目参与方自身个体目标的实现是以整个项目目标的实现为前提的，为实现项目和组织内部的目标，项目参与方的共同行为需要资源（包括资金、专业化技巧以及其他要素），合作是对资源对等交换的一种期待。交易成本理论认为伙伴之间的合作减少了交易成本同时产生更高的质量，而"囚徒困境"博弈认为基于信任和长期考虑的合作是一种正和博弈，这都可导向关系的成功。组织间合作也就意味着建立在"信任"基础上的合作关系，将有助于合作双方降低甚至解决组织间资源交易所产生的代理问题。

6.3　项目管理平台的功能研究

6.3.1　基于 BIM 技术的协同工作基础

1. 通过 BIM 文件共享信息

BIM 应用软件和信息是 BIM 技术应用的两个关键要素，其中应用软件是 BIM 技术应用的手段，信息是 BIM 技术应用的目的。当我们提到了 BIM 技术应用时，要认识清楚 BIM 技术应用不是一个或一类应用软件的事，而且每一类应用软件不只是一个产品，常用的BIM应用软件数目就有十几个到几十个之多。对于建筑施工行业相关的BIM应用软件，从其所支持的工作性质角度来讲，基本上可以划分为3个大类：第一，技术类BIM应用软件。主要是以二次深化设计类软件、碰撞检查和计算软件为主。第二，经济类BIM应用软件。主要是与方案模拟、计价和动态成本管理等造价业务有关的应用软件。第三，生产类BIM应用软件。主要是与方案模拟、施工工艺模拟、进度计划等生产类业务相关的应用软件。在BIM实施过程中，不同参与者、不同专业、不同岗位会使用不同的BIM应用软件，而这些应用软件往往由不同软件商提供。没有哪个软件商能够提供覆盖整个建筑生命周期的应用系统，也没有哪个工程只是用一公司的应用软件产品完成。据IBC（Institute for BIM in Canada，加拿大BIM学会）对BIM相关应用软件比较完整的统计，包括设计、施工和运营各个阶段大概有79种应用软件，施工阶段达到25个，这是一个庞大的应用软件集群。在BIM技术应用过程中，不同应用软件之间存在着大量的模型交换和信息沟通的需求。由于各BIM应用软件开发的程序语言、数据格式、专业手段等不尽相同，导致应用软件之间信息共享方式也不一样，一般包括直接调用、间接调用、统一数据格式调用三种模式。

（1）直接调用

在直接调用模式下，2个BIM应用软件之间的共享转换是通过编写数据转换程序来实现的，其中一个应用软件是模型的创建者，称之为上游软件，另外一个应用软件是模型的使用者，称之为下游应用软件。一般来讲，下游应用软件会编写模型格式转换程序，将上游应用软件产生的文件转换成自己可以识别的格式。转换程序可以是单独的，也可以是作为插件嵌入使用应用软件中。

（2）间接调用

间接调用一般是利用市场上已经实现的模型文件转换程序，借用别的应用软件将模型间接转换到目标应用软件中。例如，为能够使用结构计算模型进行钢筋工程量计算，减少钢筋建模工作量，需要将结构计算软件的结构模型导入到钢筋工程量计算软件中，因为二者之间没有现成可用的接口程序，所以采用了间接调用的方式完成。

（3）统一数据格式调用

前面2种方式都需要应用软件一方或双方对程序进行部分修改才可以完成。这就要求应用软件的数据格式全部或部分开放并兼容，以支持相互导入、读取和共享，这种方式广泛推广起来存在一定难度。因此，统一数据格式调用方式应运而生。这种方式就是建立一个统一的数据交换标准和格式，不同应用软件都可以识别或输出这种格式，以此实现不同应用软件之间的模型共享。IAI（International Alliance of Interoperability，国际协作联盟）组织制定的建筑工程数据交换标准IFC（Industry Foundation Classes，工业基础类）就属于此类。但是，这种信息互用方式容易引起信息丢失、改变等问题，一般需要在转换后对模型信息进行校验。

2. 基于BIM技术的图档协同平台

在施工建设过程中，项目相关的资料成千上万、种类繁多，包括图纸、合同、变更、结算、各种通知单、申请单、采购单、验收单等文件，多到甚至可以堆满1个或几个房间。其中，图纸是施工过程中最重要的信息。虽然计算机技术在工程建设领域应用已久，但目前建设工程项目的主要信息传递和交流方式还是依靠纸质的图纸为主。对于施工单位来讲，图纸的存储、查询、提醒和流转是否方便，直接影响到项目进展的便利程度。例如，一个大型工程 50% 的施工图都需要二次深化设计工作，二次设计图纸提供是否到位、审批是否及时对施工进度将产生直接的影响，处理不当会带来工期的延迟和大的变更。同时，由于工程变更或其他的问题导致图纸的版本很难控制，错误的图纸信息带来的损失相当惊人。

BIM 技术的发展为图档的协同和沟通提供了一条方便的途径。基于 BIM 技术的图档管理核心是以模型为统一介质进行沟通的，改变了传统的以纸质图纸为主的“点对点”的沟通方式。

协同工作平台的建立。基于 BIM 技术的图档管理首先需要建立图档协同平台。不同专业的施工图设计模型通过“BIM 模型集成技术”进行合并，并将不同专业设计图纸、二次深化设计、变更、合同等信息都与专业模型构建进行关联。施工过程中，可以通过模型可视化特性，选择任意构件，快速查询构件相关的各专业图纸信息、变更图纸、历史版本等信息，一目了然。同时，图纸相关联的变更、合同、分包等信息都可以联合查询，实现了图档的精细化管理。

有效的版本控制。基于 BIM 技术的图档协同平台可以方便地进行历史图纸追溯和模型对比。传统的图档管理一般需要按照严格的管理程序对历史图纸进行编号，不熟悉编号规则的人经常找不到。有时变更较多，想找到某个时间的图纸版本就更加困难，就算找到，也需要花时间去确定不同版本之间的区别和变化。以 BIM 模型构件为核心进行管理，从构件入手去查询和检索，符合人的心理习惯。找到相关的图纸后，可自动关联历史版本图纸，可选择不同版本进行对比，对比的方式完全是可视化的模型，版本之间的区别一目了然。同时，图纸相关联的变更信息会进行关联查询。

基于模型的深化设计预警。基于 BIM 技术的图档管理可以对二次深化设计图纸进行动态跟踪与预警。在大型施工项目中，50% 的施工图纸都需要二次深化设计，深化设计的进度直接影响工程进展。针对数量巨大的设计任务，除了合理的计划之外，及时地提醒和预警很重要。

基于云技术和移动技术的动态图档管理。结合云技术和移动技术，项目团队可将建筑信息模型及相关图档文件同步保存至云端，并通过精细的权限控制及多种写作功能，确保工程文档能够快速、安全、便捷、受控地在全队中传递和共享。同时，项目团队能够通过浏览器和移动设备随时随地浏览工程模型，进行相关图档的查询、审批、标记及沟通，从而为现场办公和跨专业协作提供了极大的便利。随着移动技术的迅速发展，针对工程项目走动式办公特点，基于 BIM 技术的图档协同平台开始提供移动端的应用，项目成员在施工现场可以通过手机或 PAD 实时进行图档的浏览和查询。

6.3.2 基于 BIM 技术的图纸会审

图纸会审是指建设、施工、设计等相关参建单位，在收到审查合格的施工设计文件之后，对图纸进行全面细致的熟悉，审查处理施工图中存在的问题及不合理的情况，并提交设计院进行处理的一项重要活动。其目的有两个：一是使施工单位和各参建单位熟悉设计图纸，了解工程特点和设计意图，找出需要解决的技术难题，并制定解决方案；二是为了解决图纸中存在的问题，减少图纸的差错，对设计图纸加以优化和完善，提高设计质量，消除质量隐患。

图纸会审在整个工程建设中是一个重要且关键的环节。对于施工单位而言，施工图纸是保证质量、进度和成本的前提之一，如果施工过程中经常出现变更，或者图纸问题多，势必会影响整个项目的施工进展，带来不必要的经济损失。通过 BIM 模型的支持，不仅可以有效地提高图纸协同审查的质量，还可以提高审查过程及问题处理阶段各方沟通协作的工作效率。

1. 施工方对专业图纸的审查

图纸会审主要是对图纸的"错漏碰缺"进行审查，包括专业图纸之间、平立剖之间的矛盾、错误和遗漏等问题。传统图纸会审一般采用的是 2D 平面图纸和纸质的记录文件。施工图会审的核心是以项目参与人员对设计图纸的全面、快速、准确理解为基础，而 2D 表达的图纸在沟通和理解上容易产生歧义。首先，一个 3D 的建筑实体构件通过多张 2D 图纸来表达，会产生很多的冗余、冲突和错误。其次，2D 图纸以线条、圆弧、文字等形式存储，只能依靠人来解释，电脑无法自动给出错误或冲突的提示。

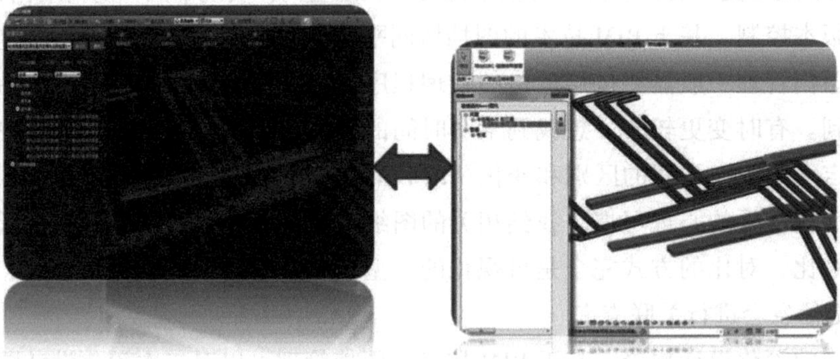

6-1 BIM 图纸会审

简单的建筑采用这种方式没有问题，但是随着社会发展和市场需要，异形建筑、大型综合、超高层项目越来越多，项目复杂度的增加使得图纸数量成倍增加。1 个工程就涉及成百上千的图纸，图纸之间又是有联系和相互制约的。在审查 1 个图纸细节内容时，往往就要找到所有相关的详图、立面图、剖面图、大样图等，包括一些设计说明文档、规范等。特别是当多个专业的图纸放在一起审查时，相关专业图纸要一并查看，需要对不同专业元素的空间关系通过大脑进行抽象的想象，这样既不直观，准确性也不高，工作效率也很低。

利用 BIM 模型可视化、参数化、关联化等特性，同时通过"BIM 模型集成技术"将施工图纸模型进行合并集成，用 BIM 应用软件进行展示。首先，保证审核各方可以在 1 个立体 3D 模型下进行图纸的审核，能够直观地、可视化地对图纸的每一个细节进行浏览和关联查看。各构件的尺寸、空间关系、标高等相互之间是否交叉，是否在使用上影响其他专业，一目了然，省去了找问题的时间。其次，可以利用计算机自动计算功能对出现的错误、冲突进行检查，并得出结果。最后，在施工完成后，也可通过审查时的碰撞检查记录对关键部位进行检查。

2. 图纸会审过程的沟通协同

通过图纸审查找到问题之后，在图纸会审时需要施工单位、设计单位、建设单位等各方之间沟通。一般来讲，问题提出方对出现问题的图纸进行整理，为表述清晰，一般会整理很多张相关图纸，目的是让沟通双方能够理解专业构件之间的关系，这样才可以进行有成效的问题沟通和交流。这样的沟通效率、可理解性和有效性都十分有限，往往浪费很多时间。同时也容易造成图纸会审工作仅仅聚焦于一些有明显矛盾和错误集中的地方，而其他更多的错误，如专业管道碰撞、不规则或异形的设计跟结构位置不协调、设计维修空间不足、机电设计和结构设计发生冲突等问题根本来不及审核，只能留到施工现场。从这种方式看来，2D 图纸信息的孤立性、分离性为图纸的沟通增加了难度。

BIM 技术可用于改进传统施工图会审的工作流程，通过各专业模型集成的统一 BIM 模型可提高沟通和协同的效率。在会审期间，通过 3D 协同会议，项目团队各方可以方便地查看模型，更好地理解图纸信息，促进项目各参与方交流问题，更加聚焦于图纸的专业协调问题，大大降低了检查时间。

6.3.3 基于 BIM 技术的现场质量检查

当 BIM 技术应用于施工现场时，其实就是虚拟与实际的验证和对比过程，也就是 BIM 模型的虚拟建筑与实际的施工结果相整合的过程。现场质量检查就属于这个过程。在施工过程中现场出现的错误不可避免，如果能够在错误刚刚发生时发现并改正，具有非常大的意义和价值。通过 BIM 模型与现场实施结果进行验证，可以有效地、及时地避免错误发生。

施工现场的质量检查一般包括开工前检查、工序交接检查、隐蔽工程检查、分部 / 分项工程检查等。传统的现场质量检查，质量人员一般采用目测、实测等方法进行，针对那些需要设计数据校核的内容，经常要去查找相关的图纸或文档资料等，为现场工作带来很多的不便。同时，质量检查记录一般是表格或文字，也为后续的审核、归档、查找等管理过程带来很大的不便。

BIM 技术的出现丰富了项目质量检查和管理的控制方法。不同于纯粹的文档叙述，BIM 将质量信息加载在 BIM 模型上，通过模型的浏览，摆脱文字的抽象，让质量问题能在各个层面上高效地流传辐射，从而使质量问题的协调工作更易展开。同时，将 BIM 技术与现代化技术相结合，可以达到质量检查和控制手段的优化。基于 BIM 技术的辅助现场质量检查主要包括以下两方面的内容：

1. BIM 技术在施工现场质量检查的应用

在施工过程中，当完成某个分部分项时，质量管理人员利用 BIM 技术的图档协同平台、集成移动终端、3D 扫描等先进技术进行质量检查。现场使用移动终端直接调用相关联的 BIM 模型，通过 3D 模型与实际完工部位进行对比，可以直观地发现问题，对于部分重点部位和复杂构件，利用模型丰富的信息，关联查询相关的专业图纸、大样图、设计说明、施工方案、质量控制方案等信息，可及时把握施工质量，极大地提高了现场质量检查的效率。

2. BIM 技术在现场材料设备等产品质量检查的应用

提高施工质量管理的基础就是保证“人、机、物、环、法”五大要素的有效控制，其中，材料设备质量是工程质量的源头之一。由于材料设备的采购、现场施工、图纸设计等工作是穿插进行的，各工种之间的协同和沟通存在问题。因此，施工现场对材料设备与设计值的符合程度的检查非常烦琐，BIM 技术的应用可以大幅度降低工作的复杂度。

在基于 BIM 技术的质量管理中，施工单位将工程材料、设备、构配件质量信息录入建筑信息模型，并与构件部位进行关联。通过 BIM 模型浏览器，材料检验部门、现场质量员等都可以快速查找所需的材料及构配件信息，规格、材质、尺寸要求等一目了然。并根据 BIM 设计该模型，跟踪现场使用产品是否符合实际要求。特别是在施工现场，通过先进测量技术及工具的帮助，可对现场施工作业产品材料进行追踪、记录、分析，掌握现场施工的不确定因素，避免不良后果的出现，监控施工产品质量。

针对重要的机电设备，在质量检查过程中，通过复核，及时记录真实的设备信息，关联到相关的 BIM 模型上，对于运维阶段的管理具有很大的帮助。运维阶段利用竣工建筑信息模型中的材料设备的信息进行运营维护，例如模型中的材料，机械设备材质、出厂日期、型号、规格、颜色等质量信息及质量检验报告，对出现质量问题的部位快速地进行维修。

6.3.4 基于 BIM 技术的施工组织协调

建筑施工过程中专业分包之间的组织协调工作的重要性不容忽视。在施工现场，不同专业在同一区域、同一楼层交叉施工的情况是难以避免的，是否能够组织协调好各方的施工顺序和施工作业面，会对工作效率和施工进度产生很大影响。首先，建筑工程的施工效率的高低关键取决于各个参与者、专业岗位和单位分包之间的协同合作是否顺利。其次，建筑工程施工质量也和专业之间的协同合作有着很大的关系。最后，建筑工程的施工进度也和各专业的协同配合有关。专业间的配合默契有助于加快工程建设的速度。

BIM 技术可以提高施工组织协调的有效性，BIM 模型是具有参数化的模型，可以继承工程资源、进度、成本等信息，在施工过程的模拟中，实现合理的施工流水划分，并给予模型完成施工过程的分包管理，为各专业施工方建立良好的协调管理而提供支持和依据。

1. 基于 BIM 技术的施工流水管理

施工流水段的划分是施工前必须要考虑的技术措施。其划分的合理性可以有效协调人力、物力和财力，均衡资源投入量，提高多专业施工效率，减少窝工，保证施工进度。施工流水段的合理划分一般要考虑建筑工艺及专业参数、空间参数和时间参数，并需要综合考虑专业图纸、进度计划、分包计划等因素。实际工作中，这些资源都是分散的，需要基于总的进度计划，不断对其他相关资源进行查找，以便能够使流水段划分更加合理。如此巨大的工作量很容易造成各因素考虑不全面，流水段划分不合理或者过程调整和管控不及时，容易造成分包队伍之间产生冲突，最终导致资源浪费或窝工。

基于 BIM 技术的流水段管理可以很好地解决上述的问题。在基于 BIM 技术的 3D 模型基础上，将流水段划分的信息与进度计划相关联，进而与 4D 模型关联，形成施工流水管理所需要的全部信息。在此基础上利用基于 4D 的施工管理软件对施工过程进行模拟，通过这种可视化的方式科学调整流水段划分，并使之达到最合理。在施工过程中，基于 BIM 模型可动态将查询各流水施工任务的实施进展、资源施工状况，碰到异常情况及时提醒。同时，根据各施工流水的进度情况，对相关工作进度状态进行查询，并进行任务分派、设置提醒、及时跟踪等。

针对一些超高层复杂建筑项目，分包单位众多、专业间频繁交叉工作多，此时，不同专业、资源、分包之间的协同和合理工作搭接显得尤为重要。流水段管理可以结合工作面的概念，将整个工程按照施工工艺或工序要求，划分成一个个可管理的工作面单元，在工作面之间合理安排施工工序。在这些工作面内部合理划分进度计划、资源供给、施工流水等，使得基于工作面内外工作协调一致。

2.基于 BIM 技术的分包结算控制

在施工过程中，总承包单位经常按施工段、区域进行施工或者分包。在与分包单位结算时，施工总承包单位变成了甲方，供应商或分包方成了乙方。传统的造价管理模式下，施工过程中人工、材料、机械的组织形式与造价理论中的定额或清单模式的组织形式存在差异；在工程量的计算方面，分包计算方式与定额或清单中的工程量计算规则不同，双方结算单价的依据与一般预结算也存在不同。对这些规则的调整，以及量价准确价格数据的提取，主要依据造价管理人员的经验与市场的不成文规则，常常称为成本管控的盲区或灰色地带。同时也经常造成结算不及时、不准确，使分包工程量结算超过总包向业主结算的工程量。

在基于 BIM 技术的分包管理过程中，BIM 模型集成了进度和预算信息，形成 5D 模型。在此基础上，在总预算中与某个分包关联的分包预算会关联到分包合同，进而可以建立分包合同、分包预算与 5D 模型的关系。通过 5D 模型，可以及时查看不同分包相关工程范围和工程量清单，并按照合同要求进行过程计量，为分包结算提供支撑。同时，模型中可以动态查询总承包与业主的结算及收款信息，据此对分包的结算和支付进行控制，真正做到“以收定支”。

6.4　对于项目管理平台的应用价值

建设工程项目在协同工作时常常遇到沟通不畅、信息获取不及时、资源难以统一管理等问题。目前，大家普遍采用信息管理系统，试图通过业务之间的集成、接口、数据标准等方式来提高众多参建者之间的协同工作效率，但效果并不明显。BIM 技术的出现，带来了建设工程项目协同工作的新思路。BIM 技术不仅实现了从单纯几何图纸转向建筑信息模型，也实现了从离散的分步设计和施工等转向基于统一模型的全过程协同建造。BIM 技术为建设工程协同工作带来如下的价值。

1.BIM 模型为协同工作提供了统一管理介质

传统项目管理系统更多的是将管理数据集成应用，缺乏将工程数据有机集成的手段。根本原因就是建筑工程所有数据来自不同专业、不同阶段和不同人员，来源的多样性造成数据的收集、存储、整理、分析等难度较高。BIM 技术基于统一的模型进行管理，统一了管理口径，将设计模型、工程量、预算、材料设备、管理信息等数据全部有机集成在一起，降低了协同工作的难度。

2. BIM 技术的应用降低了各参与方之间的沟通难度

建设工程项目不同阶段的方案和措施的有效实施，都是以项目参与人员的全面、快速、准确理解为基础，而 2D 图纸在这方面存在障碍。BIM 技术以 3D 信息模型为依托，在方案策划、设计图纸会审、设计交底、设计变更等工作过程中，通过 3D 的形式传递设计理念、施工方案，提高了沟通效率。

3. BIM 技术促进建设工程管理模式创新

BIM 技术与先进的管理理念和管理模式集成应用，以 BIM 模型为中心实现各参建方之间高效的协同工作，为各管理业务提供准确的数据，大大提升管理效果。在这个过程中，项目的组织形式、工作模式和工作内容等将发生革命性的变化，这将有效地促进工程管理模式的创新与应用。

第七章　BIM 在施工项目管理中的技术及应用研究

7.1　BIM 模型建立及维护研究

在建设项目中，需要记录和处理大量的图形和文字信息。传统的数据集成是以二维图纸和书面文字进行记录的，但当引入 BIM 技术后，将原本的二维图形和书面信息进行了集中收录与管理。在 BIM 中“I”为 BIM 的核心理念，也就是“Infommtion”，它将工程中庞杂的数据进行了行之有效的分类与归总，使工程建设变得顺利，减少和消除了工程中出现的问题。但需要强调的是，在 BIM 的应用中，模型是信息的载体，没有模型的信息是不能反映工程项目的内容的。所以在 BIM 中“M”（Modeling）也具有相当的价值，应受到相应的重视。BIM 的模型建立的优劣，将会对将要实施的项目在进度、质量上产生很大的影响。BIM 是贯穿整个建筑全生命周期的，在初始阶段的问题，将会被一直延续到工程的结束。同时，失去模型这个信息的载体，数据本身的实用性与可信度将会大打折扣。所以，在建立 BIM 模型之前一定得建立完备的流程，并在项目进行的过程中，对模型进行相应的维护，以确保建设项目能安全、准确、高效地进行。

在工程开始阶段，由设计单位向总承包单位提供设计图纸、设备信息和 BIM 创建所需数据，总承包单位对图纸进行仔细核对和完善，并建立 BIM 模型。在完成根据图纸建立的初步 BIM 模型后，总承包单位组织设计和业主代表召开 BIM 模型及相关资料法人交接会，对设计提供的数据进行核对，并根据设计和业主的补充信息，完善 BIM 模型。在整个 BIM 模型创建及项目运行期间，总承包单位将严格遵循经建设单位批准的 BIM 文件命名规则。

在施工阶段，总承包单位负责对 BIM 模型进行维护、实时更新，确保 BIM 模型中的信息正确无误，保证施工顺利进行。模型的维护主要包括以下几个方面：根据施工过程中的设计变更及深化设计，及时修改、完善 BIM 模型；根据施工现场的实际进度，及时修改、更新 BIM 模型；根据业主对工期节点的要求，上报业主与施工进度和设计变更相一致的 BIM 模型。在施工阶段，可以根据表 7-1 对 BIM 模型完善和维护相关资料。

在 BIM 模型创建及维护的过程中，应保证 BIM 数据的安全性。建议采用以下数据安全管理措施：BIM 小组采用独立的内部局域网，阻断与因特网的连接；局域网内部采用真实身份验证，非 BIM 工作组成员无法登录该局域网，进而无法访问网站数据；BIM 小组进行严格分工，数据存储按照分工和不同用户等级设定访问和修改权限；全部 BIM 数据进行加密，设置内部交流平台，对平台数据进行加密，防止信息外漏；BIM 工作组的电脑全部安装密码锁进行保护，BIM 工作组单独安排办公室，无关人员不能入内。

表 7-1　　BIM 模型完善维护表

序号	模型管理协议和流程	适用于本项目（是或否）	详细描述
1	模型起源点坐标系统、精密、文件格式和单位	是 / 否	是 / 否
2	模型文件存储位置（年代）	是 / 否	是 / 否
3	流程传递和访问模型文件	是 / 否	是 / 否
4	命名约定	是 / 否	是 / 否
5	流程聚合模型文件（不同软件平台）	是 / 否	是 / 否
6	模型访问权限	是 / 否	是 / 否
7	设计协调和冲突检测程序	是 / 否	是 / 否
8	模型安全需求	退 / 否	是 / 否

7.2　预制加工管理分析

1. 构件加工详图

通过 BIM 模型对建筑构件的信息化表达，可在 BIM 模型上直接生成构件加工图，不仅能清楚地传达传统图纸的二维关系，而且对于复杂的空间剖面关系也可以清楚表达，同时还能够将离散的二维图纸信息集中到一个模型当中，这样的模型能够更加紧密地实现与预制工厂的协同和对接。

BIM 模型可以完成构件加工、制作图纸的深化设计。如利用 Tekla Structures 等深化设计软件真实模拟结构深化设计，通过软件自带功能将所有加工详图（包括布置图、构件图、零件图等）利用三视图原理进行投影、剖面生成深化图纸，图纸上的所有尺寸，包括杆件长度、断面尺寸、杆件相交角度均是在杆件模型上直接投影产生的。某工程结构深化设计 Tekla 模型如图 7-1 所示，构件加工如图 7-2 所示。

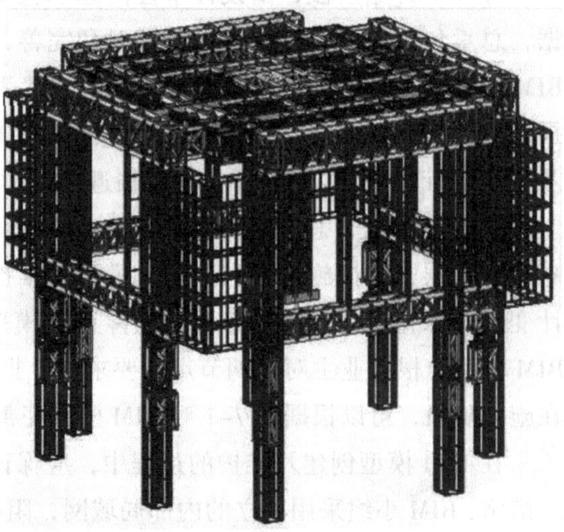
图 7-1　某工程结构模型

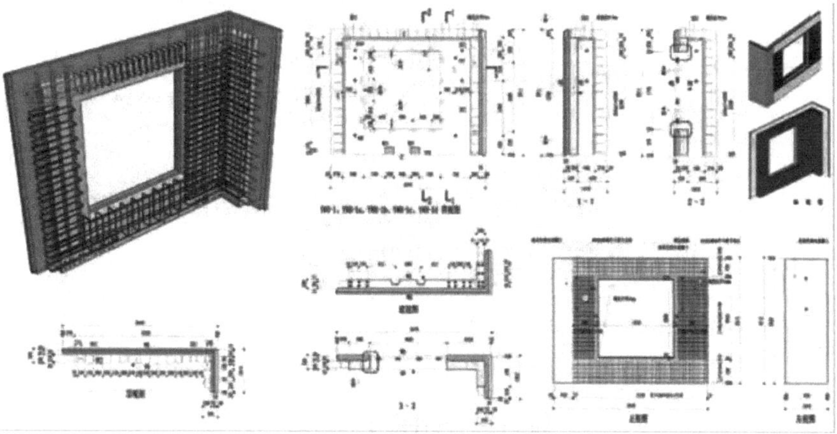

图 7-2　构件加工图

2. 构件生产指导

BIM 建模是对建筑的真实反映，在生产加工过程中，BIM 信息化技术可以直观地表达出配筋的空间关系（图 7-3）和各种下料参数情况，能自动生成构件下料单、派工单、模具规格参数等生产表单，并且能通过可视化的直观表达帮助工人更好地理解设计意图，可以形成 BIM 生产模拟动画、流程图、说明图等辅助培训的材料，有助于提高工人生产的准确性和质量效率。

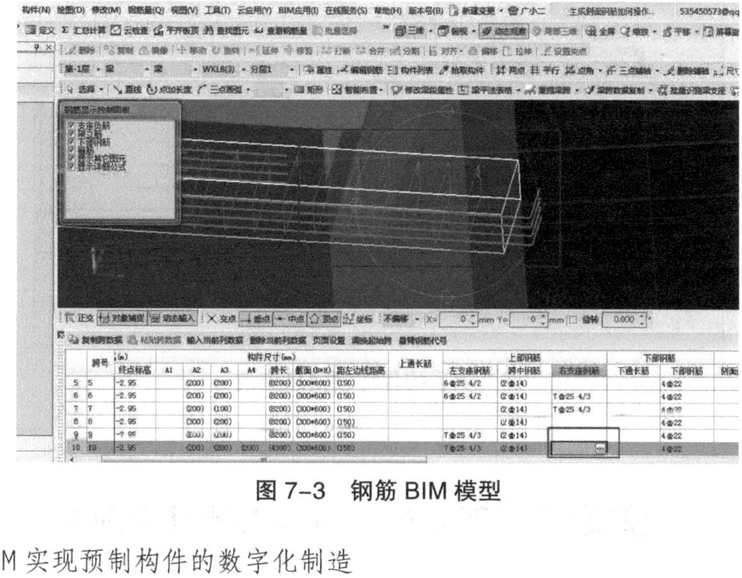

图 7-3　钢筋 BIM 模型

3. 通过 BIM 实现预制构件的数字化制造

借助工厂化、机械化的生产方式，采用集中、大型的生产设备，将 BIM 信息数据输入设备就可以实现机械的自动化生产（图 7-4），这种数字化建造的方式可以大大提高工作效率和生产质量。比如现在已经实现了钢筋网片的商品化生产，符合设计要求的钢筋在工厂自动下料、自动成形、自动焊接（绑扎），形成标准化的钢筋网片。

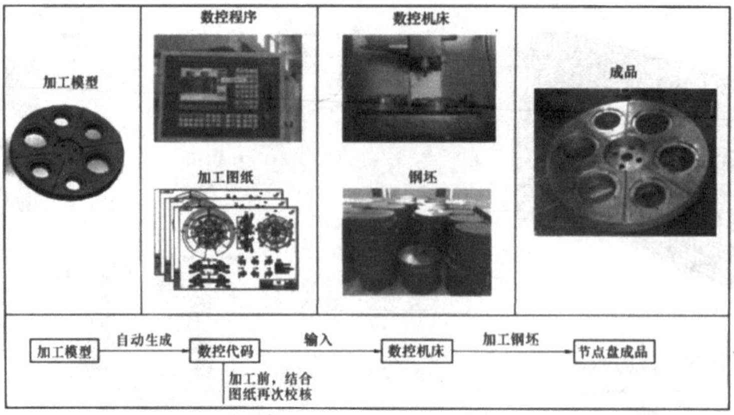

图 7-4　构件数字化制造

4. 构件详细信息全过程查询

作为施工过程中的重要信息，检查和验收信息将被完整地保存在 BIM 模型中，相关单位可快捷地对任意构件进行信息查询和统计分析，在保证施工质量的同时，能使质量信息在运维期有据可循。某工程利用 BIM 模型查询构件详细信息如图 7-5 所示。

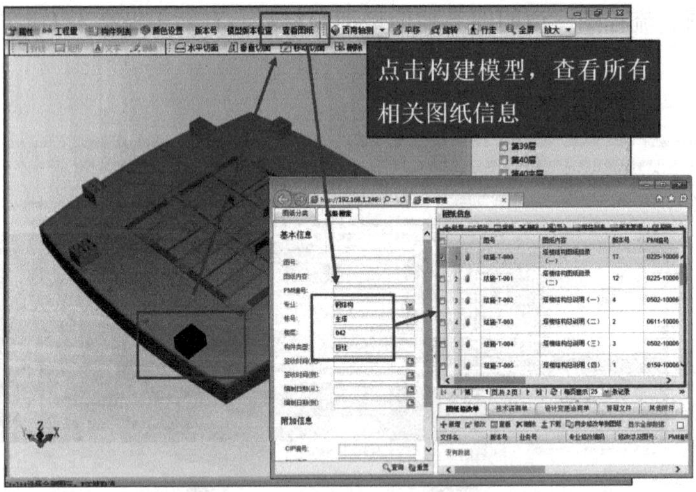

图 7-5　构件详细信息查询

7.3　虚拟施工管理分析（与施工项目管理 5.5）

通过 BIM 技术结合施工方案、施工模拟和现场视频监测进行基于 BIM 技术的虚拟施工，其施工本身不消耗施工资源，却可以根据可视化效果看到并了解施工的过程和结果，可以较大程度地降低返工成本和管理成本，降低风险，增强管理者对施工过程的控制能力。建模的过程就是虚拟施工的过程，是先试后建的过程。施工过程的顺利实施是在有效的施工方案指导下进行的，施工方案的制订主要是根据项目经理、项目总工程师及项目部的经验，施工方案的可行性一直受到业界的关注，由于建筑产品的单一性和不可重复性，施工方案具有不可重复性。一般情况，当某个工程即将结束时，一套完整的施工方案才展现于面前。虚拟施工技术不仅可以检测和比较施工方案，还可以优化施工方案。

7.3.1　虚拟施工管理优势

基于 BIM 的虚拟施工管理能够达到以下目标：创建、分析和优化施工进度；针对具体项目分析将要使用的施工方法的可行性；通过模拟可视化的施工过程，提早发现施工问题，消除施工隐患；形象化的交流工具，使项目参与者能更好地理解项目范围，提供形象的工作操作说明或技术交底；可以更加有效地管理设计变更；全新的试错、纠错概念和方法。不仅如此，虚拟施工过程中建立好的 BIM 模型可以作为二次植入开发的模型基础，大大提高了三维渲染效果的精度与效率，可以给业主更为直观的宣传介绍，也可以进一步为房地产公司开发出虚拟样板间等延伸应用。

虚拟施工给项目管理带来的好处可以总结为以下三点：

1. 施工方法可视化

虚拟施工使施工变得可视化，随时随地直观快速地将施工计划与实际进展进行对比，同时进行有效的协同，施工方、监理方、甚至非工程行业出身的业主领导都对工程项目的各种情况了如指掌。施工过程的可视化，使 BIM 成为一个便于施工方参与各方交流的沟通平台。通过这种可视化的模拟缩短了现场工作人员熟悉项目施工内容、方法的时间，减少了人员在工程施工初期因为错误施工而导致的时间和成本的浪费，还可以加快、加深对工程参与人员培训的速度及深度，真正做到质量、安全、进度、成本管理和控制的人人参与。

5D 全真模型平台虚拟原型工程施工，对施工过程进行可视化的模拟，包括工程设计、现场环境和资源使用状况，具有更大的可预见性，将改变传统的施工计划、组织模式。施工方法的可视化是使所有项目参与者在施工前就能清楚地知道所有施工内容以及自己的工作职责，能促进施工过程中的有效交流。它是目前用于评估施工方法、发现施工问题、评估施工风险的最简单、经济、安全的方法。

2. 施工方法可验证

BIM 技术能全真模拟运行整个施工过程，项目管理人员、工程技术人员和施工人员可以了解每一步施工活动。如果发现问题，工程技术人员和施工人员可以提出新的施工方法，并对新的施工方法进行模拟来验证，即判断施工过程，它能在工程施工前识别绝大多数的施工风险和问题，并有效地解决。

3. 施工组织可控制

施工组织是对施工活动实行科学管理的重要手段，它决定了各阶段的施工准备工作内容，协调施工过程中各施工单位、各施工工种以及各项资源之间的相互关系。BIM 可以对施工的重点或难点部分进行可见性模拟，按网络光标进行施工方案的分析和优化。对一些重要的施工环节或采用施工工艺的关键部位、施工现场平面布置等施工指导措施进行模拟和分析，以提高计划的可执行性。利用 BIM 技术结合施工组织设计进行电脑预演，以提高复杂建筑体系的可施工性。借助 BIM 对施工组织的模拟，项目管理者能非常直观地理解间隔施工过程的时间节点和关键工序情况，并清晰地把握在施工过程中的难点和要点，也可以进一步对施工方案进行优化完善，以提高施工效率和施工方案的安全性。可视化模型输出的施工图片，可作为可视化的工作操作说明或技术交底分发给施工人员，用于指导现场的施工，方便现场的施工管理人员对照图纸进行施工指导和现场管理。

7.3.2 BIM 虚拟施工具体应用

采用 BIM 进行虚拟施工，需要事先确定以下信息：设计和现场施工环境的五维模型；根据构件选择施工机械及机械的运行方式；确定施工的方式和顺序；确定所需临时设施及安装位置。BIM 在虚拟施工管理中的应用主要有场地布置方案、专项施工方案、关键工艺展示、施工模拟（土建主体及钢结构部分）、装修效果模拟等。

1. 场地布置方案

为使现场使用合理，施工平面布置应有条理，尽量减少占用施工用地，使平面布置紧凑合理，同时做到场容整齐清洁，道路畅通，符合防火安全及文明施工的要求，施工过程中应避免多个工种在同一场地、同一区域而相互牵制、相互干扰。施工现场应设专人负责管理，使各项材料、机具等按已审定的现场施工平面布置图的位置摆放。

基于建立的 BIM 三维模型及搭建的各种临时设施，可以对施工场地进行布置，合理安排塔吊、库房、加工厂地和生活区等的位置，解决现场施工场地划分问题；通过与业主的可视化沟通协调，对施工场地进行优化，选择最优施工路线。

图 7-6 某小区 BIM 施工现场布置示意图

2. 专项施工方案

通过 BIM 技术指导编制专项施工方案，可以直观地对复杂工序进行分析，将复杂部位简单化、透明化，提前模拟方案编制后的现场施工状态，对现场可能存在的危险源、安全隐患、消防隐患等提前排查，对专项方案的施工工序进行合理排布，有利于方案的专项性、合理性。

3. 关键工艺展示

对于工程施工的关键部位，如预应力钢结构的关键构件及部位，其安装相对复杂，因此合理的安装方案非常重要。正确的安装方法能够省时省费用，传统方法只有工程实施时才能得到验证，这就可能造成二次返工等问题。同时，传统方法是施工人员在完全领会设计意图之后，再传达给建筑工人，相对专业性的术语及步骤对于工人来说难以完全领会。基于 BIM 技术，能够提前对重要部位的安装进行动态展示，提供施工方案讨论和技术交流的虚拟现实信息。

4. 土建主体结构施工模拟

根据拟定的最优施工现场布置和最优施工方案，将由项目管理软件如 project 编制的施工进度计划与施工现场 3D 模型集成一体，引入时间维度，能够完成对工程主体结构施工过程的 4D 施工模拟。通过 4D 施工模拟，可以使设备材料进场、劳动力配置、机械排班等各项工作安排得更加经济合理，从而加强了对施工进度、施工质量的控制。针对主体结构施工过程，利用已完成的 BIM 模型进行动态施工方案模拟，展示重要施工环节动画，对比分析不同施工方案的可行性，能够对施工方案进行分析，并听从指令对施工方案进行动态调整。

7.4　进度管理分析

7.4.1　进度管理的内涵

工程建设项目的进度管理是指对工程项目各建设阶段的工作内容、工作程序、持续时间和逻辑关系制定计划，将该计划付诸实施。在实施过程中要经常检查实际进度是否按计划要求进行，对出现的偏差分析原因，采取补救措施或调整、修改原计划，直至工程竣工后交付使用。进度管理的最终目的是确保进度目标的实现。工程建设监理所进行的进度管理是指为使项目按计划要求的时间进行而开展的有关监督管理活动。施工进度管理在项目整体控制中起着至关重要的作用，主要体现在：

（1）进度决定着总财务成本。什么时间可销售，多长时间可开盘销售，对整个项目的财务总成本影响最大。一个投资 100 亿的项目，一天的财务成本大约是 300 万，延迟一天交付、延迟一天销售，开发商即将面对巨额的损耗。更快的资金周转和资金效率是当前各地产公司最为在意的地方。

（2）交付合同约束。交房协议有交付日期，不交付将影响信誉和延迟交付罚款。

（3）运营效率与竞争力问题。多少人管理运营一个项目，多长时间完成一个项目，资金周转速度，是开发商的重要竞争力之一，也是承包商的关键竞争力。提升项目管理效率不只是成本问题，更是企业重要竞争力之一。

7.4.2　进度管理影响因素

在实际工程项目进度管理过程中，虽然有详细的进度计划以及网络图、横道图等技术做支撑，但是“破网”事故仍时有发生，对整个项目的经济效益产生直接的影响。通过对事故进行调查，影响进度管理的主要原因有以下几方面：

（1）建筑设计缺陷。首先，设计阶段的主要工作是完成施工所需图纸的设计，通常一个工程项目的整套图纸少则几十张，多则成百上千张，有时甚至数以万计，图纸所包含的数据庞大，而设计者和审图者的精力有限，存在错误是必然的；其次，项目各个专业的设计工作是独立完成的，导致各专业的二维图纸所表现的内容在空间上很容易出现碰撞和矛盾。如果上述问题没有提前发现，直到施工阶段才显露出来，势必对工程项目的进度产生影响。

（2）施工进度计划编制不合理。工程项目进度计划的编制很大程度上依赖于项目管理者的经验，虽然有施工合同、进度目标、施工方案等客观条件的支撑，但是项目的唯一性和个人经验的主观性难免会使进度计划存在不合理之处，并且现行的编制方法和工具相对比较抽象，不易对进度计划进行检查，一旦计划出现问题，按照计划所进行的施工过程必然会受到影响。

（3）现场人员的素质。随着施工技术的发展和新型施工机械的应用，工程项目施工过程越来越趋于机械化和自动化。但是，保证工程项目顺利完成的主要因素还是人，施工人员的素质是影响项目进度的一个主要方面。施工人员对施工图纸的理解，对施工工艺的熟悉程度和操作技能水平等因素都可能对项目能否按计划顺利完成产生影响。

（4）参与方沟通和衔接不畅。建设项目往往会消耗大量的财力和物力，如果没有一个详细的资金、材料使用计划是很难完成的。在项目施工过程中，由于专业不同，施工方与业主和供货商的信息沟通不充分、不彻底，业主的资金计划、供货商的材料供应计划与施工进度不匹配，同样也会造成工期的延误。

（5）施工环境影响。工程项目既受当地地质条件、气候特征等自然环境的影响，又受到交通设施、区域位置、供水供电等社会环境的影响。项目实施过程中任何不利的环境因素都有可能对项目进度产生严重影响。因此，必须在项目开始阶段就充分考虑环境因素的影响，并提出相应的应对措施。

7.4.3 我国建筑工程当前进度管理现状

传统的项目进度管理过程中事故频发，究其根本在于管理模式存在一定的缺陷，主要体现在以下几个方面：

（1）二维 CAD 设计图形象性差。二维三视图作为一种基本表现手法，将现实中的三维建筑用二维的平、立、侧三视图表达。特别是 CAD 技术的应用，用电脑屏幕、鼠标、键盘代替了画图板、铅笔、直尺、圆规等手工工具，大大提高了出图效率。尽管如此，由于二维图纸的表达形式与人们现实中的习惯维度不同，所以要看懂二维图纸存在一定困难，需要通过专业的学习和长时间的训练才能读懂图纸。同时，随着人们对建筑外观美观度的要求越来越高，以及建筑设计行业自身的发展，异形曲面的应用更加频繁，如悉尼歌剧院、国家大剧院、鸟巢等外形奇特、结构复杂的建筑物越来越多。即使设计师能够完成图纸，对图纸的认识和理解也仍有难度。另外，二维 CAD 设计可视性不强，使设计师无法有效检查自己的设计效果，很难保证设计质量，并且对设计师与建造师之间的沟通形成障碍。

（2）网络计划抽象，往往难以理解和执行。网络计划图是工程项目进度管理的主要工具，也有其缺陷和局限性。首先，网络计划图计算复杂，理解困难，只适合于行业内部使用，不适于与外界沟通和交流；其次，网络计划图表达抽象，不能直观地展示项目的计划进度过程，也不方便进行项目实际进度的跟踪；再次，网络计划图要求项目工作分解细致，逻辑关系准确，这些都依赖于个人的主观经验，实际操作中往往会出现各种问题，很难做到完全一致。

（3）二维图纸不方便各专业之间的协调沟通。二维图纸由于受可视化程度的限制，使得各专业之间的工作相对分离。无论是在设计阶段还是在施工阶段，都很难对工程项目进行整体性表达。各专业单独工作或许十分顺利，但是在各专业协同作业时往往就会产生碰撞和矛盾，给整个项目的顺利完成带来困难。

（4）传统方法不利于规范化和精细化管理。随着项目管理技术的不断发展，规范化和精细化管理是形势所趋。但是传统的进度管理方法很大程度上依赖于项目管理者的经验，很难形成一种标准化和规范化的管理模式。这种经验化的管理方法受主观因素的影响很大，直接影响施工的规范化和精细化管理。

7.4.4 基于 BIM 技术进度管理优势

BIM 技术的引入，可以突破二维的限制，给项目进度管理带来不同的体验，主要体现在以下几个方面：

（1）提升全过程协同效率。基于 3D 的 BIM 沟通语言，简单易懂、可视化好，大大加快了沟通效率，减少了理解不一致的情况；基于互联网的 BIM 技术能够建立起强大高效的协同平台：所有参建单位在授权的情况下，可随时、随地获得项目最新、最准确、最完整的工程数据，从过去点对点传递信息转变为一对多传递信息，效率提升，图纸信息版本完全一致，从而减少传递时间的损失和版本不一致导致的施工失误；通过 BIM 软件系统的计算，减少了沟通协调的问题。传统靠人脑计算 3D 关系的工程问题探讨，容易产生人为的错误，BIM 技术可减少大量问题，同时也减少协同的时间投入；另外，现场结合 BIM、移动智能终端拍照，也大大提升了现场问题沟通效率。

（2）加快设计进度。从表面上来看，BIM 设计减慢了设计进度。产生这样的结论的原因，一是现阶段设计用的 BIM 软件确实生产率不够高，二是当前设计院交付质量较低。但实际情况表明，使用 BIM 设计虽然增加了时间，但交付成果质量却有明显提升，在施工以前解决了更多问题，推送给施工阶段的问题大大减少，这对总体进度而言是大大有利的。

（3）碰撞检测，减少变更和返工进度损失。BIM 技术强大的碰撞检查功能，十分有利于减少进度浪费。大量的专业冲突拖延了工程进度，大量废弃工程、返工的同时，也造成了巨大的材料、人工浪费。当前的产业机制造成设计和施工的分家，设计院为了效益，尽量降低设计工作的深度，交付成果很多是方案阶段成果，而不是最终施工图，里面充满了很多深入下去才能发现的问题，需要施工单位的深化设计，由于施工单位技术水平有限和理解问题，特别是当前三边工程较多的情况下，专业冲突十分普遍，返工现象常见。在中国当前的产业机制下，利用 BIM 系统实时跟进设计，第一时间发现问题，解决问题，带来的进度效益和其他效益都是十分惊人的。

（4）加快招投标组织工作。设计基本完成，要组织一次高质量的招投标工作，编制高质量的工程量清单要耗时数月。一个质量低下的工程量清单将导致业主方巨额的损失，利用不平衡报价很容易造成更高的结算价。利用基于 BIM 技术的算量软件系统，大大加快了计算速度和计算准确性，加快招标阶段的准备工作，同时提升了招标工程量清单的质量。

（5）加快支付审核。当前很多工程中，由于付款争议挫伤承包商积极性，影响到工程进度并非少见。业主方缓慢的支付审核往往引起与承包商合作关系的恶化，甚至影响到承包商的积极性。业主方利用 BIM 技术的数据能力，快速校核反馈承包商的付款申请单，则可以大大加快期中付款反馈机制，提升双方战略合作成果。

（6）加快生产计划、采购计划编制。工程中经常因生产计划、采购计划编制缓慢损失了进度。急需的材料、设备不能按时进场，造成窝工影响了工期。BIM 改变了这一切，随时随地获取准确数据变得非常容易，制订生产计划、采购计划大大缩小了用时，加快了进度，同时提高了计划的准确性。

（7）加快竣工交付资料准备。基于 BIM 的工程实施方法，过程中所有资料可随时挂接到工程 BIM 数字模型中，竣工资料在竣工时即已形成。竣工 BIM 模型在运维阶段还将为业主方发挥巨大的作用。

（8）提升项目决策效率。传统的工程实施中，由于大量决策依据、数据不能及时完整地提交出来，决策被迫延迟，或决策失误造成工期损失的现象非常多见。实际情况中，只要工程信息数据充分，决策并不困难，难的往往是决策依据不足、数据不充分，有时导致领导难以决策，有时导致多方谈判长时间僵持，延误工程进展。BIM 形成工程项目的多维度结构化数据库，整理分析数据几乎可以实时实现，完全没有了这方面的难题。

7.4.5　BIM 技术在进度管理中的具体应用

BIM 在工程项目进度管理中的应用体现在项目进行过程中的方方面面，下面仅对其关键应用点进行具体介绍。

1. BIM 施工进度模拟

当前建筑工程项目管理中经常用于表示进度计划的甘特图，由于专业性强，可视化程度低，无法清晰描述施工进度以及各种复杂关系，难以准确表达工程施工的动态变化过程。通过将 BIM 与施工进度计划相连接，将空间信息与时间信息整合在一个可视的 4D（3D+Time）模型中，不仅可以直观、精确地反映整个建筑的施工过程，还能够实时追踪当前的进度状态，分析影响进度的因素，协调各专业，制定应对措施，以缩短工期、降低成本、提高质量。

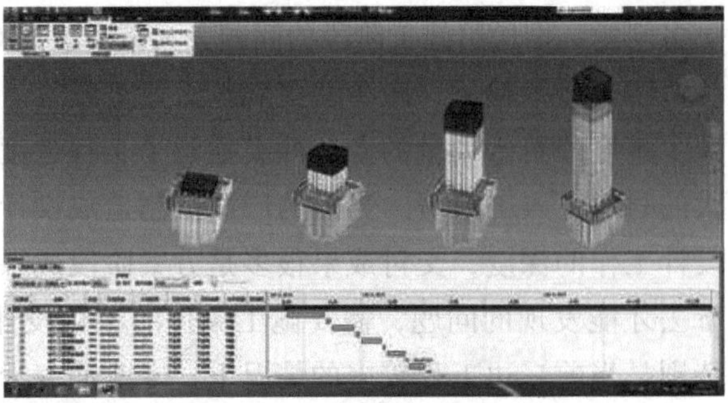

图 7–7　某建筑施工进度模拟

目前常用的 4I>BIM 施工管理系统或施工进度模拟软件很多，利用此类管理系统或软件进行施工进度模拟大致分为以下步骤：① 将 BIM 模型进行材质赋予；② 制订 Project 计划；③ 将 Project 文件与 BIM 模型连接；④ 制定构件运动路径，并与时间连接；⑤ 设置动画视点并输出施工模拟动画。通过 4D 施工进度模拟，能够完成以下内容：基于 BIM 施工组织，对工程重点和难点的部位进行分析，制定切实可行的对策；依据模型，确定方案、排定计划、划分流水段；BIM 施工进度利用季度卡来编制计划；将周和月结合在一起，假设后期需要任何时间段的计划，只需在这个计划中过滤一下即可自动生成；做到对现场的施工进度进行每日管理。

2. BIM 施工安全与冲突分析系统

（1）时变结构和支撑体系的安全分析通过模型数据转换机制，自动由 4D 施工信息模型生成结构分析模型，进行施工期时变结构与支撑体系任意时间点的力学分析计算和安全性能评估。

（2）施工过程进度 / 资源 / 成本的冲突分析通过动态展现各施工段的实际进度与计划的对比关系，实现进度偏差和冲突分析及预警；指定任意日期，自动计算所需人力、材料、机械、成本，进行资源对比分析和预算；根据清单计价和实际进度计算实际费用，动态分析任意时间点的成本及其影响关系。

（3）场地碰撞检测基于施工现场 4D 时间模型和碰撞检测算法，可对构件与管线、设施与结构进行动态碰撞检测和分析。

3. BIM 建筑施工优化系统

建立进度管理软件 P3/P6 数据模型与离散事件优化模型的数据交换，基于施工优化信息模型，实现基于 BIM 和离散事件模拟的施工进度、资源以及场地优化和过程的模拟。

（1）基于 BIM 和离散事件模拟的施工优化通过对各项工序的模拟计算，得出工序工期、人力、机械、场地等资源的占用情况，对施工工期、资源配置以及场地布置进行优化，实现多个施工方案的比选。

（2）基于过程优化的 4D 施工过程模拟将 4D 施工管理与施工优化进行数据集成，实现了基于过程优化的 4D 施工可视化模拟。

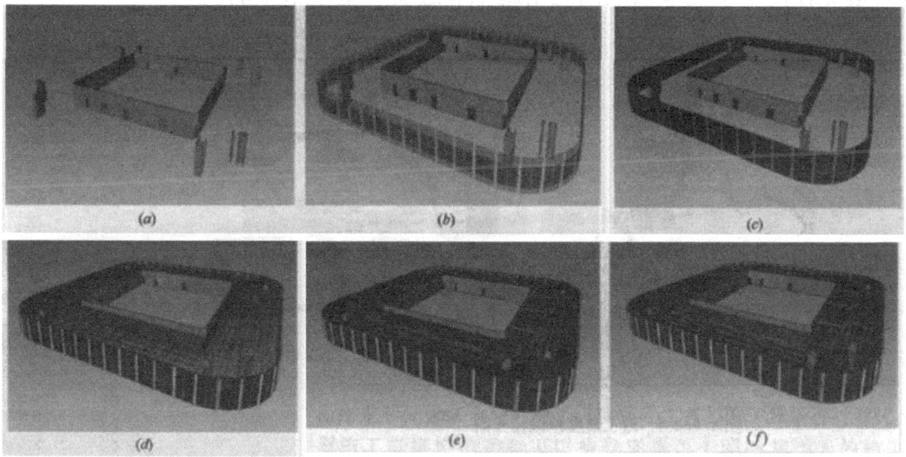

图 7-8　4D 施工优化模拟

4. 三维技术交底及安装指导

我国工人文化水平不高，在大型复杂工程施工技术交底时，工人往往难以理解技术要求。针对技术方案无法细化、不直观、交底不清晰的问题，解决方案是：应改变传统的思路与做法（通过纸介质表达），转由借助三维技术呈现技术方案，使施工重点、难点部位可视化、提前预见问题，确保工程质量，加快工程进度。三维技术交底即通过三维模型让工人直观地了解自己的工作范围及技术要求，主要方法有两种：一种是虚拟施工和实际工程照片对比；另一种是将整个三维模型进行打印输出，用于指导现场的施工，方便现场的施工管理人员拿图纸进行施工指导和现场管理。

图 7-9　特殊工艺技术交底

对钢结构而言，关键节点的安装质量至关重要。安装质量不合格，轻者将影响结构受力形式，重者将导致整个结构的破坏。三维 BIM 模型可以提供关键构件的空间关系及安装形式，方便技术交底与施工人员深入了解设计意图。

5. 移动终端现场管理

采用无线移动终端、Web 及 RFID 等技术，全过程与 BIM 模型集成，实现数据库化、可视化管理，避免任何一个环节出现问题给施工和进度质量带来影响。

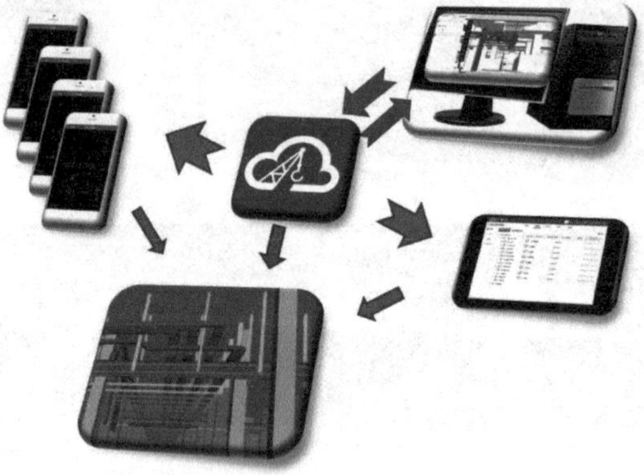

图 7-10　BIM 移动端信息采集

BIM 是从美国发展起来的，之后逐渐扩展到日本、欧洲、新加坡等发达国家，2002 年之后国内开始逐渐接触 BIM 技术和理念。从应用领域上看，国外已将 BIM 技术应用在建筑工程的设计、施工以及建成后的运营维护阶段；国内应用 BIM 技术的项目较少，大多集中在设计阶段，缺乏施工阶段的应用。BIM 技术发展缓慢直接影响其在进度管理中的应用，国内 BIM 技术在工程项目进度管理中的应用主要需要解决软件系统、应用标准和应用模式等方面的问题。目前，国内 BIM 应用软件多依靠国外引进，但类似软件不能满足国内的规范和标准要求，必须研发具有自主知识产权的相关软件或系统，如基于 BIM 的 4D 进度管理系统，才能更好地推动 BIM 技术在国内工程项目进度管理中的应用，提升进度管理效率和项目管理水平。BIM 标准的缺乏是阻碍 BIM 技术功能发挥的主要原因之一，国内应该加大 BIM 技术在行业协会、大专院校和科研院所的研究力度，相关政府部门应给予更多的支持。另外，目前常用的项目管理模式阻碍 BIM 技术效益的充分发挥，应该推动与 BIM 相适应的管理模式应用，如综合项目交付模式，把业主、设计方、总承包商和分包商集合在一起，充分发挥 BIM 技术在建筑工程全生命周期内的效益。

7.5　安全管理分析

7.5.1　安全管理的内涵

安全管理（Safety Management）是管理科学的一个重要分支，它是为实现安全目标而进行的有关决策、计划、组织和控制等方面的活动；主要运用现代安全管理原理、方法和手段，分析和研究各种不安全因素，从技术上、组织上和管理上采取有力的措施，解决和消除各种不安全因素，防止事故的发生。

安全管理是企业生产管理的重要组成部分，是一门综合性的系统科学。安全管理的对象是生产中一切人、物、环境的状态管理与控制，安全管理是一种动态管理。安全管理，主要是组织实施企业安全管理规划、指导、检查和决策，同时，又是保证生产处于最佳安全状态的根本环节。施工现场安全管理的内容，大体可归纳为安全组织管理，场地与设施管理，行为控制和安全技术管理四个方面，分别对生产中的人、物、环境的行为与状态，进行具体的管理与控制。

7.5.2　我国建筑工程安全管理现状

建筑业是我国“五大高危行业”之一，《安全生产许可证条例》规定建筑企业必须实行安全生产许可证制度。但是为何建筑业的“五大伤害”事故的发生率并没有明显下降？从管理和现状的角度，主要有以下几种原因：

（1）企业责任主体意识不明确。企业对法律法规缺乏应有的了解和认识，上到企业法人，下到专职安全生产管理人员，对自身安全责任及工程施工中所应当承担的法律责任没有明确的了解，误认为安全管理是政府的职责，造成安全管理不到位。

（2）政府监管压力过大，监管机构和人员严重不足。为避免安全生产事故的发生，政府监管部门按例进行建筑施工安全检查。由于我国安全生产事故追究实行“问责制”，一旦发生事故，监管部门的管理人员需要承担相应责任，而由于有些地区监管机构和人员严重不足，造成政府监管压力过大，加之检查人员的业务水平不足等因素，很容易使事故隐患没有及时发现。

（3）企业重生产，轻安全，“质量第一、安全第二”。一方面，潜伏性和随机性，造成事故的发生，安全管理不合格是安全事故发生的必要条件而非充分条件，企业存在侥幸心理，疏于安全管理；另一方面，由于质量和进度直接关系到企业效益，而生产能给企业带来效益，安全则会给企业增加支出，所以很多企业重生产而轻安全。

（4）“垫资”“压价”等不规范的市场主体行为直接导致施工企业削减安全投入。“垫资”“压价”等不规范的市场行为一直压制企业发展，造成企业无序竞争。很多企业为生产而生产，有些项目零利润甚至负利润。在生存与发展面前，很多企业的安全投入就成句空话。

（5）建筑业企业资质申报要求提供安全评估资料，这就要求独立于政府和企业之外的第三方建筑业安全咨询评估中介机构要大量存在，安全咨询评估中介机构所提供的评估报告可以作为政府对企业安全生产现状采信的证明。而安全咨询评估中介机构的缺少，造成无法给政府提供独立可供参考的第三方安全评估报告。

（6）工程监理管安全，“一专多能”起不到实际作用。建筑安全是一门多学科系统，在我国属于新兴学科，同时也是专业性很强的学科。而监理人员多是从施工员、质检员过渡而来，对施工质量很专业，但对安全管理并不专业。相关的行政法规却把施工现场安全责任划归监理，并不十分合理。

7.5.3　基于 BIM 的安全管理优势

基于 BIM 的管理模式是创建信息、管理信息、共享信息的数字化方式，在工程安全管理方面具有很多优势，如基于 BIM 的项目管理，工程基础数据如量、价等，数据准确、数据透明、数据共享，能完全实现短周期、全过程对资金安全的控制；基于 BIM 技术，可以提供施工合同、支付凭证、施工变更等工程附件管理，并为成本测算、招投标、签证管理、支付等全过程造价进行管理；BIM 数据模型保证了各项目的数据动态调整，可以方便统计，追溯各个项目的现金流和资金状况；基于 BIM 的 4D 虚拟建造技术能提前发现在施工阶段可能出现的问题，并逐一修改，提前制定应对措施；采用 BIM 技术，可实现虚拟现实和资产、空间等管理、建筑系统分析等技术内容，从而便于运营维护阶段的管理应用；运用 BIM 技术，可以对火灾等安全隐患进行及时处理，从而减少不必要的损失，对突发事件进行快速应变和处理，快速准确掌握建筑物的运营情况。

7.5.4　BIM 技术在安全管理中的具体应用

采用 BIM 技术可使整个工程项目在设计、施工和运营维护等阶段都能够有效地控制资金风险，实现安全生产。下面将对 BIM 技术在工程项目安全管理中的具体应用进行介绍。

1. 施工准备阶段安全控制

在施工准备阶段，利用 BIM 进行与实践相关的安全分析，能够降低施工安全事故发生的可能性，如：4D 模拟与管理和安全表现参数的计算可以在施工准备阶段排除很多建筑安全风险；BIM 虚拟环境划分施工空间，排除安全隐患；基于 BIM 及相关信息技术的安全规划可以在施工前的虚拟环境中发现潜在的安全隐患并予以排除；采用 BIM 模型结合有限元分析平台，进行力学计算，保障施工安全；通过模型发现施工过程重大危险源并实现水平洞口危险源自动识别等。

2. 施工过程仿真模拟

仿真分析技术能够模拟建筑结构在施工过程中不同时段的力学性能和变形状态，为结构安全施工提供保障。通常采用大型有限元软件来实现结构的仿真分析，但对于复杂建筑物的模型建立需要耗费较多时间：在 BIM 模型的基础上，开发相应的有限元软件接口，实现三维模型的传递，再附加材料属性、边界条件和荷载条件，结合先进的时变结构分析方法，便可以将 BIM、4D 技术和时变结构分析方法结合起来，实现基于 BIM 的施工过程结构安全分析，有效捕捉施工过程中可能存在的危险状态，指导安全维护措施的编制和执行，防止发生安全事故。

3. 模型试验

对于结构体系复杂、施工难度大的结构，结构施工方案的合理性与施工技术的安全可靠性都需要验证，为此利用 BIM 技术建立试验模型，对施工方案进行动态展示，从而为试验提供模型基础信息。

4. 施工动态监测

长期以来，建筑工程中的事故时常发生。如何进行施工中的结构监测已成为国内外的前沿课题之一。对施工过程进行实时监测，特别是重要部位和关键工序，及时了解施工过程中结构的受力和运行状态。施工监测技术的先进与否，对施工控制起着至关重要的作用，这也是施工过程信息化的一个重要内容。为了及时了解结构的工作状态，发现结构未知的损伤，建立工程结构的三维可视化动态监测系统，就显得十分迫切。

三维可视化动态监测技术较传统的监测手段具有可视化的特点，可以人为操作在三维虚拟环境下漫游来直观、形象地提前发现现场的各类潜在危险源，提供更便捷的方式查看监测位置的应力应变状态。在某一监测点应力或应变超过拟定的范围时，系统将自动采取报警给予提醒。

使用自动化监测仪器进行基坑沉降观测，通过将感应元件监测的基坑位移数据自动汇总到基于 BIM 开发的安全监测软件上，通过对数据的分析，结合现场实际测量的基坑坡顶水平位移和竖向位移变化数据进行对比，形成动态的监测管理，确保基坑在土方回填之前的安全稳定性。

通过信息采集系统得到结构施工期间不同部位的监测值，根据施工工序判断每时段的安全等级，并在终端上实时地显示现场的安全状态和存在的潜在威胁，给管理者以直观的指导。

5. 防坠落管理

坠落危险源包括尚未建造的楼梯井和天窗等。通过在 BIM 模型中的危险源存在部位建立坠落防护栏杆构件模型，研究人员能够清楚地识别多个坠落风险，并可以向承包商提供完整且详细的信息，包括安装或拆卸栏杆的地点和日期等。

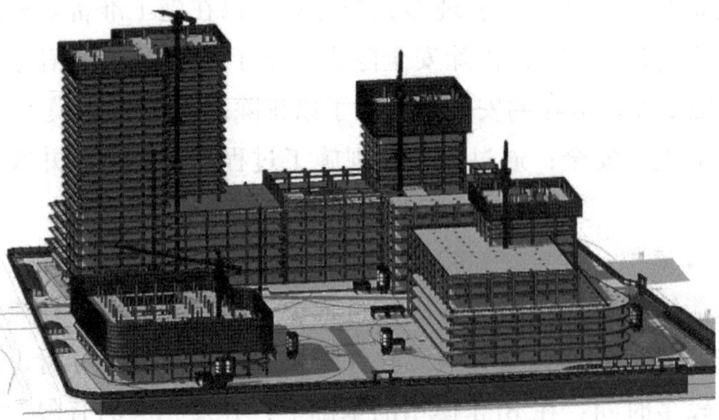

图 7-11　安全网模拟

6. 塔吊安全管理

大型工程施工现场需布置多个塔吊同时作业，因塔吊旋转半径不足而造成的施工碰撞屡屡发生。确定塔吊回转半径后，在整体 BIM 施工模型中布置不同型号的塔吊，能够确保其同电源线和附近建筑物的安全距离，确定哪些员工在哪些时候会使用塔吊。在整体施工模型中，用不同颜色的色块来表明塔吊的回转半径和影响区域，并进行碰撞检测来生成塔吊回转半径计划内的任何非钢安装活动的安全分析报告。该报告可以用于项目定期安全会议中，减少由于施工人员和塔吊缺少交互而产生的意外风险。

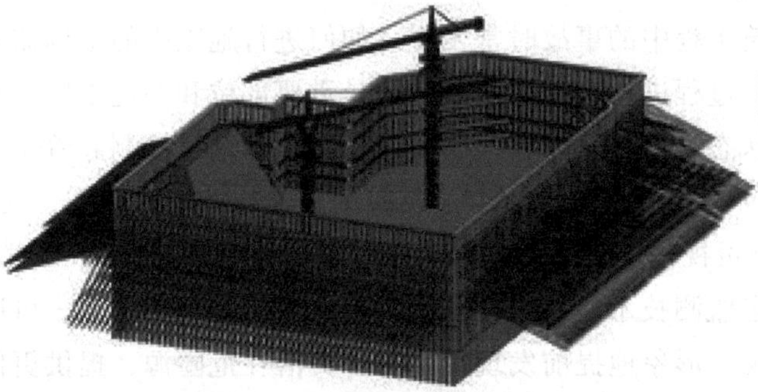

图 7-12　塔吊安全半径模拟

7. 灾害应急管理

随着建筑设计的日新月异，规范已经无法满足超高型、超大型或异形建筑空间的消防设计。利用 BIM 及相应灾害分析模拟软件，可以在灾害发生前，模拟灾害发生的过程，分析灾害发生的原因，制定避免灾害发生的措施，以及发生灾害后人员疏散、救援支持的应急预案，为发生意外时减少损失并赢得宝贵时间。BIM 能够模拟人员疏散时间、疏散距离、有毒气体扩散时间、建筑材料耐燃烧极限及消防作业面等，主要表现为 4D 模拟、3D 漫游和 3D 渲染能够标识各种危险，且 BIM 中生成的 3D 动画、渲染能够用来同工人沟通应急预案计划方案。应急预案包括五个子计划：施工人员的人口 / 出口、建筑设备和运送路线、临时设施和拖车位置、紧急车辆路线、恶劣天气的预防措施。利用 BIM 数字化模型进行物业沙盘模拟训练，训练保安人员对建筑的熟悉程度，再模拟灾害发生时，通过 BIM 数字模型指导大楼人员进行快速疏散；通过对事故现场人员感官的模拟，使疏散方案更合理；通过 BIM 模型判断监控摄像头布置是否合理，与 BIM 虚拟摄像头关联，可随意打开任意视角的摄像头，摆脱传统监控系统的弊端。

另外，当灾害发生后，BIM 模型可以提供救援人员紧急状况点的完整信息，配合温感探头和监控系统发现温度异常区，获取建筑物及设备的状态信息，通过 BIM 和楼宇自动化系统的结合，使得 BIM 模型能清晰地呈现出建筑物内部紧急状况的位置，甚至到紧急状况点最合适的路线，救援人员可以由此做出正确的现场处置，提高应急行动的成效。

安全管理是企业的命脉，安全管理秉承“安全第一，预防为主”的原则，需要在施工管理中编写相关安全措施，其主要目的是要抓住施工薄弱环节和关键部位。但传统施工管理中，往往只能根据经验和相关规范要求编写相关安全措施，针对性不强。在 BIM 的作用下，这种情况将会有所改善。

7.6　质量管理分析

7.6.1　质量管理的内涵

我国国家标准 GB/T 19000—2000 对质量的定义为：一组固有特征满足要求的程度。质量的主体不但包括产品，而且包括过程、活动的工作质量，还包括质量管理体系运行的效果。工程项目质量管理是指在力求实现工程项目总目标的过程中，为满足项目的质量要求开展的有关管理监督活动。

7.6.2　质量管理影响因素

在工程建设中，无论是勘察、设计、施工还是机电设备的安装，影响工程质量的因素主要有“人、机、料、法、环”5 大方面，即人工、机械、材料、工法、环境。所以工程项目的质量管理主要是对这 5 个方面进行控制。

1. 人工的控制

人工是指直接参与工程建设的决策者、组织者、指挥者和操作者。人工的因素是影响工程质量的 5 大因素中的首要因素。在某种程度上，它决定了其他因素。很多质量管理过程中出现的问题归根结底都是人工的问题。项目参与者的素质、技术水平、管理水平、操作水平最终都影响了工程建设项目的最终质量。

2. 机械的控制

施工机械设备是工程建设不可或缺的设施，对施工项目的施工质量有着直接影响。有些大型、新型的施工机械可以使工程项目的施工效率大大提高，而有些工程内容或者施工工作必须依靠施工机械才能保证工程项目的施工质量，如混凝土，特别是大型混凝土的振捣机械、道路地基的碾轧机械等。如果靠人工来完成这些工作，往往很难保证工程质量。但是施工机械体积庞大、结构复杂，而且往往需要有效的组合和配合才能收到事半功倍的效果。

3. 材料的控制

材料是建设工程实体组成的基本单元，是工程施工的物质条件，工程项目所用材料的质量直接影响着工程项目的实体质量。因此每一个单元的材料质量都应该符合设计和规范的要求，工程项目实体的质量才能得到保证。在项目建设中使用不合格的材料和构配件，就会造成工程项目的质量不合格。所以在质量管理过程中一定要把好材料、构配件关，打牢质量根基。

4. 工法的控制

工程项目的施工方法的选择也对工程项目的质量有着重要影响。对一个工程项目而言，施工方法和组织方案的选择正确与否直接影响整个项目的建设能否顺利进行，关系到工程项目的质量目标能否顺利实现，甚至关系到整个项目的成败。但是施工方法的选择往往是根据项目管理者的经验进行的，有些方法在实际操作中并不一定可行。如预应力混凝土的先拉法和后拉法，需要根据实际的施工情况和施工条件来确定的。工法的选择对于预应力混凝土的质量也有一定影响。

5. 环境的控制

工程项目在建设过程中面临很多环境因素的影响，主要有社会环境、经济环境和自然环境等。通常对工程项目的质量产生影响较大的是自然环境，其中又有气候、地质、水文等影响因素。例如冬季施工对混凝土质量的影响，风化地质或者地下溶洞对建筑基础的影响等。因此，在质量管理过程中，管理人员应该尽可能地考虑环境因素对工程质量产生的影响，并且努力去优化施工环境，对于不利因素严加管控，避免其对工程项目的质量产生影响。

7.6.3　我国当前质量管理现状

建筑业经过长期的发展已经积累了丰富的管理经验，在此过程中，通过大量的理论研究和专业积累，工程项目的质量管理也逐渐形成了一系列的管理方法。但是工程实践表明：大部分管理方法在理论上的作用很难在工程实际中得到发挥。由于受实际条件和操作工具的限制，这些方法的理论作用只能得到部分发挥，甚至得不到发挥，影响了工程项目质量管理的工作效率，造成工程项目的质量目标最终不能完全实现。工程施工过程中，施工人员专业技能不足、材料的使用不规范、不按设计或规范进行施工、不能准确预知完工后的质量效果、不同专业工种相互影响等问题都会对工程质量管理造成一定的影响，具体表现为：

1. 施工人员专业技能不足

建筑工程项目一线操作人员的素质直接影响工程质量，是工程质量高低、优劣的决定性因素，工人们的工作技能，职业操守和责任心都对工程项目的最终质量有重要影响。但是现在的建筑市场上，施工人员的专业技能普遍不高，绝大部分没有参加过技能岗位培训或未取得有关岗位证书和技术等级证书。很多工程质量问题都是因为施工人员的专业技能不足造成的。

2. 材料的使用不规范

国家对建筑材料的质量有着严格的规定和划分，个别企业也有自己的材料使用质量标准。但是在实际施工过程中往往对建筑材料质量的管理不够重视，个别施工单位为了追求额外的效益，会有意无意地在工程项目的建设过程中使用一些不规范的工程材料，造成工程项目的最终质量存在问题。

3. 不按设计或规范进行施工

为了保证工程建设项目的质量，国家制定了一系列有关工程项目各个专业的质量标准和规范同时每个项目都有自己的设计资料，规定了项目在实施过程中应该遵守的规范。但是在项目实施的过程中，这些规范和标准经常被突破，一来因为人们对设计和规范的理解存在差异，二来由于管理的漏洞，造成工程项目无法实现预定的质量目标。

4. 不能准确预知完工后的质量效果

一个项目完工之后，如果感官上不美观，就不能称之为质量很好的项目。但是在施工之前，没有人能准确无误地预知完工之后的实际情况。往往在工程完工之后，或多或少都有不符合设计意图的地方，存有遗憾。较为严重的还会出现使用中的质量问题，比如设备的安装没有足够的维修空间，管线的布置杂乱无序，因未考虑到局部问题被迫牺牲外观效果等，这些问题都影响着项目完工后的质量效果。

5. 各个专业工种相互影响

工程项目的建设是一个系统、复杂的过程，需要不同专业、工种之间相互协调，相互配合才能很好地完成。但是在工程实际中往往由于专业的不同，或者所属单位的不同，各个工种之间很难在事前做好协调沟通。这就造成在实际施工中各专业工种配合不好，使得工程项目的进展不连续，或者需要经常返工，以及各个工种之间存在碰撞，甚至相互破坏、相互干扰，严重影响了工程项目的质量。如水、电等其他专业队伍与主体施工队伍的工作顺序安排不合理，造成水电专业施工时在承重墙、板、柱、梁上随意凿沟开洞，因此破坏了主体结构，影响了结构安全。

7.6.4 基于 BIM 技术质量管理优势

BIM 技术的引入不仅提供一种“可视化”的管理模式，也能够充分发掘传统技术的潜在能量，使其更充分、有效地为工程项目质量管理工作服务。传统的二维管控的方法将各专业平面图叠加，结合局部剖面图，设计审核校对人员凭经验发现错误，难以全面，三维参数化的质量控制，是利用三维模型，通过计算机自动实时检测管线碰撞，二维质量控制与三维质量控制的优缺点对比见表 7-1。

表 7-1 二维及三维质量控制的优缺点分析

传统二维质量控制缺陷	三维质量控制优点
手工整合图纸，凭借经验判断，难以全面分析	电脑自动在各专业间进行全面检验，精确度高
均为局部调整，存在顾此失彼情况	在任意位置剖切大样及轴测图大样，观察并调整该处管线标高关系

续表

传统二维质量控制缺陷	三维质量控制优点
标高多为原则性确定相对位置，大量管线没有精确确定标高	轻松发现影响净高的瓶颈位置
通过“平面＋局部剖面”的方式，对于多管交叉的复制部位表达不够充分	在综合模型中直观地表达碰撞检测结果

基于 BIM 的工程项目质量管理包括产品质量管理及技术质量管理。产品质量管理：BIM 模型储存了大量的建筑构件和设备信息。通过软件平台，可快速查找所需的材料及构配件信息，如规格、材质、尺寸要求等，并可根据 BIM 设计模型，对现场施工作业产品进行追踪、记录、分析，掌握现场施工的不确定因素，避免不良后果出现，监控施工质量。技术质量管理：通过 BIM 的软件平台动态模拟施工技术流程，再由施工人员按照仿真施工流程施工，确保施工技术信息的传递不会出现偏差，避免实际做法和计划做法出现偏差，减少不可预见情况的发生，监控施工质量。

7.6.5 BIM 技术在质量管理中的具体应用

下面仅对 BIM 在工程项目质量管理中的关键应用点进行具体介绍。

1. 建模前期协同设计

在建模前期，需要建筑专业和结构专业的设计人员大致确定吊顶高度及结构梁高度；对于标高要求严格的区域，提前告知机电专业；各专业针对空间狭小、管线复杂的区域，协调出二维局部剖面图。建模前期协同设计的目的是在建模前期就解决部分潜在的管线碰撞问题，对潜在质量问题预知。

2. 碰撞检测

传统二维图纸设计中，在结构、水暖电等各专业设计图纸汇总后，由总工程师人工发现和协调问题。人为的失误在所难免，使施工中出现很多冲突，造成建设投资巨大浪费，并且还会影响施工进度。另外，由于各专业承包单位实际施工过程中对其他专业或者工种、工序间的不了解，甚至是漠视，产生的冲突与碰撞也比比皆是。但施工过程中，这些碰撞的解决方案，往往受限于现场已完成部分的局限，大多只能牺牲某部分利益、效能，而被动地变更。调查表明，施工过程中相关各方有时需要付出几十万、几百万，甚至上千万的代价来弥补由设备管线碰撞引起的拆装、返工和浪费。

目前，BIM 技术在三维碰撞检查中的应用已经比较成熟，依靠其特有的直观性及精确性，于设计建模阶段就可一目了然地发现各种冲突与碰撞。在水、暖、电建模阶段，利用 BIM 随时自动检测及解决管线设计初级碰撞，其效果相当于将校审部分工作提前进行，这样可大大提高成图质量。碰撞检测的实现主要依托于虚拟碰撞软件，其实质为 BIM 可视化技术，施工设计人员在建造之前就可以对项目进行碰撞检查，不但能够彻底消除碰撞，优化工程设计，减少在建筑施工阶段可能存在的错误损失和返工的可能性，而且能够优化净空和方案。最后施工人员可以利用碰撞优化后的三维方案，进行施工交底、施工模拟，提高了施工质量，同时也提高了与业主沟通的主动权。

碰撞检测可以分为专业间碰撞检测及管线综合的碰撞检测。专业间碰撞检测主要包括土建专业之间（如检查标高、剪力墙、柱等位置是否一致，梁与门是否冲突）、土建专业与机电专业之间（如检查设备管道与梁柱是否发生冲突）、机电各专业间（如检查管线末端与室内吊顶是否冲突）的软、硬碰撞点检查；管线综合的碰撞检测主要包括管道专业、暖通专业、电气专业系统内部检查以及管道、暖通、电气、结构专业之间的碰撞检查等。另外，解决管线空间布局问题，如机房过道狭小等问题也是常见碰撞内容之一。

在对项目进行碰撞检测时，要遵循如下检测优先级顺序：第一，进行土建碰撞检测；第二，进行设备内部各专业碰撞检测；第三，进行结构与给排水、暖、电专业碰撞检测等；第四，解决各管线之间交叉问题。其中，全专业碰撞检测的方法如下：完成各专业的精确三维模型建立后，选定一个主文件，以该文件轴网坐标为基准，将其他专业模型链接到该主模型中，最终得到一个包括土建、管线、工艺设备等全专业的综合模型。该综合模型真正为设计提供了模拟现场施工碰撞检查平台，在这平台上完成仿真模式现场碰撞检查，并根据检测报告及修改意见对设计方案合理评估并做出设计优化决策，然后再次进行碰撞检测……如此循环，直至解决所有的硬碰撞、软碰撞。

显而易见，常见碰撞内容复杂、种类较多，且碰撞点很多，甚至高达上万个，如何对碰撞点进行有效标识与识别？这就需要采用轻量化模型技术，把各专业三维模型数据以直观的模式，存储于展示模型中。模型碰撞信息采用“碰撞点”和“标识签”进行有序标识，通过结构树形式的“标识签”可直接定位到碰撞位置。碰撞报告标签命名规则如图 7-13 所示。

编号　　专业 &　　专业　　系统 &　系统

××××—×××　—××××—×××—×××

图 7-13　碰撞报告命名方式图

碰撞检测完毕后，在计算机上以该命名规则出具碰撞检查报告，方便快速读出碰撞点的具体位置与碰撞信息。例如 0014-PIP&HVAC-ZP&-PF，表示该碰撞点是给排水 / 暖通专业碰撞的第 5 个点，为管道专业的自动喷，碰撞检查后处理如图 7-14 所示。

在读取并定位碰撞点后，为了更加快速地给出针对碰撞检测中出现的“软”“硬”碰撞点的解决方案，我们可以将碰撞问题划分为以下几类：

（1）重大问题，需要业主协调各方共同解决。

（2）由设计方解决的问题。

（3）由施工现场解决的问题。

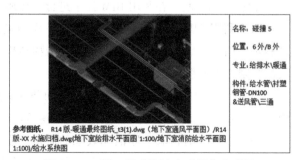

图 7-14　某工程碰撞检查后报告生成图

（4）因未定因素（如设备）而遗留的问题。

（5）因需求变化而带来新的问题。

针对由设计方解决的问题，可以通过多次召集各专业主要骨干参加三维可视化协调会议的办法，把复杂的问题简单化，同时将责任明确到个人，从而顺利地完成管线综合设计、优化设计，得到业主的认可。针对其他问题，则可以通过三维模型截图、漫游文件等协助业主解决。另外，管线优化设计应遵循以下原则：

1）在非管线穿梁、碰柱、穿吊顶等必要情况下，尽量不要改动。

2）只需调整管线安装方向即可避免的碰撞，属于软碰撞，可以不修改，以减少设计人员的工作量。

3）需满足建筑业主要求，对没有碰撞，但不满足净高要求的空间，也需要进行优化设计。

4）管线优化设计时，应预留安装、检修空间。

5）管线避让原则如下：有压管让无压管；小管线让大管线；施工简单管让施工复杂管；冷水管道避让热水管道；附件少的管道避让附件多的管道；临时管道避让永久管道。

某工程碰撞检测及碰撞点显示如图 7–15 所示。

3. 大体积混凝土测温

使用自动化监测管理软件进行大体积混凝土温度的监测，将测温数据无线传输汇总到自动分析平台上，通过对各个测温点的分析，形成动态监测管理。电子传感器按照测温点布置要求，自动直接将温度变化情况输出到计算机，形成温度变化曲线图，随时可以远程动态监测基础大体积混凝土的温度变化，根据温度变化情况，随时加强养护措施，确保大体积混凝土的施工质量，确保在工程基础筏板混凝土浇筑后不出现由于温度变化剧烈引起的温度裂缝。利用基于 BIM 的温度数据分析平台对大体积混凝土进行实时温度检测。

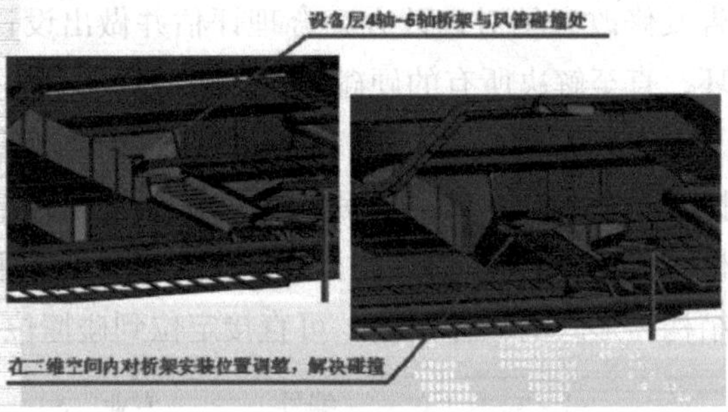

图 7–15　某工程检测碰撞点显示图

4. 施工工序中管理

工序质量控制就是对工序活动条件，即工序活动投入的质量和工序活动效果的质量及分项 工程质量的控制。在利用 BIM 技术进行工序质量控制时应着重于以下几方面的工作：

（1）利用 BIM 技术能够更好地确定工序质量控制工作计划。一方面要求对不同的工序活动制定专门的保证质量的技术措施，做出物料投入及活动顺序的专门规定；另一方面要规定质量控制工作流程、质量检验制度。

（2）利用 BIM 技术主动控制工序活动条件的质量。工序活动条件主要指影响质量的五大因素，即人、材料、机械设备、方法和环境等。

（3）能够及时检验工序活动效果的质量。主要是实行班组自检、互检、上下道工序交主检，特别是对隐蔽工程和分项（部）工程的质量检验。

（4）利用 BIM 技术设置工序质量控制点（工序管理点），实行重点控制。工序质量控制点是针对影像质量的关键部位或薄弱环节确定的重点控制对象。正确设置控制点并严格实施是进行工序质量控制的重点。

7.7　物料管理分析

7.7.1　物料管理概念

传统材料管理模式就是企业或者项目部根据施工现场实际情况制定相应的材料管理制度和流程，这个流程主要是依靠施工现场的材料员、保管员及施工员来完成。施工现场的固定性和庞大性，决定了施工现场材料管理具有周期长、种类繁多、保管方式复杂及特殊性。传统材料管理存在核算不准确、材料申报审核不严格、变更签证手续办理不及时等问题，造成大量材料现场积压、占用大量资金、停工待料、工程成本上涨。

7.7.2　BIM 技术物料管理具体应用

基于 BIM 的物料管理通过建立安装材料 BIM 模型数据库，使项目部各岗位人员对不同部门都可以进行数据的查询和分析，为项目部材料管理和决策提供数据支撑。例如项目部拿到机电安装各专业施工蓝图后，由 BIM 项目经理组织各专业机电 BIM 工程师进行三维建模，并将各专业模型组合到一起，形成安装材料 BIM 模型数据库。该数据库是以创建的 BIM 机电模型和全过程造价数据为基础，把原来分散在安装各专业人员手中的工程信息模型汇总到一起，形成一个汇总的项目级基础数据库。

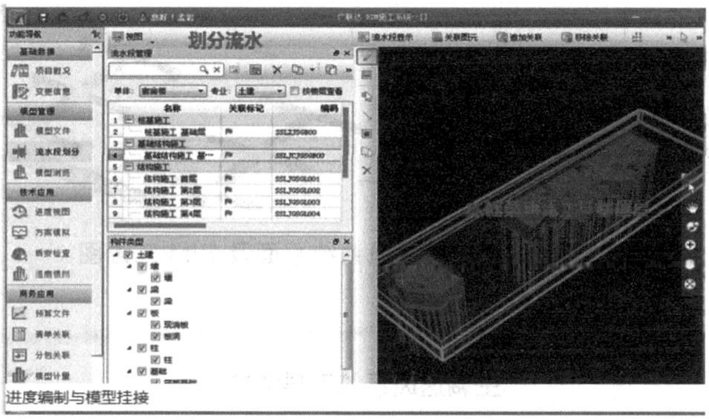

图 7-16　基于 BIM 模型数据库

1. 安装材料分类控制

材料的合理分类是材料管理的一项重要基础工作，安装材料 BIM 模型数据库的最大优势是包含材料的全部属性信息。在进行数据建模时，各专业建模人员对施工所使用的各种材料属性，按其需用量的大小、占用资金多少及重要程度进行“星级”分类，星级越高代表该材料需用量越大、占用资金越多。安装工程材料的特点、安装材料属性分类及管理原则见表 7–2。

表 7–2　　安装材料属性及管理原则

等级	安装材料	管理原则
★★★	需用量大、占用资金多、专用或备料难度大的材料	严格按照设计施工图及 BIM 机电模型，逐项进行认真的审核，做到规格、塑号、数量完全准确
★★	管道、阀门等通用主材	根据 BIM 模型提供的数据，精确控制材料及使用数量
★	资金占用少、需用量小、比较次要的辅助材料	采用一般常规的计算公式及预算定额含量确定

2. 用料交底

BIM 与传统 CAD 相比，具有可视化的显著特点。设备、电气、管道、通风空调等安装专业三维建模并碰撞后，BIM 项目经理组织各专业 BIM 项目工程师进行综合优化，提前消除施工过程中各专业可能遇到的碰撞。项目核算员、材料员、施工员等管理人员应熟读施工图纸、透彻理解 BIM 三维模型、吃透设计思想，并按施工规范要求向施工班组进行技术交底，将 BIM 模型中用料意图灌输给班组，用 BIM 三维图、CAD 图纸或者表格下料单等书面形式做好用料交底，防止班组“长料短用、整料零用”，做到物尽其用，减少浪费及边角料，把材料消耗降到最低限度。无锡某项目 K–1 空调送风系统平面图、三维模型如图 7–17 所示，下料清单见表 7–3。

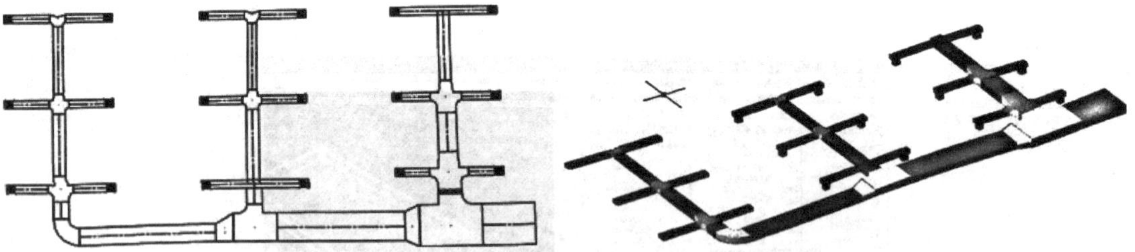

图 7–17　某空调送风系统平面及 BIM 三维图

表 7–3　　空调送风系统下料清单

序号	风管规格	下料规格	数量（节）	序号	风管规格	下料规格	数量（节）
1	2400 × 500	1160	19	8	1250 × 500	600	1
		750	1	9	1000 × 500	1160	2
2	2000 × 500	1000	1			600	1

续表

序号	风管规格	下料规格	数量（节）	序号	风管规格	下料规格	数量（节）
3	1400 × 400	1160	8	10	900 × 500	1160	2
		300	1			800	1
4	900 × 400	1160	8	11	800 × 400	1160	10
		300	1			600	1
5	800 × 320	1000	1	12	400 × 200	1160	32
		500	1			1000	14
6	630 × 320	1160	4			800	18
		1000	3				
	500 × 250	1160	21				
7		1000	6				
		500	1				

3. 物资材料管理

施工现场材料的浪费、积压等现象司空见惯，安装材料的精细化管理一直是项目管理的难题。运用 BIM 模型，结合施工程序及工程形象进度周密安排材料采购计划，不仅能保证工期与施工的连续性，而且能用好用活流动资金、降低库存、减少材料二次搬运。同时，材料员根据工程实际进度，方便地提取施工各阶段材料用量，在下达施工任务书中，附上完成该项施工任务的限额领料单，作为发料部门的控制依据，实行对各班组限额发料，防止错发、多发、漏发等无计划用料，从源头上做到材料的有的放矢，减少施工班组对材料的浪费。

4. 材料变更清单

工程设计变更和增加签证在项目施工中会经常发生。项目经理部在接收工程变更通知书执行前，应有因变更造成材料积压的处理意见，原则上要由业主收购，否则，如果处理不当就会造成材料积压，无端地增加材料成本。BIM 模型在动态维护工程中，可以及时地将变更图纸进行三维建模，将变更发生的材料、人工等费用准确、及时地计算出来，便于办理变更签证手续，保证工程变更签证的有效性。

7.8　成本管理分析

7.8.1　成本管理的概念

建筑工程包括立项、勘察、设计、施工、验收、运维等多个阶段的内容，广义的施工阶段，即包含施工准备阶段和施工实施阶段。建筑工程成本是指以建筑工程作为成本核算对象的施工过程中所耗费的生产资料转移价值和劳动者的必要劳动所创造的价值的货币形式，也就是某一建筑工程项目在施工中所发生的全部费用的总和。成本管理即企业生产经营过程中各项成本核算、成本分析、成本决策和成本控制等一系列科学管理行为的总称。

成本管理一般包括成本预测、成本决策、成本计划、成本核算、成本控制、成本分析、成本考核等内容。成本管理的步骤：工程资源计划的编制，工程成本估算，工程成本预算计划的编制，工程成本预测与偏差控制。工程项目施工阶段的成本控制是成本管理的一部分。控制是指主体对客体在目标完成上的一种能动作用，使客体能按照预定计划达成目标的过程。而施工项目的成本控制则是指在建立成本目标以后，对项目的成本支出进行严格的监督和控制，并及时发现偏差、纠正偏差的过程。

成本管理要求企业根据一定时期预先建立的成本管理目标，由成本控制主体在其职权范围内在生产耗费发生以前和成本控制过程中，对各种影响成本的因素和条件采取的一系列和调节措施，以保证成本管理目标实现的管理行为。

成本管理关乎低碳、环保、绿色建筑、自然生态、社会责任、福利等。众所周知，有些自然资源是不可再生的，所以成本控制不仅仅是财务意义上实现利润最大化，终极目标是单位建筑面积自然资源消耗最少。施工消耗大量的钢材、木材和水泥，最终必然会造成对大自然的过度索取。只有成本管理得较好的企业才有可能有相对的比较优势，成本管理不力的企业必将会被市场所淘汰。成本管理也不是片面地压缩成本，有些成本是不可缩减的，有些标准是不能降低的。特别强调的是，任何缩减的成本不能影响到建筑结构安全，也不能减弱社会责任。我们所谓的“成本管理”就是通过技术经济和信息化手段，优化设计、优化组合、优化管理，把无谓的浪费降至最低。成本管理是永恒的主题。

7.8.2 我国建筑工程成本控制管理现状

成本管理的过程是运用系统工程的原理对企业在生产经营过程中发生的各种耗费进行计算、调节和监督的过程，也是一个发现薄弱环节，挖掘内部潜力，寻找一切可能降低成本途径的过程。科学地组织实施成本控制，可以促进企业改善经营管理，转变经营机制，全面提高企业素质，使企业在市场竞争的环境下生存、发展和壮大。然而，工程成本控制一直是项目管理中的重点及难点，主要难点如下所示：

（1）数据量大。每一个施工阶段都牵涉大量材料、机械、工种、消耗和各种财务费用，人、材、机和资金消耗都要统计清楚，数据量十分巨大。面对如此巨大的工作量，随着工程进展，应付进度工作自顾不暇，过程成本分析、优化管理就只能搁在一边。

（2）牵涉部门和岗位众多。实际成本核算，传统情况下需要预算、材料、仓库、施工、财务多部门多岗位协同分析汇总数据，才能汇总出完整的某时点实际成本。某个或某几个部门不实行，整个工程成本汇总就难以做出。

（3）对应分解困难。材料、人工、机械甚至一笔款项往往用于多个成本项目，拆分分解对应好对专业的要求相当高，难度也非常高。

（4）消耗量和资金支付情况复杂。对于材料而言，部分进库之后并未付款，部分付款之后并未进库，还有出库之后未使用完以及使用了但并未出库等情况；对于人工而言，部分干活但并未付款，部分已付款并未干活，还有干完活仍未确定工价；机械周转材料租赁以及专业分包也有类似情况。情况如此复杂，成本项目和数据归集在没有一个强大的平台支撑情况下，不漏项做好三个维度（时间、空间、工序）的对应很困难。

近年中国经济在政府投资的拉动下急速发展，建筑业也随之腾飞，产生了 260 余家特级资质企业，年收入达到百亿以上。但是普遍来说管理存在做大但未做强的情况，企业盈利能力很低下，项目管理模式落后，风险控制和抵御能力差。施工企业长期通过关系竞争和压价来取得项目，导致企业内部核心竞争力的建设没有得到重视，这也造成了施工企业工程管理能力不强。而目前建设项目在成本控制不足上主要表现在以下几个方面：

1. 过程控制被轻视

传统的施工成本控制非常重视事后的成本核算，注重事后与业主方和分包商的讨价还价。对成本影响较大的事中和事前控制常常被忽略。管理人员在事前没有一个明确的控制目标，也对事中发生的情况无法进行科学全面地统计，导致对事中发生情况无法全面地了解。事前控制主要体现在决策阶段，决策阶段是对整个成本影响最大的阶段，除去几家比较大的业主方会在设计时十分强调限额设计，并严格执行以外，大部分的设计方案都是匆匆赶工出来，质量得不到保证，针对目前中国建筑业这种短时间无法改变的现状，事中控制的重要性更体现出来了，而这也是往往施工企业忽视的地方。

2. 预算方法落后

目前大部分的工程量、造价计算还是手算的方法，不仅计算效率低下而且计算数据不易保存，各项统计相当于又进行一次计算。手工计算往往会导致数据的丢失，如果丢失了，要么重新计算一遍要么就只能拍脑袋估摸着定一个，这种情况也是导致预算数据不准的原因。并且在这种手算的情况中，实时数据的获取十分困难，只能每个里程碑事件进行一次成本计算，甚至有的项目只有预算和结算两个数据，当整个项目完成后一看结算才发现项目已经严重超支了，造成成本失控。这进一步造成了上述所说过程管控的困难。

3. 技术落后，返工严重

由于技术原因，目前施工过程存在大量的返工问题，其中包括施工技术不合格、设计院图纸有遗漏未发现、不同专业各自为政，不沟通等。大量的问题导致了工程项目的返工严重，返工不仅带来了材料、人工、进度损失，更可能留下安全隐患，带来质量成本的增加，这同样对成本控制造成了困难，无形中造成了大量的成本流失。

4. 质量成本和工期成本的增加

由于人工费的增加和对工期的要求越来越严格，在发生返工或者抢工期的施工情况时，成本的增加会大大超过正常施工情况。

7.8.3　BIM 技术成本管理优势

施工阶段成本控制的主要内容为材料控制、人工控制、机械控制、分包工程控制。成本控制的主要方法有净值分析法、线性回归法、指数平滑法、净值分析法、灰色预测法。在施工过程中最常用的是净值分析法。而后面基于 BIM 的成本控制的方法也是挣值法。净值分析法是一种分析目标成本及进度与目标期望之间差异的方法，是一种通过差值比较差异的方法。它的独特之处在于对项目分析十分准确，能够对项目施工情况进行有效的控制。通过收集并计算预计完成工作的预算费用（BCWS）、已完成工作的预算费用（BCWP）、已完成工作的实际费用（ACWP）的值，分析成本是否超支、进度是否滞后。如 CV=BCWP−ACWP<0，代表成本超支,SV=BCWP - BCWS<0，代表进度滞后。由于净值分析法较常见，这里就不具体论述了。

基于 BIM 技术的成本控制具有快速、准确、分析能力强等很多优势，具体表现为：

1. 快速

建立基于 BIM 的 5D 实际成本数据库，汇总分析能力大大加强，速度快，周期成本分析不再困难，工作量小、效率高。

2. 准确

成本数据动态维护，准确性大为提高，通过总量统计的方法，消除累积误差，成本数据随进度进展准确度越来越高；数据精度达到构件级，可以快速提供支撑项目各条线管理所需的数据信息，有效提升施工管理效率。

3. 精细

通过实际成本 BIM 模型，很容易检查出哪些项目还没有实际成本数据，监督各成本实时盘点，提供实际数据。

4. 分析能力强

可以多维度（时间、空间、WBS）汇总分析更多种类、更多统计分析条件的成本报表，直观地确定不同时间点的资金需求，模拟并优化资金筹措和使用分配，实现投资资金财务收益最大化。

5. 提升企业成本控制能力

将实际成本 BIM 模型通过互联网集中在企业总部服务器，企业总部成本部门、财务部门就可共享每个工程项目的实际成本数据，实现了总部与项目部的信息对称。

7.8.4 基于 BIM 技术的成本管理具体应用

如何提升成本控制能力？动态控制是项目管理中一个常见的管理方法，而动态控制其实就是按照一定的时间间隔将计划值和实际值进行对比，然后采取纠偏措施。而进行对比的这个过程中是需要大量的数据做支撑的，动态控制是否做得好，数据是关键，如何及时而准确地获得数据，并如何凭借简单的操作就能进行数据对比呢？现在 BIM 技术可以高效地解决这个问题。基于 BIM 技术，建立成本的 5D（3D 实体、时间、工序）关系数据库，以各 WBS 单位工程量、人机料单价为主要数据进入成本 BIM 中，能够快速实行多维度（时间、空间、WBS）成本分析，从而对项目成本进行动态控制。其解决方案操作方法如下：

（1）创建基于 BIM 的实际成本数据库。建立成本的 5D（3D 实体、时间、工序）关系数据库，让实际成本数据及时进入 5D 关系数据库，成本汇总、统计、拆分对应瞬间可得。以各

WBS 单位工程人才机单价为主要数据进入到实际成本 BIM 中。未有合同确定单价的按预算价先进入，有实际成本数据后，及时按实际数据替换掉。

（2）实际成本数据及时进入数据库。初始实际成本 BIM 中成本数据以采取合同价和企耗量为依据。随着进度进展，实际消耗量与定额消耗量会有差异，要及时调整。及时对实际消耗进行盘点，调整实际成本数据。化整为零，动态维护实际成本 BIM，并有利于保证数据准确性。

（3）快速实行多维度（时间、空间、WBS）成本分析。建立实际成本 BIM 模型，周期性（月季）按时调整维护好该模型，统计分析工作就很轻松，软件强大的统计分析能力可满足各种成本分析需求。

下面将对 BIM 技术在工程项目成本控制中的应用进行介绍。

1. 快速精确的成本核算

BIM 是一个强大的工程信息数据库。进行 BIM 建模所完成的模型包含二维图纸中所有位置、长度等信息，并包含了二维图纸中不包含的材料等信息，而这背后是强大的数据库支撑。因此，计算机通过识别模型中的不同构件及模型的几何物理信息（时间维度、空间维度等），对各种构件的数量进行汇总统计。这种基于 BIM 的算量方法，将算量工作大幅度简化，减少了人为原因造成的计算错误，大量节约了人的工作量和时间。有研究表明，工程量计算的时间在整个造价计算过程占到了 50% ~ 80%，而运用 BIM 算量方法会节约将近 90% 的时间，而误差也控制在 1% 的范围之内。

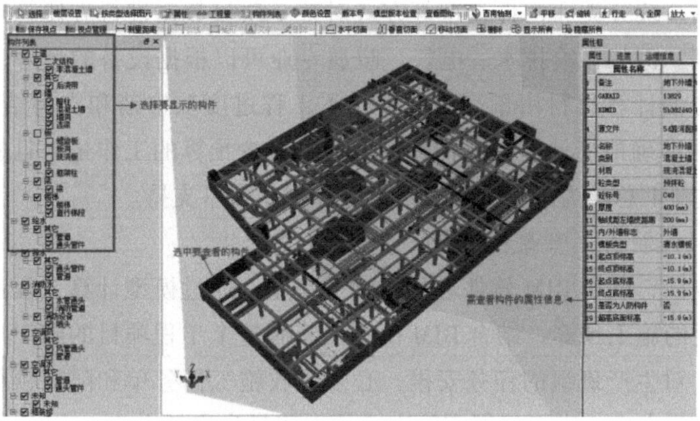

图 7-18　BIM 工程量计算软件

2. 预算工程量动态查询与统计

工程预算存在定额计价和清单计价两种模式。自《建设工程工程量清单计价规范》发布以来，建设工程招投标过程中清单计价方法成为主流。在清单计价模式下，预算项目往往基于建筑构件进行资源的组织和计价，与建筑构件存在良好对应关系，满足 BIM 信息模型以三维数字技术为基础的特征，故而应用 BIM 技术进行预算工程量统计具有很大优势。使用 BIM 模型来取代图纸，直接生成所需材料的名称、数量和尺寸等信息，而且这些信息将始终与设计保持一致，在设计出现变更时，该变更将自动反映到所有相关的材料明细表中，造价工程师使用的所有构件信息也会随之变化。

在基本信息模型的基础上增加工程预算信息，即形成了具有资源和成本信息的预算信息模型。预算信息模型包括建筑构件的清单项目类型、工程量清单，人力、材料、机械定额和费率等信息。通过模型，就能识别模型中的工程量（如体积、面积、长度等）等信息，自动计算建筑构件的使用以指导实际材料物资的采购。

系统根据计划进度和实际进度信息，可以动态计算任意 WBS 节点任意时间段内每日计划工程量、计划工程量累计、每日实际工程量、实际工程量累计，帮助施工管理者实时掌握工程量的计划完工和实际完工情况。在分期结算过程中，每期实际工程量累计数据是结算的重要参考，系统动态计算实际工程量可以为施工阶段工程款结算提供数据支持。

另外，从 BIM 预算模型中提取相应部位的理论工程量，从进度模型中提取现场实际的人工、材料、机械工程量，通过将模型工程量、实际消耗、合同工程量进行短周期三量对比分析，能够及时掌握项目进展，快速发现并解决问题。根据分析结果为施工企业制定精确人、机、材计划，大大减少了资源、物流和仓储环节的浪费，及时掌握成本分布情况，进行动态成本管理。

3. 限额领料与进度款支付管理

限额领料制度一直很健全，但用于实际却难以实现，数据无依据，采购计划由采购员决定，项目经理只能凭感觉签字。领料数量无依据，用量上限无法控制是限额领料制度主要存在的问题。那么如何对材料的计划用量与实际用量进行分析对比？

BIM 的出现为限额领料提供了技术和数据支撑。基于 BIM 软件，在管理多专业和多系统数据时，能够采用系统分类和构件类型等方式对整个项目数据进行方便管理，为视图显示和材料统计提供规则。例如，给排水、电气、暖通专业可以根据设备的型号、外观及各种参数分别显示设备，方便计算材料用量。传统模式下工程进度款申请和支付结算工作较为烦琐，基于 BIM 能够快速准确地统计出各类构件的数量，减少预算的工作量，且能形象、快速地完成工程量拆分和重新汇总，为工程进度款结算工作提供技术支持。

4. 以施工预算控制人力资源和物质资源的消耗

在施工开工以前，利用 BIM 软件进行模型的建立，通过模型计算工程量，并按照企业定额或上级统一规定的施工预算，结合 BIM 模型，编制整个工程项目的施工预算，作为指导和管理施工的依据。对生产班组的任务安排，必须签收施工任务单和限额领料单，并向生产班组进行技术交底。要求生产班组根据实际完成的工程量和实耗人工、实耗材料做好原始记录，作为施工任务单和限额领料单结算的依据。任务完成后，根据回收的施工任务单和限额领料单进行结算，并按照结算内容支付报酬（包括奖金）。为了便于任务完成后进行施工任务单和限额领料单与施工预算的对比，要求在编制施工预算时对每一个分项工程工序名称进行编号，以便对号检索对比，分析节超。

5. 设计优化与变更成本管理、造价信息实施追踪

BIM 模型依靠强大的工程信息数据库，实现了二维施工图与材料、造价等各模块的有效整合与关联变动，使得实际变更和材料价格变动可以在 BIM 模型中进行实时更新。变更各环节之间的时间被缩短，效率提高，更加及时准确地将数据提交给工程各参与方，以便各方做

出有效的应对和调整。目前 BIM 的建造模拟职能已经发展到了 5D 维度。5D 模型集三维建筑模型、施工组织方案、成本及造价等三部分于一体，能实现对成本费用的实时模拟和核算，并为后续建设阶段的管理工作所利用，解决了阶段割裂和专业割裂的问题。BIM 通过信息化的终端和 BIM 数据后台将整个工程的造价相关信息顺畅地流通起来，从企业级的管理人员到每个数据的提供者都可以监测，保证了各种信息数据及时准确地调用、查询、核对。

7.9　绿色施工管理分析

我国在 2007 年颁布实施了《绿色施工导则》，指出绿色施工是在传统的施工中贯彻“四节一环保”的新型施工理念，充分体现了绿色施工的可持续发展思想。然而我国绿色施工研究起步较晚，发展不成熟，尤其是经济效果不明显，阻碍了建筑工程绿色施工的发展，因此有必要从根本上对建筑工程绿色施工的成本分析及控制进行研究，在满足绿色施工要求的前提下尽可能节约成本，提高施工企业进行绿色施工的积极性。

可持续性发展战略的推行体现在建筑工程行业施工建设的全过程当中，当前企业主要重视工程建设项目的决策投资与设计规划阶段的可持续新技术的使用，例如最近几年讨论比较频繁的绿色建筑、环保设计、生态城市与绿色建材等。而建设工程的施工过程不仅是其设计、策划的实施阶段，更是一个大范围的消耗自然资源、影响自然生态环境的过程。建筑的全生命周期应当包括前期的规划、设计，建筑原材料的获取，建筑材料的制造、运输和安装，建筑系统的建造、运行、维护以及最后的拆除等全过程。所以，要在建筑的全生命周期内实行绿色理念，不仅要在规划设计阶段应用 BIM 技术，还要在节地、节水、节材、节能及施工管理、运营维护管理方面深入应用 BIM，不断推进整体行业向绿色方向行进。

7.9.1　绿色施工的概念

绿色施工是指在建筑工程的建造过程中，质量合格与安全性能达标要求前提下，通过科学合理地组织并利用进步技术，很大程度地节省能源和降低施工过程对环境的负面影响，实现“四节一环保”。绿色施工核心也是最大限度地节约资源的施工活动，绿色施工的地位是实现建筑领域资源节约的关键环节，绿色施工是以节能、节地、节水、节材和爱护环境为目标的。绿色施工是建筑物在整个生命周期内比较重要的一个阶段，也是实现建筑工程节约能源资源和减少废弃物排放的一个较为关键的环节。推行绿色施工，在执行与贯彻政府产业和协会中相关的技能经济策略时，要根据具体情况因时制宜的原则来操控实施。绿色施工是可持续的发展观念在整个建筑工程施工过程中的全面应用和体现，它关乎可持续性发展的方方面面，比如自然环境和生态状况的保护、能源和资源的有效利用、经济与地区的发展等内容，包含着不同的含义。而绿色施工技术的目标本来就是节约能源和资源，保护环境与土地等方面，其本身就具有非常重要的现实和实践意义。在施工过程中争取做到不扰民众、不产生吵闹、不污染当地环境，这是绿色施工的主要要求，同时还要强化工地施工的管理、保证正常生产、标准化与文明化的作业，保证建设场地的环境，尽可能减少工地施工过程给当地群众带来的不利影响，保护周边场地的环境卫生。

7.9.2 绿色施工遵循的原则及影响因素

绿色施工牵涉诸如削减固化性生产、循环使用资源的多重利用净洁生产、爱护环境等许多能够持续性进步的方面。正因如此，在具体施行绿色施工的过程中要遵照一定的标准，比如降低对环境的污染、减少对现场的扰动、保证工程的建设质量、节约能源和资源、运用科学的管理方法等。贯彻遵行国家、行业与地方企事业单位的标准和相关政策方案，施行绿色施工的过程中，还需要注意因地制宜的原则。绿色施工是可持续理念在建造工程中的全面体现，不仅仅指做到封闭施工、减少尘土，不扰民不产生噪音，多种花木与绿化这些内容更是对生态环境的保护、能源和资源利用及地方社会经济风情的各方面权衡。在推行绿色施工过程中只要能够遵循好上述几大原则，一定会取得期望的目标成果。

一般来讲，建筑工程绿色施工成本控制的影响因素比制造业产品成本控制的影响因素更多、更复杂。首先，建筑工程绿色施工成本受到劳动力价格、材料价格和通货膨胀率等宏观经济的影响；其次，受到设计参数、业主的诚信等工程自身条件的影响；再次，受到绿色施工方法、工程质量监管力度等成本管理组织的影响；最后，还受到施工天气、施工所处的环境和意外事故等不确定因素的影响。绿色施工成本的影响因素如此之多，正确把握施工成本的影响因素对成本控制具有指导性意义。对绿色施工进行成本控制时，找出可控与不可控因素，重点针对可控因素进行控制管理。

1. 可控因素

在影响建筑工程绿色施工成本的可控因素中，首要的是人的因素，因为人是工程项目建设的主体，建筑施工企业自身的管理水平及内部操作人员对绿色施工的认识程度是影响建筑工程绿色施工成本的主要可控因素。包括所有参加工程项目施工的工作人员，如工程技术人员、施工人员等。人员自身认识及能力有限，不容易真正做到绿色施工，甚至为日后总成本的增加留下安全隐患。其次是设计阶段的因素，设计水平影响着绿色材料的选择，绿色施工材料价格的差异对成本也会产生较大影响。再次，施工技术是核心影响因素，特别是建筑工程的绿色施工，需要编制很多有针对性的专项施工方案，合理的施工组织设计的编制能够有效降低成本。此外，安全文明施工也是一个重要的但是容易被忽视的影响因素，往往只流于形式化，而安全事故的发生会直接导致巨大的经济损失，安全保障措施的好坏对施工人员的工作效率有重要影响，从而间接影响着施工成本。此外，资金的使用也是影响施工成本的关键因素，流畅的资金周转是降低总成本的有效方法，资金的投入要恰到好处。总之，需要关注每一个影响因素，任何变动都可能会引起连锁反应。

2. 不可控因素

对建筑工程绿色施工来说，最主要的不可控因素包括宏观经济政策和施工合同的变更。国家相关税率的调整、市场上绿色施工材料价格的变动等都会直接或间接的影响施工成本；工程设计变更、施工方法变化、工程量的调整等施工特点决定了施工合同变更的客观性，带来施工成本的变化。另外还有一些其他因素，比如意外事故、突发特大暴雨等也会导致工期的延误，导致成本增加。不可控因素具有不可预测性，但是利用科学方法和实践经验相结合的手段对不可控因素进行识别与处理，也能预测不可控因素可能导致的种种结果，积极预设应对方案，可有效降低不可控因素对成本影响。

7.9.3　我国绿色施工当前存在的问题

从当前建筑工程施工的实际情况来看，大多数绿色施工只是参照了一些与清洁生产相关的法规要求实施，建筑施工单位通常是为了应付政府的监督而采取一些表面措施，不能自主地、积极地采取措施进行真正的绿色施工。从成本角度分析，绿色施工与传统施工主要在目标控制上存在差异，绿色施工除了质量、工期、安全和成本控制的目标之外，还要把“环境保护和资源利用目标”作为主要控制标准。因为控制目标的增加，施工企业成本往往也会随之增加，而且，与环境保护相关的工作要求越多、越严格，施工项目部所面临的赤字压力就会越大，我国处于发展中时期，无论是从人民认知、经济力量还是技术层面，都无法很好地保障绿色施工的推广实施，主要体现在以下几点：

1. 意识问题

目前绿色施工未完全普及，建筑工程项目参与各方对绿色施工的认识程度不够，绝大多数人不能充分理解绿色施工的理念，不能将绿色施工很好地融入建设项目中。对施工单位来说，经济效益是首要目的，而绿色施工往往意味着成本的增加，因此施工单位不会主动去采用绿色施工；对人民群众而言，不能自觉建立起保护环境和生态资源的公众参与意识；对政府来说，由于条件有限，还不能把建筑节能和绿色施工放到日常的监督和管理过程中。

2. 国家政策问题

我国虽然颁布了一系列的政策力求推进绿色施工的发展，但是还不完善，没有一套完整的政策体系，包括社会政策、技术政策及经济政策等，不仅使绿色施工管理的难度加大，部分建筑企业甚至钻法律的空子，扰乱建设市场的秩序。另外，绿色施工涉及的范围较广泛，但是没有明确的相关负责机构和管理部门，使得政策的实施缺乏有力保障。

3. 缺乏完善的理论体系

绿色施工本身就缺乏专门的理论体系，目前，我国虽然颁布了《绿色施工导则》，对绿色施工有一定的引导性，但是一项完善的理论体系必须包括评估体系，我国的绿色奥运评估体系及《绿色建筑评价标准》，都是针对建筑而言，对施工过程还没有建立完整的评价体系，使得建筑工程绿色施工的推广较为艰辛。

4. 支撑技术不完善

绿色施工涉及各个方面，从施工管理、施工工艺到施工材料都需要强有力的保障体系，因此需要各行各业的积极投入研究，无论对施工人员还是管理者而言，都需要加强自身的知识能力，以便在施工过程中选择最佳方案来达到“四节一环保”的效果。与此同时，材料行业需要积极研发高效环保的建筑材料，当绿色建筑材料大量普及应用的时候，绿色施工才能达到全面发展时期。

5. 经济效益问题

从市场经济的角度来观察，追求经济效益最大化的建筑工程承包商通常不会考虑对环境的破坏问题，只会以最少的成本实现最大化的利润值，而绿色施工往往和增加成本相联系，因此承包商不会主动采取绿色施工，在国家推行过程中，甚至会抵触。同样的道理，在我国处于发展中国家这一时期，与可持续发展相关的清洁生产、节能环保新措施，都因为成本的增加而不能普及应用，可见经济效益是最为严重的一个阻碍因素。

综上所述，我国的绿色施工发展还不理想，建设行业参与者的环保、节能意识急需提升；支撑绿色施工有效开展的相关法规政策急需推出；独立完整的绿色施工评价体系急需建立；与先进国家的交流合作急需展开。最重要的是，目前需要采取有效的措施来提高绿色施工的经济效益，才能从根本上为绿色施工的推广提供有力保障。

7.9.4　基于 BIM 技术的绿色施工管理

下面将介绍以绿色为目的、以 BIM 技术为手段的施工阶段节地、节水、节材、节能管理。

1. 节地与室外环境

节地不仅仅是施工用地的合理利用，建设计前期的场地分析、运营管理中的空间管理也同样包含在内。BIM 在施工节地中的主要应用内容有场地分析、土方量计算、施工用地管理及空间建设用地管理等，下面将分别进行介绍。

（1）场地分析

场地分析是研究影响建筑物定位的主要因素，是确定建筑物的空间方位和外观、建立建筑物与周围景观联系的过程。BIM 结合地理信息系统（Geographic Information System，简称 GIS），对现场及拟建的建筑物空间数据进行建模分析，结合场地使用条件和特点，做出最理想的现场规划、交通流线组织关系。利用计算机可分出不同坡度的分布及场地坡向，建设地域发生自然灾害的可能性，区分可适宜建设与不宜建设区域，对前期场地设计可起到至关重要的作用。

图 7–19　场地布置分析

（2）土方量计算

利用场地合并模型，在三维中直观查看场地挖填方情况，对比原始地形图与规划地形图得出各区块原始平均高程、设计高程、平均开挖高程。然后计算出各区块挖、填方量。

（3）施工用地管理

建筑施工是一个高度动态的过程，随着建筑工程规模不断扩大，复杂程度不断提高，使得施工项目管理变得极为复杂。施工用地、材料加工区、堆场也随着工程进度的变换而调整。BIM 的 4D 施工模拟技术可以在项目建造过程中合理制定施工计划、精确掌握施工进度，优化使用施工资源以及科学地进行场地布置。

2. 节水与水资源利用

在施工过程中，水的用量是十分巨大的，混凝土的浇筑、搅拌、养护都要用到大量的水，机器的清洗也需要用水。一些施工单位由于在施工过程中没有计划，肆意用水，往往造成水资源的大量浪费，不仅浪费了资源，也会因此受到处罚。所以，在施工中节约用水是势在必行的。

BIM 技术在节水方面的应用体现在协助土方量的计算，模拟土地沉降、场地排水设计，以及分析建筑的消防作业面，设置最经济合理的消防器材。设计规划每层排水地漏位置雨水等非传统水源收集，循环利用。

利用 BIM 技术，可以对施工过程中用水过程进行模拟，比如处于基坑降水阶段、肥槽未回填时，采用地下水作为混凝土养护用水。使用地下水作为喷洒现场降尘和混凝土罐车冲洗用水。也可以模拟施工现场情况，根据施工现场情况，编制详细的施工现场临时用水方案，使施工现场供水管网根据用水量设计布置，采用合理的管径、简捷的管路，有效地减少管网和用水器具的漏损。例如，在工程施工阶段基于 BIM 技术对现场雨水收集系统进行模拟，根据 BIM 场地模型，合理设置排水沟，将场地分区进行放坡硬化，避免场内积水，并最大化收集雨水，存于积水坑内，供洗车系统等循环使用。

3. 节材与材料资源利用

基于 BIM 技术，重点从钢材、混凝土、木材、模板、围护材料、装饰装修材料及生活办公用品材料七个主要方面进行施工节材与材料资源利用控制。通过 5D-BIM 安排材料采购的合理化，建筑垃圾减量化，可循环材料的多次利用化，钢筋配料、钢构件下料以及安装工程的预留、预埋，管线路径的优化等措施；同时根据设计的要求，结合施工模拟，达到节约材料的目的。BIM 在施工节材中的主要应用内容有管线综合设计、复杂工程预预拼装、物料跟踪等，下面将分别进行介绍。

（1）管线综合

目前功能复杂、大体量的建筑、摩天大楼等机电管网错综复杂，在大量的设计面前很容易出现管网交错、相撞及施工不合理等问题，以往人工检查图纸比较单一，不能同时检测平面和剖面的位置。BIM 软件中的管网检测功能为工程师解决这个问题。检测功能可生成管网三维模型，并基于建筑模型中。系统可自动检查出“碰撞”部位并标注，这样使得大量的检查工作变得简单。空间净高是与管线综合相关的一部分检测工作，基于 BIM 信息模型对建筑内不同功能 E 域的设计高度进行分析，查找不符合设计规划的缺失，将情况反馈给施工人员，以此提高工作效率，避免错、漏、碰、缺的出现，减少原材料的浪费。

图 7-20　某工程机电管线综合

（2）复杂工程预加工预拼装

复杂的建筑形体如曲面幕墙及复杂钢结构的安装是难点，尤其是复杂曲面幕墙，由于组成筋墙的每一块玻璃面板形状都有差异，给幕墙的安装带来一定困难。BIM 技术最拿手的是复杂形体设计及建造应用，可针对复杂形体进行数据整合和验证，使得多维曲面的设计得以实现。工程师可利用计算机对复杂的建筑形体进行拆分，拆分后利用三维信息模型进行解析，在电脑中进行预拼装，分成网格块编号，进行模块设计，然后送至工厂按模块加工，再送到现场拼装即可。同时数字模型也可提供大量建筑信息，包括曲面面积统计、经济形体设计及成本估算等。

（3）基于物联网物资追溯管理

随着建筑行业标准化、工厂化、数字化水平的提升，以及建筑使用设备复杂性的提高，越来越多的建筑及设备构件通过工厂加工并运送到施工现场进行高效的组装。根据 BIM 得出的进度计划，提前计算出合理的物料进场数目。

4. 节能与能源利用

以 BIM 技术推进绿色施工，节约能源，降低资源消耗和浪费，减少污染是建筑发展的方向和目的。节能在绿色环保方面具体有两种体现。一是帮助建筑形成资源的循环使用，这包括水能循环、风能流动、自然光能的照射，科学地根据不同功能、朝向和位置选择最适合的构造形式。二是实现建筑自身的减排，构建时，以信息化手段减少工程建设周期，运营时，不仅能够满足使用需求，还能保证最低的资源消耗。

在方案论证阶段，项目投资方可以使用 BIM 来评估设计方案的布局、视野、照明、安全、人体工程学、声学、纹理、色彩及规范的执行情况。BIM 甚至可以做到建筑局部的细节推敲，迅速分析设计和施工中可能需要应对的问题。BIM 包含建筑几何形体的很多专业信息，其中也包括许多用于执行生态设计分析的信息，能够很好地将建筑设计和生态设计紧密联系在一起，设计将不单单是体量、材质、颜色等，也是动态的、有机的。相关软件提供了许多即时性分析功能，如光照、日光阴影、太阳辐射、遮阳、热舒适度、可视度分析等，而得到的分析结果往往是实时的、可视化的，很适合建筑师在设计前期把握建筑的各项性能。

建筑系统分析是对照业主使用需求及设计规定来衡量建筑物性能的过程，包括机械系统如何操作和建筑物能耗分析、内外部气流模拟、照明分析、人流分析等涉及建筑物性能的评估。BIM 结合专业的建筑物系统分析软件避免了重复建立模型和采集系统参数。通过 BIM 可以验证建筑物是否按照特定的设计规定和可持续标准建造，通过这些分析模拟，最终确定、修改系统参数甚至系统改造计划，以提高整个建筑的性能。

5. 减排措施

利用 BIM 技术可以对施工场地废弃物的排放、放置进行模拟，以达到减排的目的，具体方法如下；

（1）用 BIM 模型编制专项方案，对工地的废水、废弃、废渣的三废排放进行识别、评价和控制，安排专人、专项经费，制定专项措施，减少工地现场的三废排放。

（2）根据 BIM 模型对施工区域的施工废水设置沉淀池，进行沉淀处理后重复使用或合规排放，对泥浆及其他不能简单处理的废水集中交由专业单位处理。在生活区设置隔油池、化粪池，对生活区的废水进行收集和清理。

（3）禁止在施工现场焚烧垃圾，使用密目式安全网、定期浇水等措施减少施工现场的扬尘。

（4）利用 BIM 模型合理安排噪声源的放置位置及使用时间，采用有效的噪声防护措施，减少噪声排放，并满足施工场界环境噪声排放标准的限制要求。

（5）生活区垃圾按照有机、无机分类收集，与垃圾站签合同，按时收集垃圾。

第八章　其他项目参与方的 BIM 应用解析

在项目实施过程中，各利益相关方既是项目管理的主体，同时也是 BIM 技术的应用主体。不同的利益相关方，因为在项目管理过程中的责任、权利、职责的不同，针对同一个项目的 BIM 技术应用，各自的关注点和职责也不尽相同。例如，业主单位更多的关注整体项目的 BIM 技术应用部署和开展，设计单位则更多关注设计阶段的 BIM 技术应用，施工单位则更多关注施工阶段的 BIM 技术应用。又比如，最为常见的管线综合 BIM 技术应用，建设单位、设计单位、施工单位、运维单位的关注点就相差甚远，建设单位关注净高和造价，设计单位关注宏观控制和系统合理性，施工单位关注成本和施工工序、施工便利，运维单位关注运维便利程度。不同的关注点，就意味着同样的 BIM 技术，作为不同的实施主体，一定会有不同的组织方案、实施步骤和控制点。

虽然不同利益相关的 BIM 需求并不相同，但 BIM 模型和信息根据项目建设的需要，只有在各利益相关方之间进行传递和使用，才能发挥 BIM 技术的最大价值。所以，实施一个项目的 BIM 技术应用，一定要清楚 BIM 技术应用首先为哪个利益相关方服务，BIM 技术应用必须纳入各利益相关方的项目管理内容。各利益相关方必须结合企业特点和 BIM 技术的特点，优化、完善项目管理体系和工作流程，建立基于 BIM 技术的项目管理体系，进行高效的项目管理。在此基础上，兼顾各利益相关方的需求，建立更利于协同的共同工作流程和标准。

BIM 技术应用与传统的项目管理是密不可分的，因此，各利益相关方在进行 BIM 技术应用时，还要从对传统项目管理的梳理、BIM 应用需求、形式、流程和控制节点等几个方面，进行管理体系、流程的丰富和完善，实现有效、有序管理。

8.1　政府机构的 BIM 应用分析

8.1.1　政府参与方的机构分类

与建设工程相关的政府机构大致可以分为三种类型：

（1）建设工程主体：指作为建设工程项目的投资方、开发方、使用方等的政府机构，例如城市重点项目管理办公室等。

（2）行业管理部门：指在建设工程生命周期中行使行业管理职能的政府机构，例如规划局、国土局、环保局、交通局、公路局、市政局等。

（3）城市政府：指城市的行政管理部门，或专门管理“数字城市”的机构。

8.1.2 政府参与方 BIM 应用的层面划分：

当前国内的政府机构处于职能性政府向服务型政府转变的过程，传统的粗放式管理已不能满足高速发展的城市建设的需要，BIM 技术在建设工程全生命周期的应用，能够辅助政府机构实现城市精细化管理的目标。依照不同类型政府机构在建设工程中的定位，我们将 BIM 的应用划分为三个层面：

第一个层面的应用是指政府在城市公共基础设施的建设中，将 BIM 应用于具体的建设工程。

第二个层面的应用是指各级政府职能部门颁布相应政策、法规，支持编制相关技术标准，引导行业应用 BIM 技术，并利用 BIM 技术提升行业精细化管理水平。

第三个层面的应用是指各级政府职能部门在 BIM 应用的基础之上，形成城市 BIM 数据库，构建智慧城市，为城市公共设施管理提供决策支持服务。

重点项目管理办公室等政府机构，作为城市公共基础设施的建设主体，利用 BIM 技术可以提升和优化工程质量、成本、工期、安全运营的控制水平。

作为建设工程行业管理部门的政府机构，可以通过颁布相应政策、法规，支持编制相关技术标准，引导行业 BIM 应用，提高行业精细化管理水平。

当 BIM 应用不断成熟后，拥有了整个城市的地理环境信息、市政基础设施信息、所有建筑物信息，最终集成建设工程的 BIM 数据库和标准库，从而形成“数字城市”，为城市发展提供决策依据，为城市建设和运营管理提供技术支撑。

8.1.3 政府机构 BIM 应用

1. 城市规划

政府的规划管理部门近年来一直致力于发展“数字规划”，利用计算机技术、遥感技术、全球定位技术、三维仿真技术、地理信息技术等的应用，辅助提高城市规划管理水平。其中，CAD 和 G1S 技术扮演着重要角色，这两项技术应用于中国的城市规划行业开始于 20 世纪 80 年代中期。到目前为止，国内超过 200 个城市基本实现了 CAD +GIS 的规划数字化管理格局，即规划设计及报批的数据以 CAD 数据为依据，规划管理部门以 GIS 数据为主要依据。但随着城市化进程的不断深入，以及当前国家和地方政府将可持续发展、绿色城市、宜居城市、低碳规划等理念作为战略目标后，CAD+GIS 的技术已不能完全满足发展的要求，因此，国家“十二五”计划已明确指出，将加大 BIM 技术的研究和应用，为城市的建设发展提供更好的技术手段，因此可以预计，未来的“数字规划”将会是 CAD+BIM+G1S 的格局。

（1）城市景观可视化

规划编制、审定是城市规划管理部门的一项重要职能，规划编制成果是城市规划管理的基本要素，同时也是建设项目规划审批必不可少的依据。国内外开展了不同程度的“数字规划”应用实践。目前，国内大中城市的政府规划主管机构纷纷通过虚拟现实（VR）与 GIS 技术在三维和交互的界面中将城市空间数据可视化，目的是将现状数据、规划数据、分析数据、预测数据等可视化。经过近几年的积累和总结，国内一批城市已初步形成了城市三维景观的平台并开展了阶段性的应用。武汉市国土规划局制定出国家行业标准《城市三维建模技术规范》，为城市三维模型数据的采集、处理、制作与建设提供了可参照的统一标准，在全国数字城市数据实现共享、避免重复建设、提高城市建管的决策效率和服务水平上具有阶段性里程碑意义。

三维建模从技术手段上看，大致有如下三种实现方式：一是直接使用三维模型制作软件，如 CAD、SketchUp，3DMAX 等软件进行建模；二是直接利用传统 GIS 的二维线框数据及其相应的高度属性进行三维建模，各建筑物表面还可以加上相应的纹理；三是利用数字摄影测量技术进行三维建模。从软件平台上看，当前主流的平台软件有 Skyline、“伟景行”等，不少城市都在平台软件的基础上进行二次开发，形成了自己的系统，例如广州、上海、北京、深圳、武汉、南京等城市。但目前来看，大部分的数字景观 3D 城市模型都是以纯图形或几何的形式被制做出来，却忽略了属性和拓扑关系方面的表现。所以，这些模型基本上只能用于纯视觉方面的用途，并不能满足主题查询、分析和空间数据挖掘等方面的需求。由于缺乏可重用性，导致了模型应用的范围受到了很大的限制。

在国际上，已有一些地区在尝试 BIM 模型与 CityGML 的集成应用，为数字景观注入新的活力，CityGML 实现了基于 XML 格式的用于存储及交换虚拟 3D 城市模型的开放数据模型，定义了城市中的大部分地理对象的分类及其之间的关系，而且充分考虑了区域模型的几何、拓扑、语义、外观属性等。其中包括了主题分类之间的层次、聚合，对象之间的关系、空间属性等。这些专题信息不仅仅是一种图形交换格式，而且允许将虚拟 3D 城市模型部署到各种不同应用中，完成复杂分析任务，例如，仿真、城市数据挖掘、设施管理、主题查询等。CityGML 将会成为一个开放标准并且可以免费使用，目前可以获取的软件工具有 Aris-toieles、LandXplorer 和 3D City Data-base。

（2）微环境模拟

随着我国城市化进程加快，以及各大中城市建设中旧城改造的逐步深入，低矮、破旧的老房子逐渐被形态各异的高层建筑群所代替。与此同时，不断增多的高层和超高层建筑所导致的居民住宅日照和通风不足的问题也越发突出。解决日照和通风问题除宏观上调整规划外，改进日照与通风分析方法也是重要措施之一。

图 8-1　BIM 城市三维景观

一般说来，人居环境包括了人的生活环境、工作环境和交通环境，也就是人所处空间的重要环境指标。从目前来看，基本可以概括为人的舒适度感知，即人对环境的适应度。人的舒适度感知包括自然环境下的光环境感知、温度感知、风环境感知和声环境感知等。从城市规划角度和生态学角度，优化规划空间对人的舒适度影响，就可以说城市规划做到了改善人居环境，也就是做到规划宜居。

城市规划微环境模拟是在建立城市规划三维信息模型的基础上，通过微环境模拟平台，对市规划进行微环境指标模拟与评估，并以此评估结果对控制性详细规划的用地指标进行修正，对修建性详细规划的建筑空间布局进行调控，辅助城市规划管理和城市规划设计。城市规划微环境的主要内容是模拟建筑物空间结构的日照关系、风环境、热工、空间景观的可视度和噪声分析等。

BIM 技术因具有可视化、参数化集成化的特点，在城市规划领域中不仅可以模拟城市景观，为"智慧城市"提供可视化展示平台。而且可以进行基于气象环境信息、材料信息等参数的条件下进行生态微环境定量分析，为城市的宜居、可持续性发展提供规划技术支撑。随着我国城市化进程的加快，基于 BIM 在低碳规划、紧凑条件下宜居等方面的探索应用，将会对我国城市规划水平的提升具有现实意义。

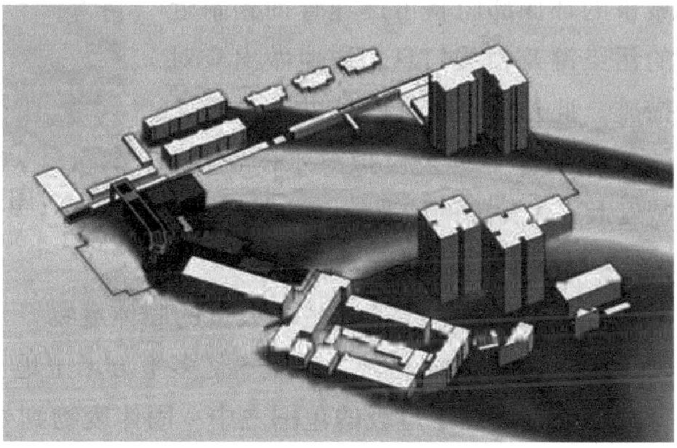

图 8-2　BIM 微环境模拟

2. 城市环境保护

改革开放以来，我国经济高速发展，取得了全球瞩目的成绩，同时由于环境保护规划没有与城市规划和城市建设同步落实，使城市环境遭到一定程度的破坏，环境污染日趋严重，城市环境不能进入良性发展的轨道。近年来，我国各级政府对环境保护力度不断加大，相继出台政策法规为环境保护提供依据，2000 年出台的《国民经济和社会发展"九五"计划和 2010 年远景目标规划》，提出可持续发展战略，要求城市规划建设进行全方位的战略性变革，与国民经济计划相辅相成，创造可持续发展的人居环境。

BIM 技术因为具有数据库支撑三维几何模型的特性，因此可以承载大量的数据信息，环境专家们把城市环境的现状检测数据和管理控制数据集成到城市的三维数据库，然后再利用专业的分析软件进行计算，可让城市环境的主管部门及时监测到环境污染对城市的影响，及时控制超标污染源，并为城市环境优化提供辅助决策。

目前，国外已有少数的城市政府将 BIM 技术应用到环境保护，这些探索值得我们借鉴。

（1）水体污染监测

由于城市人口的急剧增长和工业生产的飞速发展，大量的污水没有得到妥善的处理而直接排入水体，致使水环境遭到严重的破坏。我国的水体污染近期呈上升趋势，全国有监测资料的 200 多条河流中，850 多条受到污染，在七大水系中，以辽河、海河、淮河污染严重，在统计的 138 个城市河段中，有 133 个河段受到了不同程度的污染。全国范围内 78% 的河段不适宜作为饮用水水源，50% 的地下水受到污染，西安、北京等许多城市也出现了供水危机。据估计，我国每年因污染而造成的经济损失达400亿元。如果城市的三维数据全部采用BIM技术建立数据库，那么就可以把城市的3D模型加入环境保护相关的信息，例如建筑内人口信息、污水排放信息、业主环保纳税情况等，当发现城市某一区域的水体污染超标，城市的环保部门将可迅速查询到附近的污染源及相关信息，快速做出应对措施。此外，BIM数据可以通过专业的模拟软件工具来模拟海水的温度、盐度及人为污染的情况。

图 8-3　BIM 城市三维数据加水体污染数据

（2）固体垃圾分析

人类的生活和生产产生了大量的固体废物，目前我国每年产生的工业固体废物为6.6亿吨，累积量超过64亿吨，侵占5亿多平方米土地。由于我国的固体废物露天堆积，全国有三分之二的城市处于垃圾的包围之中。固体废物到处堆放，不仅有碍观瞻、侵占土地、传染疾病，而且在自身严重污染环境的同时加剧了水体、大气、土壤的污染。

建筑行业消耗大量的资源，我国建设行业消耗了全球50%以上的能源，水泥用量接近全球水泥用量的二分之一，钢筋的消耗量占全球钢筋消耗总量的22%（2002年数据），在整个建筑生命周期中产生的建筑废料相当惊人。利用BIM技术，将直接有助于减少因错误设计或对设计意图的理解错误而制造的废料，促进环保。香港的业主自发性地对此有所探索，值得我们政府机构相关部门借鉴和支持。

香港地区因建楼、拆楼而产生的建筑废料约占全港废物总量的两成。恒基兆业曾使用BIM设计软件辅助，建造地标式的大型建筑物。一般建筑大楼在兴建时，设计师只能各自画出建筑物外观、设备管道位置等平面图，始终难以展现真实情况。BIM技术的三维集成化设计，可以让整个团队更清楚了解全面设计情况，很多错误也可以预先知道，便不会到兴建的时候再来更改，可减少大量建筑废物。恒基在北京环球金融中心有一个案例，初期设计出现约五千八百个错误，通过BIM在兴建前全部做出修正，从而减少了设计错误带来的固体废物。

（3）碳排放管控

工业和交通运输业迅速发展以及化石燃料的大量使用，使大气质量严重恶化。我国城市空气中总悬浮微粒浓度普遍超标，而由大气污染引起的温室效应和臭氧层破坏更是直接地威胁到人类的生存。使用BIM完善环保设计，可以将设计的建筑物 CO_2 排放降到最低。如果政府投资新建的大型项目，都将BIM数据导入分析软件中进行能耗的分析模拟和优化，或是政府要求企业的大型项目，提交BIM数据对能耗进行优化，城市的空气质量将会得到有效改善。

（4）噪声污染管控

随着我国城市工业、交通运输和文化娱乐事业的快速发展，噪声扰民的现象愈发突出，据 44 个国控网络城市监测，全国三分之二以上的城市居民生活在噪声超标的环境中，区域环境噪声等效声级分布在 51.5 ~ 65.8dB，其中洛阳、大同、开封、海口和兰州五座城市噪声平均等效声级超过 60dB；道路交通噪声等效声级范围为 68.0 ~ 76.3dB。

通过 BIM 与专业分析软件的集成应用，可模拟声音污染源对周围环境的影响，当城市的管理者在进行工业、交通、文化娱乐布局时，即可提前对噪声污染进行分析模拟，从而优化噪声污染源的布局，创造出宜居的城市环境。城市的三维数据采用 BIM 技术后，可迅速查询受到影响的周边建筑情况，例如可迅速分析出高噪声区域是否包含敏感性噪声建筑（如医院、养老院），查看低敏感性噪声建筑（厂房等）分布情况，然后优化噪声污染源布局的建议方案。

（5）绿色建筑评估体系构建

随着各国政府对环境保护的日趋重视，绿色建筑评估系统也成了近年建筑业推崇的评估体系，LEED® 是一个美国国家级环保、可持续建筑标准，随着该标准的影响范围不断扩大，全球不同国家和地区的很多建筑所有者和经营者都在为他们的新建筑申请 LEED 认证。该认证根据场地设计、室内环境质量和能源、材料以及水资源的利用效率来对建筑进行评级。获得高级 LEED 认证意味着绿色建筑设计的质量得到了认可，在 LEED® 将从中受益匪浅。2009 年，由欧特克和权威绿色建筑评估标准体系 LEED 的执掌者——美国绿色建筑委员会（USGBC）携手推出“芝加哥项目”（Project Chicago），旨在开发一套能够帮助设计师评估建筑是否遵从 LEED 标准的在线软件系统，该系统拥有超大触控屏来实时察看、分析和修改 BIM 模型及访问各种相关的资源，一切都是所见即所得，并支持多人协作。

在建筑物材料方面，这套软件系统的“评估 – 修改 – 再评估”工作模式也能大展所长，它能跟踪并计算材料用量，帮助设计师满足 LEED 指标。如它可以显示出不同材料带来的加分效果，从而促使设计师在保证建筑物所需的情况下尽量选择拥有更高比例循环再生材料的混合混凝土。从 LEED 评估系统可以看出，没有 BIM 模型，该系统不会如此直观达到所见即所得，也不会有大量的材料信息数据和节能设备的构建数据，我们可以预见，在未来 LEED 评估系统的发展中 BIM 技术将扮演越来越重要的角色。同时，BIM 技术为城市环境保护可视化分析模拟带来了更多的可能性，尤其 BIM 技术具有支持 IFC、GBXML 标准的集成性，因此城市环保管理者将可能尽量多的获得城市的数据源（水域、山体、建筑、市政设施等）。基于这些 BIM 数据源，管理者们可以用更多的绿色专业分析工具进行专业分析，为城市环境保护优化提供更有力的技术支撑。

3. 城市管理

（1）建设管理

随着我国建筑行业的飞速发展，建筑业的技术水平和管理能力不断提高，以北京奥运会、上海世博会为契机，涌现出一大批标志性建筑，此外，铁路、公路、机场等大批基础设施的建设，掀起中国建设热潮，预计在未来 20 年，中国还将以每年新增 20 亿平方米的新建速度发展。但不容忽视的是，粗放型的增长方式没有根本转变，建筑能耗高、能效低是建筑业可持续发展面临的一大问题。由于我国建筑业管理较为粗放，管理理念相对还比较落后，产业集中度提升缓慢，信息化水平还比较低。

城市建设行业行政主管部门，主要对城市建设领域进行主要的政策规划、行业管理，对建筑行业的施工安全等进行有效监督。应用 BIM 技术将对建筑全生命周期进行全方位管理，是实现建筑信息化跨越式发展的必然趋势。同时，也是实现项目精细化管理、企业集约化经营的最有效途径。采用 BIM 技术，不仅可以实现设计阶段的协同设计，施工阶段的建造全过程一体化和运营阶段对建筑物的智能化维护和设施管理，同时打破从业主到设计、施工运营之间的隔阂和界限，实现对建筑全生命周期管理。

设计阶段：BIM 技术使建筑、结构、给水排水、空调、电气等各个专业基于同一个模型进行工作从而使真正意义上的三维集成协同设计成为可能。作为城市建设主管部门，可以在三维集成的 BIM 数据上进行审查，提高业务办理的效率和质量。

施工阶段：BIM 可以同步提供施工虚拟模拟，并且提供有关施工进度以及成本的信息。它可以方便地提供工程量清单、概（预）算、各阶段材料准备等施工过程中需要的信息，实现整个施工周期的可视化模拟与可视化管理。政府主管部门通过 BIM 数据将更好地实施建设的监督和管理。

运营阶段：因为在前面的几个阶段中不断深化完善数据，因此后期物业进行维护、升级改造时就可以轻松地获取相关信息。同时可以监控、报告物业的运营状况，了解物业运营健康指标，对于物管人员的应急管理和应急培训模拟（灾害应急模拟），也可通过 BIM 技术实现，当然 BIM 与 1BMS 等技术集成之后，就可以在三维可视化的状态下智能的管理、监测、控制物业的所有运营。

（2）公共资产管理

我国城市化正处在快速发展的时期，城市政府如何有效经营和管理好城市的公共性社会资产，确保城市化顺利进行，已成为各方普遍关心的一个焦点问题。城市公共资产主要包括城市建成区范围内的国有土地以及建立在其上的城市公共基础设施，城市公共资产是城市建设投资的结果。新中国成立以来，我国城市基础设施建设投资累计达 100 亿元，形成的固定资产大约 12 000 亿元，大约占全部国有资产总量 11 万亿元的 10% 左右，是我国城市政府积累起来的一笔不小的公共财富。尤其近年各地政府大力发展“园区经济”，纷纷建设科技园、创意产业园、工业园、软件园、大学城以及城市旧区改造等，这些城市公共基础设施随着改革开放的深入和政府从“管理城市”向“经营城市”观念的转变，已经开始走向市场化。如何高效管理和经营这些城市的公共资产是当前政府公共资产管理部门面临的挑战。

BIM 技术因其在城市建设全生命周期中发挥出的优势，可以为城市的公共资产管理提供技术上的新思路，在公共资产的运营阶段，BIM 能够提供关于建筑项目的协调一致的、可计算的信息，因此该信息非常值得共享和重复使用。这样，通过在建筑生命周期中时间较长、成本较高的维护和运营阶段使用数字建筑信息，管理机构便可大大降低由于缺乏数据互操作性而导致的成本损失。目前相关的案例相对比较缺乏，但国内已有少数针对建筑园区的 BIM 应用值得我们借鉴。综上所述，BIM 技术在建筑园区资产管理中的应用将随着物联网技术不断提升，发挥出越来越大的作用，为智慧园区管理做出更大贡献。

例如，在最初的应用阶段，BIM 技术在运营管理中可以对房间状态 – 温度进行监测，其信息直接来源于某房间的温度计或者空调设施。如果将房间状态－温度进行调节，则某房间的空调温度随之调整，则 BIM 的应用已达到了管理级别的阶段，最后从整个园区的管理全局的角度，大多数功能上都实现了表现与管理级别，则园区的智慧就真正形成了。

（3）城市交通管理

城市建设在不断地发展，高度发达的都市，必须有高质量的交通网络。但由于种种原因，城市道路的各种病害也在急骤地增加着，严重损害了城市形象和安全。公路作为国民经济发展的重要基础设施正日益发挥着重要的作用，但是，随着交通量的增加以及交通荷载、环境等因素的影响，道路逐渐产生了各种病害。道路病害不仅影响其正常使用功能，降低道路交通使用效率，使道路通行能力下降，行车速度降低，而且对车辆和驾驶员造成各种副作用而影响交通安全。大量事实表明，路面平整度、抗滑性能等对行车安全至关重要，一些道路病害引发的突发状况导致交通堵塞，甚至交通事故的发生，给市民的生命和财产安全造成很大的危害。作为城市交通管理部门，高效管理道路病害的维护信息，有利于优化改善道路的病害处理，探讨道路病害维护信息管理具有十分重要的现实意义。

国内的 BIM 技术在城市道路病害管理应用方面的尝试：主要包括：城市道路的可视化研究、城市道路组织管理以及城市道路病害管理等。以上尝试虽然还处于比较初级的阶段，但为 BIM 技术在城市道路管理中能够发挥的作用拓展了新的思路。随着 BIM 技术在城市交通（公路、桥梁、隧道、地铁）的设计和施工中发挥越来越重要的作用，政府最终会形成一套基于 BIM 的全新管理模式，为城市道路的高效管理运营提供技术保障。

从世界各国的发展情况来看，BIM 技术正在成为一种新的城市建设和运营管理核心技术。BIM 的优势不仅仅体现在项目全生命周期的各个环节都能发挥重要作用，同时在城市化推进的进程中，BIM 作为三维和多维信息模型、属性信息管理、数据全程跟踪等手段，解决了其他技术在信息创建、管理和传递过程中存在的信息损失、效率低和容易误解等问题，为城市建设和运营管理提供强大技术支撑。此外，随着绿色、低碳概念的逐步深入，利用 BIM 技术来计算日照、通风、环境保护、能耗、水耗以及碳排放量等定量指标等方面表现出强大优势，为“低碳城市”“绿色城市”“宜居城市”等理念变成现实提供了必不可少的技术实现手段。

当前来看，国内已有部分的设计机构开始采用这种新的技术到日常的业务中，但作为政府、业主的层面应用，还处于刚刚起步的阶段，在此阶段，政府的决策能力和推动力会对 BIM 的发展起到显著作用。首先政府在贯彻可持续发展方面，将节能减排、碳排放量等定额指标纳入标准体系中，由于在 BIM 的三维模型环境中更容易做可持续设计，因此将会推动更多的设计机构参与

图 8-4　城市道路三维可视化

到 BIM 技术的应用和推广中来；其次，是确立 BIM 标准体系，由于 BIM 贯穿于整个建筑行业，所以必须从政府层面牵头来制定相关的标准体系，统一建筑行业产业链中各个应用环节的数据标准体系，协调整个行业的发展。科技部“十一五”计划已经开始对建筑业应用 BIM 技术的课题研究。相信在“十二五”计划中还将会加大研究的力度。

近年各国政府在“数字城市”的基础之上争相提出“智慧城市”的概念来推动经济发展优势，目前上海、北京、深圳、南京、武汉、宁波、佛山等国内城市已纷纷启动“智慧城市”战略，“智慧城市”作为近年来对人类城市发展关注和探索的一个进程，需要更多的技术支撑，包括云计算、物联网、智能空间数据引擎、RFID 等，其核心的概念是让城市更加可持续、更加智慧，作为城市的设计者、管理者，每一个决策之前，都可以通过“智慧城市”强大的数据收集渠道，快速地收集描述过去、当前、未来的数据，在这些数据的基础上进行专业的分析，分析结果再通过模拟仿真技术，虚拟再现城市设计者、管理者的意图，这些虚拟的设计成果可以供专家和市民的优化评判，达到最合理、最节能和最智慧的决策，在这个过程中 BIM 将会扮演重要的角色。

相信随着 BIM 技术在城市建设各领域应用的日趋成熟，将会形成与土地、交通、规划、建设、环保、水利、民政、公安等部门互联互通的城市信息资源共建共享机制，通过基于 BIM 的“智慧城市”体系，让政府的管理者更加科学的规划、建设和管理城市。同时作为城市的市民，将可以通过“智慧城市”的公众平台，游览城市的旅游名胜、商业中心、文化坐标甚至街巷小景。同时在信息模型建立的基础上，可以模拟城市公共场所、社区等发生火灾险情或是其他紧急情况时，灾源扩散速度、市民如何选择最优逃生路线、如何组织人员分批次逃生最短时间离开灾难现场等，为公众提供城市应急的直观体验和提升公众应急防灾的意识。

8.2 业主单位与 BIM 应用的研究

8.2.1 业主单位项目管理

业主单位是建设工程生产过程的总集成者——人力资源、物质资源和知识的集成，也是建设工程生产过程的总组织者。业主单位也是建设项目的发起者及项目建设的最终责任者，业主单位的项目管理是建设项目管理的核心。作为建设项目的总组织者、总集成者，主单位的项目管理任务繁重、涉及面广且责任重大，其管理水平与管理效率直接影响建设项目的增值。

业主单位的项目管理是所有各利益相关方中唯一涵盖建筑全生命周期各阶段的项目管理，业主单位的项目管理在建筑全生命周期项目管理各阶段均有体现。作为项目发起方，业主单位应将建设工程的全寿命过程以及建设工程的各参与单位集成对建设工程进行管理，应站在全方位的角度来设定各参与方的权责利的分工。

8.2.2　业主单位 BIM 项目管理的应用需求

业主单位首先需要明确利用 BIM 技术实现什么目的、解决什么问题，才能更好地应用 BIM 技术辅助项目管理。业主往往希望通过 BIM 技术应用来控制投资、提高建设效率，同时积累真实有效的竣工运维模型和信息，为竣工运维服务，在实现上述需求的前提下，也希望通过积累实现项目的信息化管理、数字化管理。

应用 BIM 技术可以实现的业主单位需求如下：

1. 招标管理

在业主单位招标管理阶段，BIM 技术应用主要体现在以下几个方面：① 数据共享。BIM 模型的直观、可视化能够让投标方快速地深入了解招标方所提出的条件、预期目标，保证数据的共通共享及追溯。② 经济指标精确控制。控制经济指标的精确性与准确性，避免建筑面积、限高，以及工程量的不确定性。③ 无纸化招标。能增加信息透明度，还能而节约大量纸张，实现绿色低碳环保。④ 削减招标成本。基于 BIM 技术的可视化和信息化，可采用互联网平台低成本、高效率的实现招投标的跨区域、跨地域进行，使招投标过程更透明、更现代化，同时能降低成本。⑤ 数字评标管理，基于 BIM 技术能够记录评标过程并生成数据库，对操作员的操作进行实时的监督，有利于规范市场秩序，有效推动招标投标工作的公开化、法制化，使得招投标工作更加公正、透明。

2. 设计管理

在业主单位设计管理阶段，BIM 技术应用主要体现在以下几个方面：① 协同工作，基于 BIM 的协同设计平台，能够让业主与各参与方实时观测设计数据更新、施工进度和施工偏差查询，实现图纸、模型的协同。② 基于精细化设计理念的数字化模拟与评估。基于 BIM 数字模型，可以利用更广泛的计算机仿真技术对拟建造工程进行性能分析，如日照分析、绿色建筑运营、风环境、空气流动性、噪声云图等指标；也可以将拟建工程纳入城市整体环境，将对周边既有建筑等环境的影响进行数字化分析评估，如日照分析、交通流量分析等指标，这些对于城市规划及项目规划意义重大。③ 复杂空间表达。在面对建筑物内部复杂空间和外部复杂曲面时，利用 BIM 软件可视化、有理化的特点，能够更好地表达设计和建筑曲面，为建筑设计创新提供了更好的技术工具。④ 图纸快速检查。利用 BIM 技术的可视化功能，可以大幅度提高图纸阅读和检查的效率，同时，利用 BIM 软件的自动碰撞检测功能，也可以帮助图纸审查人员快速发现复杂困难节点。

3. 工程量快速统计

目前主流的工程造价算量模式有几个明显的缺点：图形不够逼真；对设计意图的理解容易存在偏差，容易产生错项和漏项；需要重新输入工程图纸搭建模型，算量工作周期长；模型不能进行后续使用，没有传递，建模投入很大但仅供算量使用。

利用 BIM 技术辅助工程计算，能大大减轻工程造价工作中算量阶段的工作强度。首先，利用计算机软件的自动统计功能，即可快速地实现 BIM 算量。其次，由于是设计模型的传递，完整表达了设计意图，可以有效减少错项、漏项。同时，根据模型能够自动生成快速统计和查询各专业工程量，对材料计划、使用做精细化控制，避免材料浪费。利用 BIM 技术提供的参数更改技术，能够将更改自动反映到其他位置，从而可以帮助工程师们提高工作效率、协同效率以及工作质量。

4. 施工管理

在施工管理阶段，业主单位更多的是施工阶段的风险控制，包含安全风险、进度风险、质量风险和投资风险等。其中安全风险包含施工中的安全风险和竣工交付后运营阶段的安全风险。同时，考虑不可避免的变更因素，业主单位还要考虑变更风险。在这一阶段，基于各种风险的控制，业主单位需要对现场目标的控制、承包商的管理、设计者的管理、合同管理、手续办理、项目内部及周边管理协调等问题进行重点管控。为了有效管控，急需专业的平台来提供各个方面庞大的信息和各个方面人员的管理。

BIM 技术正是为解决此类工程问题的首选技术。BIM 技术辅助业主单位在施工管理阶段进行项目管理的优势主要体现在以下几个方面：① 验证施工单位施工组织的合理性，优化施工工序和进度计划；② 使用 3D 和 4D 模型明确分包商的工作范围，管理协调交叉，施工过程监控，可视化报表进度；③ 对项目中所需的土建、机电、幕墙和精装修所需要的重大材料，或对材料进行监控，对工程进度进行精确计量，保证业主项目中的成本，控制风险；④ 工程验收时，用 3D 扫描仪进行三维扫描测量，对表观质量进行快速、真实、可追溯的测量与模型参照对比来检验工程质量，防止人工测量验收的随意性和误差。

5. 销售推广

利用 BIM 技术和虚拟现实技术、增强虚拟现实技术、3D 眼镜、体验馆等，还可以将 BIM 模型转化为具有很强交互性的三维体验式模型，结合场地环境和相关信息，从而组成沉浸式场景体验。在沉浸式场景体验中，客户可以定义第一视角的人物，以第一人称视角，身临其境，浏览建筑内部，增强客户体验。利用 BIM 模型，可以轻松出具房间渲染效果图和漫游视频，减少了二次重复建模的时间和成本，提高了销售推广系统的响应效率，对销售回笼资金将起到极大的促进作用。同时，竣工交付时可为客户提供真实的三维竣工 BIM 模型，有助于销售和交付的一致性，减少法务纠纷，更重要的是能避免客户二次装修时对隐蔽机电管道的破坏，降低安全和经济风险。

BIM 辅助业主单位进行销售推广主要体现在以下几个方面：① 面积准确。BIM 模型可自动生成户型面积和建筑面积、公摊面积，结合面积计算规则适当调整，可以快速进行面积测算、统计和核对，确保销售系统数据真实、快捷。② 虚拟数字沙盘。通过虚拟现实技术为客户提供三维可视化沉浸式场景，体会身临其境的感觉。③ 减少法务风险。因为所有的数字模型成果均从设计阶段交付至施工阶段、销售阶段，所有信息真实可靠，销售系统提供客户的销售模型与真实竣工交付成果一致，将大幅减少不必要的法务风险。

6. 运维管理

根据我国《城镇国有土地使用权出让和转让暂行条例》第 12 条规定，土地使用权出让最高年限按下列用途确定：居住用地 70 年；工业用地 50 年；教育、科技、文化、卫生、体育用地年限为 50 年；商业、旅游、娱乐用地 40 年；仓储用地 50 年；综合或者其他用地 50 年。

与动辄几十年的土地使用权年限相比，施工建设期一般仅仅数年，高达 127 层的上海中心也仅仅用了不到 6 年的施工建设时间。与较长的运营维护期相比，施工建设期则要短很多。在漫长的建筑物运营维护期间内，建筑物结构设施（如墙、楼板、屋顶等）和设备设施（如设备、管道等）都需要不断得到维护。一个成功的维护方案将提高建筑物性能，降低能耗和修理费用，进而降低总体维护成本。

BIM 模型结合运营维护管理系统可以充分发挥空间定位和数据记录的优势，合理制定维护计划，分配专人专项维护工作，以提高建筑物在使用过程中出现突发状况后的应急处理能力。BIM 辅助业主单位进行运维管理主要体现在以下几个方面：① 设备信息的三维标注，可在设备管道上直接标注名称规格、型号，三维标注跟随模型移动、旋转；② 属性查询，在设备上右击鼠标，可以显示设备部具体规格、参数、厂家等信息；③ 外部链接，在设备上点击，可以调出有关设备设施的其他格式文件，如图片、维修状况，仪表数值等；④ 隐蔽工程，工程结束后，各种管道可视性降低，给设备维护，工程维修或二次装饰工程带来一定难度，BIM 清晰记录各种隐蔽工程，避免错误施工的发生；⑤ 模拟监控，物业对一些净空高度，结构有特殊要求，BIM 提前解决各种要求，并能生成 VR 文件，可以让客户互动阅览。

7. 空间管理

空间管理是业主单位为节省空间成本、有效利用空间、为最终用户提供良好工作、生活环境而对建筑空间所做的管理。BIM 可以帮助管理团队记录空间的使用情况，处理最终用户要求空间变更的请求，分析现有空间的使用情况合理分配建筑物空间，确保空间资源的最大利用率。

8. 决策数据库

决策是对若干可行方案进行决策，即是对若干可行方案进行分析、分析比较、比较判断、判断选优的过程。决策过程一般可分为四个阶段：① 信息收集。对决策问题和环境进行分析，收集信息，寻求决策条件。② 方案设计。根据决策目标条件，分析制定若干行动方案根据决策目标条件，分析制定若干行动方案。③ 方案评价。进行评价，分析优缺点，对方案排序。④ 方案选择。综合方案的优劣，择优选择。

建设项目投资决策在全生命周期中处于十分重要的地位。传统的投资决策环节，决策主要依据根据经验获得。但由于项目管理水平差异较大，信息反馈的及时性、系统性不一，经验数据水平差异较大；同时由于运维阶段信息化反馈不足，传统的投资决策主要依据很难涵盖到项目运维阶段。

BIM 技术在建筑全生命周期的系统、持续运用，将提高业主单位项目管理水平，将提高信息反馈的及时性和系统性，决策主要依据将由经验或者自发的积累，逐渐被科学决策数据库所代替，同时，决策主要依据将延伸到运维阶段。

8.2.3　业主单位项目管理中 BIM 技术的应用形式

鉴于 BIM 技术尚未普及，目前主流的业主单位项目管理 BIM 技术应用有这样几种形式：① 咨询方做独立的 BIM 技术应用，由咨询方交付 BIM 竣工模型。② 设计方、施工单位各做各的 BIM 技术应用，由施工单位交付 BIM 竣工模型。③ 设计方做设计阶段的 BIM 技术应用，并覆盖到施工阶段，由设计方交付 BIM 竣工模型。④ 业主单位成立 BIM 研究中心或 BIM 研究院，由咨询方协助，组织设计、施工单位做 BIM 咨询运用，逐渐形成以业主为主导的 BIM 技术应用。

8.2.4 业主单位 BIM 项目管理的应用流程

业主单位作为项目的集成者、发起者，一定要承担项目管理组织者的责任，BIM 技术应用也是如此。业主单位不应承担具体的 BIM 技术应用，而应该从组织管理者的角度去参与 BIM 项目管理。一般来说，业主单位的 BIM 项目管理应用流程如图所示。

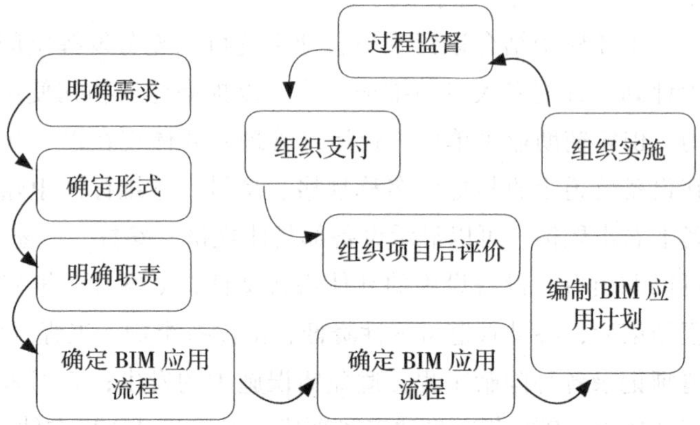

图 8–5 业主单位 BIM 项目管理应用流程

8.2.5 业主单位 BIM 项目管理的节点控制

BIM 项目管理的节点控制就是要紧紧围绕 BIM 技术在项目管理中进行运用这条主线，从各环节的关键点人手，实现关键节点的可控，从而使整体项目管理 BIM 技术运用的质量得到提高，从而实现项目建设的整体目标。节点的选择，一般选择各利益相关方之间的协同点，选择 BIM 技术应用的阶段性成果，或选择与实体建筑相关的阶段性成果，将上述的交付关键点作为节点。针对关键节点，考核交付成果，对交付成果进行验收，通过针对节点的有效管控，实现整体项目的风险控制。

8.3 设计方 BIM 应用分析

建筑是一个有着悠久历史的实用艺术门类，伴随着新技术的革命，建筑在设计和建造方面不断发展进步，效率不断提高，但是人类长期以来靠大脑的思维和手工制作的方式没有得到根本的改变。与其他行业相比，建筑业的效率相对低下。

《理解建筑（Understanding Architecture）》一书中说："在西欧中世纪，所有有关建筑的规划、设计和建造工作都由一人负责，他规划、管理和执行着业主的项目。到了后来，这个角色逐渐演变成了建筑师。" 建筑师参与项目的规划、设计并监督项目建造的全过程。在当今的建筑设计中，建筑师同样需要综合科学、美学、技术及社会、文化等不同方面的信息。

在过去，建筑师们使用传统方法来创作和表达设计概念，先是在纸上画图，多个世纪以来，设计概念只能通过手绘线条转换为图纸和相关的设计文档。随着 CAD（Computer Aided Design）技术的进步，电脑取代手绘，通过二维图像表达建筑的设计信息，通过三维图像或实体模型表达建筑的三维空间。二维、三维图像或实体模型有助于建筑师和业主交流沟通。然而，这些基于二维、三维的图像或实体模型并不智能，也不带有与建筑设计相关的参数信息。信息技术虽然已经提高了单项任务的生产效率，但它几乎还没有用于解决贯穿整个过程的信息传递与沟通。

信息技术革命以来，特别是网络时代的到来，建筑及建筑设计正发生着一个质的飞跃，其一，建筑师可以借助计算机进行思维和推导，得到传统方法无法得到的成果，极大地拓展了设计的深度和广度；其二，设计信息的集成化，改进了设计过程，极大地提高了设计效率和设计质量。三维虚拟模型（在三维空间使用参数信息定义物体属性智能三维模型及文档）的发展最终产生了建筑信息模型 BIM，一个可以协助建筑师建立基于三维虚拟模型，综合了建筑设施全生命周期数据信息的建筑设计信息模型。

8.3.1　BIM 设计方应用发展概述

1.基于数字技术的 BIM 发展与应用

CAD 技术在本质上并不能实现真正意义上的计算机辅助设计，其实现的只是计算机辅助制图。CAD 基于二维技术，表现的是二维或三维的图像，在建筑设计图中，只是表示线、面等图形，并不代表建筑中某一特定的实体及其元素。作为纯图形设计，它对建筑的解释不是十分严密，表达相对复杂的设计信息困难，且效率很低。同时，设计数据彼此无法关联，因此当发生设计变更时，修改工作繁重，错误风险大。而建筑信息模型是以数字技术仿真模拟建筑物所有的真实信息。在这里，信息的内涵不仅仅是几何形状描述的视觉信息，还包括大量的非几何信息，材料的物理性质，构件的价格等等。

实际上 BIM 模型就是通过数字技术，在计算机中建立一个虚拟建筑，一个建筑信息模型就是提供了一个统一的、完整一致的、逻辑关联的建筑信息库。BIM 的技术核心是三维模型所形成的数据库，不仅包含了设计者的设计信息，而且可以容纳从设计到建成使用周期终结的全过程信息。BIM 技术可以持续即时地提供这些信息访问服务。它能促进加快决策效率，提高决策质量，从而使建筑质量提高，收益增加。

BIM 技术对设计者的帮助在于：

（1）三维建筑模型完全不会因为工具的原因限制设计者的想象力，反而更加鼓励设计创新。

（2）三维建筑模型能够提供项目参与人员之间和各专业之间完善的协同工作环境。

（3）三维建筑模型是更有效的设计沟通和设计表现工具。运用单一建筑模型，在实际建造建筑物之前，其实已经开始建造一栋虚拟的建筑物。通过三维建筑模型与业内专业人员及业主进行有效沟通，能够避免二维文件容易引起的对设计的误解，特别是对细部设计的认知混淆，以确保项目中与设计阶段相关的各种活动能够顺利正确地实施。

（4）集成化的设计信息管理能大大提高设计效率，并能方便地控制设计效果。

2.BIM 着重于利用计算机的优势进行建筑信息的处理与传递

信息在建筑生命周期中的传递过程可以简述如下：

任何类型的建筑，一般遵循的操作过程可分为 5 个阶段：可行性研究阶段，方案设计、初步设计与施工图设计阶段，施工及施工验收阶段，交付使用、管理与维护阶段，销毁阶段。在全过程的不同阶段中，参与活动的人和他们进行的活动都依所在建筑全过程的阶段不同而不同，但他们之间又有着一定的联系，以保证项目的实施。建筑信息是建筑项目的各个过程的重要元素，设计意图最终能否实现在最后交付使用的建筑上就看建筑信息的传递是否准确、及时。建筑信息的创建、传递与使用因所处的阶段不同而不同。

在可行性分析阶段，信息是从现存的设施及过去的经验来获取，并生成一份可行性研究报告，分析市场需求和拟建规模，原材料、燃料及公用设施情况，选址，投资估算和资金筹措等最后综合评价项目的技术经济可行性，给出结论和建议。

接下来可行性分析报告中得到的信息传递至方案设计、初步设计与施工图设计阶段。一般而言，这个阶段决定了建筑的设计实施方案，也就是确定了项目信息的构建与表现形式。设计方案正是建立在可行性阶段收集并分析信息的基础上得出的成果，方案设计阶段的成果设计文档包括图纸、设计说明、合同文本、工料清单。包含了详细信息的设计文档传递给初步设计和施工图设计时，足以确保概算与施工图设计工作的顺利开展。

设计阶段有很多建筑信息以及团队成员之间的沟通和交流，这些都将影响整个生命周期的效率与效果。设计过程中，许多团队成员接受的训练是不同的，他们有着各自的工作方式和表达方式。因此会产生的大量复杂零碎，需要人解释、传达的信息。而且在设计过程中，设计变更和修改司空见惯。不仅是设计团队成员之间需要交流意见，他们与开发商或业主之间也需要交流，此外，设计师与材料供应商之间也需要协调沟通，以保证设计、采购、施工过程的顺畅。只有这样才能确保建筑信息的一致性与准确性。然而，现阶段通过手工建立设计文档以及交流普遍存在大量的矛盾问题。

然后，从设计阶段带来的大量信息传递给施工单位，一旦选定承建单位，建筑信息马上随着现场施工的展开而大量增加：各种施工细节必须确定，材料和辅助设施的定购，现场遇到的设计中未考虑到的问题必须确定相应的解决方案。材料供应与工程进度必须协调，以保证有效的施工。施工阶段的效率很大程度上取决于从设计阶段获取的信息是否合理，在设计和施工图阶段出现矛盾的地方在施工阶段将会继续扩大，更加明显。频繁的设计变更，最终结果是业主的不满、预算超标。这些矛盾也随着项目的复杂性增大而增大，同时还受时间和造价的限制。

竣工之后，建筑交付客户使用。在运营与维护阶段需要一个设施管理系统，一个建筑的数据库是设施管理信息系统的关键部分。建筑数据库不仅显示建筑的形体构造，还显示所有的管道系统、材料、施工工艺以及维修计划表等。因此设施管理信息系统提取一部分建筑信息，如空间配置、设备清单、相关的设施管理说明等，并可在此基础上开发详细的设施管理数据库。

在生命周期的最后一个阶段，建筑将被拆除，并清理场地以便建新的建筑物。这个阶段所需的关键信息是材料及结构信息。结构体系信息是为了准确确定拆除方案，而材料信息则是在为了确定要清理的有毒或有污染的材料。

通过 BIM 模型可以有效地整合以上各阶段的信息。BIM 模型是一种全新的建筑设计、施工、管理的方法，它将规划、设计、建造、营运等各阶段的数据资料，全部包含在 3D 模型之中，让建筑物整个生命周期中任何阶段的工作人员在使用该模型时，都能拥有精确完整的数据，帮助项目团队提升决策的效率与正确性。具体来说，理想的建筑信息模型本身应包含的信息有从规划部门的 GIS 模型中获取的规划条件信息，从市政、勘察部门提供的数字化模型中获取的地理环境现状信息，从建筑师的建筑造型与空间设计中获取的几何形体信息，从结构师的结构计算中获取的结构尺寸与受力等信息，从电气、暖通工程师的设计中获取的电气与暖通管道布置等信息，从建筑构件相关厂商提供的数字化模型中获取的建筑材料与构造信息，所有这些信息均包含于 3D 模型中。总之，任何在实际建筑工程中遇到的情况，产生的信息，都可以通过建筑信息模型精确的表达与高效的传递。将建筑信息处理的范畴细化到与设计相关的阶段，可表示为他们在设计过程中对 BIM 的应用也各有侧重。按照对设计信息的不同处理，可粗略地分为设计构思和设计表达与实现两个阶段。

8.3.2　设计构思阶段的 BIM

方案构思对设计工具的要求是便捷与流畅。建筑师常用工具有：

（1）草图。

（2）实体模型。

（3）计算机模型（造型工具）。

没有计算机的时候，我们怎么做方案设计？构思时，我们脑子里想象建筑的形象，手里绘制草图。有时候参照曾经见过的建筑，我们也会用手勾画出建筑的模样。因为是手绘，所以我们可以有所选择，所以画出的，一定是我们的关注点。这就是为什么建筑学本科教育之初，被训练手绘草图的能力，其目标是能够随心所欲地表达设计想法。线条最好流畅，因为想法总是稍纵即逝；

在方案构思阶段引入计算机，可用在以下几个方面：

1）作为造型工具，可视化设计，分析形体关系，特别是复杂形体的推敲。

2）模式化、构件化设计，体现计算机处理重复数据的高效性。

3）算法生成设计。

其中作为造型工具是目前应用最为广泛的，在软件的三维可视化环境下，结合参数化设计的几何驱动或特征模型造型，建筑师能交互式设计建筑形体，预先体验建筑空间。

1. 在构思前期对设计信息与设计条件的整理分析

在概念构思的前期，设计师面临着来自项目场地的、气象气候的、规划条件的大量的设计信息。这些信息的分析反馈与整理对于建筑师来说是非常有价值的。

设计师可利用 BIM 技术平台结合 GIS 及相关的分析软件对设计条件进行判断、整理、分析，使设计师能在这些信息中找到关注的焦点，充分利用各种已知条件，在设计的最初阶段就可以朝着最有效的方向努力并做出适当的决定，从而避免潜在的失误。以下试举几例说明：

（1）地形分析

在地形复杂的情况下，详细的地形分析是进行规划设计的首要条件，利用 BIM 结合 GIS

图 8-6　某建筑 BIM 日照分析图

技术可以对地形快速地进行空间分析，如高程、坡度和坡向分析，并能在设计山地建筑时进行一些初步探索，提供一些新的方法和思路。利用高程分析图，地形分析图，通过不同的色调表示不同的高度，可对整个地形有一个整体的直观的印象。利用 GIS 建模并绘制坡度分析图，可以表达和了解某一特殊地形结构的手段，能为某一地区不同坡度的土地的利用方式提供依据。

也可以利用 GIS 绘制坡向分析图，将地面坡度的朝向用不同色调表示。坡向影响到建筑的采光、通风。如在炎热地区，建筑宜建在面对主导风向、背对日照的地方。而寒冷地区，宜建在面对日照的地方，背对主导风向。

利用 GIS 模拟技术可以很快、很方便地生成透视图，供设计者从不同的角度来观察地形的起伏变化和不同建筑间的体量关系。并且，GIS 模型可以作为进一步设计的基础数据，传输到下一步工作的软件中。

（2）景观视线及可视度分析

规划可视度是指周围一定范围内的区域中对于指定建筑物的可见程度。其影响因素包括周围环境的形态和建筑本身的几何特征，即获得目标建筑在指定范围内可见度程度指标，它特别适合于复杂的旧城改造、重要的地标性建筑和对景观视线有较高要求的建筑设计，如图 8-7 所示。建筑师在前期的方案推敲过程中可以随时通过 BIM 进行可视度分析，找出遮挡严重的区域，并有针对性地做出修改和优化。

（3）场地自然通风条件与潜力分析

利用 CFD 类软件对场地自然通风条件及潜力进行分析，以便为建筑的布局、朝向等设计提供依据（图 8-8）。

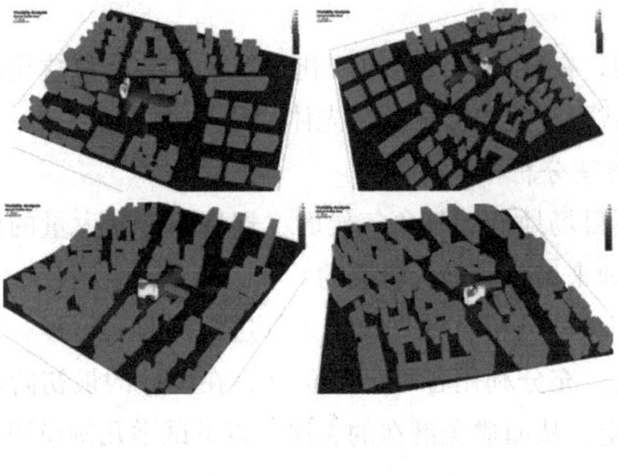

图 8-7　可视度分析图

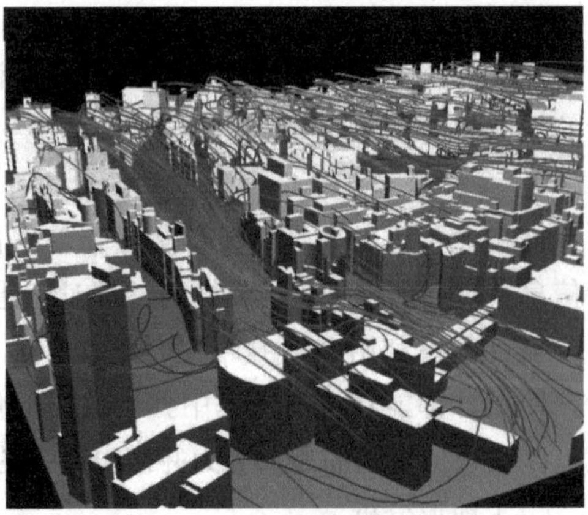

图 8-8　BIM 建筑通风模拟

（4）设计条件的整合与管理

建筑师在设计的开始阶段要接触大量的设计资料，利用 BIM 技术结合 Affinity 或 Onuma Planning System 等软件，可对收集到的信息进行存储与管理（图 8-9），并在设计过程随时调用及验证。

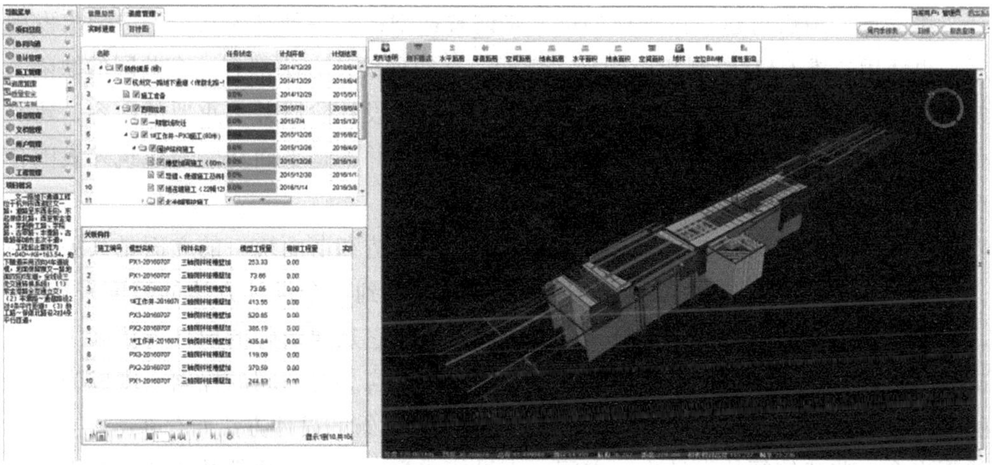

图 8-9　BIM 建筑信息管理

2. BIM 方案创作的变化

（1）从手工绘图到电子绘图在 BIM 技术出现之前，CAD 技术的普及推广使建筑师、工程师们从手工绘图走向电子绘图。甩掉图板，将纸质图纸转换为计算机中的二维数据的创建，改变了传统的生产模式，把工程设计人员从手工绘图和计算中解放出来，成倍地提高生产效率，缩短设计周期。而 BIM 技术则进一步推进了工程信息的电子数据化。

（2）从二维设计到三维设计

二维设计实质上是将一个物体分解成平、立、剖面等不同的片段来加以研究，然后通过大脑的综合思维能力建立起一个完整的判断，完成设计。把三维的建筑空间，通过二维图纸进行表达，是人类设计思维的一个进步，可以使设计师能以较简单的方法操作复杂建筑的设计，但从深层次看，这也反映了设计工具的局限性，用二维图纸反映现实世界的三维实体，只是权宜之计。

在计算机三维技术出现之前，建筑师只能依靠透视草图或实体模型研究三维空间。这些工具有其优势，也有不足之处。如绘制草图，能够随心所欲流畅地表达设计想法，表达建筑师所关注的部分，但是在准确性和空间整体性上受到限制。实体模型在研究外部形态时作用较大，而要研究内部空间形态时就相形见绌了，难以提供一个对空间序列关系的人视点的直观体验和表达。

建筑信息模型采用的是虚拟现实物体的方式，以三维设计思维为基础，将传统的二维图纸完全转化为计算机的工作，让电脑代替人脑完成三维与二维之间的思维转化。

这样设计师可以更加关注设计本身，不再为绘制二维图纸耗费精力，二维与三维的界限在建筑信息模型中逐步模糊。而实体模型设计的弊端在建筑信息模型中也得到了解决，二维数字技术将外观模型与空间形态和序列的研究统一起来。建筑师可以通过设置相机进行人视点的各个空间推敲，也可以通过软件进行虚拟现实仿真或快捷的制做出动画进行空间序列的研究。

（3）从形式与功能相分离到整体化的空间设计

传统的设计方法大致可分为两种：一种是先设计二维的平面功能布局，然后结合平面布局设计二维立面，最后再建立三维模型进一步调整造型；另一种是先从三维造型出发确定形体之后，再使用二维 CAD 绘制相应的平、立面。这两种设计方法都有一个共同的缺陷，那就是建筑空间被设计者从设计过程中剥离出去，成为概念设计阶段并不重要的内容，建筑关注的只是平面功能和形象。实际上，空间对现代建筑而言并不是平面功能与建筑外表围合而成的副产品，而是一种控制建筑的设计方法。

对于古典建筑，空间基本是静态的，左右对称，创造和谐而统一的立面是其关注的主要内容，立面法则不仅是古典建筑设计的原则，而且上升到一个设计方法的高度来控制建筑。例如，古典建筑立面渲染图，并不只是表现图的概念，它是建筑师的设计方法和工具。现代建筑破除了古典建筑的种种信条，建立起了新的建筑语言。对空间的探索一度成为现代建筑探索的主题。在现代建筑中，空间同样上升为一种控制建筑的设计方法而存在。

然而当今一些建筑师的设计中，空间一直没能成为一种控制建筑的方法。其中主要原因是由于设计工具的限制，建筑师无法在较短的设计周期内去研究和推敲空间，更难以用空间来控制设计。这使得目前较多的建筑师仍然在用“立面”的方法控制建筑。建筑信息模型的出现为我们改变这种状况提供了可能性。在建筑信息模型中，建筑室内空间、室外空间、建筑表皮、平面功能都可以被整合成一个相互关联的逻辑系统。在布置平面时，已经在同步设计建筑空间，而空间又可以被直观地反映在表皮上，这样空间与表皮可以共同形成建筑的立面。

（4）从传统空间组合到非线性参数化设计

美国建筑师罗伯特·文丘里在他的影响深远的著作《建筑的复杂性与矛盾性》中指出，只有当实际用途和空间的内、外部力量交汇的时候，才能创造出真正的建筑。这种相互作用是建筑形式能够产生的一个基本动力。建筑形式简单地说，是由空间、形体、轮廓、虚实、凹凸、色彩、质地、装饰等种种要素的集合而形成的复合的概念。其中与功能有直接联系的形式要素则是空间，“埏埴以为器，当其无，有器之用。凿户牖以为室，当其无，有室之用。故有之以为利，无之以为用。”（《老子·第十一章》）表明了建筑被人所用的正是它的空间。所谓内容决定形式，表现在建筑中主要就是指：建筑功能，要求与之相适应的空间形式。因此，在现代建筑设计中，空间设计一直是作为形式设计的主导。然而，由于能力和工具的限制，在千变万化、错综复杂的空间组合形式中，建筑师往往只能概括出如通过交通组织空间、空间互相嵌套等典型性组合方式来达到合理的布局，直到非线性参数化设计与算法生成设计的出现。

对于建筑设计而言，参数化设计并不是一个新的概念，甚至可以说是历史悠久。一些古典参数化方法被用在诸如金字塔、拱券等建筑中，经典的参数化方法有黄金分割、裴波那契数列、泰森多边形等。这些数学方法一直被使用了好几个世纪，直到 20 世纪 70 年代中期，计算机被引入到各个行业的设计领域中时，参数化设计才真正得以全面发展和推广。

20 世纪 80 年代兴起的复杂性科学理论同样在建筑艺术领域改变了人们对城市、对生活的认识。随着复杂性设计思维的发展，建筑师已无法根据传统的设计模式来反映设计思想和表达设计成果。此时人们开始将目光转向尖端科技领域，将参数化几何控制技术引入建筑设计领域。参数化几何控制技术可以充分结合设计者与数字技术的智能力量来实现对集合符号的生成、测评、修正和优化，从而得到更加符合设计者、使用者和环境要求的建筑形态。引入参数对建筑设计思维的意义还表现在可变参数造成的开放的设计成果，满足了建筑师对多种可预见因素的参与，并使设计的客观性加强，使几何形态的生成成为参数控制的结果。通过设计程序的作用，输入参数控制值就可以在变化中生成形态，甚至生成可控制但不可预见的几何形态。在建造方面，它解决了标准化与单独定制的矛盾，借助智能工具，利用参数化手段提高了异形构件的生产效率并降低造价。

目前的参数化技术大致可分为如下三种方法：

（1）基于几何约束的数学方法；

（2）基于几何原理的人工智能方法；

（3）基于特征模型的造型方法。

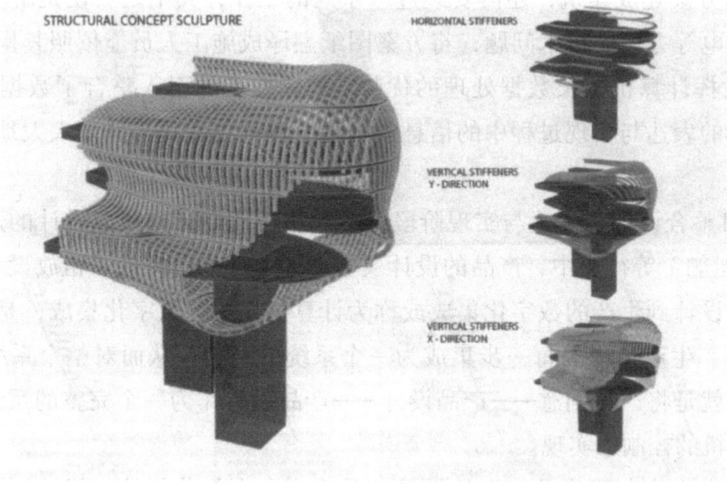

图 8-10　BIM 模型无纸化建造

其中后两种方法又被称为“非线性参数化设计”方法。“非线性”一词来自于非线性科学，即复杂科学，它完全不同于发源于牛顿原理的现代经典线性科学，它可以对动态、不规则、自组织、远离平衡状态等现象进行合理地阐述，是人类对自然及社会的一种全新的认识理论。正如尼尔·林奇所说，“计算机已经不仅是辅助设计……如今变成直接衍生出设计”。

以瑞士 CAAD 研究组 Markus Braach 编写规划生成代码的荷兰 Heerhugowaard 项目为例，项目为发展建设的布局和规划，总面积将近 70 公顷。现行荷兰建设计划的框架均有清晰的定义，并存在许多固定的参数，如：建设地块的组合、不同房屋类型的大小、公共开发空间的量，以及街道和人行步道的布局等。该项目需要在九十块地块上布置 247 栋住宅，是一个完全通过计算机程序生成的计算机辅助设计应用实践。

由于地下水的状况和土壤条件等地质情况都不尽相同，本待规划地块被分为三部分，在某些地块可以构筑建筑物，而地质状况差的地块则不能利用。这导致每个地块均存在着位置、大小等不同的设计条件，住宅类型比例也需要分块计算。生成软件能够从发展中的某个角落开始，且不失对整体指标的把控。在建设成本或住房数量控制上，程序适应不断变化的条件。布局方案随着参数的改变动态生成。

8.3.3 建筑设计构思的表达与实现

1. 设计构思表达与实现

有了设计概念，还需要将其表达出来，与业主及其他设计人员沟通交流。一方面是通过二维及三维的图像信息建立建筑形象；另一方面各项设计数据、文档也需要统计和归纳。

此时对设计工具的要求：准确、高效、表达效果。本过程实际是将设计构思的内容方便、准确地以二维图纸、三维渲染图、数据（面积指标等）等形式表达出来，能够直观、便捷地与业主及后段工程设计方交流、沟通。此时 BIM 作用是利用建筑信息模型交互出二维图纸、数据、三维渲染图等。

将图纸上的方案建成建筑，还需要经过一系列的工作，其中之一便是解决设计中的各种建筑、结构、机电等方面的技术问题，将方案图纸翻译成施工人员能依照其操作的工程图纸。此阶段可充分发挥计算机擅长数据处理的优势。BIM 技术的引入整合了数据库的三维模型，则可将建筑设计的表达与实现过程中的信息集中化、过程集成化，从而大大地提高生产效率，减少设计错误。

通过 BIM 可整合设计、表达与实现阶段，实现从粗放设计到集成设计的过程。在制造业（电子、航空、船舶）等行业中，产品的设计及生产环节都先后完成了粗放设计到集成设计的转型，实现了从设计到生产的数字化集成或称为计算机集成。数字化集成，是指把产品设计、生产计划与控制、生产过程的每一步集成为一个系统的潜力，从而对整个系统的运行加以优化。具体来说，就是将产品创意——产品设计——产品制造作为一个完整的系统来考虑，整个过程都依靠计算机的控制来实现。

建筑业属于劳动密集型产业，无论设计还是生产，大部分都处于粗放型的状态。粗放型设计不仅表现为各个专业设计图纸的深度浅和质量低，更表现为各个专业间的集成化程度低。我们目前的工作方法基本上是各自为政，采用传统的方法进行协同，集成化程度还处于以图纸为中介的落后模式，其结果是效率低下和设计品质偏低。而通过 BIM 技术能整合设计中各个环节，实现从粗放设计到集成设计，其集成化主要体现在设计信息的集成与设计过程的集成。

2. 设计信息的集成

BIM 作为一个包含了建筑全生命周期，集成了建筑物规划、设计、施工、运营、改造、拆除等全部过程中所有信息的大型数据库，在建筑工程中对于促进数据信息交换与共享起了重要的作用。

（1）从使用 CAD 单个绘制设计文档到数据库统筹管理设计信息

传统的 CAD 绘图，对于同一个建筑构件，需要使用多张视图（平面图、立面图、剖面图以及详图，并通过设计说明及各类图表）才能表达，需要对一个建筑构件对象，绘制多次，效率是比较低的。而且每张图纸都是离散的线条，彼此之间互不关联，各个视图之间的错、漏、碰、缺在所难免。一旦有变更，多个视图都需要重新绘制。所有这些设计图纸及文档的绘制与编写一直是提高项目整合度和协作的最大障碍，通常情况下，每项工程都有成百上千份图纸及文档，对整个设计而言，每份图纸或文档都是一个单独的组成部分。这些分散的资料必须依靠人力解读才能相互联系成为一个可理解的整体。

在 BIM 软件平台下，则是以数据库替代绘图。将设计内容归总为一个数据库而不是单独的各张图纸。该数据库可作为该项目建筑所有实体和功能特征的中央储存库。通过 BIM 软件，传统的设计文档按需求从数据库中产生，反映最实时的项目设计信息。

图纸不再是项目首要的、核心的体现，而是由针对特定目的而从数据库中提取的成果。就 BIM 项目而言，设计文档中那些体现着项目信息的线条、文字、图表等都不是传统意义上“画”出来的。而是通过 BIM 软件中的数据库，使用体现了项目全部信息的能构 INTELLIGENT OBJECTS），以投影、剖切等数字方式“实时建造”。因此，设计师现在不必再把重心放在绘制视图、图表、说明、文档，或计算核对建筑构件的数量。一旦置于 BIM 技术环境下，它会自动将自身信息反映至所有的平面图、立面图、剖面图、详图、明细表、三维渲染图、工程量估计等。此外，随着设计的变化，构件能够将自身参数进行调整，以适应新的设计。

（2）BIM 平台交互——BIM 与 CAE/CAA

简单地讲，CAE（Computer Aided Engineering）/CAA（Computer Aided Analysis）就是通常所说的计算机辅助工程分析。在建筑设计领域利用仿真模拟、有限元等方法分析、计算、模拟、优化建筑物的各项性能指标。设计是一个根据需求不断寻求最佳方案的循环过程，而支持这个过程的就是对每一个设计方案的综合分析比较，也就是 CAE 软件做的事情。一个典型的设计过程如图所示。

其中 CAE 的流程通常如下：

1）根据设计方案建立用于某种分析、模拟、优化的项目模型和外部环境因素（统称为作用，例如荷载、温度等）。

2）计算项目对于上述作用的反应（例如变形、应力等）。

3）以可视化技术、数据集成等方式把计算结果呈现给设计师，作为调整、优化设计方案的依据。

目前大多数情况下，CAD 作为主要设计工具，而 CAD 图形本身没有或极少包含各类 CAE 系统所需要的项目模型非几何信息（如材料的物理、力学性能）和外部环境信息，在进行计算以前，设

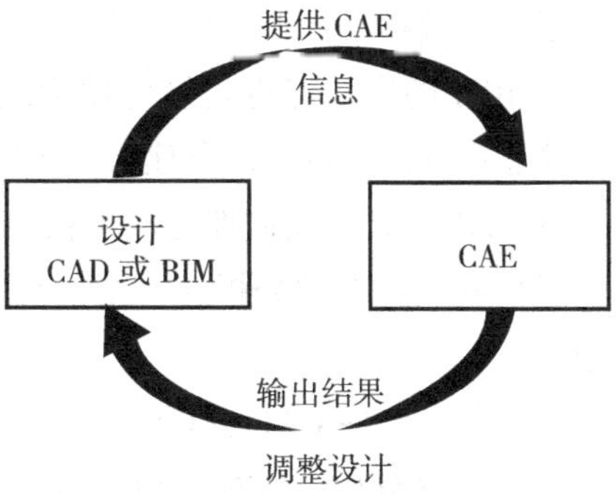

图 8–11　典型 CAE 设计过程图

计师必须参照 CAD 图形使用 CAE 系统重新建立 CAE 需要的计算模型和外部环境；在计算完成以后，需要人工根据计算结果用 CAD 调整设计，然后再进行下一次计算。由于上述过程工作量大、成本高且容易出错，因此大部分 CAE 系统只好被用来对已经确定的设计方案的一种事后计算，然后根据计算结果配备相应的建筑、结构和机电系统，至于这个设计方案的各项指标是否达到了最优效果，反而较少有人关心，也就是说，CAE 作为决策依据的根本作用并没有得到很好发挥，BIM 的应用则让 CAE 回归了真正作为项目设计方案决策依据的角色。

由于 BIM 模型集成了一个项目完整的几何、物理、性能等信息，CAE 可以在项目进行的任何阶段从 BIM 模型中自动提取各种分析、模拟、优化所需要的数据进行计算，BIM 软件平台构建出的深度 BIM（详细建筑信息模型）通过软件工具输出为不同的数据格式，根据应用方向的不同选择合适的数据格式输入专业的分析软件中，可以有效地解决数据一致性问题，提高建模效率，项目团队根据计算结果对项目设计方案调整以后又立即可以对新方案进行计算，直到满意的设计方案产生为止。

3. BIM 结合 CAE 与建筑设计。

（1）BIM 与绿色建筑分析

绿色建筑设计中常用的几项 CAE 分析：

1）热工分析。

2）照明分析。

可以进行人工、自然光照明计算，并以三维图表输出采光系数、照度等数据。

3）自然通风模拟。

BIM 模型为绿色建筑分析带来的便利：

① BIM 真实的数据和丰富的构件信息，给各种绿色建筑分析软件以强大的数据支持，确保了结果的准确性。目前绝大多数 BIM 相关软件都具备将其模型数据导出为各种分析软件专用的 GBXML 格式。

② BIM 的某些特性（如参数化、构件库等）使建筑设计及后续流程针对上述分析的结果，有非常及时和高效的反馈。

③ 绿色建筑设计是一个跨学科、跨阶段的综合性设计过程，而模型则正好顺应此需求，实现了单一数据平台上各个工种的协调设计和数据集中。

④ BIM 的实施能将建筑各项物理信息分析从设计后期显著提前，有助于建筑师在方案、甚至概念设计阶段进行绿色建筑相关的决策。

⑤ 可以说，当我们拥有一个信息含量足够丰富的建筑信息模型的时候，我们就可以利于它作任何我们需要的分析。一个信息完整的 BIM 模型中就包含了绝大部分建筑性能分析所需的数据。

（2）其他一些 CAE 分析

包括声学分析、人员疏散模拟与烟气扩散模拟及异形构件单元优化。此外，还有结构设计分析，机电设计分析等。

（3）信息集成到设计过程集成

1）BIM 与设计过程控制（构思向后段的传达）

建筑设计过程中，方案设计和工程设计常常由不同的团队完成。方案设计阶段的建筑师只关心造型设计和粗略的功能布局，许多细化工作在后面几个阶段完成。这容易造成设计上的脱节。例如，方案设计中常见的立面窗户与内部功能冲突等问题。如果使用建筑信息模型，这类问题在方案设计阶段就能够得到很好的解决。此外，很多方案转交给后续阶段的建筑师后，建筑师须根据实际工程要求对原方案进行梳理，有时甚至是重新绘制一遍图纸，一方面工作量较大，另一方面常因工程要求或简单错误导致不能很好地保证原设计概念。例如建筑构件常因结构或构造原因不能与方案设计完全一致。而如果使用一套建筑信息模型用于设计的所有阶段，则一方面可以减少各专业图纸间的“错、漏、碰、缺”，另一方面表现在建筑师对设计品质的控制力度大大加强。建筑师可以加强对设计概念的控制，改变“方案一个样，施工图另外一个样”的弊病；无论在方案阶段还是在施工图阶段，建筑师可以对建筑细节进行直观的研究，加强细部设计的控制力度。各个设计阶段的数据信息，通过 BIM 三维模型，精确完整地传递到下一阶段进行。此外，施工阶段可以利用 R1FD、GPS 定位的技术，结合三维模型表达减少施工错误。

2）BIM 与管线综合

在大型、复杂的建筑工程项目设计中，由于系统繁多、空间复杂，常常出现管线之间、管线与结构构件之间发生冲突的情况，或影响建筑室内净高及空间效果，或给施工造成麻烦，导致返工或浪费，甚至可能存在安全隐患。在传统的设计流程中常通过二维管线综合设计来协调各专业的管线布置。然而，以二维的形式确定三维的管线关系，技术上存在着先天不足，效果上不能让人满意。二维管线综合只是将各专业的平面管线布置图进行简单的叠加，按照一定的原则确定各种管线的相对位置，进而确定各管线的原则性标高，再针对关键部位绘制局部的剖面图。二维管线综合存在着以下缺陷：

管线交叉的地方靠人眼观察，一方面冲突情况无法完全暴露。另一方面，难以全面考虑，综合分析，常常顾此失彼，解决了一处碰撞，又带来别处的碰撞；管线标高多为原则性确定相对位置，难以全面精确地定位，相对较多问题需要遗留至现场解决；多专业叠合的二维平面图纸图面复杂繁乱，不够直观。对于多管交叉的复杂部位无法充分表达；虽然以各专业的工艺布置要求为指导原则进行布置，对于空间、结构特别复杂的建筑或是净空要求非常高的情况，二维的管线综合设计方式往往无能为力。

由于传统的二维管线综合设计存在以上的不足，采用 BIM 技术进行的三维管线综合设计方式就成为针对大型、复杂建筑的管线布置问题的优选解决方案。在管线综合设计中，除了建筑、结构构件外，相对侧重于建立设备管线部分。设备管线按照各专业的图纸，分系统进行建模，各系统设置不同颜色以便区分。在建模的过程中即可观察管线间的空间关系并予以调整，在局部区域完成建模后，也可使用软件的碰撞检测功能，检测并消除碰撞。三维的 BIM 模型使得精确地调整管线高度成为可能，为满足净高要求，在多管交汇的地方进行了非常精细的避让。

3）BIM 管线综合的优势：

BIM 模型设计是对整个建筑设计的一次“预演”，建模的过程同时也是一次全面的“三维校审”过程，在此过程中可发现大量隐藏在设计中的问题，在传统的单专业校审过程中很难被发现，但在 BIM 模型面前则无法遁形，提升了整体设计质量，并大幅减少后期工地处理的投入。与传统 2D 管线综合对比，三维管线综合设计的优势具体体现在：

BIM 模型整合了所有专业的信息，对专业协调的结果进行全面检验，专业之间的冲突、高度方向上的碰撞是检测的重点。模型均按真实尺度建模，传统表达予以省略的部分（比如管道保温层等）均得以展现，能将各种隐藏的问题暴露出来；建筑、结构、机电全专业建模并协调优化，全方位的三维空间模型可在任意位置多角度观察审阅，或进行漫游浏览，管线关系一目了然；可进行管线碰撞的检测，可全面快捷地检测管线之间、管线与建筑、结构之间的所有碰撞问题；能以三维 DWF/PDF 等三维方式提交设计成果，可以非常直观地表达所有管线的变化及各区域的净高，用于审阅或施工配合。

在大型建筑项目或复杂的建筑项目的管线综合中，依靠人力进行检测和排查大量的构件冲突是一项艰巨的工作，BIM 模型的碰撞检测功能则充分发挥计算机对庞大数据的处理能力。

碰撞检测即对建筑模型中的建筑构件、结构构件、机械设备、水暖电管线等进行检查，以确定它们之间不发生交叉、碰撞，导致无法施工的现象。目前的二维 CAD 软件做不到这一点，因为碰撞检测所需基本信息至少要有构件的空间几何尺寸，另外还要求软件封装对这些信息进行计算的函数，这些是基于 BIM 面向对象的设计软件才能提供的功能。碰撞检测的原理是利用数学方程描述检测对象轮廓，调用函数求检测对象的联立方程是否有解。在建筑设计中的碰撞大致有五类：

实体碰撞，即对象间直接发生交错；延伸碰撞，如某设备周围需要预留一定的维修空间或出于安全考虑与其他构件间应满足最小间距要求，在此范围内不能有其他对像存在；功能性阻碍，如管道挡住了日光灯的光，虽未发生实体碰撞，但后者不能实现正常功能；程序性碰撞，即在模型设计中管线间不存在碰撞问题，但施工中因工序错误，一些管线先施工致使另外的管线无法安装到位；未来可能发生的碰撞，如系统扩建、变更。

当模型的各个专业（建筑、结构、设备）设计完成，集成到一个建筑模型中，制定相应的检测规则，即可进行碰撞检测，碰撞检测节点将自动生成截图及包含相交部分长度，碰撞点三维坐标等信息详细的检测报告，便于查找碰撞的构件和位置（图 8-12）。通过碰撞检测可以查找风道水管是否相交、空调管道的高度是否合适等，在施工前避免不必要的错误，节省人力物力。

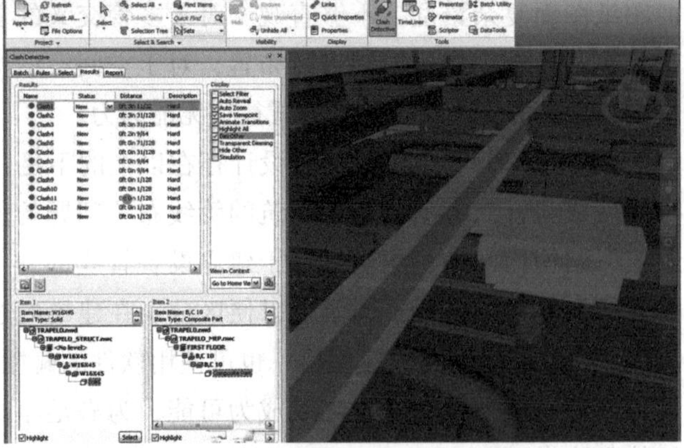

图 8-12　碰撞检测及碰撞检测报告

8.3.4　结构设计阶段的 BIM

传统的建筑结构设计主要采取二维 CAD 绘图的方式，其设计一般在建筑初步设计过程中介入。设计师在建筑设计基础上，根据总体设计方案及规范规定进行结构选型，梁柱布置，分析计算并优化调整结构设计后，再深化节点及梁、板、柱配筋绘制施工图文档，有时还需要统计结构用材用料。

将 BIM 模型引入结构设计后，BIM 模型作为一个信息平台能将上述过程中的各种数据统筹管理，BIM 模型中的结构构件同样也具有真实构件的属性和特性，记录了工程实施过程中的数据信息，可以被实时调用、统计分析、管理与共享。结构工程的 BIM 模型应用主要包括结构建模和计算、规范校核、三维可视化辅助设计、工程造价信息统计、施工图（加工图）文档、其他有关的信息明细表等，涵盖了包括结构构件以及整体结构两个层次的相关附属信息。

1. 构件层次相关信息

BIM 模型可存储构件的材料信息、截面信息、方位信息和几何信息等，即时进行显示和查询。BIM 软件系统在节点设计时可以自动判断结构构件的非图形数据，即构件的逻辑信息，包括梁柱的定义、梁柱的空间方位以及梁柱截面尺寸的基本要求等。通过程序实现自动识别梁、柱等构件连接类型并配上对应的节点，达到三维实体信息核心的参数化和智能化。

2. 整体结构层次相关信息

完整的三维实体信息模型提供基于虚拟现实的可视化信息，能对结构施工提供指导，能对施工中可能遇到的构件碰撞进行预、检测，能为软件提供的结构用料信息的显示与查询，还包含有供结构整体分析计算的数据。

3. BIM 模型信息在结构设计中的应用层次

（1）三维可视化设计与信息集成化设计

BIM 模型采用参数化的三维实体信息描述结构单元，以梁、柱等结构构件为基本对象，而不再是 CAD 中的点、线、面等几何元素。如图 8-13 所示，通过数字技术模拟建筑物的真实信息的内涵不仅是几何形状描述的视觉信息，还包含大量的物理信息、分析信息等非几何信息，方便从各个角度各个方面查看建筑工程的包括三维几何实体在内的各项信息，交互效率高，不易发生普通二维 CAD 软件的理解错误，实现“所见即所得”。

图 8-13　BIM 三维实体模型

（2）实体模型的参数化造型与编辑技术

BIM 模型的核心技术是参数化建模，因此复杂的结构节点具有真实构件的属性和特性，参数化模型“知道”所有构件的特征及其之间的相互作用规则，因此对模型操作时会保持构件在真实世界的相互关系。

以结构设计中构造最复杂的钢结构节点设计为例。基于 BIM 理念的软件系统，能够完全反映钢结构节点零件的空间位置，为建筑施工提供数字化的真实节点，方便了施工前的预观察。同时具有全自动交互式的设计、校核以及编辑的特点，并能很方便地对节点受力进行分析计算。

（3）以 BIM 模型为平台设计信息的共享与交互

在结构设计完成后，从三维 BIM 模型可以读取其中的结构计算所需要的构建信息，包括截面信息和方位信息，绘制结构分析模型，使实体模型在结构构件的布置上与结构计算分析模型完全一致，与实际结构保持统一，实现了建筑信息模型对工程项目结构真实构件、实际空间方位的数字表达分析设计信息，完整地存储到建筑信息模型中。同时 BIM 软件又可读取结构分析软件数据文件，转为自身的格式，实现建模过程中资源的共享，使项目管理共享协同能力得到提高。

同时，BIM 模型集成了建筑全生命周期中的制造、运营等数字化的信息，深化了项目参与各方的信息交流和沟通方式，与传统的文件、图纸交流相比，通过集成各种相关信息的建筑信息模型沟通和数据交互，大大提高了项目参与各方的信息共享程度。

8.3.5 专业设备设计阶段的 BIM 应用

建筑机电设备专业，通常简称为水暖电专业。这三个专业是建筑工程与暖通、电气电信、给水排水的交叉学科，其共同特点：设备选型和管线设计在三个专业设计中占很大比重；在设计中要考虑到管线和设备的安装顺序，以保证足够的安装空间；还要考虑到设备与管线的工作、维修、更换要求。

传统的建筑机电设计主要采取二维 CAD 绘图的方式，其设计一般在建筑初步设计过程中介入。设计师在建筑设计基础上，根据总体设计方案及规范规定选取技术指标和系统形式，进行负荷计算，确定设备型号，并进行管线系统设计，将各种水、暖、电设备连接成为完整的系统。但是建筑机电各专业设计完成后并不能直接出图，因为在各专业独立设计的情况下，往往会出现不同设计师和不同专业设计的管线发生交叉碰撞的问题，必须进行各专业间的管线综合。若用传统的二维设计，在设计阶段很难解决管线综合问题，只能在各专业设计完成后反复协调，将各方图纸进行比对，发现碰撞问题，提出解决方案，最终确定成图。

（1）引用建筑模型，进行初步分析。通过引用建筑专业初步设计完成的建筑模型，并对建筑模型进行预处理，如隐藏不需要的对象，建立负荷空间计算单元，提取面积、体积等空间信息，并指定空间功能和类型，计算设计负荷，导出模型数据，进行初步分析。

（2）建立机电专业模型，进行机电选型，在建筑模型空间内由设备、管道、连接件等构件对象组合成子系统，最后并入市政管网。

（3）整理、输出、分析各项数据，三方软件进行调整更新原设计。现有的 BIM 软件能对系统进行一些初步检测，如检测电力系统负荷是否超过指定值，或使用其他软件调用分析后再导入，进行设计更新，从而实现数据共享，合作设计。

（4）通过碰撞检测功能进行各专业管线碰撞检测，在设计阶段减少碰撞问题，根据最后的汇总调整设计方案。

（5）组合建筑、结构、水暖电各专业所需表现的建筑信息模型，自动生成各专业的设计文档，如平面图、立面图、系统图、详图、设备材料表等。至此，一个完整的机电设计就基本完成，经过校对、审核、审定，最终就可以发布图纸。

BIM对于设备专业的益处除了通过三维模型解决空间管线综合及碰撞问题之外，还在于能够自动创建路径和自动计算功能，具有很高的智能性。

图8-14　BIM软件设备建模

在暖通、给水排水、电气方面，都可以根据设计需求建立带有参数的三维模型，各专业设计师可以直观地沟通设计意图，提高设计效率。智能化的计算功能，可以免去过去繁复的计算之苦。例如，暖通的风道及管道管径和压力计算都可以使用内置的计算器一次性确定；电气的馈进器及配电盘的预计需求负载可以在设计过程中高效快速地计算以确定设备尺寸；根据房间内的照明设置自动估算照明级别；设计倾斜管道时，只需定义坡度并进行管道布局，即会自动布置所有的升高和降低，并计算管底高程。自动创建路径也给设计工作带来很大的方便，例如，自动创建风道管路，并可根据需要约束布线路径；进行电气设计布局时自动创建配电盘明细表，直接通过内置的配电盘线路编辑器轻松编辑配电盘线路；同时自动连接灯具和插座，并将回路包含到与这些电气设备对应的配电盘中。

8.4　运营方的BIM应用分析

项目的运营和维护阶段，是项目生命周期中时间最长的阶段，也是项目经历了策划、设计、施工阶段后，在项目竣工时信息积累最多的时刻，这些信息将为今后几十年的项目运营维护管理提供必不可少的信息。但传统的项目开发和建设手段，由于在项目的不同阶段、不同的参与方仅关注自身使用的信息，所以在项目的不同阶段，信息的建立、丢失、再建立、再丢失是不断地重复。最简单的例子就是设计机构完成了设计工作后，提交给施工机构进行施工的是图纸，而施工机构通常是根据施工图纸又通过诸如造价软件、项目计划进度管理软件等分别重新录入数据进行造价计算、项目计划进度管理等工作。等到项目竣工后，运营机构再根据竣工图纸进行物业运营维护管理的需要，把相关信息录入到运营维护管理的相关软件中进行信息化管理。这种“建立、丢失、再建立、再丢失”的重复过程不但浪费了大量的人力重复无效劳动，而且项目信息经过多次的重复建立，产生的错误概率也就越高。

BIM的诞生，或者诞生BIM的动机，在很大程度上就是要解决项目在不同阶段信息重复建立和丢失的问题。虽然在项目的不同阶段，不同的参与方也仅需关注自身使用的信息，但承载信息的载体与传统相比是有极大的不同了，BIM 实现项目信息在项目的不同阶段依然是不断地创造、使用，但它被积累、沉淀、丰富和完善，伴随项目的实体同步“生长”，直至“永远”。

8.4.1 运营方运维管理概述

1. 运维管理定义

建筑运维管理近年来在国内又被称为 FM（Facility Management，设施管理）。根据 IFMA（International Facility Management Association，国际设施管理协会）对其的最新定义，FM 是运用多学科专业，集成人、场地、流程和技术来确保楼宇良好运行的活动，人们通常理解的建筑运维管理，就是物业管理。但是现代的建筑运维管理（FM）物业管理有着本质的区别，其中最重要的区别在于：面向的对象不同。物业管理面向建筑实施，而现代建筑运维管理面向的则是企业的管理有机体。

FM 最早兴起于 20 世纪 80 年代初，是项目生命周期中时间跨度最大的一个阶段。在建筑物平均长达 50 ~ 70 年的运营周期内，可能发生建筑物本身的改扩建、正常或应急维护，人员安排，室内环境及能耗控制等多个功能。因此，FM 也是建筑生命周期内职能交叉最多的一个阶段。

在我国，FM 行业的兴起较晚。伴随着 20 世纪 90 年代大量的外资企事业组织进入我国，FM 需求的产生和迅速增加最早催生了我国的 FM 行业。到目前，我国本土的许多组织在认识到专业化高水平的 FM 服务所能带来的收益后，也越来越多地建立了系统的 FM 管理制度。

2. 运维管理内容

运维与设施管理的内容主要可分为空间管理、资产管理、维护管理、公共安全管理和能耗管理等方面。

（1）空间管理

空间管理主要是满足组织在空间方面的各种分析及管理需求，更好地响应组织内各部门对于空间分配的请求及高效处理日常相关事务，计算空间相关成本，执行成本分摊等内部核算，增强企业各部门控制非经营性成本的意识，提高企业收益。

空间管理主要包括空间分配、空间规划、租赁管理和统计分析。

（2）资产管理

资产管理是运用信息化技术增强资产监管力度，降低资产的闲置浪费，减少和避免资产流失，使业主资产管理上更加全面规范，从整体上提高业主资产管理水平。

资产管理主要包括日常管理、资产盘点、折旧管理、报表管理，其中日常管理又包括卡片管理、转移使用和停用退出。

（3）维修管理

建立设施设备基本信息库与台账，定义设施设备保养周期等属性信息，建立设施设备维护计划；对设施设备运行状态进行巡检管理并生成运行记录、故障记录等信息，根据生成的保养计划自动提示到期需保养的设施设备；对出现故障的设备从维修申请，到派工、维修、完工验收等实现过程化管理。

维护管理主要包括维护计划、巡检管理和保修管理。

（4）公共安全管理

公共安全管理具有应对火灾、非法侵入、自然灾害、重大安全事故和公共卫生事故等危害人们生命财产安全的各种突发事件，建立起应急及长效的技术防范保障体系。包括火灾自动报警系统、安全技术防范系统和应急联动系统。

公共安全管理主要包括火灾报警、安全防范和应急联动。

（5）能耗管理

能耗管理是指对能源消费过程的计划、组织、控制和监督等一系列工作。能耗管理主要由数据采集处理和报警管理等功能组成。

3. 运维与设施管理的特点

（1）多职能性

传统的 FM 往往被理解为物业管理。而随着管理水平和企业信息化的进程，设施管理逐渐演变成综合性、多职能的管理工作。其服务范围既包括对建筑物理环境的管理、维护，也包括对建筑使用者的管理和服务，甚至包括对建筑内资产的管理和监测。现今的 FM 职能可能跨越组织内多个部门，而不同的部门因为职能、权限等原因，在传统的企业信息管理系统中，往往存在诸多的信息孤岛，造成 FM 这样的综合性管理工作的程序过于复杂、处理审批时间过长，导致决策延误、工作低效，造成不必要的损失。

（2）服务性

FM 管理的多个职能归根到底都是为了给所管理建筑的使用者、所有者提供满意的服备。这样满意的服务对建筑所有者来说包括建筑的可持续运营寿命长、回报率高；对建筑使用者来说包括舒适安全的使用环境、即时的维修、维护等需求的响应，以及其他建筑使用者为提高其组织运行效率可能需要的增值服务。正因如此，传统的 FM 行业中存在系统、完备的服务评价指数，如客户满意程度（CRM）指数等，用于评价 FM 管理的服务水平。

（3）专业性

无论是机电设备、设施的运营、维护，结构的健康监控，建筑环境的监测和管理都需要 FM 人员具有一定水平的专业知识。这样的专业知识有助于 FM 人员对所管理建筑的未来需求有一定的预见性，并能更有效地定义这些需求，并获得各方面专业技术人才的高效服务。

（4）可持续性

建筑及其使用者的日常活动是全球范围内能耗最大的产业。无论是组织自持的不动产性质的建筑，还是由专业 FM 机构运营管理的建筑，其能耗管理都是关系到组织经济利益和社会环境可持续性发展的重大课题。而当紧急情况发生时，如水管破裂或大规模自然灾害侵袭时，FM 人员有责任为建筑内各组织日常商务运营受损最小化提供服务。这也是 FM 管理在可持续性方面的多重职责。

8.4.2 基于BIM技术的运维管理优势

1. 传统设施管理存在的问题

（1）运维与设施管理成本高

设施管理中很大一部分内容是设备的管理，设备管理的成本在设施管理成本中占有很大的比重。设备管理的过程包括设备的购买、使用、维修、改造、更新、报废等。设备管理成本主要包括购置费用、维修费用、改造费用以及设备管理的人工成本等。由于当前的设备管理技术落后，往往需要大量的人员来进行设备的巡视和操作，而且只能在设备发生故障后进行设备维修，不能进行设备的提前预警工作，这就大大增加了设备管理的费用。

（2）运维与设施管理信息不能集成共享

传统的设施管理大部分采用手写记录单，既浪费时间，又容易造成错误，而且纸质记录单容易丢失和损坏。同时，在设备基本信息查询、维修方案和检测计划的确定，以及对紧急事件的应急处理时，往往需要从大量纸质的图纸和文档中寻找所需的信息，无法快速地获取有关该设备的信息，从而达不到设施管理的目的。而且传统的设施管理往往采用纸质档案，纸质档案都是采用手工方式来整理，这对处理设施信息是非常低效率的。而且设施资料往往以一种特定的形式固定下来，这样难以满足不同用户对资料进行自由组合分类的需求。虽然一些设施管理采用了电子档案，但由于这些电子文件生成于不同的软件系统，其存储方式处于不同格式，使得绝大部分电子文件之间不能兼容，从而无法相互采集收集和提供利用。同时由于这些简易电子档案没有很好地归档，在设施发生故障时，不能快速找到该设备的相关信息，达不到设施管理的要求。

（3）当前运维与设施管理信息化技术低下

当前的信息沟通方式落后、信息传递不及时。传统的信息沟通大都采用点对点的形式，也就是参与方之间两两进行信息沟通，不能保证多个参与方同时进行沟通和协调，设施管理方要与业主、设计方、施工方、总包方和分包方等各个参与方分别进行沟通来获得想要的信息，既浪费时间，又不能保证信息的准确性，不利于设施的有效管理。

2. BIM 技术在运维与设施管理中的优势

BIM 技术可以集成和兼容计算机化的维护管理系统（CMMS）、电子文档管理系统（EDMS），能量管理系统（EMS）和楼宇自动化系统（BASK）虽然这些单独的 FM 信息系统也可以实施设施管理，但各个系统中的数据是零散的。更糟的是，在这些系统中，数据需要手动输入到建筑物设施管理系统中，这是一种费力且低效的过程。在设施管理中使用 BIM 可以有效地集成各类信息，还可以实现设施的三维动态浏览。

BIM 技术相较于之前的设施管理技术有以下三点优势：

（1）信息集成和共享

BIM 技术可以整合设计阶段和施工阶段的时间、成本、质量等不同时间段、不同类型的信息，并将设计阶段和施工阶段的信息高效、准确地传递到设施管理中，还能将这些信息与设施管理的相关信息相结合。

（2）实现设施的可视化管理

BIM 三维可视化的功能是 BIM 最重要的特征，BIM 三维可视化将过去的二维 CAD 图纸以三维模型的形式展现给用户。当设备发生故障时，BIM 可以帮助设施管理人员三维、直观地查看设备的位置及设备周边的情况。BIM 的可视化功能在翻新和整修过程还可以为设施管理人员提供可视化的空间显示，为设施管理人员提供预演功能。

（3）定位建筑构件

设施管理中，在进行预防性维护或是设备发生故障进行维修时，首先需要维修人员找到需要维修构件的位置及其相关信息，现在的设备维修人员常常凭借图纸和自己的经验来判断构件的位置，而这些构件往往在墙面或地板后面等看不到的地方，位置很难确定。准确的定位设备对新员工或紧急情况是非常重要的。使用 BIM 技术不仅可以直接三维定位设备还可以查询该设备的所有基本信息及维修历史信息。维修人员在现场进行维修时，可以通过移动设备快速地从后台技术知识数据库中获得所需的各种指导信息，同时也可以将维修结果信息及时反馈到后台中央系统中，对提高工作效率很有帮助。

8.4.3 运营方 BIM 运维管理具体应用

1. 空间管理

基于 BIM 技术可为 FM 人员提供详细的空间信息，包括实际空间占用情况、建筑对标等。同时，BIM 能够通过可视化的功能帮助跟踪部门位置，将建筑信息与具体的空间相关信息勾连，并在网页中实施打开并进行监控，从而提高了空间利用率。根据建筑使用者的实际需求，提供基于运维空间模型的工作空间可视化规划管理功能，并提供工作空间变化可能带来的建筑设备、设施功率负荷方面的数据作为决策依据，以及在运维单位中快速更新三维空间模型。

（1）租赁管理

应用 BIM 技术对空间进行可视化管理，分析空间使用状态、收益、成本及租赁情况，判断影响不动产财务状况的周期性变化及发展趋势，帮助提高空间的投资回报率，并能够抓住出现的机会及规避潜在的风险。

通过查询定位可以轻易查询到商户空间，并且查询到租户或商户信息，如客户名称、建筑面积、租约区间、租金、物业费用；系统可以提供收租提醒等客户定制化功能。同时还可以根据租户信息的变更，对数据进行实时调整和更新，形成一个快速共享的平台（见图 8-15 租赁管理平台）。

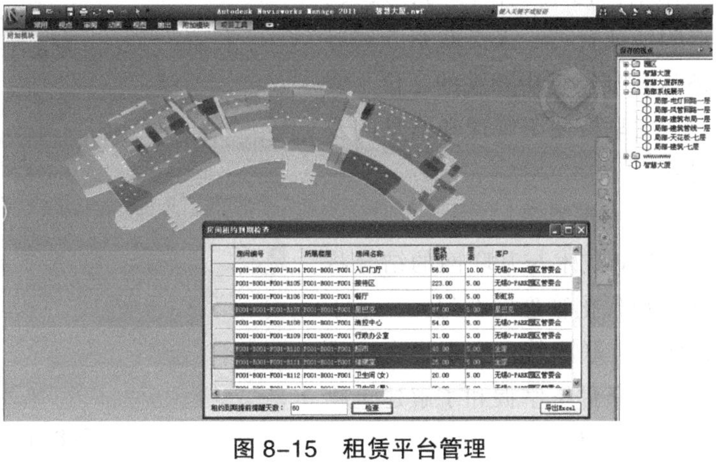

图 8-15 租赁平台管理

另外，BIM 运维平台不仅提供了对租户的空间信息管理，还提供了对租户能源使用及费用情况的管理。这种功能同样适用于商业信息管理，与移动终端相结合，商户的活动情况、促销信息、位置、评价可以直接推送给终端客户，提高租户使用程度的同时也为其创造了更高的价值（见图 8-16）。

（2）垂直交通管理

3D 电梯模型能够正确反映所对应的实际电梯空间位置以及相关属性等信息。电梯的空间相对位置信息包括门口电梯、中心区域电梯、电梯所能到达楼层信息等；电梯的相关属性信息包括直梯、扶梯、电梯型号、大小、承载量等。3D 电梯模型中采用直梯实体形状图形表示直梯，并采用扶梯实体形状图形表示扶梯。BIM 运维平台对电梯的实际使用情况进行了渲染，物业管理人员可以清楚直观地看到电梯的能耗及使用状况，通过对人行动线、人流量的分析，可以帮助管理者更好地对电梯系统的策略进行调整（图 8-17）。

（3）车库管理

目前的车库管理系统基本都是以计数系统为主，只显示空车位的数量，对空车位的位置却没法显示。在停车过程中，车主随机寻到车位，缺乏明确的路线，容易造成车道堵塞和资源浪费（时间、能源）。应用无线射频技术将定位标识标记在车位卡上，车子停好之后自动知道某车位是否已经被占用。通过该系统就可以在车库入口处通过屏幕显示出所有已经占用的车位和空着的车位。通过车位库还可以在车库监控大屏幕上查询所在车的位置，这对于方向感较差的车主来说，是个非常贴心的导航功能。

（4）办公管理

基于 BIM 可视化的空间管理体系，可对办公部门、人员和空间实现系统性、信息化的管理。工作空间内的工作部门、人员、部门所属资产、人员联系方式等都与 BIM 模型中相关的工位、资产相关联，便于管理和信息的及时获取。

2. 资产管理

BIM 技术与互联网的结合将开创现代化管理的新纪元。基于 BIM 的互联网管理实现了在三维可视化条件下掌握和了解建筑物及建筑中相关人员、设备、结构、

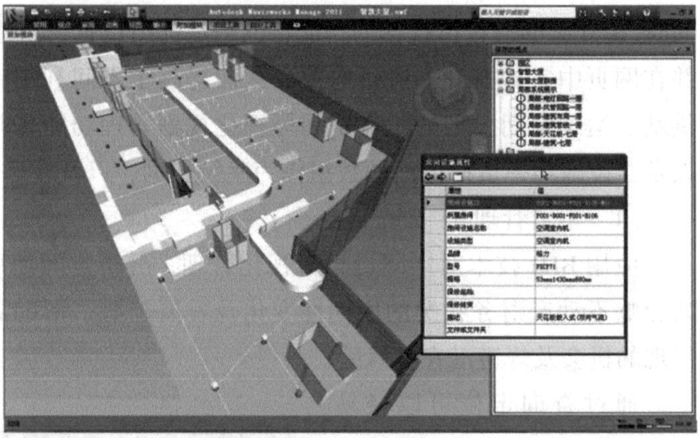

图 8-16　BIM 运维平台

图 8-17　3D 电梯管理平台

资产、关键部位等信息，尤其对于可视化的资产管理可以达到减少成本、提高管理精度、避免损失和资产流失的重大价值意义。

（1）可视化资产信息管理

传统资产信息整理录入主要是由档案室的资料管理人员或录入员采取纸媒质的方式进行管理，这样既不容易保存更不容易查阅，一旦人员调整或周期较长会出现遗失或记录不可查询等问题，造成工作效率降低和成本提高。

由于上述原因，公司、企业或个人对固定资产信息的管理已经逐渐脱离传统的纸质方式，不再需要传统的档案室和资料管理人员。信息技术的发展使 BIM 的互联网资产管理系统可以通过在 RFID 的资产标签芯片中注入依据用户需要的详细参数信息和定期提醒设置，同时结合三维虚拟实体的 BIM 技术使资产在智慧建筑物中的定位和相关参数信息一目了然，可以精确定位、快速查阅。

新技术的产生使二维的、抽象的、纸媒质的传统资产信息管理方式变得鲜活生动。资产的管理范围也从以前的重点资产延伸到资产的各个方面。例如，对于机电安装的设备、设施，资产标签中的报警芯片会提醒设备需要定期维修的时间以及设备维修厂家等相关信息，同时可以延长报警设备的使用寿命，以及时地更换，避免发生伤害事故和一些不必要的麻烦。

（2）可视化资产监控、查询、定位管理

资产管理的重要性就在于可以实时监控、实时查询和实时定位，然而现在的传统做法很难实现。尤其对于高层建筑的分层处理，资产很难从空间上进行定位。BIM 技术和互联网技术的结合完美地解决了这一问题。

现代建筑通过 BIM 系统把整个物业的房间和空间都进行划分，并对每个划分区域的资产进行标记。我们的系统通过使用移动终端收集资产的定位信息，并随时和监控中心进行通信联系。

1）监视：基于 BIM 的信息系统完全可以取代和完善视频监视录像，该系统可以追踪资产的整个移动过程和相关使用情况。配合工作人员身份标签定位系统，可以了解到资产经手的相关人员，并且系统会自动记录，方便查阅。一旦发现资产位置在正常区域之外、由无身份标签的工作人员移动或定位信息等非正常情况，监控中心的系统就会自动警报，并且将建筑信息模型的位置自动切换到出现警报的资产位置。

2）查询：该资产的所有信息包括名称、价值和使用时间都可以随时查询。

3）定位：随时定位被监视资产的位置和相关状态情况。

（3）可视化资产安保及紧急预案管理

传统的资产管理安保工作无法对被监控资产进行定位，只能够对关键的出入口等处进行排查处理。有了互联网技术后虽然可以从某种程度上加强产品的定位，但是缺乏直观性，难以提高安保人员的反应速度，经常发现资产遗失后没有办法及时追踪，无法确保安保工作的正常开展。基于 BIM 技术的互联网资产管理可以从根本上提高紧急预案的管理能力和资产追踪的及时性，可视性。

对于一些比较昂贵的设备或物品可能有被盗窃的危险，等工作人员赶到事发现场，犯罪分子有足够的时间逃脱。然而使用无线射频技术和报警装置可以及时了解到贵重物品的情况，因此 BIM 信息技术的引入变得至关重要，当贵重物品发出报警后其对应的 BIM 追踪器随即启动。通过 BIM 三维模型可以清楚分析出犯罪分子所在的精确位置和可能的逃脱路线，BIM 控制中心只需要在关键位置及时布置工作人员进行阻截就可以保证贵重物品不会遗失同时将犯罪分子绳之以法。

BIM 控制中心的建筑信息模型与互联网无线射频技术的完美结合彻底实现了非建筑专业人士或对该建筑物不了解的安保人员正确了解建筑物安保关键部位。指挥官只需给进入建筑的安保人员配备相应的无线射频标签，并与 BIM 系统动态连接，根据 BIM 三维模型可以直观察看风管、排水通道等容易疏漏的部位和整个建筑三维模型，动态地调整人员部署，对出现异常情况的区域第一时间做出反应。从而为资产的安保工作提供了巨大的便捷，以真正实现资产的安全保障管理。

信息技术的发展推动了管理手段的进步。基于 BIM 技术的物联网资产管理方式通过最新的三维虚拟实体技术使资产在智慧的建筑中得到合理的使用、保存、监控、查询、定位。资产管理的相关人员以全新的视角诠释资产管理的流程和工作方式，使资产管理的精细化程度得到很大提高，确保了资产价值最大化。

3. 维护管理

维护管理主要是指设备的维护管理。通过将 BIM 技术运用到设备管理系统中，使系统包含设备所有的基本信息，也可以实现三维动态地观察设备实时状态，从而使设施管理人员了解设备的使用状况，也可以根据设备的状态提前预测设备将要发生的故障，从而在设备发生故障前就对设备进行维护，降低维护费用。将 BIM 运用到设备管理中，可以查询设备信息、设备运行和控制、自助进行设备报修，也可以进行设备的计划性维护等。

（1）设备信息查询

基于 BIM 技术的管理系统集成了对设备的搜索、查阅、定位功能。通过点击 BIM 模型中的设备，可以查阅所有设备信息，如供应商、使用期限、联系电话、维护情况、所在位置等（见图 8-18）；该系统可以对设备生命周期进行管理，比如对寿命即将到期的设备及时预购和更换配件，防止事故发生；通过在管理界面中搜索设备名称，或者描述字段，可以查询所有相应设备在虚拟建筑中的准确定位；管理人员或者领导可以随时利用四维 BIM 模型，进行建筑设备实时浏览。

另外，在系统的维护页面中，用户可以通过设备名称或编号等关键字进行搜索并且用户可以根据需要打印搜索的结果，或导出 Excel 列表。

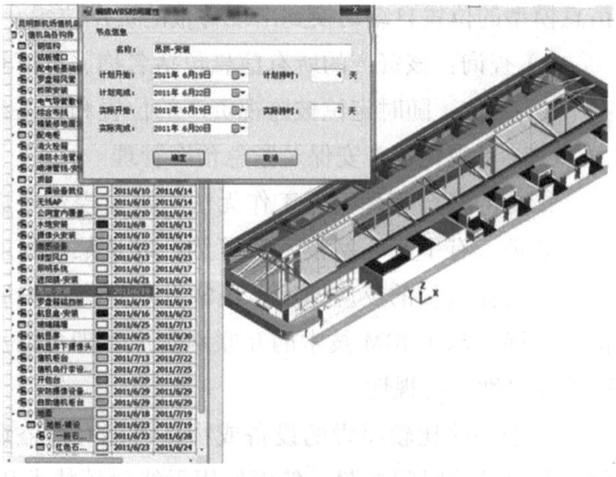

图 8-18　设备信息查询平台

（2）设备运行和控制

所有设备是否正常运行在 BIM 模型

上直观显示，例如绿色表示正常运行，红色表示出现故障；对于每个设备，可以查询其历史运行数据；另外可以对设备进行控制，例如某一区域照明系统的打开、关闭等。

（3）设备报修流程

在建筑的设施管理中，设备的维修是最基本的，该系统的设备报修管理功能，如图 8-19 所示。所有的报修流程都是在线申请和完成，用户填写设备报修单，经过工程经理审批，然后进行维修；修理结束后，维修人员及时将信息反馈到 BIM 模型中，随后会有相关人员进行检查，确保维修已完成，等相关人员确认该维修信息后，将该信息录入、保存到 BIM 模型数据库中。日后，用户和维修人员可以在 BIM 模型中查看各构件的维修记录，也可以查看本人发起的维修记录。

表 8-1　　设备报修单

<table>
<tr><td>报修人</td><td colspan="2">报修部门</td><td>报修日期</td><td colspan="2"></td></tr>
<tr><td rowspan="2">报修内容</td><td colspan="2" rowspan="2">派单人</td><td>报修人联系电话</td><td colspan="2"></td></tr>
<tr><td colspan="2"></td><td></td></tr>
<tr><td>报修时间</td><td colspan="2">到达时间</td><td>完工时间</td><td colspan="2"></td></tr>
<tr><td>是否有组件</td><td colspan="2"></td><td>领料单编号</td><td colspan="2"></td></tr>
<tr><td>维修记录</td><td colspan="5"></td></tr>
<tr><td>（处理结果）</td><td>维修人</td><td>验收人</td><td></td><td>验收评价</td><td></td></tr>
<tr><td rowspan="2">回访意见</td><td>维修质量</td><td colspan="2"></td><td>回访人</td><td></td></tr>
<tr><td>维修态度</td><td colspan="2"></td><td>回访日期</td><td></td></tr>
</table>

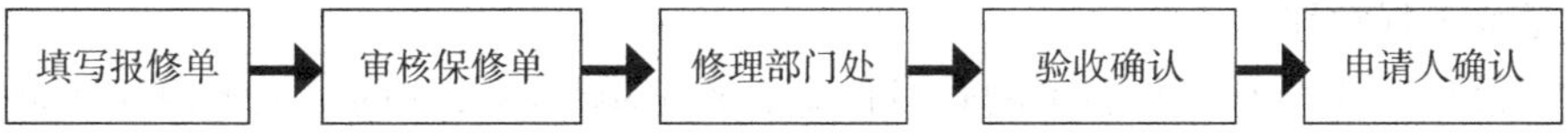

图 8-19　设备保修功能管理图

（4）计划性维护

计划性维护的功能是让用户依据年、月、周等不同时间节点来确定，当设备的维护计划达到维护计划所确定的时间节点时，系统会自动提醒用户启动设备维护流程，对设备进行维护。

设备维护计划的任务分配是按照逐级细化的策略来确定。一般情况下年度设备维护计划只分配到系统层级，确定一年中哪个月对哪个系统（如中央空调系统）进行维护；而月设备维护计划，则分配到楼层或区域层级，确定这个月中的哪一周对哪一个楼层或区域内设备进行维护；而最详细的周维护计划，不仅要确定具体维护哪一个设备，还要明确在哪一天具体由谁来维护。

通过这种逐级细化的设备维护计划分配模式，建筑的运维管理团队无须一次性制定全年的设备维护计划，只需有一个全年的系统维护计划框架，在每月或是每周，管理人员可以根据实际情况再确定由谁在什么时间维护具体的某个设备。这种弹性的分配方式，其优越性是显而易见的，可以有效避免在实际的设备维护工作中，由于现场情况的不断变化，或是因某些意外情况，而造成整个设备维护计划无法顺利进行。

4. 公共安全管理

（1）安保管理

1）视频监控

目前的监控管理基本是显示摄像视频为主，传统的安保系统相当于有很多双眼睛，但是基于 BIM 的视频安保系统不但拥有了“眼睛”，而且也拥有了“脑子”。因为摄像视频管理是运维控制中心的一部分，也是基本的可视化管理。通过配备监控大屏就可以对整个广场的视频监控系统进行操作。当我们用鼠标选择建筑某一层，该层的所有视频图像立刻显示出来。一旦产生突发事件，基于 BIM 的视频安保监控就能与协作 BIM 模型的其他子系统结合进行突发事件管理。

2）可疑人员的定位

利用视频系统 + 模糊计算，可以得到人流（人群）、车流的大概数量，在 BIM 模型上了解建筑物各区域出入口、电梯厅、餐厅及展厅等区域以及人多的步梯、步梯间的人流量（人数 /m^2）、车流量。当每平方米大于 5 人时，发出预警信号，当 >7 人时发出警报。从而做出是否要开放备用出入口，投入备用电梯及人为疏导人流以及车流的应急安排。这对安全工作是非常有用的。

（2）火灾消防管理

在消防事件管理中，基于 BIM 技术的管理系统可以通过喷淋感应器感应信息，如果发生着火事故，在商业广场的信息模型界面中，就会自动进行火警警报，对着火的三维位置和房间立即进行定位显示，并且控制中心可以及时查询相应的周围情况和设备情况，为及时疏散和处理提供信息。

（3）隐蔽工程管理

在建筑设计阶段会有一些隐蔽的管线信息是施工单位不关注的，或者说这些资料信息可能在某个角落里，只有少数人知道。特别是随着建筑物使用年限的增加，人员更换频繁，这些安全隐患日益突出，有时直接酿成悲剧。如 2010 年南京市某废旧塑料厂在进行拆迁时，因隐蔽管线信息了解不全，工人不小心挖断地下埋藏的管道，引发了剧烈的爆炸，此次事件引起了社会的强烈关注。

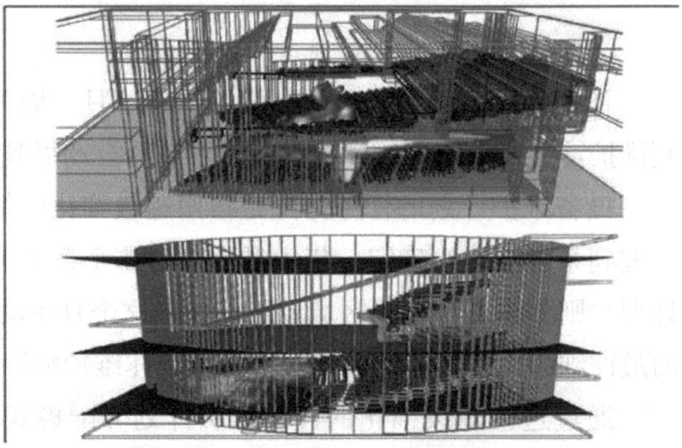

图 8-20　BIM 火灾模拟图

基于 BIM 技术的运维可以管理复杂的地下管网，如污水管、排水管、网线、电线以及相关管井，并且可以在图上直接获得相对位置关系。当改建或二次装修的时候可以避开现有管网位置便于管网维修、更换设备和定位。内部相关人员可以共享这些电子信息，有变化可随时调整，保证信息的完整性和准确性。同样的情况也适用于室内隐蔽工程的管理。这些信息全部通过电子化保存下来，内部相关人员可以进行共享，有变化可以随时调整，保证信息的完整性和准确性，从而大大降低安全隐患。

5. 能耗管理

基于 BIM 的运营能耗管理可以大大减少能耗。BIM 可以全面了解建筑能耗水平，积累建筑物内所有设备用能的相关数据，将能耗按照树状能耗模型进行分解，从时间、分项等不同维度剖析建筑能耗及费用，还可以对不同分项对比分析，并进行能耗分析和建筑运行的节能优化，从而促使建筑在平稳运行时达到能耗最小。BIM 还通过与互联网云计算等相关技术相结合，将传感器与控制器连接起来，对建筑物能耗进行诊断和分析，当形成数据统计报告后可自动管控室内空调系统、照明系统、消防系统等所有用能系统，它所提供的实时能耗查询、能耗排名、能耗结构分析和远程控制服务，使业主对建筑物达到最智能化的节能管理，摆脱传统运营管理下由建筑能耗大引起的成本增加。

（1）电量监测

基于 BIM 技术通过安装具有传感功能的电表后，在管理系统中可以及时收集所有能源信息，并且通过开发的能源管理功能模块，对能源消耗情况自动统计分析，比如各区域、各个租户的每日用电量、每周用电量等；并对异常能源使用情况进行警告或者标识。

（2）水量监测

通过与水表进行通讯，BIM 运维平台可以清楚显示建筑内水网位置信息的同时，更能对水平衡进行有效判断。通过对整体管网数据的分析，可以迅速找到渗漏点，及时维修，减少浪费。而且当物业管理人员需要对水管进行改造时，无须为隐蔽工程而担忧，每条管线的位置都清楚明了。

（3）温度监测

BIM 运维平台中可以获取建筑中每个温度测点的相关信息数据，同样，还可以在建筑中接入湿度、二氧化碳浓度、光照度、空气洁净度等信息。温度分布页面将公共区域的温度测点用不同颜色的小球直观展示，通过调整观测的温度范围，可将温度偏高或偏低的测点筛选出来，进一步查看该测点的历史变化曲线，室内环境温度分布尽收眼底。

物业管理者还可以调整观察温度范围，把温度偏高或偏低的测点找出来，再结合空调系统和通风系统进行调整。基于 BIM 模型可对空调送出水温、空风量、风温及末端设备的送风温湿度、房间温度、湿度均匀性等参数进行相应调整，方便运行策略研究、节约能源。

（4）机械通风管理

机械通风系统通过与 BIM 技术相融合，可以在 3D 基础上更为清晰直观地反映每台设备、每条管路、每个阀门的情况。根据应用系统的特点分级、分层次，可以使用其整体空间信息或是聚焦在某个楼层或平面局部，也可以利用某些设备信息，进行有针对性的分析管理人员通过 BIM 运维界面的渲染即可以清楚地了解系统风量和水量的平衡情况，各个出风口的开启状况。特别当与环境温度相结合时，可以根据现场情况直接进风量、水量调节，从而达到调整效果实时可见。在进行管路维修时，物业人员也无须为复杂的管路发愁，BIM 系统清楚地标明各条管路的情况，为维修提供了极大的便利。

8.5 造价咨询机构的 BIM 应用分析

8.5.1 造价咨询服务类型：

造价咨询机构为客户提供的服务主要包括以下五种类型：

（1）受投资人委托，审核投资成本，严格控制工程造价，如预、结算编制和审核业务。

（2）受承包商委托，提高承包项目的利润。

（3）解决工程造价纠纷。

（4）简单的全过程造价咨询服务，包括招标投标业务等。

（5）为项目投资人提供投资增值服务。

造价咨询机构开展以上（1）至（4）类业务，只需要从 BIM 模型获得工程量数据，而提取的规则有两个，一个是工程量计算规则，另一个是工程量清单特征描述，即工程量的属性信息。造价咨询机构开展第（5）类业务，即投资增值业务，需要从 BIM 模型获得各种设计方案的项目特征数据、仿真工程量、合同工程量、进度工程量、工程变更的工程量、结算工程量等丰富准确的基础数据，将这些数据与互联网技术和数据库技术结合，形成了先进的五维投资增值业务解决方案。

投资人投资的根本需求是实现投资增值。建设项目的投资人对项目投资的目标不仅仅是节约投资，而是使投资实现增值，即实现对项目投入 1 亿元资金，能产生至少不低于 1 亿元的经济效益或社会效益。一个建设项目的团队由设计、施工、项目管理、造价咨询、招标代理、工程监理等机构组成。造价咨询机构在项目最早的策划阶段，便开始为投资人提供专业的投资增值顾问服务，通过其专业能力，实施建设项目的全生命周期造价管理，使投资人的投资实现增值。如果造价咨询机构能为投资人提供投资增值服务，其服务价值、行业定位、收入水平都将大幅度提高。因此，造价咨询机构应把其企业使命定位为项目投资实现增值。

BIM 技术的产生和推广，将推动造价咨询机构提高服务质量，降低服务成本，提升服务价值，甚至会给造价咨询机构的业务模式和商业模式带来一场革命。

造价咨询行业应用 BIM 技术，彻底解决了工程量计算的准确性问题。将 BIM 技术和互联网结合，实现了项目管理的参与各方能够快速、简单地提取准确工程量数据，而过去，这些专业的工程量数据必须依赖造价专业人员来获取。BIM 技术的推广，将产生更细的专业分工，大批专业的 BIM 服务商承担起专业的 BIM 建模和维护服务，结合软件提取工程量技术，使造价专业人员可以摆脱繁重的工程计算量工作，降低服务成本，提高工作效率。应用 BIM 技术进行虚拟建造，与技术经济指标应用技术结合，为开展价值工程和限额设计提供了有价值的仿真数据，而这些技术将推动投资增值业务的发展。

8.5.2　BIM 技术全过程造价管理

1. 应用方式

用什么方法可以实现投资增值？要实现投资增值就必须使用全过程造价管理的咨询方法。建设项目的全过程造价管理分为两个阶段：第一阶段是项目计划阶段，第二阶段是合同管理阶段。做全过程造价管理的两个阶段分别使用两个投资增值关键技术，一是指标应用技术，二是合同管理技术。应用指标应用技术，能准确估算出项目的工程造价；在准确估算项目投资的基础上，应用合同管理技术，能严格控制项目的工程造价，使结算价严格控制在概算价（或估算价）范围内，配合投资者的商业判断和决策，项目的营运收益就能够实现，从而实现投资增值。应用以上两种投资增值的关键技术，都必须有工程量数据予以支持。在没有 BIM 技术的时代，计算工程量耗费了造价工程师大量的时间和精力。

在项目计划阶段对工程造价进行预估，应用 BIM 技术可以为造价工程师提供各设计阶段准确的工程量和工程项目特征参数、设计参数和功能参数。这些工程量和参数与技术经济指标结合，可以计算出准确的估算、概算，再运用价值工程和限额设计等手段优化设计成果。

在合同管理阶段，应用 BIM 技术可以提取项目各部位准确的工程量，当项目发生工程变更时，用变更信息及时修正 BIM 模型，可以准确统计出变更的工程造价。造价工程师根据“项目当前造价 = 合同造价 + 变更工程造价”原理，可以动态监控建设项目的当前造价，为投资人批准变更提供专业意见和建议，协助投资人对投资进行严格的控制。同时，将 BIM 模型数据上传到服务器端，通过互联网可以快速准确获得工程量及工程变更数据，造价工程师、承包商、业主可使用网络共享的 BIM 数据模型实现网上工程量对数业务。

2. BIIVI 技术在建设工程的多次定价的作用

一般工业产品的定价是一次形成的。建设工程作为一个特殊的商品，其价格不是一次形成的。建设工程的价格在项目建设的不同阶段有不同的定价方式，需要经历估算价、概算价、投标价、合同价，最终通过结算价予以确定。BIM 技术为建设工程各阶段定价提供的工程量数据的要求有所不同。

在估算阶段：建筑师或工艺设计师建立 BIM 模型，造价工程师只能从 BIM 模型获取粗略的工程量数据。这些粗略的工程量数据必须和造价工程师掌握的指标数据结合，才能计算出准确的估算价。甚至在这个阶段，造价工程师不需要图纸或 BIM 模型的工程量数据也能根据指标做出准确的估算。

在概算阶段：随着技术设计深化及细化，工程项目的各种功能参数、特征参数、设计参数不断增加。造价工程师可以从 BIM 模型获得建设项目的各种项目参数和工程量。将项目参数和工程量组合，查询指标数据库或概算数据库，可以计算出准确的概算价。通过 BIM 模型仿真不同的设计方案，造价工程师可以针对不同的设计方案测算其概算指标，从而指导设计人员开展价值工程和限额设计。

在施工图预算阶段：根据施工图设计成果，可以建立准确详细的 BIM 模型。为造价工程师编制准确的施工图预算提供准确的工程量。

在招标投标阶段：根据 BIM 模型，造价工程师可以编制高质量的工程量清单，实现清单不漏项、工程量不出错的效果。投标人根据 BIM 模型获取正确的工程量，与招标文件的工程量清单比较，可以制定更好的投标策略。

在签订合同价阶段：BIM 模型与合同对应，为承发包双方建立了一个与合同价对应的基准 BIM 模型。这个基准 BIM 模型是计算变更工程量和结算工程量的基准。

在施工阶段：BIM 模型记录各种变更的几何数据、工程量数据和各种变更签证数据并提供 BIM 模型的各个变更版本，为审批变更和计算变更工程量提供基础数据。结合施工进度数据，按施工进度提取工程量，为支付申请提供工程量数据。

在结算阶段：BIM 模型已经调整到与竣工工程的实体一致。为结算提供准确的结算工程量数据。

PDPS（Project Data Providin Services）项目数据全过程服务：由于造价咨询机构要在项目管理全过程使用大量的 BIM 基础数据，目前国内已经出现为客户提供项目数据全过程服务 BIM 服务商。BIM 服务商供应为造价咨询机构、业主或承包商提供 BIM 建模、建立 BIM 数据服务器、全过程数据维护和数据服务，满足建设工程多次定价的全过程数据获取的需求。

表 8-2　　项目数据服务内容

序号	阶段	服务内容详细
1	建模（基本服务）	建模算量
2	设计	指标合理性分析，为价值工程和限额设计提供项目特征数据和模拟工程量数据
3	招投标	报价分析：不平衡报价分析
4	项目全过程管理 BIM 维护与数据提供	项目经理、经营主管、预算造价人员、结算（业主、分包）、采购人员、仓库发料员；
		BIM 维护

8.5.3　BIM 造价数据获取

1. BIM 技术在前期造价管理中的作用

BIM 技术在前期造价管理中的作用是为造价咨询机构提供项目特征参数和工程量数据。

项目前期的立项、论证决策和设计阶段，目标是确定项目的功能。进一步说，立项是提出目标论证决策并确定目标，设计是目标的具体化，即设计是投资人需要的功能目标和使用价值目标的确定和具体化。由于目标的明确性，项目前期造价管理的原则不是单纯的节省投资，而是确定实现目标的合理投资。所以，这个阶段应当采用价值工程的原理作为造价管理的方法。

价值工程的核心是对产品或作业进行功能分析，确定必要的功能和实现必要功能的降低成本方案。在实际工作中，常常将价值工程原理应用于方案比选。

在设计阶段，单纯地要求造价人员积极参与设计从而影响设计人员达到造价管理的目的显然是不切实际的。因为工程设计有着极强的专业性，这些是造价人员无法代替的，工程设计中的技术问题如果由造价人员去发现、纠正和指出，必然由于意见的非专业性引起设计人员的反感和抵触，产生不必要的抵触和矛盾。可以认为，这种矛盾常常是由于造价人员参与设计工作不当，出现越位或错位造成的。但是同时，由于技术和经济、功能和费用的不可分割性，工程造价工作必然要参与设计从而影响设计，矛盾如何解决呢？首先，应当承认工程设计和工程造价各自的技术特点和相对独立性；然后，根据建设工程设计的阶段性特点，寻找设计和造价互相影响的共同部分，建设一个公共区域，这个公共区域就是设计人员和造价人员交流的平台，在这个平台上交流的信息是保证设计质量、功能分析和工程计价必要的，同时又是造价管理人员和设计工程师共同关心和理解的。根据工程造价管理的特点，符合上述要求的信息就是项目特征。因为设计是不断地进行功能分析和特征确定的过程，功能应符合需求，特征是功能的表现形式。在设计阶段应用价值工程的理念，采用特征管理的方法进行工程造价管理非常有效。即功能—特征—费用的分析方法是设计阶段造价管理的一条捷径。

设计阶段 BIM 模型一般是由设计人员制作。设计人员使用的 BIM 一般与设计分析软件配套，从而为提取项目特征参数提供了支持。

2. BIM 与工程量清单特征描述

BIM 模型一旦建立好，就形成了各类构件的工程量。在工程招标投标业务和投资增值业务中，普遍使用工程量清单计价技术。决定工程量清单报价的关键因素是工程量清单项目量特征和工程量，即项目特征决定单价，工程量决定总价。对于采用工程量清单计价的单价合同，项目特征具有重要意义。因此，BIM 模型为造价人员提供的数据不是简单的工程量，而应该是与工程量清单特征描述匹配的工程量数据。

住房和城乡建设部于 2008 年颁布了《建设工程工程量清单计价规范》。该规范按照建设工程分类和工程构件分类，详细列出了每个工程部位的工程量清单。每一个清单都有特征描述。将工程量清单的特征描述与 BIM 模型的构件参数进行组合运算，可以实现按工程量清单特征描述提取工程量的结果。所以，BIM 模型给造价人员提供了项目特征和工程量两个重要的造价基础数据，而不是单一的工程量数据。造价人员从 BIM 模型获得的工程量数据是按多个查询条件组合获取的，包括工程部位（如楼层信息）、工期信息、构件名称、工程量名称（与工程算法对应）、工程量的特征值等。获取工程量的软件界面如图 8-21 所示。

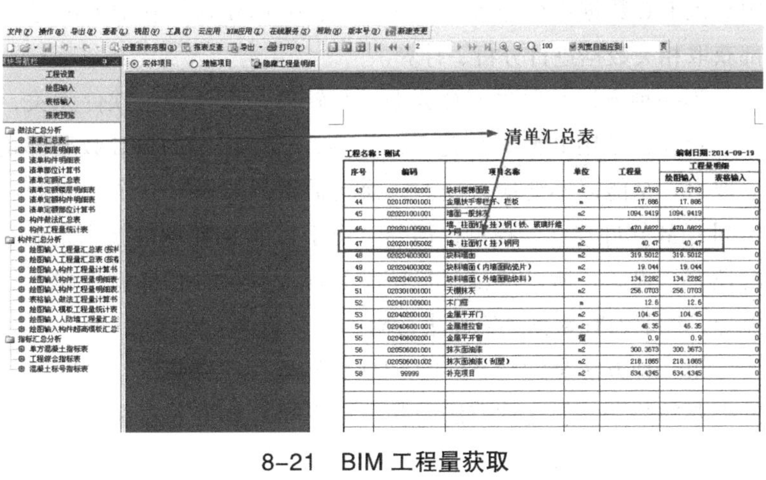

8-21　BIM 工程量获取

3. BIM 与工程造价数据标准

工程造价行业是应用 BIM 技术较早的行业。早在 20 世纪 90 年代，国内的软件开发商已经开始开发并推广各种三维工程量计算软件。但由于整个建设行业缺乏统一的数据标准，使得各家软件之间的 BIM 数据不能实现共享数据资源和数据传递。

工程造价行业在全过程造价数据标准建设方面已经取得初步成果。例如，广东省住建厅为满足建设工程电子化招标投标和建设工程全过程造价管理，已经出台了一系列的工程造价数据标准 ESCC（Exchange standard data for construction cost）。目前，标准的最新版本是 ESCC XML2.0。该标准是以 XML（Extensible Markup Language，国际标准的可扩展标记语言）数据交换形式，为 BIM 模型向工程造价行业传递数据提供了公开的数据标准。

本标准所规定的造价文件数据能够满足建设项目全过程造价管理的工程造价指数与技术经济指标体系、估算、概算、招标控制价、招标电子标书、商务标评标算法、合同价、工程签证与变更、计量与支付、结算等造价数据的应用要求。造价文件数据采用了工程项目基本信息、工程项目特征参数、分部分项标准项目等标准化技术，实现了建设项目全过程各阶段造价文件数据循环使用与积累、建设行业数据共享的应用要求。目前国内已经出现将 BIM 模型的国际标准 IFC 标准和国内的工程造价行业标准进行数据转换的应用的模式是将造价行业的 BIM 模型数据标准用 XML 形式予以公开，与 IFC 和 ESCC 进行数据交换。

4. 国内 BIM 造价应用开发

美国 buildingSMAR 联盟主席 Dana K. Smitn 先生在其去年出版的 BIM 专著“Building Information Modeling-A Strategic ImplementationGuide for Architects，Engineers，Constructors and Real Estate Asset Managers”中下了这样一个论断：“依靠一个软件解决所有问题的时代已经一去不复返了。”即使是相同的应用，由于国家、地区、语言等不同，需要用到的软件也会有差异。一般而言，BIM 软件都具备构件统计的功能，不过通常只是以模型量统计计算为主，这与我国的工程量统计在一些算法上还是有差异的。所以，要延续 BIM 模型应用到我国的工程造价，还需要做一些工作。

目前主要可以通过两种方式进行：一是把 BIM 模型转换成 IFCW 数据，然后在造价软件中导入 IFC 数据进行分析、计算；二是在 BIM 软件基础上进行二次开发，在 BIM 软件系统内部获取相关数据进行分析、计算。

第一种方法是通过 IFC 数据进行转换，好处是与软件无关，因为 IFC 是数据标准，理论上不管什么是用 BIM 软件建立的模型，转换出来的 IFC 数据都是标准的，所以，造价软件再读取 IFC 是能以不变应万变的，换句话说只要做好一个读取 IFC 数据的模块就可以应付各种不同 BIM 软件建立的模型，但是，由于目前 BIM 软件技术正处在高速进化阶段，软件的成熟度还有待提高，所以从目前实际情况看，不同的 BIM 软件建立的模型导出成 IFC 数据还存在差异，读取 IFC 数据还需要进行附加的分析。

第二种方法是针对不同的 BIM 软件进行二次开发，直接在 BIM 软件系统内部读取造价软件需要的数据，但这种方法需要针对不同的 BIM 软件编写对应的二次开发程序。目前主流的

BIM 软件都会提供 API（应用软件开发接口），但由于不同的 BIM 软件提供的开发语言和环境不尽相同，所以给二次开发工作带来一定的工作量。

上述两种方法各有利弊，最理想的当然是利用 IFC 数据作为数据交换标准，但由于目前软件成熟度等问题，使用第二种方式可能更符合现状，选择哪种方式还是要看具体的情况。

第九章　基于 BIM 技术的各项目关系协同分析

9.1　协同概念

协同学研究内容可以概括为，研究从自然界到人类社会各种系统的发展演变，总结出发展所遵循的一般原理，支配着所有这些系统彼此协同作用。协同学一个重要内容即自组织，所谓自组织是指无序状态向有序状态的转变，或者有序状态向新的有序状态转变中，在一定环境条件下，环境中的物质、能量和信息交换并未产生质的变化，这种组织结构自身在没有外界因素驱使下的状态转变就称为自组织，相应的理论即自组织理论。协同学是一种关于自组织的理论，它研究系统各要素之间、要素与系统之间、系统与环境之间协调、同步、合作、互补的关系研究新的有序结构的形成，揭示系统进化的动力。

协同管理即是一种通过对该系统中各子系统进行时间、空间和功能结构的重组，产生一种具有“竞争一合作一协调（Competition Cooperation Coordination）”能力，其效应远远大于各子系统之和的新的时间、空间、功能结构借助协同学“自组织”概念，把协同管理定义为：运用协同学自组织原理，通过建立“竞争一合作一协调”的协同运行机制，把虚拟企业系统中价值链形成过程的各要素组织成一个紧密的“自组织”体系，共同实现统一的目标，使系统利益最大化。

9.2　BIM 项目协同简介

工程项目管理的全过程是指工程的全生命周期，从项目构思开始到工程项目报废回收的全过程。本文将全过程的协同管理称为宏观协同管理。工程项目管理中，虽然不同类型和规模的工程项目生命周期不一样，但均可以划分为四个阶段。项目的前期策划和确立阶段：这个阶段的主要工作和内容包括：项目的构思、目标设计、可行性研究和批准立项；项目的设计和计划阶段：这个阶段的工作：设计、计划、招标投标和各种施工前的准备工作；项目的施工阶段：这个阶段包括从现场开工到工程建成交付使用期间的所有工作；项目的使用（运行）阶段。我国的基本建设程序包括六个步骤：项目建议书、可行性研究、设计工作、建设准备、建设实施、竣工验收与交付使用，每一个阶段和过程不可分割。

工程项目全过程的协同是指工程项目全生命周期的数据、资源的共享和各方协同工作，将原来孤立的工程项目各过程进行整合形成一个协调的系统，建立在信息协同基础上的过程之间的协调，通过消除过程中各种冗余和非增值的过程（活动），以及由人为因素和资源问题等造成的影响过程效率的一切障碍，使项目过程总体达到最优。

工程建设过程中，项目相关者包括项目投资者、业主、管理和咨询单位、设计单位、工程承包单位、供应单位、政府、用户（购买者）和周边组织。显示了项目相关者之间的管理关系。工程项目全过程各参与方的协同包括五个要素：协同主体、协同客体、协同媒介、协同环境和协同渠道。协同主体是指有目的、有步骤对协同客体施加影响的团体或组织。协同客体是指协同的对象，是协同主体作用的对象，是整个协同过程存在的必要条件。协同媒介是指协同主体对协同客体产生影响，发生作用的中介，建立协同主体与协同客体之间的联系，保证协同过程的正常开展，包括协同内容和方法。协同环境是指协同主体与协同客体存在的客观外在环境，协同主体与协同客体根据协同环境发生变化。协同渠道是指协同媒介在协同主体和协同客体间，以及主体与主体间信息传输的途径，协同渠道一方面广泛地收集协同客体的信息，并将信息准确反映给协同主体；另一方面实现协同主体之间的信息共享和交流。下面对比一下 CAD 时代和 BIM 时代项目协同的不同：

9.2.1　cad 时代的协同方式

在平面 CAD 时代，一般的设计流程是各专业将本专业的信息条件以电子版和打印出的纸质文件的形式发送给接收专业，接收专业将各文件落实到本专业的设计图中，然后再进一步的将反馈资料提交给原提交条件的专业，最后会签阶段再检查各专业的图纸是否满足设计要求。在施工阶段，由施工单位根据设计单位提供的图纸信息进行项目工程施工。在竣工阶段，业主方根据图纸对工程完成情况进行逐项核对。这些过程都是单向进行的，并且是阶段性的，故各专业的信息数据不能及时有效地传达。一些信息化设施比较好的设计公司，利用公司内部的局域网系统和文件服务器，采用参考链接文件的形式，保持设计过程中建筑底图的及时更新。但这仍然是一个单向的过程，结构、机电向建筑反馈条件仍然需要提供单独的条件图。

9.2.2　cad 时代的协同方式

基于 BIM 技术创建三维可视化高仿真模型，各个专业设计的内容都以实际的形式存在于模型中。各参与方在各阶段中的数据信息可输入模型中，各参与方可根据模型数据进行相应的工作任务，且模型可视化程度高便于各参与方之间的沟通协调，同时也利于项目实施人员之间的技术交底和任务交接等，大大减少了项目实施中由于信息和沟通不畅导致的工程变更和工期延误等问题的发生，很大程度上提高了项目实施管理效率，从而实现项目的可视化、参数化、动态化协同管理。另外，基于 BIM 技术的协同平台的利用，实现了信息、人员的集成和协同，大大提高了项目管理的效率。

9.3 协同的平台

为了保证各专业内和专业之间信息模型的无缝衔接和及时沟通，BIM 项目需要在一个统一的平台上完成。这个平台可以是专门的平台软件，也可以利用 windows 操作系统实现。协同平台具有以下几种功能。

9.3.1 建筑模型信息存储功能

建筑领域中各部门各专业设计人员协同工作的基础是建筑信息模型的共享与转换，这同时也是 BIM 技术实现的核心基础。所以，基于 BIM 技术的协同平台应具备良好的存储功能。目前在建筑领域中，大部分建筑信息模型的存储形式仍为文件存储，这样的存储形式对于处理包含大量数据，且改动频繁的建筑信息模型效率是十分低下的，更难以对多个项目的工程信息进行集中存储。而在当前信息技术的应用中，以数据库存储技术的发展最为成熟、应用最为广泛。并且数据库具有存储容量大、信息输入输出和查询效率高、易于共享等优点，所以协同平台采用数据库对建筑信息模型进行存储，从而可以解决上文所述的当前 BIM 技术发展所存在的问题。

9.3.2 具有图形编辑平台

在基于 BIM 技术的协同平台上，各个专业的设计人员需要对 HIM 数据库中的建筑信息模型进行编辑，转换、共享等操作。这就需要在 BIM 数据库的基础上，构建图形编辑平台。图形编辑平台的构建可以 BIM 数据库中的建筑信息模型进行更直观地显示，专业设计人员可以通过它对 BIM 数据库内的建筑信息模型进行相应的操作。

9.3.3 兼容建筑专业应用软件

建筑业是一个包含多个专业的综合行业，如设计阶段，需要建筑师、结构工程师、暖通工程师、电气工程师、给排水工程师等多个专业的设计人员进行协同工作，这就需要用到大量的建筑专业软件，如结构性能计算软件、光照计算软件等。所以，在 BIM 协同平台中，需兼容专业应用软件以便于各专业设计人员对建筑性能的设计和计算。

9.3.4 人员管理功能

由于在建筑全生命周期过程中有多个专业设计人员的参与，如何能够有效地管理是至关重要的。通过此平台可以对各个专业的设计人员进行合理的权限分配、对各个专业的建筑功能软件进行有效的管理、对设计流程、信息传输的时间和内容进行合理的分配，从而实现项目人员高效的管理和协作。

下面以某施工单位在项目实施过程中的协同平台为例，对协同平台的功能和相关工作做具体介绍。

某施工总承包单位为有效协同各单位各项施工工作的开展，顺利执行 BIM 实施计划，组织协调工程其他施工相关单位，通过自主研发 BIM 平台实现了协同办公。协同办公平台工作模块包括：族库管理模块、模型物料模块、采购管理模块、统计分析模块、数据维护模块、工作权限模块、工程资料模块。所有模块通过外部接口和数据接口进行信息的提取、查看、实时更新数据。在 BIM 协同平台搭建完毕后，邀请发包方、设计及设计顾问、QS 顾问、监理、专业分包、独立承包商和供应商等单位参加并召开 BIM 启动会。会议应明确工程 BIM 应用重点，协同工作方式，BIM 实施流程等多项工作内容。

9.4　项目各方的协同管理

项目在实施过程中各参与方较多且各自职责不同，但各自的工作内容之间却联系紧密，故各参与方之间良好的沟通协调意义重大。项目各参与方之间的协同合作有利于各自任务内容的交接，避免不必要的工作重复或工作缺失而导致的项目整体进度延误甚至工程返工。一般基于 BIM 技术的各参与方协同应用主要包括基于协同平台的信息、职责管理和会议沟通协调等内容。

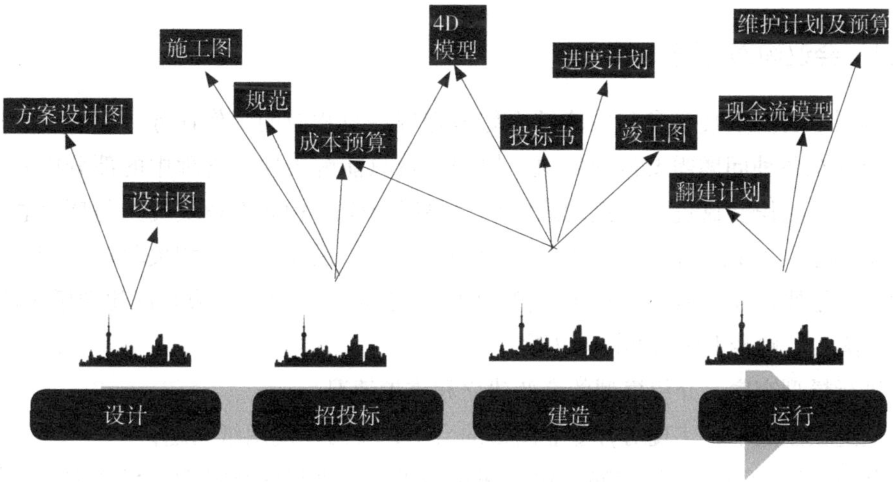

图 9-1　BIM 项目管理协同重要性

9.4.1　基于协同平台的信息管理

协同平台具有较强的模型信息存储能力，项目各参与方通过数据接口将各自的模型信息数据输入到协同平台中进行集中管理，一旦某个部位发生变化，与之相关联的工程量、施工工艺、施工进度、工艺搭接、采购单等相关信息都自动发生变化，且在协同平台上采用短信、微信、邮件、平台通知等方式统一告知各相关参与方，他们只需重新调取模型相关信息，便轻松完成了数据交互的工作。

9.4.2 基于协同平台的职责管理

面对工程专业复杂、体量大，专业图纸数量庞大的工程，利用 BIM 技术，将所有的工程相关信息集中到以模型为基础的协同平台上，依据图纸如实进行精细化建模，并赋予工程管理所需的各类信息，确保出现变更后，模型及时更新。同时为保证本工程施工过程中 BIM 的有效性，对各参与单位在不同施工阶段的职责进行划分，让每个参与者明白自己在不同阶段应该承担的职责和完成的任务，与各参与单位进行有效配合，共同完成 BIM 的实施。

在对项目各参与方职责划分后，根据相应职责创建“告示板”式团队协作平台，项目组织中的 BIM 成员根据权限和组织构架加入协同平台，在平台上创建代办事项、创建任务，并可做任务分配，也可对每项任务创建一个卡片，可以包括活动、附件、更新、沟通内容等信息。团队人员可以上传各自创建的模型，也可随时浏览其他团队成员上传的模型，发布意见，进行便捷的交流，并使用列表管理方式，有序地组织模型的修改、协调，支持项目顺利进行。

9.4.3 基于协同平台的流程管理

项目实施过程中，除了让每个项目参与者明晰各自的计划和任务外，还应让他了解整个项目，模型建立的状况、协同人员的动态、提出问题及表达建议的途径。从而使项目各参与方能够更好的安排工作进度，实现与其他参与方的高效对接，避免不必要的工期延误。

9.4.4 会议沟通协调

基于协同平台可以使各参与方能够更好地把握各自相应的工作任务，但项目管理实施过程中仍还会存在各种问题需要沟通解决，协同平台只能解决项目管理中的部分内容，故还需要各参与方定期组织会议进行直接沟通协调。协调会议由 BIM 专职负责人与项目总工每周定期召开 BIM 例会，会议将由甲方、监理、总包、分包、供应商等各相关单位参加。会议将生成相应的会议纪要，并根据需要延伸出相应的图纸会审、变更洽商或是深化图纸等施工资料，由专人负责落实。例会上应协调以下内容：

（1）进行模型交底，介绍模型的最新建立和维护情况；

（2）通过模型展示，实现对各专业图纸的会审，及时发现图纸问题；

（3）随着工程的进度，提前确定模型深化需求，并进行深化模型的任务派发、模型交付以及整合工作，对深化模型确认后出具二维图纸，指导现场施工；

（4）结合施工需求进行技术重难点的 BIM 辅助解决，包括相关方案的论证，施工进度的 4D 模拟等，让各参与单位在会议上通过模型对项目有一个更为直观、准确的认识，并在图纸会审、深化模型交底、方案论证的过程中，快速解决工程技术重点难点。

第十章 BIM与建筑业法律和合同体系

市场经济的迅猛发展，突显了工程建设在国民经济中的重要地位和作用。工程建设行业要健康、有序、长久地发展，必须有规范有效的法律环境作为土壤。

工程建设项目的整个组织和实施过程，是围绕着如何履行建设工程合同的一系列行为的总和，勘察设计、施工、监理、运行维护等各个阶段、各个主体的参与及配合，要求工程项目管理人员具备较高的法律素质和优秀的合同管理能力，确保项目管理的目标依法、按计划实现。

随着我国加人WTO，工程建设行业的快速发展，面临新技术的涌入以及更高层次的国际竞争，新技术和新方法的应用将对我国现有的建设领域的各项法律和合同体系带来深刻的影响。中国建设行业相关企业和专业人士已经预见到：BIM是一个涉及整个工程生命周期各环节的完整实践过程，BIM将成为中国工程建设行业未来的发展趋势。

BIM的普及应用离不开与建筑业法律和合同体系的互相作用，本章试图通过对我国工程建设主要法律和合同体系的介绍，来探讨其对BIM技术国内应用的影响，以及如何促进和推动我国BIM技术应用的法律合同体系，希望为提升建筑行业的信息化水平，推动其技术进步尽到应有的责任。

10.1 我国工程建设行业的主要法律和合同体系

工程建设相关法律和合同是工程项目管理的两大知识体系，两者相互依存、相互联系、密不可分，掌握和运用好这两项武器，将使得工程项目管理水平突飞猛进。

10.1.1 我国建设工程主要法律法规概述

1.建设工程法律体系及其法律效力

建设工程的法律体系，是根据《中华人民共和国立法法》的相关规定，制定和公布实施的有关建设工程的各项法律、行政法规、地方性法规、自治条例、单行条例、部门规章和地方政府规章的总称。

建设工程法律，是指由全国人民代表大会及其常务委员会通过的规范工程建设活动的法律规范，由国家主席签署主席令予以公布，如《中华人民共和国建筑法》《中华人民共和国招标投标法》等。

建设工程行政法规，是指由国务院根据宪法和法律制定的规范工程建设活动的各项法规，由国务院总理签署国务院令予以公布，如《建设工程质量管理条例》。

建设工程部门规章，是指住房和城乡建设部按照国务院规定的职权范围，独立或同国务院相关部门联合根据法律和国务院的行政法规、决定、命令，制定的规范工程建设活动的各项规章。属于建设部制定的，由部长签署建设部令予以公布。如《建筑工程施工许可管理办法》《工程建设施工招标投标管理办法》等。

地方法规和地方部门的规章是法律和行政法规的细化、具体化，如地方的建筑市场管理办法、地方的招标投标管理办法等。

法律的效力高于行政法规，行政法规的效力高于部门规章、地方性法规。

2. 建设工程主要法律、行政法规

目前，我国建设领域的立法体系已基本完备。《中华人民共和国建筑法》是我国建筑业的根本大法，《招标投标法》是规范建筑市场竞争的主要法律，能够有效地实现让建筑市场公开、公平、公正的竞争，《建设工程质量管理条例》建立了国家对建设工程的质量监督管理制度等。表 10–1 是对我国建设工程主要法律及行政法规内容的概述。

表 10–1　建设工程主要法律及行政法规内容概述

序号	法律法规名称	主要内容
1	《中华人民共和国建筑法》（1997 年 11 月 1 日第八届全国人民代表大会常务委员会第二十八次会议通过）	是规范我国各类房屋建筑及其附属设施建造和安装活动的重要法律： （1）建立建设工程施工许可制度 （2）建立建筑业企业资质等级制度及从业人员执业资格制度 （3）确定建设工程发承包、分包的主要内容：禁止肢解工程发包；合法承包的有关规定；关于分包的规定 （4）建立建设工程监理制度
2	《中华人民共和国招标投标法》（1999 年 8 月 30 日中华人民共和国主席令第 21 号公布）	从我国国情出发，总结了招标投标活动数十年来的经验与教训： （1）确立了强制招标制度 （2）确立了公开、公平、公正的招标投标原则和条件程序 （3）确立了公开招标和邀请招标两种招标方式 （4）确立了行政监督体制。规定了有关行政监督部门依法对招标投标活动实施监督，依法查处招标投标活动中的违法招标行为
3	《建设工程安全生产管理条例》（国务院令第 393 号 2004 年 2 月 1 日正式实施）	是根据《建筑法》和《安全生产法》制定的行政法规。其设定了建设工程安全生产管理的几大基本制度，同时重点规定了建设、勘察、设计、工程监理及其他有关单位的安全责任，以及施工单位的安全责任

续表

序号	法律法规名称	主要内容
4	《建设工程质量管理条例》（2000 年 1 月 30 日国务院令第 279 号发布）	其主要内容介绍如下： （1）国家实行建设工程质量监督管理制度 （2）确立了建设工程竣工验收备案制度 （3）工程质量事故报告制度 （4）任何单位和个人对建设工程的质量事故、质量缺陷都有权检举、控告、投诉 （5）详细规定了建设、勘察、设计、施工单位和工程监理单位的质量责任和义务 （6）建设工程质量保修
5	《中华人民共和国环境影响评价法》（2002 年 10 月 28 日第九届全国人民代表大会常务委员会第三十次会议通过）	《环境影响评价法》规范了工程建设规划的环境影响评价，对建设项目的环境影响评价，实行分类管理，分别组织编制环境影响报告书、环境影响报告表或者填报环境影响登记表。建立了建设项目的环境影响评价文件的严格审批管理制度，以及环境影响的后评价
6	《中华人民共和国环境保护法》（1989 年 12 月 26 日第七届全国人民代表大会常务委员会第十一次会议通过）	《环境保护法》与工程建设相关的主要内容如下： 建设项目中防治污染的设施，必须与主体工程同时设计、同时施工、同时投产使用。防治污染的设施必须经原审批环境影响报告书的环境保护行政主管部门验收合格后，该建设项目方可投入生产或者使用。 工程建设项目中也应遵守《水污染防治法》《固体废物污染环境防治法》以及《噪声污染环境防治法》的规定
7	《中华人民共和国保险法》（中华人民共和国第十一届全国人民代表大会常务委员会第七次会议于 2009 年 2 月 28 日修订通过，自 2009 年 10 月 1 日起施行）	对工程建设保险无特别强制性规定
8	《中华人民共和国消防法》（中华人民共和国第十一届全国人民代表大会常务委员会第五次会议于 2008 年 10 月 28 日修订通过）	与工程建设相关的主要内容如下： 建设工程的消防设计、施工必须符合国家工程建设消防技术标准。建设、设计、施工、工程监理等单位依法对建设工程的消防设计、施工质量负责。依法应当进行消防验收的建设工程，未经消防验收或者消防验收不合格的，禁止投入使用；其他建设工程经依法抽查不合格的，应当停止使用
9	与建设工程合同有直接关系的其他法律	包括《中华人民共和国民法通则》《中华人民共和国合同法》《中华人民共和国担保法》《中华人民共和国劳动合同法》《中华人民共和国仲裁法》《中华人民共和国民事诉讼法》，在合同的订立和履行过程中涉及合同的公证的，则应当遵守国家对公证的规定

10.1.2 我国建设工程基本合同体系

1. 概述

合同是建设工程和项目管理的核心，依靠合同来规范和确定彼此的权利义务关系非常重要。任何一个建设项目的实施，均要通过签订一系列的合同来实现，制订和履行工作内容、价款、工期、责任、质量标准、保修等合同条款。建设工程主体众多、标的大、履行时间长，涉及工程、技术、造价、法律、风险预测等多方面知识和技能。

近年来，我国为了应对建筑市场带来的巨大机遇和挑战，顺应国家建筑业法律法规的规定以及国际工程合同条件和惯例的要求，推行建设领域的合同管理制，从立法到实际操作都渐趋完善。

2. 我国建设工程的合同体系

（1）主要合同

建筑工程承包合同是建设单位为发包方，施工企业为承包方，依据基本建设程序，为完成特定建筑工程，协商订立的明确双方权利义务关系的协议，通常包括工程勘察、设计、施工、监理等几个大项合同。

依据我国建筑业的法律法规，住房和城乡建设部与国家工商行政管理局及时联合颁布及修订了《建设工程施工合同（示范文本）》《建设工程勘察合同（示范文本）》《建设工程设计合同（示范文本）》《建设工程委托监理合同（示范文本）》。修订后的《建设工程施工合同（示范文本）（GF-1999-0201）》[目前大部分外资工程的施工合同较少采用此版本合同，而多采用国际通用的菲迪克（FIDIC）合同或者 ICE 合同] 由协议书通用条款、专用条款三部分组成，基本适用于各类公用建筑、民用建筑、工业厂房、交通设施及线路管道的施工和设备安装。推行合同示范文本制度，是贯彻执行《合同法》《建筑法》，加强建设工程合同监督，提高合同履约率，减少纠纷，维护建筑市场秩序的一项重要措施。

对建设工程合同在订立和履行中可能出现的各种问题，合同示范文本拟定和推荐了较为公正的应对和解决条款，帮助有效减少合同纠纷。合同示范文本极大地推动了我国建设工程合同管理制度的完善。

（2）建设工程合同的基本法律特征

建设工程合同，除具备一般合同双务有偿的法律特征，还具有如下基本法律特征：

1）国家在立法上对建设工程合同进行了较多强制性限制。

《建筑法》《招标投标法》等法律法规，对建设工程合同的签约主体、资质、工程质量、验收、保修等各环节进行了规定。同时，建设项目从勘察、设计，到施工、验收各个环节，均存在大量的国家强制性标准的适用。

在建设工程合同的立法中，强制性规范占了相当的比例，相当部分的合同责任因此成为法定责任，如：施工开工前应取得施工许可证、招标投标的条件和程序、承包人禁止转包，以及承包人应承担质量保修的责任等，均带有不同程度的强制性，从而部分或全部排除了当事人的缔约自由。

2）它是以完成特定不动产的工程建设为主要内容。

建设工程合同在性质上属于以完成特定工作任务为目的的合同，当事人权利和义务所指向的是建设工程项目，包括工程项目的勘察、设计和施工等，而非一般的动产承揽。

（3）建设工程合同签订的方式

建设工程合同签订的方式有两种：一是由双方当事人通过协商签订合同，二是通过招标投标的方式。招标投标是国际经济交往普遍采用的一种交易方式，已经在我国各种工程建筑项目中普遍适用。

（4）建设工程合同体系的协调

业主为了成功地实现工程目标，必须签订许多主合同，同时承包商为了完成他的承包责任也必须订立许多分合同。这些合同共同构成整个项目的实施过程。在这个合同体系中，相关的同级合同之间，以及主合同和分合同之间存在着复杂而牵连的关系，合同之间关系的安排及协调显得尤为重要。

首先，业主的所有合同确定的工程或工作范围应能涵盖项目的全部工作，即只要完成各个合同，就可实现项目的总目标。承包商的各个分包合同与其自己完成的工作应能共同涵盖总承包的责任，在工作内容上不应有缺陷或遗漏。通常最好应在招标前系统地进行项目的结构分解，列出合同的工程量表，进行项目任务之间的界面分析，确定各个界面上的工作责任、工期、质量等。

其次，几个主合同之间设计标准也应具备一致性，各专业工程之间应有很好的协调。分包合同必须按照总承包合同的条件和范围订立，全面反映总合同的相关内容。

同时，时间上的协调也很重要，各种工程合同要形成一个有序的、有计划的实施过程。最后，在总承包合同估价前，应向各分包商及供应商询价或洽谈，了解和确定总包报价的水平和竞争力，做到价格上的协调。

我国现有的建设工程合同体系，尚需加强上述协调工作。

10.2　我国建筑业现有的法律及合同体系对 BIM 技术应用的影响

BIM 最关键优势是能够把不同专业之间的信息统一到一个完整的数字化模型当中，通过减少传统绘图与协调中的重复劳动，支持设计师通过分析与可视化工具进行设计，并通过基于一致、可计算的建筑项目信息，进行自动文档调整与清晰的项目沟通，使业主更好地利用项目资源并获得预期回报，承包商可以获得更高质量、更加完整的施工文档，从而平稳、高效地控制和完成项目施工。同时能够在不同时间段把方案的改变动态体现在模型当中，当模型变化时，所有涉及的视图、图纸与进度表都可立即同步，使业主单位、设计单位、施工单位、物业运营管理单位可以在全生命周期中不同阶段分享和改进方案。

信息是建设工程项目发包、建设、验收、移交、运营等必须要遵循的依据，传统的方式是各参与单位在各个工作阶段孤立的建立和收集自己所需的工作信息，缺乏统一的数据模型。

大家各自建立一套数据，很容易导致设计出错，数据冗乱，而且人员间难以协作。BIM 的出现正在改变项目各参与方的协作方式，是上述信息收集、建立、组织、管理、传递和应用的一种有效方式，使各方都能提高生产效率并获得收益。

1. 建设项目信息的收集、传递、管理要求

我国建设工程的主要法律法规中，对于建设项目信息的收集、传递、运用和管理要求，以及参与方各环节协调工作及相关责任的主要规定见表 10-2。

表 10-2　我国法律对于建设项目信息的各项要求及相关责任规定

序号	法律法规名称	主要内容
1	《中华人民共和国建筑法》	第二十五条　按照合同约定，建筑材料建筑构配件和设备由工程承包单位采购的，发包单位不得指定承包单位购入用于工程的建筑材料、建筑构配件和设备或指定生产厂、供应商。 第三十二条　建筑工程监理应当依照法律、行政法规及有关的技术标准、设计文件和建筑工程承包合同，对承包单位在施工质量、建设工期和建设资金使用等方面，代表建设单位实施监督。 第四十条　建设单位应当向建筑施工企业提供与施工现场相关的地下管线资料，建筑施工企业应当采取措施加以保护。 第四十八条　建筑施工企业必须为从事危险作业的职工办理意外伤害保险，支付保险费。 第四十九条　涉及建筑主体和承重结构变动的装修工程，建设单位应当在施工前委托原设计单位或者具有相应资质条件的设计单位提出设计方案；没有设计方案的，不得施工。 第五十六条　建筑工程的勘察、设计单位必须对其勘察、设计的质量负责。勘察、设计文件应当符合有关法律、行政法规的规定和建筑工程质量、安全标准、建筑工程勘察、设计技术规范以及合同的约定。设计文件选用的建筑材料、建筑构配件和设备，应当注明其规格、型号、性能等技术指标，其质量要求必须符合国家规定的标准。 第五十七条　建筑设计单位对设计文件选用的建筑材料、建筑构配件和设备，不得指定生产厂、供应商。 第五十八条　建筑施工企业对工程的施工质量负责。建筑施工企业必须按照工程设计图纸和施工技术标准施工，不得偷工减料。工程设计的修改由原设计单位负责，建筑施工企业不得擅自修改工程设计。 第五十九条　建筑施工企业必须按照工程设计要求、施工技术标准和合同的约定，对建筑材料、建筑构配件和设备进行检验，不合格的不得使用。 第六十一条　交付竣工验收的建筑工程，必须符合规定的建筑工程质量标准，有完整的工程技术经济资料和经签署的工程保修书，并具备国家规定的其他竣工条件
2	《中华人民共和国招标投标法》	第十九条　招标人应当根据招标项目的特点和需要编制招标文件。招标文件应当包括招标项目的技术要求、对投标人资格审查的标准、投标报价要求和评标标准等所有实质性要求和条件以及拟签订合同的主要条款。 第二十条　招标文件不得要求或者标明特定的生产供应者以及含有倾向或者排斥潜在投标人的其他内容

续表

序号	法律法规名称	主要内容
3	《建设工程安全生产管理条例》	第六条　建设单位应当向施工单位提供施工现场及毗邻区域内供水、排水、供电、供气、供热、通信、广播电视等地下管线资料，气象和水文观测资料，相邻建筑物和构筑物、地下工程的有关资料，并保证资料的真实、准确、完整。 第十二条　勘察单位应当按照法律、法规和工程建设强制性标准进行勘察，提供的勘察文件应当真实、准确，满足建设工程安全生产的需要。 第十三条　设计单位应当按照法律、法规和工程建设强制性标准进行设计，防止因设计不合理导致生产安全事故的发生。设计单位应当考虑施工安全操作和防护的需要，对涉及施工安全的重点部位和环节在设计文件中注明，并对防范生产安全事故提出指导意见。采用新结构、新材料、新工艺的建设工程和特殊结构的建设工程，设计单位应当在设计中提出保障施工作业人员安全和预防生产安全事故的措施建议。设计单位和注册建筑师等注册执业人员应当对其设计负责。 第十四条　工程监理单位应当审查施工组织设计中的安全技术措施或者专项施工方案是否符合工程建设强制性标准。 第三十八条　施工单位应当为施工现场从事危险作业的人员办理意外伤害保险。意外伤害保险费由施工单位支付。实行施工总承包的，由总承包单位支付意外伤害保险费。意外伤害保险期限自建设工程开工之日起至竣工验收合格止
4	《建设工程质量管理条例》	第九条　建设单位必须向有关的勘察、设计、施工、工程监理等单位提供与建设工程有关的原始资料。原始资料必须真实、准确、齐全。 第十六条　建设单位收到建设工程竣工报告后，应当组织设计、施工、工程监理等有关单位进行竣工验收。建设工程竣工验收应当具备下列条件：（一）完成建设工程设计和合同约定的各项内容；（二）有完整的技术档案和施工管理资料；（三）有工程使用的主要建筑材料、建筑构配件和设备的进场试验报告；（四）有勘察、设计、施工、工程监理等单位分别签署的质量合格文件；（五）有施工单位签署的工程保修书。建设工程经验收合格的，方可交付使用。 第十七条　建设单位应当严格按照国家有关档案管理的规定，及时收集、整理建设项目各环节的文件资料，建立、健全建设项目档案，并在建设工程竣工验收后，及时向建设行政主管部门或者其他有关部门移交建设项目档案。 第十九条　勘察、设计单位必须按照工程建设强制性标准进行勘察、设计，并对其勘察、设计的质量负责。 第二十条　勘察单位提供的地质、测量、水文等勘察成果必须真实、准确。 第二十一条　设计单位应当根据勘察成果文件进行建设工程设计。 第二十二条　除有特殊要求的建筑材料、专用设备、工艺生产线等外，设计单位不得指定生产厂、供应商。 第二十三条　设计单位应当就审查合格的施工图设计文件向施工单位做出详细说明。 第二十八条　施工单位必须按照工程设计图纸和施工技术标准施工，不得擅自修改工程设计，不得偷工减料。施工单位在施工过程中发现设计文件和图纸有差错的，应当及时提出意见和建议。 第二十九条　施工单位必须按照工程设计要求、施工技术标准和合同约定，对建筑材料、建筑构配件、设备和商品混凝土进行检验，检验应当有书面记录和专人签字；未经检验或者检验不合格的，不得使用

续表

序号	法律法规名称	主要内容
4	《建设工程质量管理条例》	第三十六条　工程监理单位应当依照法律、法规以及有关技术标准、设计文件和建设工程承包合同，代表建设单位对施工质量实施监理，并对施工质量承担监理责任。 第三十九条　建设工程实行质量保修制度。建设工程承包单位在向建设单位提交工程竣工验收报告时，应当向建设单位出具质量保修书。质量保修书中应当明确建设工程的保修范围、保修期限和保修责任等。 第四十九条　建设单位应当自建设工程竣工验收合格之日起 15 日内，将建设工程竣工验收报告和规划、公安消防、环保等部门出具的认可文件或者准许使用文件报建设行政主管部门或者其他有关部门备案
5	《中华人民共和国环境影响评价法》	第十六条　国家根据建设项目对环境的影响程度，对建设项目的环境影响评价实行分类管理。建设单位应当按照下列规定组织编制环境影响报告书、环境影响报告表或者填报环境影响登记表。 第二十四条　建设项目的环境影响评价文件经批准后，建设项目的性质、规模、地点、采用的生产工艺或者防治污染、防止生态破坏的措施发生重大变动的，建设单位应当重新报批建设项目的环境影响评价文件
6	《中华人民共和国环境保护法》	第十三条　建设项目的环境影响报告书，必须对建设项目产生的污染和对环境的影响做出评价，规定防治措施，经项目主管部门预审并依照规定的程序报环境保护行政主管部门批准。环境影响报告书经批准后，计划部门方可批准建设项目设计任务书。 第二十六条　建设项目中防治污染的设施，必须与主体工程同时设计、同时施工、同时投产使用。防治污染的设施必须经原审批环境影响报告书的环境保护行政主管部门验收合格后，该建设项目方可投入生产或者使用
7	《中华人民共和国消防法》	第九条　建设工程的消防设计、施工必须符合国家工程建设消防技术标准。建设、设计、施工、工程监理等单位依法对建设工程的消防设计、施工质量负责。 第十二条　依法应当经公安机关消防机构进行消防设计审核的建设工程，未经依法审核或者审核不合格的，负责审批该工程施工许可的部门不得给予施工许可，建设单位、施工单位不得施工；其他建设工程取得施工许可后经依法抽查不合格的，应当停止施工。 第十三条　按照国家工程建设消防技术标准需要进行消防设计的建设工程竣工，依照下列规定进行消防验收、备案：……依法应当进行消防验收的建设工程，未经消防验收或者消防验收不合格的，禁止投入使用；其他建设工程经依法抽查不合格的，应当停止使用。

2. 建设工程信息条款约定

我国建设工程合同各示范文本中，关于图纸、文档、资料、预算、文件、报告等信息的条款约定，以及参与方各环节协调工作及相关责任的约定，基本是按上述表 10-2 建筑业法律及行政法规的相关规定、原则和精神设置的。

3. 影响

BIM 是建筑业信息化的一种具体应用方式，要求全社会相关行业的产品标准都能到位，所有的相关人员在一个定义好的规则下与该建筑模型打交道。建筑业信息化的持续发展取决于相关合同法律框架的制定，只有制定一系列规则和标准，使建设项目的相关政策法律环境进一步优化，才能促使其步入良性的循环发展中。

建筑业信息化在我国发展缓慢，我国现有建筑行业关于建筑信息化在体制、法律法规、行业规程、合同体系及法律责任等方面还不完善。从表10-2我国法律对于建设项目信息的各项要求，以及参与方各环节协调工作及相关责任的主要规定，可以看出：国内关于此类法律法规要么空白，要么规定得不充分，规定过于原则和简单；建设单位、勘察设计单位、施工单位、工程监理单位及其他相关单位，未约定清楚各方负责的信息资料的具体内容、收集的时间和具体要求、如何传递、信息责任人如何管理，以及各方之间在建设项目信息的管理上如何配合，相关责任也未有约定等，对现阶段BIM应用造成了一定的障碍，需要突破。

建筑业现有的法律以及合同体系阻碍国内BIM的发展，总结一下，具体表现在如下主要方面：

（1）对建设项目全生命周期中信息的管理缺乏贯穿和统一的整合，无法支持BIM对信息的要求。

目前，在建设各阶段，信息的规定是分离的、不清晰的，从建设单位到勘察设计单位、到施工单位再到物业运营单位，对于信息整理、质量管理和安全责任是各自管理、各自负责，缺乏各阶段对于信息的总体贯穿和统一要求。

（2）在法律效力最高的法律、行政法规中，没有对建设项目电子信息文件的使用、交付及管理等做出规定。

现有的法律及行政法规中对于信息整理和提交的要求基本是书面纸质的，包括设计图纸、施工图纸在内，不利于保存、传递和共享，影响后续各参与方的信息利用和效率。

应提升立法层级，提升对电子信息文件的强制性立法要求，整合建筑生命周期内的电子文档流，使电子文档数据成为可以利用的资源，这将使得电子信息化的利用率更上一台阶。

（3）缺乏标准化分工和统一数据标准，无法实现信息共享。

BIM所需要的更为标准化的专业分工体系，包括设计的各专业之间协作，需要使用标准化的交互方式。

首先，制图应统一标准。我国目前缺少行业统一的制图标准或者制图规则，导致设计公司之间难以交流，而且二次开发软件公司没有统一的标准，设计单位在使用这些二次开发软件绘图时更造成了标准在公司内部的不统一，从而导致在项目中的运用很难统一。其次，信息分类应统一标准。再次，工程项目管理中的工作分解结构应统一标准。其工作的定义和分类对BIM在施工环节产生极为重要的影响，只有工作分解结构统一标准，才能与BIM更好地融合。最后，软件开发数据标准应统一。目前的“建筑对象数字化标准”是唯一的国家BIM标准。

（4）未明确设计阶段设计者的协同设计责任，导致设计中出现错、漏、碰、缺，或增加后期大量的设计变更。

现有的法律及行政法规缺乏对协同设计的相关规定，包括协同设计的定义、标准等均无规定，导致协同困难。我国设计行业专业间协调工作量大、过多注重图形表达而不注重设计的可施工性，在项目中缺少协同，造成设计工作效率低下，专业与专业之间，个人与个人之间的信息由于缺少统筹管理而互相割裂，结果就是导致后期施工中的错、漏、碰、撞，给施工带来了一定的困难甚至返工。

（5）建设项目各参与方的信息版本不协同。

建设单位管理建设项目信息的任务繁重。建设单位负责及时收集、整理建设项目各环节的文件资料，建立、健全建设项目档案，并在建设工程竣工验收后，及时向建设行政主管部门移交建设项目档案。同时，根据现有的法律法规规定，施工单位、监理单位、运营单位也都需要收集、管理一套属于自己工作需要及备份的信息，因缺乏信息的协同共享平台，电子信息没有法律地位且电子版无法归档，造成信息搜集的重复性，并且各参与方的信息版本、更新、维护均严重不协同。

（6）在设计阶段或更前期，不能提供供应商的设备及材料等信息，导致无法利用 BIM 进行模拟。

根据《中华人民共和国建筑法》第二十五条和第五十七条规定，《建设工程质量管理条例》第二十二条规定，建设单位和建筑设计单位不得指定生产厂、供应商，以及《中华人民共和国招标投标法》第二十条规定招标文件不得要求或者标明特定的生产供应者。

在设计阶段或更前期，建设单位和设计师以及 BIM 顾问利用 BIM 进行模拟，需要相当多的来自市场上供应商的设备、材料的信息，否则无法进行模拟。中国受制于上述法律规定的制约，设计阶段，包括设计更前期的相关服务无法开展起来，严重影响了此阶段的 BIM 应用。

比如，按目前我国法律法规的要求，施工后才招标供应商，那么结构设计时，供应商的相关材料信息就只能是虚设的，这种信息的缺位极易引起对设计局部的影响，从而导致后期的设计变更。再比如，BIM 在做能源模拟时，需要设备、材料的参数，会同样因为这类信息的迟滞导致正在进行的工作受影响。

（7）定额体系与 BIM 的构件分类体系不兼容。

国外建筑管理发达国家，如美国，业主通过委托咨询公司实现对工程施工阶段造价的全过程管理，它有统一的计价依据和标准，是典型的市场化价格。工程造价计价主要由各咨询机构制定单位建筑面积消耗量、基价和费用估算格式等，由发包商、承包商通过一定的市场交易行为确定工程造价，工程造价管理均处于有序的市场运行环境，实行了系统化、规范化、标准化的管理。

在我国，计价依据、计价方法存在政府指导，缺乏发达的咨询业，以及多渠道的信息发布等，与现行工程造价管理的国际惯例还存在差距，影响了 BIM 在中国的发展。

在造价管理体系中，清单替代定额是国际发展趋势。但我国目前推行清单计价受制于传统体系流程。

（8）对工程资料移交、验收体系的法律规定和合同约定不明晰和不健全，严重影响建筑的后续运营和维护工作。

建设工程最后的移交工作非常重要，但国内工程管理中竣工移交方面存在非常多的缺陷和不足，尤其是民用建筑工程领域，缺乏法律和合同的有效约束。

验收过程一般包括：检验工程设计和完工成果、对工程做最终评价，并完成支付和移交等合同义务、资料归档、编制运营维护手册、培训物业人员等，确保工程达到目标和符合质量等具体要求。但是实践中，承包商很难完整移交涉及所有设施设备的易损件、常备件清单，无论是设计图纸、竣工图还是其他竣工资料，都不能正确反映真实的设备、材料、安装使用情况。

实践中，物业运营接管工程的时候，要从头开始摸索设备设施的特性和工况，服务质量和工作效率大打折扣。物管单位能够从移交中自动获取的信息有限，很多运营维护信息仍然必须依靠人工重新找寻和输入，大量的有用信息被验收移交中的不同种类的繁杂的纸质文档所淹没，导致现有的工程资料体系中，忽略了很多有价值的资料和数据，很多细节被遗漏、被淹没。

生活中经常会发生这样的事情：业主因入住后房屋存在渗漏、裂缝等情形，向物管公司投诉时，因承包商、物管公司迟迟找不到施工的管线图等资料，而不能高效、妥善处理小业主投诉的问题，最终引发维权诉讼。

（9）中国建筑业保险体系的不健全，导致 BIM 实施缺乏重要的基础。

与美国不同，美国建设项目全过程中贯穿的是建筑师角色，建筑师是能够在美国实施 BIM 的极为重要的角色，而这种制度背后是建筑师服务行业健全的保险法律体系的支撑，美国强制性规定建筑师必须购买责任险，以对其承担的设计工作负法律责任。

我国建筑业的保险法律不健全，保险市场单一，缺乏健全的保险体系，没有这个 BIM 实施极为重要的基础。我国的设计师责任险很难推行，导致设计师无须承担责任，责任缺位被产业和市场所容忍，对设计成果并不要求太精、太准、太细，BIM 应用的收益和成本也就未能得到良好的评估，以及未被市场认可。

（10）我国建设项目法规、规范、标准的要求与国外 BIM 技术和软件能够提供的功能也有一定差距。由于篇幅所限，此问题本章节不展开探讨。

（11）我国现有审图体制直接导致国外的 BIM 软件无法支持国内的审图要求。由于篇幅所限，此问题本章节也不展开探讨。

10.3　英美国家的建筑业合同体系及 BIM 合同

美欧、日本以及我国香港地区的 BIM 技术已经广泛应用于各类房地产开发，美国已经出台相应的全美 BIM 标准。在我国，BIM 建筑信息模型作为一个重要项目，已经纳入国家科技部“十一五”的重点研究项目《建筑业信息化关键技术研究与应用》，依据科技部《国家中长期科学和技术发展规划纲要（2002–2006）》和“十一五”先进制造与自动化领域科技发展规划的任务要求设置。但相对于欧美、日本等发达国家，中国 BIM 的应用与发展比较滞后，BIM 标准的研究还处于起步阶段，行业的规范化和信息化程度不高，尚待加强。

因此，在中国已有规范与标准保持一致的基础上，构建 BIM 的中国标准成为紧迫与重要的工作。同时，中国 BIM 标准如何与国际的使用标准有效对接、政府与企业如何推动中国 BIM 的应用都将是今后工作的挑战。我们需要积极借鉴国外的先进经验以推动我国 BIM 的发展，为行业可持续发展奠定基础。

10.3.1 美国的建筑业合同体系及 BIM

1. 美国的建筑业合同体系概述

建筑业是美国经济发展至关重要的发动引擎，具有重要的经济地位。美国的建设工程项目分为政府投资项目和私人投资项目。对于政府投资项目，必须通过公开招标来确定承包单位，美国采取的是一种谁投资谁管理，即由政府投资部门直接管理和签订合同；对私人管理项目，政府不干预，对承包商的选择没有特别的规定和限制，不必公开招标，业主有权挑选设计者和承包商，但对工程的技术标准、质量、安全、环境影响等，通过法律法规、技术标准、合同示范文本等加以引导或限制。

在美国，有许多建筑师和工程师在公共机构和大型的私营机构工作，也有许多建筑师、工程师私人注册独立设计公司，根据签订的合同完成设计工作。建筑师和工程师，也称为设计专业人员。美国施工企业为管理其工程成本而采取的一项组织措施就是实行技术管理层和劳务层分离，只雇佣少量的技术管理人员，没有固定工人和长期合同工，根据建设项目需要，随时与社会上各种专业分包商签订分包合同，任务完成后，立即解约。

建设经理是随着建设管理模式而出现的一种新型职业，是一些建筑施工、建筑工程管理及建筑经济学方面的专家，业主聘其作为代理人，主要工作是在施工阶段对建筑师、工程师和承包商进行管理、监督协调。

2. 美国 AIA 系列合同条件

AIA 是美国建筑师学会（The American Institte of Architects）的简称。该学会作为建筑师的专业社团已经有近 140 年的历史。AIA 出版的系列合同文件在美国建筑业界及国际工程承包界，特别在美洲地区具有较高的权威性，影响大，应用广泛。

AIA 针对合同各方之间不同关系制定了不同系列的合同和文件，AIA 系列合同文件分为 A、B、C、D、G 等系列，其中：A 系列是用于业主与承包商的标准合同文件，不仅包括合同条件，还包括承包商资格申报表、保证标准格式；B 系列主要用于业主与建筑师之间的标准合同文件，其中包括专门用于建筑设计、室内装修工程等特定情况的标准合同文件；C 系列主要用于建筑师与专业咨询机构之间的标准合同文件；D 系列是建筑师行业内部使用的文件；G 系列是建筑师企业及项目管理中使用的文件。

AIA 合同针对不同的工程项目管理模式制定了各自的合同文本体系，主要包括标准协议书和通用条件。AIA 系列合同文件的核心是“一般条件”（A201），即《工程承包合同通用条款》。1987 年版的 AIA 文件 A201 共计 14 条 68 款，主要内容包括：业主、承包商的权利与义务；建筑师与建筑师的合同管理；索赔与争议的解决；工程变更；工期；工程款的支付；保险与保函；工程检查与更正其他条款。AIA 文件 A201 是施工合同的实质内容，该文件通常与其他 AIA 文件共同使用，因此被称为“基本文件”。A401 是《总承包商与分包商标准合约文本》。

从计价方法上看，AIA合同文件主要有总价、成本补偿和最高限定价格三种方式。采用不同的工程项目管理模式及不同的计价方式时，只需选用不同的“协议书格式”与“一般条件”即可。

3. AIA标准招标文件

美国建筑师学会AIA编写的《业主与建筑师标准协议书格式（A101-1987）》《业主与承包商标准固定价协议书格式（A101-1977）》《业主与承包商标准成本加酬金协议书格式（A111-1978）》《通用施工合同条件》，以及美国总承包商联合会的《标准建筑施工分包合同协议书格式（AGC500-1980）》，这些标准招标文件一般是推荐性的，但在实际上却被广泛采用。

这些标准招标文件一般包括投标人须知、投标书格式、协议书格式、通用合同条件、专用合同条件、工程量清单、履约保证书格式等，非常完备。

4. AIA系列合同条件下的工程项目管理模式

AIA系列合同条件主要用于私营的房屋建筑工程。该合同条件下确定了三种主要的工程项目管理模式，即：业主直接管理模式、设计—建造模式和建设管理模式。

业主直接管理方式，是项目管理的传统模式，它是业主分别与设计单位和承包商签订设计和施工合同，业主直接对设计和施工工作进行管理，设计专业人员往往承担着重要的监督工作。这种模式按工程规模大小又划分为普通工程、限定范围工程、小型工程、普通装饰工程和简单装饰工程。

设计—建造方式，就是在项目原则确定以后，业主只需选择一个单位负责项目的设计与施工，该单位对设计、施工阶段的成本负责，至于工程设计和施工的具体实施，则根据具体情况，或由自己的专业人员以及下属机构完成，或通过与专业设计机构及分包商签订协议分别完成。

建设管理模式有两种，第一种为建设经理是业主的代理人和咨询人员，代表业主参加全部合同协议的情形，建设经理提供建设管理服务，是一种传统的形式。第二种为建设经理同时也是建造者，又称风险型建筑工程管理方式，在这种方式下，建设经理同时也是施工总承包商，建设经理除了正常的承包工程的收入外，由于承担了保证施工成本的风险而可以得到另外的收入。建设管理模式与其他模式相比，可以实现设计、招标、施工的科学有效的充分搭接，从而大大缩短整个项目的建设周期，有效降低成本。

5. 美国的建筑师及建筑业保险体系

美国目前约有上万家建筑设计事务所（公司），其中约85%的建筑设计事务所在6人以下。建筑设计事务所（公司）可以是合伙制、私人公司、专业公司、有限责任公司等多种形式，还可以是有限——合伙制公司。美国实行注册人员的个人市场准入管理制度，对单位不实行准入管理，即只有经过注册并取得注册建筑师、注册工程师执业资格证书后，方可作为注册执业人员执业，并作为注册师在图纸上签字。

建筑师是业主与承包商的联系纽带，是工程期间业主的代表，在合同规定的范围内有权代表业主行事。建筑师主要有以下几项权力：检查工程进度及质量，有权拒绝不符合合同文件的工程；审查、评价承包商的付款申请，检查支付证书；对施工图、文件资料和样品的审查批准权；负责编制变更令、施工变更指示等，确认竣工日期。

美国建设项目全过程中贯穿的是建筑师角色，建筑师是能够在美国实施 BIM 的极为重要的角色，这种制度有建筑师服务健全的保险法律体系的支撑。按照美国法律规定，进行工程项目建设前，业主和承包商必须办理有关强制性保险，否则将无法从事相应的业务活动。在美国，承包商交纳安全保费的多少，和其安全施工的业绩与信誉密切相关。美国拥有世界上最大的保险市场，与保险相配套的法律体系健全完善。美国法律规定的与工程有关的强制性保险种类主要有：承包商险，安装工程险，劳工赔偿险，职业责任险等。一旦哪个建筑师的项目出事了，去理赔了，以后就不再有保险公司给他继续保险了。这是业主信赖的一个基础。

当业主信赖建筑师，于是就有大量的建筑师成为业主的“自己人”，帮助业主做很多的建筑设施的管理工作，特别是工程建设工作。这种类型的建筑师能够比其他的专业人员更接近全生命周期的管理，于是，建筑师使用 BIM 的可能性也就非常大—作为建筑管家，他可以一直掌管模型，而业主则不需要。

6. 美国 BIM 的发展及合同

（1）美国 BIM 的发展概述

美国很早就开始研究建筑信息化的应用，美国 BIM 的普及率与应用程度较高，政府或业主会主动要求项目运用统一的 BIM 标准，甚至有的州已经立法，强制要求州内的所有大型公共建筑项目必须使用 BIM。

发展到今天，美国建设项目的 BIM 应用已经达到相当普及程度，BIM 应用种类繁多。

（2）美国的 BIM 标准和 BIM 合同

在政府的引导推动下，形成了各种 BIM 协会和 BIM 标准。目前美国所使用的 BIM 标准包括 NBIMS（美国 BIM 标准，United States National Building Information Modeling Standard）、COBIE（Construction Operations Building Information Exchange） 标 准、IFC（Industry Foundation Class）标准等，不同的州政府或项目业主会选用不同的标准，其使用前提都是要求通过统一标准为相关利益方能够带来最大的价值。美国建筑科学研究院（NIBS-National Institute of Building Sciences）在 2007 年发布全美 BIM 标准第一版第一部分。

2010 年 4 月 16 日，美国出台了《BIM 项目实施计划指南 2.0 版本》，该版本指出：在一个项目上综合化的 BIM 的应用，不仅可以改进特定的项目进程，而且还可以提升项目之间的协同程度。当合同影响了项目交付过程的进程，以及对一些潜在的责任问题行使了相应的控制，合作就显得尤为重要。既然这些事项将指导项目各方参与者的行为，业主和 BIM 团队的成员就应当对 BIM 合同需求的起草事宜给予更多的关注。可能的话，合同中应包含以下几个方面：

1）BIM 模型的发展建立以及所涉各方的相关职责；

2）模型共享和可信度；

3）数据互用和文件格式；

4）模型管理；

5）知识产权；

6）BIM 项目实施计划的具体需要

为便于 BIM 的推广以及各方接受，在运用 BIM 进行项目时，标准合同可以被用于 BIM 项目上，不改变和重新构建先前已普遍使用的合同，只是在前面章节中已介绍的传统建筑合同中，以合同附录形式阐述 BIM，编辑并包括上述必要的内容。

美国建筑师学会已经有几个合同附录或者是改进过的合同范本，说明 BIM 在项目上的实施，主要有：AIAE202-2008；BIMProtocoIExhibit。该文件分为 4 个主要条款：总则；协议；发展层级；模型要素。总则部分的主要内容是对关键词语下定义；第二条“协议”中对协调和冲突、模型的所有权、模型的标准、模型管理、模型档案等进行了约定；第三条“发展阶段”分为 5 个层级，每个层级都对模型内容需求、模型的作用进行约定；第四条主要阐述模型要素表。

其中第 2.1 条约定：当发现 BIM 模型存在冲突时，无论当时是在项目或模型发展层级的任一阶段，发现问题的那方必须尽快通知该模型要素的创建责任方，一旦接到这样的通知，模型要素的责任方应立即采取行动减少该冲突。

第 2.2 条对模型的所有权作了约定：模型作者并未因制作模型而转移任何权利，任何模型使用者，仅可为设计、建造工程而使用、修改或传输模型，其他模型使用者不因合同而取得为其他目的使用模型的权利。

第 2.4 条对模型的初始创建者责任和后续创建者责任进行了描述，初始责任包括：模型来源、协调系统及单元、档案存放位置、传送及存取模型档案的程序、检测系统冲突等；后续责任包括：收集模型、集合模型档案使其能被阅览、进行系统冲突侦测并制作系统冲突报告、维持模型档案及备份、管理存取权限等。

第 3 条约定了 5 个发展阶段。从概念设计到施工，再到完工阶段。

第 4.3 条附列了“模型要素表”，对每一个模型要素允许确定发展层级和模型创建如下文件说明贯穿一个项目的数据建立，它们是：AIAE201-2007 文件：Digital Data Protocol Exhibit（主要规定了数据的传播中的相关责任）；AIA Document C106- 2007：Digital Data Licensing Agreement。说明一个 BIM 项目在一体化实施过程中的风险管理的文件是：AIAC196-2008，C197-2008：IPD Agreements。

ConsensusDOCS 301 BIM Addendum 是美国承包商团体发布的另一份 BIM 合同范本。范本规定，在成熟的项目合同中，应当有一份书面的 BIM 项目实施计划作为特别的参考和必备，以便团队成员参与计划和实施过程。在合同条款里设置 BIM 的要求，将在法律层面确保项目团队的全体成员按项目规划完成 BIM 实施。对于信息管理，该合同约定：设立信息的管理者，该人士由合同当事方选任，原则上由业主自行决定替代人选，并由业主支付所需费用。同时，对于各参与方依赖模型信息的程度进行了情况区分的说明。对于风险分配，该合同约定：每个参与者可以依赖别的参与者制作模型的正确性，每个参与者应对其所制作的部分负责。对于知识产权，约定了保证条款：任一方保证其拥有其制作的内容的知识产权，或该制作已经得到权利人的授权；任一方担保他方不会因使用其所制作的内容而遭受第三人主张侵权；并约定每个参与者授权其他参与者以该工程为使用目的，有限、非专属权利、可重制、传输、展示或以其他方式使用该参与者制作的内容，被授权人也可以相同方式再授权其他工程参与者。

美国俄亥俄州政府于 2010 年 10 月发布了一份旨在推动 BIM 应用的相关“协议”。成为美国继威斯康星州和德克萨斯州之后出台 BIM 应用规范草案的第三个州。

该协议规定了凡是俄亥俄州内政府类项目，造价在 400 万美元以上或机电造价占项目 40% 以上的项目，必须使用 BIM。而美国威斯康星州是规定州内造价超过 500 万美元的项目必须使用 BIM，德克萨斯州规定凡是政府类项目都必须有 BIM 模型。协议约定，项目的 BIM 模型和设施工程数据是项目业主的财产，根据俄亥俄州关于电子数据和合同文件的相关法律，业主被允许利用这个数据。

俄亥俄州的 BIM 协议对近期、中期及远期目标进行了描述。对 BIM 项目还给予付款上的优惠条款，如将原来非 BIM 项目施工图部分（占总合同 10% 的设计费）提前在方案、初设阶段支付。协议还对许多相关概念、程序、最终成果等作了规定。

其中，“电子文件（BIM 文件等）的使用保障条款”很具参考性，它规定：在法律准许的最大限度之下，施工企业应当保障且使被保障方不受施工企业在使用电子文件的过程中可能产生的各种财产、财务损失、诉讼费用、起诉即其他各种咨询费用的影响，包括 CAD 或 BIM 文件。

10.3.2 英国的建筑业合同体系及 BIM

1. 英国的 BIM 标准

2009 年 11 月，英国发布了“AEC（UK）BIM Standard”第一版。这是在英国使用的一部实用且务实的 BIM 标准，应用于建筑设计、工程建筑业。其内容包括：背景、委员会成员、免责声明、范围、定义、BIM 谋略的原则和架构、BIM 模型文档的命名约定、图表成果和 100% 的 BIM 工作流程、BIM 建模标准以及数据交换等。

这部英国 BIM 标准版本中目前未包含综合项目交付、法律事项以及风险消减等内容，这些重要内容的详细细节将由其他委员会在其他文件中予以规定。AEC（UK）BIM 标准拟将成为 BIM 软件生产标准和提供这些事项的基本指引，以便需要时相互参考。

其中，在 BIM 体系中，这部标准认为建模和文档信息命名的重要性极为突出，任何一个设计者最初步的接触都要从建筑信息开始，明确而精准的约定对于 BIM 数据信息的成功识别至关重要。

2010 年 4 月，又发布了名为“AEC（UK）BIM Standard for Autodesk Revit”的标准第一版，由来自英国建筑业十几个公司的专家共同编写的，旨在指导和支持英国建筑业中所有采用 BIM 技术（Revit 平台）的实际工程项目作业流程的行业标准。该标准的目的在于：

（1）最大化采用 BIM 技术的工程项目的生产效率。

（2）制定和探索能确保项目高质量交付的实施标准和最佳实践。

（3）确保 BIM 项目文件在结构上的统一性，以利于各项目参与方、各项目阶段之间的信息互换。

2010 年，英国标准协会以及英国 Building SMART 机构共同发布了题为《构造一个商业案例 - 建筑信息模型化过程》，详细叙述了 BIM 的不可逆转的强劲发展趋势、信息结构以及信息交付，讲述了 BIM 的形式和功能，分析了客户不断增强的需求，重点说明了 BIM 的收益和成本。希望建设项目的各参与方迎接 BIM 时代的到来。

2. 英国的建筑业合同体系概述

英国是现代合同管理制度的发源地之一，以总承包为基础的工程项目管理模式已经有近200年的历史。至今，许多国家和地区，尤其是那些曾经是英国殖民地的国家和地区，例如新加坡、中国香港、澳大利亚等，其建筑合同制度都始自于英国。FIDIC土木工程施工合同条款的最初版本就是以英国土木工程师学会（ICE）的合同条件为基础。

ICE是英国土木工程师学会（The Institution of Civil Engineer）的简称。该学会是设于英国的国际性组织，是世界公认的学术中心、资质评定组织及专业代表机构。ICE在土木工程建设合同方面具有高度的权威性。

1991年1月第六版的《ICE合同条件（土木工程施工）》共计71条109款，主要内容包括：工程师及工程师代表；转让与分包；合同文件；承包商的一般义务；保险；工艺与材料质量的检查；开工，延期与暂停；变更、增加与删除；材料及承包商设备的所有权；计量；证书与支付；争端的解决；特殊用途条款；投标书格式。IEC合同条件的最后附有投标书格式、投标书格式附件、协议书格式、履约保证等文件。ICE合同条款是属于固定单价合同的格式，以实际完成的工程量和投标书时的单价来控制工程项目的总造价。

同ICE合同条款标准格式配套参照使用的还有一个《ICE分包合同标准格式》，它于1984年9月修订发布，可与ICE合同条款配套使用。它规定了总承包商与分包商签订分包合同时采用的标准格式。

英国1991年出版并首次提出工程合同新体系，新体系由英国土木工程师协会倡导，可用于所有形式工程和施工项目。工程合同新体系包括所有合同要用的简要核心条款和由可选条款组成的模块，具有灵活性，工程合同新体系可以代替目前英国和其他国家使用的各种合同范本，使业主能够停止使用他们自己的合同条件，结束不断修改和增添合同范本的做法。

英国的BIM标准已经同FIDIC体系兼容。

10.4 适应和促进我国BIM技术应用的法律合同体系建议

由于技术手段所限，我国几十年来建筑业设计、施工、运营各个阶段的正规信息传递是通过二维审批施工图纸和平面技术文档。相应的法律法规制度也是基于这样的信息交流模式。BIM的出现对建筑业的信息互用提供了新的模式，也提出了新的要求。

BIM技术引发了新的交付模式，即三维或四维的虚拟仿真模型交付。BIM交付模式所包含的信息容量、信息质量、信息拓展性都远远超越平面交付模式，法律法规的改变也许需要很长时间，而且必须建立在成熟稳定全面的技术应用基础上。

在我国目前BIM模式尚处于不成熟的阶段，如何处理传统业务模式，包括工具、技能、流程、交付标准、沟通机制的现实顺畅运作与企业未来发展需求之间的矛盾。有专家指出，任何企业都需要循序渐进的变革，不应颠覆传统的业务流程，可以增加新的环节以逐步转型，整体效益最大化优先，局部、个体服从整体。笔者个人赞同上述观点。BIM的确是代表先进的生产力，但它一定要考虑和大环境的融合，推广 BIM 不是一下子推翻现有的行业做法，而是渐进的提升，才能逐渐发展和推广。

建设工程合同作为一种典型合同，具有它自身的特殊性和复杂性，如何对其进行架构和有效管理，使得它能推动 BIM 作为新技术的应用，这里试图做出如下几方面的建议，以抛砖引玉：

1. 国家行业主管部门或行业协会应牵头起草适应中国国情的 BIM 合同文件，作为现有建筑合同的附件

随着建筑业的发展，政府的监管职能越来越重要。政府能否掌握建筑市场动态和全面的建筑信息资源将成为基础和核心。借鉴国外 BIM 发展机制和技术，建设部等国家行业主管部门或行业协会，应牵头起草建立全国统一的 BIM 标准和 BIM 合同范本，建立建筑业信息化标准体系。

2. BIM 合同中约定各参与方的责任条款建议

在选择项目实施方法和准备合同条款的时候需要考虑 BIM 要求，在合同条款中根据 BIM 规划分配角色和责任。

（1）关于信息提交

应定义具有较高业务价值的信息内容，以及明确什么时候、如何提交、由什么人创建信息以及使用、管理信息，为项目所有参与方提供相应的信息提交要求。在进行信息提交的过程中需要对信息的三个主要特性进行定义，包括：状态，定义提交信息的版本；类型，定义该信息提交后是否需要被修改；保持，定义该信息必须保留的时间。

应明确信息提交的方法，它某种程度上要取决于需要提交的信息形式，业主可能继续要求以纸质形式提交需要的信息，同时提交数字版本。这种情况在项目信息提交计划中必须明确说明。

对于信息的电子化提交，有几种方法可以采用：业主自建系统，基于业主需求的第三方系统，跨组织系统。努力的方向应该使整个项目团队有控制的访问一个共享的精确项目信息库，同时最小化数据冗余和重复输入以及花费在使同样信息的多个版本保持一致这个工作上的投入。同时，信息交换的频率和时间节点、形式和格式等需要预先在合同中设定。

（2）明确各参与方应承担自己提交的信息的完整性、准确性的责任

BIM 规划团队要决定哪些信息在什么时候由哪个参与方创建，信息交换的每一个内容都必须确定负责创建的责任方，因此必须明确各项目参与方的职责、责任以及在合同中提出要求。一般来说，信息创建方应该是信息交换时间点内最容易访问信息的项目参与方。

被定义的责任方需要清楚地确定执行每个 BIM 过程需要的输入信息以及由此而产生的输出信息。业主、设计、咨询顾问、主承包商、分承包商、制造商、供货商等每一个项目参与方至少要有一个 BIM 代表，要为每一个信息交换的创建方和接收方确定项目交换的内容。每一方负责促进建模内容，应该给项目分配一个模型经理，每一个模型经理都有大量的责任，包括但不限于：

1）将建模内容从一方转移给另一方；

2）为每一个项目阶段验证详细等级和定义的控制；

3）在每个阶段验证建模内容；

4）结合或链接多个模型；

5）参与设计审查和模型协调会议；

6）将问题传给内部和跨公司团队；

7）保持文件命名准确；

8）管理版本控制；

9）在协作项目管理系统中适当地储存模式；

10）建筑设计师的模型经理将建立一个基础模型来作为其他模型的基础。在概念阶段，所有的模型经理将建立建模标准和准则；

11）上游BIM应用的输出将直接影响到下游的BIM应用，如果某个下游BIM应用需要的信息没有在上游的BIM应用中产生，那么就必须由该BIM应用的责任方创建。

（3）设置声明放弃追索间接损失的条款

对于信息的修正或未经授权的使用而引发的任何纠纷或争议，信息接收方将保证使信息的传播方免于遭到上述索赔。各阶段信息的责任方需声明放弃追索任何间接损失。

（4）发现信息错误、失误时的勤勉报告义务

应约定当发现不正确或不完整数据时，各参与方必须采取的流程和报告的义务。

（5）购买保险

以分散风险。

（6）知识产权

应约定信息数据的版权归属、如何保护信息、许可使用、保密事宜，以及如何避免侵权等。解决谁拥有设计、建造、分析数据，谁将支付费用以及谁对其项目精确性负责等问题。

在BIM应用的现实中，由哪一方拥有模型的知识产权是一个非常复杂的事情，因为几乎每一个模型的信息都包括或派生于许多其他的参与各方的信息基础。可以出于合理性判断来商定所有权，并且在BIM合同中最终加以约定。例如，国内一个利用BIM进行建设工程施工总承包的项目，对"BIM数据的所有权和权利"作了这样的约定："所有BIM模型以及所有本项目过程中产生的数据的所有权、知识产权等权利都归属于业主所有，非经业主书面同意，总包商不得擅自使用或处分。"对于一个综合项目的交付，拥有信息模型的全部或部分的使用权比拥有实际的所有权更为重要，因为这些权利与模型的信息来源联系更紧密。

模型信息的接受方对信息负有保密的义务。

在项目的早期阶段和BIM协议中，应约定模型的生产、创建原始工作、使用、分发和公布等法律权利的合理分配，并且这些权利的分配应和模型的希望用途一致，这些权利应包括：从共享平台下载模型的权利以及为了特定目的创建派生工作的权利。在设施管理的生命周期里，产权人应特别注意模型的预期用途。对于众多的模型创建方来说，为了开拓市场和培训教育的目的，拥有权利使用派生模型共同组成工作成果是合适的。

3. 建设项目的各分包合同也应相应约定BIM工作的要求

除了业主和各项目总承包方签署的合同以外，项目总包和分包以及供货商的合同中也应该包含对其BIM工作的要求。BIM团队需要分包和供货商提供相应的数据、资料并入协调模型或记录模型，创建相应部分的模型做3D设计协调。应在合同中定义需要分包和供货商完成的BIM工作的范围、模型交付时间、文件及数据格式、相应责任等。

综上所述，BIM 不是靠一个软件和一个技术人员能够完成的工作，BIM 的关键是所有项目成员在一定规则下协同建立统一的项目信息模型，而这个信息模型又为后续工种和专业的决策提供该工程项目的核心数据。现有的建筑法律和合同体系必须能适应 BIM 的特点和工作环境，才能有利推动 BIM 在中国的应用。

附　录

UDC 中华人民共和国国家标准

P　　　　　　　　　　　　　　　　　　　　　　　　　　　　　　GB/T5　1212-2016

建筑工程信息模型应用统一标准

Unified standard for building information model

（征求意见稿）

2016 年 12 月 2 日　　发布　　　　　　　2017 年 7 月 1 日　　实施

中华人民共和国住房和城乡建设部

中华人民共和国国家质量监督检验检疫总局　　　　联合发布

中华人民共和国国家标准

建筑工程信息模型应用统一标准

Unified standard for building information model application

GB/T 5　1212　–2016

主编部门：中华人民共和国住房和城乡建设部
批准部门：中华人民共和国住房和城乡建设部
施行日期：2017　年 7　月 1　日

前 言

本标准是根据住房和城乡建设部《关于印发2012年工程建设标准规范制订、修订计划的通知》(建标〔2012〕5号)的要求，由中国建筑科学研究院会同有关单位编制完成的。本标准是第一部建筑信息模型方面的工程建设标准。在编制过程中，标准编制组会同建筑信息模型BIM产业技术创新战略联盟(中国BIM发展联盟)开展了广泛的调查研究，组织了大量的课题研究，并参考了有关国外标准，广泛征求了有关方面的意见，对具体内容进行了反复讨论、协调和修改，最后经审查定稿。

本标准共分7章和2个附录，主要技术内容是：总则、术语、基本规定、模型体系、数据互用、模型应用、企业实施指引。本标准由住房和城乡建设部负责管理，由中国建筑科学研究院负责具体技术内容的解释。执行过程中如有意见或建议，请寄送中国建筑科学研究院标准规范处(地址：北京市北三环东路30号；邮政编码：100013；电子邮箱：chinabimuniontc@126.com)，以便今后修订时参考。

本标准主编单位：中国建筑科学研究院
本标准参编单位：清华大学
上海市建筑科学研究院(集团)有限公司
中建三局第一建设工程有限责任公司
浙江省建工集团有限责任公司
中铁四局集团有限公司
北京理正软件股份有限公司
广东同望科技股份有限公司
上海建工集团股份有限公司
中国建筑股份有限公司
中建三局机电工程有限公司
南京市建筑设计研究院有限责任公司
本标准主要起草人员：黄 强 程志军 张建平 金新阳 何关培 许杰峰
李云贵 黄 琨 朱 雷 刘洪舟 金 睿 楼跃清
本标准主要审查人员：龚 剑 伍 军 徐建中 左 江 李东彬 叶 凌

目 次

1 总则

1.0.1 为贯彻执行国家技术经济政策，支撑工程建设信息化实施，统一建筑工程信息模型应用要求，提高信息应用效率和效益，制定本标准。

1.0.2 本标准适用于建筑工程全寿命期内建筑信息模型的建立、应用和管理。

1.0.3 制定建筑信息模型的相关标准，应遵守本标准的规定。

1.0.4 建筑信息模型的应用，除应遵守本标准的规定外，尚应遵守国家现行有关标准的规定。

2 术语

2.0.1 建筑信息模型 building information model（BIM）

全寿命期工程项目或其组成部分物理特征、功能特性及管理要素的共享数字化表达。

2.0.2 建筑信息模型应用 application of building information model

建筑信息模型在工程项目中的各种应用及项目业务流程中信息管理的统称。

2.0.3 任务信息模型 task information model

以专业及管理分工为对象的子建筑信息模型。

2.0.4 任务信息模型应用 application of task information model

面向完成任务目标并支持任务相关方交换和共享信息、协同工作的任务信息模型各种应用及任务流程信息管理的统称。

2.0.5 基本任务工作方式 professional task based BIM application（P-BIM）

符合我国现有的工程项目专业及管理工作流程，以现行的专业及管理分工为基本任务，建立满足项目全寿命期工作需要的任务信息模型应用体系来实施建筑信息模型应用的工作方式。

2.0.6 基本任务工作方式应用软件 P-BIM software

以完成任务为目标，融合我国法律法规、工程建设标准和专业及管理工作流程并按基本任务工作方式实现信息交换和共享的建筑信息模型应用软件。

3 基本规定

3.0.1 建筑信息模型应用宜覆盖工程项目全寿命期。

3.0.2 工程项目全寿命期可划分为策划与规划、勘察与设计、施工与监理、运行与维护、改造与拆除五个阶段。

3.0.3　建筑信息模型宜在工程项目全寿命期的各个阶段建立、共享和应用，并应保持协调一致。

3.0.4　建筑信息模型应用软件应根据信息建立、共享和应用的能力进行认证。

3.0.5　建筑信息模型应用可采用多种工作方式，当无经验时，宜采用基本任务工作方式。

4　模型体系

4.1　一般规定

4.1.1　建筑信息模型应包含工程项目全寿命期中一个或多个阶段的多个任务信息模型及相关的共性模型元素和信息，并可在项目全寿命期各个阶段、各个任务和各个相关方之间共享和应用。

4.1.2　模型通过不同途径获取的信息应具有唯一性，采用不同方式表达的信息应具有一致性，不宜包含冗余信息。

4.1.3　用于共享的模型及其组成元素应在工程项目全寿命期内被唯一识别。

4.1.4　模型应具有可扩展性。

4.2　模型结构体系

4.2.1　模型整体结构宜分为任务信息模型以及共性的资源数据、基础模型元素、专业模型元素四个层次。

4.2.2　资源数据应支持基础模型元素和专业模型元素的信息描述，表达模型元素的属性信息。资源数据应包括描述几何、材料、时间、参与方、度量、成本、物理、功能等信息所需的基本数据。典型的资源数据及其信息描述宜符合本标准附表 A-1 的规定。

4.2.3　基础模型元素应表达工程项目的基本信息、任务信息模型的共性信息以及各任务信息模型之间的关联关系。基础模型元素应包括共享构件、空间结构划分、属性集元素、共享过程元素、共享控制元素、关系元素等。典型的基础模型元素及其信息描述宜符合本标准附表 A-2 的规定。

4.2.4　专业模型元素应表达任务特有的模型元素及属性信息。专业模型元素应包括所引用的相关基础模型元素的专业信息。典型的专业模型元素及其信息描述宜符合本标准附表 A-3 的规定。

4.3　任务信息模型

4.3.1　任务信息模型应包含完成任务所需的最小信息量，并宜按照建筑信息模型整体结构的要求进行信息的组织与存储。

4.3.2　任务信息模型应具有完成任务的基本信息，并应满足建筑工程相关法律、法规、专业标准及管理流程的规定。

4.3.3 任务信息模型宜根据任务需求和有关标准确定模型元素、描述细度以及应包含的信息，宜按照模型整体结构组织和存储模型信息。

4.3.4 各阶段的所有任务信息模型应协调一致，并可在项目策划与规划、勘察与设计、施工与监理、运行与维护、改造与拆除等阶段之间共享。

4.3.5 任务信息模型应满足交付要求。

4.4 模型扩展

4.4.1 模型结构应根据任务需要，扩充任务信息模型或模型元素的种类及相关信息。

4.4.2 新增和扩展的任务信息模型应与其他任务信息模型协调一致。

4.4.3 模型元素的种类增加宜采用实体扩展方式；模型元素的信息扩展宜采用属性或属性集扩展方式。

4.4.4 模型扩展不应改变原有模型结构。

5 数据互用

5.1 一般规定

5.1.1 任务信息模型应满足工程项目全寿命期各个阶段各个相关方协同工作的需要，包括信息的获取、更新、修改和管理。

5.1.2 工程项目全寿命期的各个阶段和各个任务宜共享模型的共性元素。

5.1.3 模型及相关信息应记录信息所有权的状态、信息的建立者与编辑者、建立和编辑的时间以及所使用的软件工具及版本等。

5.1.4 项目相关方应商定模型的数据互用协议，明确模型互用的内容、格式等。

5.2 交付与交换

5.2.1 模型数据交付前，应进行正确性、协调性和一致性检查，并应满足下列要求：

1 模型数据已经过审核、清理。

2 模型数据是最新版本。

3 模型数据内容和格式符合项目的数据互用协议。

5.2.2 任务相关方应根据任务需求商定数据互用的内容，数据互用的内容应满足下列要求：

1 包含任务承担方接收的模型数据。

2 包含任务承担方交付的模型数据。

3 明确互用数据的详细程度，详细程度应满足完成任务所需的最小信息量要求。

5.2.3 任务相关方应根据交换的模型数据商定互用格式，数据互用格式应满足下列要求：

1　互用数据的提供方应保证格式能够被数据接受方直接读取。

2　三个及三个以上任务相关方之间的互用数据应采用相同格式。

3　互用数据格式转换时，宜采用成熟的转换方式和转换工具。

5.2.4　任务相关方应商定数据互用的验收条件。

5.2.5　互用数据交付接收方前，应首先由提供方对模型数据及其生成的互用数据进行内部审核验收。

5.2.6　数据接收方在使用互用数据前，应进行确认和核对。

5.3　编码与存储

5.3.1　模型数据应进行分类和编码，并应满足数据互用的要求。

5.3.2　模型数据应根据建筑信息模型应用和管理的需求存储。

5.3.3　模型数据的存储可采用通用格式，也可采用任务相关方约定的格式，但均应满足数据互用的要求。

5.3.4　模型数据的存储宜采用高效的方法和介质，并应满足数据安全的要求。

6　模型应用

6.1　一般规定

6.1.1　模型应用可包括单阶段多任务应用、跨阶段多任务应用和全寿命期多任务应用。应逐步减少全寿命期任务信息模型总数。

6.1.2　数据环境应具有完善的数据存储与维护机制，保证数据安全。

6.2　模型数量与要求

6.2.1　建筑信息模型应用前，应对全寿命期各个阶段的任务信息模型种类和数量进行整体规划。

6.2.2　各个任务信息模型应能集成为逻辑上唯一的项目部分或项目整体模型。模型集成时宜满足本标准第 4.2 节中模型整体结构的要求。

6.2.3　宜设专人对任务信息模型及其业务流程进行管理和维护。

6.3　模型数据

6.3.1　任务承担方应根据完成任务需要建立任务信息模型。

6.3.2　任务信息模型的建立和应用应利用前置任务积累的模型信息，并交付后置任务需要的模型信息。

6.3.3　任务信息模型交付的互用信息，其数据格式应符合下列任一款的规定：

1 由相关方自行协商确定的专用标准。

2 采用开放的通用标准。

6.3.4 各任务信息模型的交付成果应及时归档。

6.3.5 应定期组织相关人员进行任务信息模型会审，并对其进行调整。

6.4 基本任务工作方式

6.4.1 工程项目各个阶段宜包含如下任务信息模型：

1 策划与规划阶段宜包含项目策划、项目规划设计、项目规划报建等任务信息模型。

2 勘察与设计阶段宜包含工程地质勘查、地基基础设计、建筑设计、结构设计、给水排水设计、供暖通风与空调设计、电气设计、智能化设计、幕墙设计、装饰装修设计、消防设计、风景园林设计、绿色建筑设计评价、施工图审查等任务信息模型。涉及工程造价的任务信息模型应包含工程造价概算信息，工程造价概算应按工程建设现行全国统一定额及地方相关定额执行。

3 施工与监理阶段宜包含地基基础施工、建筑结构施工、给水排水施工、供暖通风与空调施工、电气施工、智能化施工、幕墙施工、装饰装修施工、消防设施施工、园林绿化施工、屋面施工、电梯安装、绿色施工评价、施工监理、施工验收等任务信息模型。涉及工程造价的任务信息模型应包含工程造价预算及决算管理信息，工程造价预算应按工程建设现行全国统一定额及地方相关定额执行。涉及现场施工的任务信息模型应包含施工组织设计信息。

4 运行与维护阶段宜包含建筑空间管理、结构构件与装饰装修材料维护、给水排水设施运行维护、供暖通风与空调设施运行维护、电气设施运行维护、智能化设施运行维护、消防设施运行维护、环境卫生与园林绿化维护等任务信息模型。

5 改造与拆除阶段宜包含结构工程改造、机电工程改造、装饰工程改造、结构工程拆除、机电工程拆除等任务信息模型。

6.4.2 本标准第 6.4.1 条所列任务信息模型可根据项目需要合并或拆分建立，拆分建立的信息模型应与原任务信息模型协调一致。可根据项目需要增加本标准第 6.4.1 条所列任务信息模型之外的其他任务信息模型。新增的任务信息模型应与其他任务信息模型协调一致。

6.4.3 任务信息模型应由任务承担方在完成任务的工作过程中同时建立，并应支持与本阶段其他任务的协同工作，且应能在项目全寿命期各个阶段之间相互衔接、直接传递和应用。

6.4.4 各个阶段宜根据业主需要建立业主信息模型。

6.4.5 任务信息模型建立和应用前，任务相关方应针对各任务需求商定模型的建立和协调规则，及其共享和交换协议，明确模型互用的模式、范围、格式等，并应依此建立、编辑、共享、应用模型。

6.4.6 项目全寿命期各个阶段的任务信息模型应能通过协调，组合成为逻辑上唯一的本阶段项目部分或项目整体模型。

6.4.7 同一阶段所有任务信息模型的交付互用信息应是唯一确定版本，宜由该阶段统一交付给其他阶段项目相关方。

6.4.8　任务信息模型的建立、应用和管理应采用P-BIM软件，当缺乏相应任务P-BIM软件时应选用其他替代方式。

6.4.9　P-BIM软件应具有查验模型是否符合任务所涉及相关工程建设标准及其强制性条文的功能。

6.4.10　勘察与设计、施工与监理阶段的应用软件宜包含附表B所列P-BIM软件。附表B列P-BIM软件可根据完成任务需要进一步拆分或集成。

6.4.11　应制定全寿命期所有任务的P-BIM软件工程技术与信息交换标准，标准应包含下列内容：

1　本任务工作中所涉及的相关法律法规、标准规范及业务管理规定。

2　读入相关方任务信息模型为本任务交付的互用数据要求。

3　本任务多软件协同工作规定。

4　完成本任务应交付的最小文件及反馈信息要求。

5　本任务执行相关工程建设标准的智能检查信息要求。

6　为本阶段相关方建立任务信息模型应交付的互用数据及反馈信息要求。

7　为协调、组合成为本阶段项目部分或项目整体模型应交付的互用数据及反馈信息要求。

8　为其他阶段建立任务信息模型应交付的互用数据及反馈信息要求。

6.4.12　应根据完成任务能力对P-BIM软件进行技术水平评价，并对其正确执行工程建设标准强制性条文能力进行认证。

6.4.13　应根据完成任务信息量对P-BIM软件进行数据管理水平评价，并对其数据互用能力进行分级。分级应符合下列规定：

1　P-BIM软件：实现本任务应用软件之间数据互用且可交付本阶段其他任务应用软件需要数据的P-BIM软件。

2　P -BIM软件：实现本阶段任务应用软件之间数据互用且可交付全寿命期其他阶段任务应用软件需要数据的P-BIM软件。

3　P -BIM软件：实现全寿命期任务应用软件之间数据互用且可交付其他项目任务应用软件需要数据的P-BIM软件。

7　企业实施指引

7.0.1　企业建筑信息模型实施应结合企业信息化战略确立建筑信息模型应用目标。

7.0.2　企业实施建筑信息模型过程中，宜将建筑信息模型相关软件系统与企业管理系统相结合。

7.0.3　项目相关企业应建立支持数据共享、协同工作的环境和条件，并结合项目相关方职责确定权限控制、版本控制及一致性控制机制。

7.0.4 建筑信息模型实施应满足本企业建筑信息模型应用条件的相关要求。

7.0.5 企业实施建筑信息模型应制定建筑信息模型实施策略文档，项目、阶段及任务信息模型实施策略文档应包含下列内容：

1 项目概况、工作范围和进度，建筑信息模型应用的深度与范围。

2 为所有建筑信息模型数据定义通用坐标系。

3 项目应采用的数据标准，以及可能未遵循标准时的变通方式。

4 完成项目将要使用的、本企业已有的 P-BIM 软件及其他软件协调，以及如何解决 P-BIM 软件之间数据互用性的问题。

5 使用非 P-BIM 软件应遵守的国家与地方法律法规、技术标准和管理规定。

6 项目的领导方和其他核心协作团队，以及各方角色和职责。

7 项目交付成果，以及要交付的格式。

8 项目任务信息模型数据各部分的责任人。

9 图纸和建筑信息模型数据的审核、确认流程。

10 建筑信息模型数据交流方式，以及数据交换的频率和形式。

11 包括企业内部和整个外部团队在内的所有团队共同进行模型会审的日期。

附录 A　典型信息模型的组成元素

表 A-1　　典型的资源数据及其信息描述

元素		典型信息
几何表达	轴网	轴线位置，相对尺寸
	实体（包括立方体、扫掠实体、放样实体等）	体积，表面积，实体类型，面、线（边）、点（顶点）索引
	面积（包括三角面片、平面、扫掠面等）	面积，面类型，线、点索引
	线（包括曲线、直线、多段线等）	长度，线类型，点索引
	点	坐标
	笛卡尔坐标系	X 轴方向，Y 轴方向，Z 轴方向
材料	材料	名称，描述，类别
	混合材料	名称，描述，材料，成分比例
	材料层（墙防水层、保温层）	名称，描述，材料，关联构件与位置
	材料面（如墙面砖、漆）	名称，描述，材料，关联表面
时间	日期	年、月、日
	时间	时、分、秒
	持续时长	
	事件时间信息	计划发生时间，实际发生时间，最早发生时间，最晚发生时间
	资源时间信息	关联任务，关联资源，计划开始时间，计划结束时间，计划资源消耗曲线，实际开始时间，实际结束时间，实际资源消耗曲线
	任务时间信息	计划开始时间，实际开始时间，计划结束时间，实际结束时间，最早开始时间，最晚结束时间，计划持续时长，实际持续时长
参与方	个人	名称，职务，角色，地址，所属组织
	组织（公司、企业）	名称，描述，角色，地址，关联构件，相关人员
	地址	位置，描述，关联个人，关联组织

续表

元素		典型信息
度量	字符变量	
	数字变量	
	国际标准单位（包括力单位、线刚度单位等）	
	导出单位	
成本	成本项	币种，成本数值，关联构件 / 属性，关联清单，计算公式
	货币关系	兑换币种，汇率，时间
荷载	集中荷载	集中力大小，作用位置
	分布荷载	分布力大小，作用区域
	自重荷载	关联构件，重力加速度

表 A-2　　典型基础模型元素及其信息描述

元 素		典型信息（利用资源数据表达）
共享构件	梁	名称，几何信息（如长、宽、高、截面），定位（如轴线，标高），材料（如材料强度、密度），工程量（如体积、重量）
	柱	名称，几何信息（如长、宽、高、截面），定位（如轴线，标高），材料（如材料强度、密度），工程量（如体积、重量）
	板	名称，几何信息（如长、宽、厚度），定位（如轴线，标高），材料（如材料强度、密度），工程量（如体积、重量）
	墙	名称，几何信息（如长、厚度），定位（轴线，标高），材料（如材料强度、密度、导热系数，材料层），工程量（如体积、重量、表面积、涂料面积）
	孔口	名称，几何信息（如几何实体索引），定位（如轴线，标高）
	管件	名称，几何信息（如三维模型），定位（如轴线，标高），类型（如 L 弯头、T 弯头），材料（如材料内外涂层），工程量（如重量）
	管道	名称，几何信息（如管径、长度、截面），定位（如轴线，标高），类型（如软管、管束），材料（如材料内外涂层），工程量（如重量）
	临时贮存设备（如水箱）	名称，几何信息（如长、宽、高），定位（如轴线，标高），材料（如材料密度），工程量（如体积、重量）
	管线终端（如卫浴终端）	名称，几何信息（如长、宽、高），定位（如轴线，标高），材料（如材料密度），工程量信息，成本

续表

元 素		典型信息（利用资源数据表达）
空间结构	建筑空间	位置信息（空间位置），用途，关联构件
	楼层	位置信息（标高），用途，关联构件
	场地	位置信息（经纬度、标高、地址），用途，关联构件
属性	属性定义	名称，类型
	属性集	名称，属性列表
过程	事件	名称，内容，发生时间，事件状态（准时、推迟、提前）
	过程	前置事件（开始条件），后继事件（为其开始条件）
	任务	任务事件信息（开始、结束、持续时长等），紧前紧后关系，父 / 子任务
控制	工作日历	工作起始时间，工作结束时间，重复（每天、周一到周五、本周、仅一日等）
	工作计划方案	名称，关联项目，关联进度计划（销售计划、施工计划），关联任务
	工作进度计划	名称，关联项目，关联进度计划（某施工层、施工段进度计划），关联任务
	许可（审批、审核）	状态，描述，申请者，批准 / 否决者
	性能参数记录	所处生命周期，机器或人工收集的数据（可以是模拟、预测或实际数据）
	成本项（如清单、定额项目）	成本值，工程量，关联任务
	成本计划	关联时间，关联成本项
关系	分配关联关系（可以将元素分配到参与者、控制、组、过程、产品以及资源等元素上）	关联元素索引，关联类型，关联信息
	信息关联关系（可以将许可、分类、约束、文档、材料等信息附加到元素上）	关联元素索引，关联类型，关联信息
	连接关联关系（可以将构件、结构荷载响应、结构分析、空间归属、所在序列等信息连接到元素上）	关联元素索引，关联类型，关联信息
	声明关联关系（声明工作计划方案、单位等）	关联上下文，关联定义

续表

元 素		典型信息（利用资源数据表达）
关系	分解关联关系（表达组合、依附、突出物、开洞等关联关系）	关联元素索引，关联类型，关联信息
	定义关联关系（用于定义元素的类型、定义构件的属性集、定义属性集模板）	关联元素索引，关联类型，关联信息

表 A-3　　典型专业模型元素

元素		典型信息
建筑	引用的基础模型元素	基础模型元素的索引信息（包括墙、梁、柱、板、建筑空间、楼层、场地、属性集等）
	门	名称，几何信息（如长、宽、厚度），定位（轴线，标高），类型（如双扇门、扇开门、推拉门、折叠门、卷帘门），材料（如材料层、密度、导热系数），工程量（如体积、重量、表面积、涂料面积）
	窗	名称，几何信息（如长、宽、厚度），定位（轴线，标高），类型（如平开窗、推拉窗、百叶窗），材料（如材料层、密度、导热系数），工程量（如体积、重量、表面积、涂料面积）
	台阶	名称，几何信息（如台阶长、宽、高度，突缘长度），定位（轴线，标高），材料（如材料强度、密度），工程量（如体积、重量、表面积）
	扶手	几何信息（如长度、高度，样式），定位（轴线，标高），材料（如材料层、密度）、关联构件
	面层	几何信息（如厚度、覆盖面域），材料（如材料层、密度、导热系数），工程量（如体积、重量、表面积、涂料面积），关联构件
	幕墙	几何信息（如厚度、覆盖面域），材料（如材料层、密度、导热系数），工程量（如体积、重量、表面积、涂料面积），关联构件
结构专业	引用的基础模型元素	基础模型元素的索引信息（包括墙、梁、柱、板、建筑空间、楼层、场地、属性定义、属性集等）
	结构构件（梁、柱、墙、板）	名称，计算尺寸（如长、宽、高），材料力学性能（如弹性模量、泊松比、型号等）结构分析信息（如约束条件，边界条件等）
	基础	名称，几何信息（如长、宽、高），定位（轴线，标高），工程量（如体积），计算尺寸，材料力学性能（如弹性模量、泊松比、型号等），结构分析信息（如约束条件，边界条件等），
	桩	名称，几何信息（如长、宽、高）、定位（轴线，标高）、计算尺寸，材料力学性能（如弹性模量、泊松比、型号等）结构分析信息（如约束条件，边界条件等）

续表

元素			典型信息
结构专业	钢筋		编号，计算尺寸（如规格、长度、截面面积），材料力学性能（如钢材型号、等级），工程量（如根数、总长度、总重量），关联构件
	其他加劲构件		名称，几何信息（如长、直径、面积）、定位（轴线，标高）、计算尺寸（如长、直径、面积），材料力学性能（如材料型号、等级），结构分析信息，工程量，关联构件
	荷载		自重系数，加载位置，关联构件
	荷载组合		预定义模型，荷载类型，加载位置，组合系数与公式，关联构件
	结构响应		是否施加，关联构件，关联荷载或荷载组合，计算结果
暖通专业	引用的基础模型元素		基础模型元素的索引信息（包括墙、板、建筑空间、楼层、场地、属性定义、属性集等）
	空调设备	锅炉、火炉	名称，几何信息（主要指尺寸大小），定位（轴线，标高），工程量（如体积、重量），类型（如型号、用途、输入电压、功率）
		制冷设备（如冷水机、凉水塔、蒸发式冷气机等）	名称，几何信息（主要指尺寸大小），定位（轴线，标高），工程量（如体积、重量），类型信息（如型号、输入电压、功率、制冷范围）
		湿度调节器	名称，几何信息（主要指尺寸大小），定位（轴线，标高），工程量（如体积、重量），类型信息（如型号、调节范围）
	通风设备	空气压缩机	名称，几何信息（主要指尺寸大小），定位（轴线，标高），工程量（如体积、重量），类型信息（如型号、用途、输入电压、功率）
		风扇、风机	名称，几何信息（主要指尺寸大小），定位（轴线，标高），工程量（如体积、重量），类型信息（如型号、用途、输入电压、功率）
	集水设备	水箱	名称，几何信息（主要指尺寸大小），定位（轴线，标高），工程量（如体积、重量），类型信息，如用途。
	管道	风管	几何信息（如截面），定位（如轴线，标高），类型（如排风管、供风管、回风管、新风管、换风管），材料（如材料及内外涂层），工程量（如重量）
		冷却水管	几何信息（如截面），定位（如轴线，标高），类型（如供水管、回水管、排水管），材料（如材料内外涂层），工程量（如重量）
		管道支架与托架	几何信息（如几何实体索引），定位（如轴线，标高），类型（如型钢类型、管夹类型），材料（如材料及内外涂层），工程量（如重量），结构分析信息（如抗拉、抗弯）
		管件（连接件）	几何信息（如几何实体索引），定位（如轴线，标高），类型（如L弯头、T弯头），材料（如材料及内外涂层），工程量信息（如重量），结构分析信息（如抗拉、抗弯）

续表

元素			典型信息
暖通专业	过滤设备	空气过滤器、通风调节器、扩散器	名称，几何信息（主要指尺寸大小），定位（轴线，标高），工程量（如体积、重量），类型（如型号、调节范围）
	分布控制设备	二氧化碳传感器、一氧化碳传感器	几何信息（主要指尺度大小），定位（轴线，标高），工程量（如体积、重量），类型信息（如型号、敏感度）
	其他部件	减震器、隔振器、阻尼器	几何信息（主要指尺寸大小），定位（轴线，标高），工程量（如体积、重量），类型信息（如型号、隔震能力）
		风管消音装置	几何信息（主要指尺寸大小），定位（轴线，标高），工程量（如体积、重量），类型信息（如型号，分贝范围）
给排水专业	引用的基础模型元素		基础模型元素的索引信息（包括墙、板、建筑空间、楼层、场地、属性定义、属性集等）
	管道	供水系统管道排水系统管道灰水系统管道	几何信息（如截面），定位（如轴线，标高），类型（如型号），材料（如材料及内外涂层），工程量信息（如重量）
		管道支架与托架	几何信息（如几何实体索引），定位（如轴线，标高），类型（如型钢类型、管夹类型），材料（如材料及内外涂层），工程量（如重量），结构分析信息（如抗拉、抗弯）
		管件（连接件）	几何信息（如几何实体索引），定位（如轴线，标高），类型（如 L 弯头、T 弯头），材料（如材料及内外涂层），工程量（如重量），结构分析信息（如抗拉、抗弯）
	泵送设备	泵	名称，几何信息（主要指尺寸大小），定位（轴线，标高），工程量（如体积、重量），类型信息（如型号、用途、输入电压、功率）
	控制设备	分布控制板和分布控制传感器	几何信息（主要指尺寸大小），定位（轴线，标高），工程量（如体积、重量），类型信息（如型号、敏感度）
	集水设备	储水装置、压力容器	几何信息（主要指尺寸大小），定位（轴线，标高），工程量（如体积、重量），类型（如型号、用途）
	水处理设备	截油池、截砂池	几何信息（主要指尺寸大小），定位（轴线，标高），工程量（如体积、重量），类型信息
		集水和污水池	

续表

元素			典型信息
电气专业	储电设备	储电器	名称，几何信息（主要指尺寸大小），定位（轴线，标高），工程量（如体积、重量），类型信息（如型号、容量）
	机电设备	发电机	名称，几何信息（主要指尺寸大小），定位（轴线，标高），工程量（如体积、重量），类型（如型号、用途、输入功率、输出功率、额定电压）
		电动机	名称，几何信息（主要指尺寸大小），定位（轴线，标高），工程量（如体积、重量），类型（如型号、用途、输入电压、功率）
		电机连接	几何信息（主要指尺寸大小），定位（轴线，标高），工程量（如体积、重量），类型信息（如型号、连接方式）
		太阳能设备	名称，几何信息（主要指尺寸大小），定位（轴线，标高），工程量（如面积、重量），类型（如型号、功率）
		变压器	名称，几何信息（主要指尺寸大小），定位（轴线，标高），类型（如型号、用途、输入电压、输出电压）
	终端	视听电器	几何信息（主要指尺寸大小），定位（轴线，标高），类型（如型号、功率）
		灯	几何信息（主要指尺寸大小），定位（轴线，标高），类型（如型号、功率）
		灯具	几何信息（主要指尺寸大小），定位（轴线，标高），类型（如型号）
		电源插座	几何信息（主要指尺寸大小），定位（轴线，标高），类型（如型号、插座形式、插头数量）
		普通开关	几何信息（主要指尺寸大小），定位（轴线，标高），类型（如型号）

附录 B 典型 P-BIM 软件

表 B 典型 P-BIM 软件

任务信息模型	勘察与设计阶段 P-BIM 软件	施工与监理阶段 P-BIM 软件	主要专业技术标准
工程地质勘察	工程地质勘查		GB50021 岩土工程勘察规范
建筑	建筑设计		GB50352 民用建筑设计通则
			各类建筑设计规范（详略）
			GB5 0763 无障碍设计规范
			GB5 0118 民用建筑隔声设计规范
			GB5 0033 建筑采光设计标准
			各类建筑节能设计标准规范（详略）
地基基础	地基基础设计	基坑施工	GB5 0007 建筑地基基础设计规范
		地基处理施工	JGJ9 4 建筑桩基技术规范
		预制桩基施工	JGJ7 9 建筑地基处理技术规范
		灌注桩基施工	GB5 0330 建筑边坡工程技术规范
		基础工程施工	GB5 0202 建筑地基基础工程施工质量验收规范
结构	混凝土结构设计	混凝土结构施工	GB5 0068 建筑结构可靠度设计统一标准
	钢结构设计	钢结构施工	GB5 0009 建筑结构荷载规范
	砌体结构设计	砌体结构施工	GB5 0010 混凝土结构设计规范
		型钢、钢管混凝土结构施工	GB5 0003 砌体结构设计规范
		轻钢结构施工	GB5 0017 钢结构设计规范
		索膜结构施工	GB5 0666 混凝土结构工程施工规范
		铝合金结构施工	GB5 0204 混凝土结构工程施工质量验收规范

续表

任务信息模型	勘察与设计阶段 P-BIM 软件	施工与监理阶段 P-BIM 软件	主要专业技术标准
结构	砌体结构设计	木结构施工	GB50203 砌体结构工程施工质量验收规范
			GB5 0755 钢结构工程施工规范
			GB5 0205 钢结构工程施工质量验收规范
幕墙	幕墙设计	幕墙施工	JGJ102 玻璃幕墙工程技术规范
			JGJ133 金属与石材幕墙工程技术规范
给水排水	给水排水设计	给水排水施工	GB5 0015 建筑给水排水设计规范
			GB5 0242 建筑给水排水及采暖工程施工质量验收规范
			GB5 0275 风机、压缩机、泵安装工程施工及验收规范
电气	电气设计	电气施工	JGJ16 民用建筑电气设计规范
			各类建筑电气设计规范（详略）
			GB5 0057 建筑物防雷设计规范
			GB5 0303 建筑电气工程施工质量验收规范
			各类电气装置安装工程施工及验收规范
智能化	智能化设计	智能化施工	GB/T5 0314 智能建筑设计标准
			各类报警、监控系统工程设计规范（详略）
消防	消防设计	消防施工	GB5 0016 建筑设计防火规范
			GB5 0045 高层民用建筑设计防火规范
			GB5 0222 建筑内部装修设计防火规范
			GA8 36 建设工程消防验收评定规则
			GA5 03 建筑消防设施检测技术规程
装饰装修	装饰装修设计	装饰装修施工	GB5 0327 住宅装饰装修工程施工规范
			GB5 0210 建筑装饰装修工程质量验收规范
			GB5 0354 建筑内部装修防火施工及验收规范
风景园林	风景园林设计	园林绿化施工	GB5 0420 城市绿地设计规范
			CJJ7 5 屋顶绿化及垂直绿化工程技术规范
			CJJ8 2 园林绿化工程施工及验收规范

本标准用词说明

1. 为便于在执行本标准条文时区别对待，对要求严格程度不同的用词说明如下：

1）表示很严格，非这样做不可的：正面词采用“必须”，反面词采用“严禁”；

2）表示严格，在正常情况下均应这样做的：正面词采用“应”，反面词采用“不应”或“不得”；

3）表示允许稍有选择，在条件许可时首先应这样做的：正面词采用“宜”，反面词采用“不宜”；

4）表示有选择，在一定条件下可以这样做的，采用“可”。

2. 条文中指明应按其他有关标准执行的写法为：“应符合……的规定”或“应按……执行”。

中华人民共和国国家标准

建筑工程信息模型应用统一标准

Unified standard for application of building information model

GB/T 5　1212-2016

条文说明

编制说明

《建筑工程信息模型应用统一标准》GB/T5　1212-2016，经住房和城乡建设部 2016 年 12 月以第 1380 号公告批准、发布。

为便于广大勘察设计、施工监理、造价概预算、物业管理、科研院所、学校等单位有关人员在使用本标准时能正确理解和执行条文规定，标准修订组按章、节、条顺序编制了本标准的条文说明，对条文规定的目的、依据以及执行中需要注意的有关事项进行了说明。但是，本条文说明不具备与标准正文同等的法律效力，仅供使用者作为理解和把握标准规定的参考。

1　总则

1.0.1　2010 年，国务院提出了坚持创新发展，将战略性新兴产业加快培育成为先导产业和支柱产业的目标。现阶段，重点培育和发展的战略性新兴产业包括节能环保、新一代信息技术、生物、高端装备制造、新能源、新材料、新能源汽车等。对于其中“新一代信息技术产业”的培育发展，具体包括了促进物联网、云计算的研发和示范应用、提升软件服务、网络增值服务等信息服务能力、加快重要基础设施智能化改造、大力发展数字虚拟等技术等要求和内容。（详见国发{2010}32 号文《国务院关于加快培育和发展战略性新兴产业的决定》）。

建筑工业化和建筑业信息化是建筑业可持续发展的两大组成部分，信息化又是现代工业化的重要支撑。目前我国建筑业信息化发展缓慢，其主要原因在于企业管理信息化的过程中始终缺乏管理资源信息化，而管理信息化和资源信息化对于建筑业信息化两者缺一不可。

工程建设信息化，是在行业贯彻执行国家战略性新兴产业政策、推动新一代信息技术培育和发展的具体着力点，也将有助于行业的升级转型。工程建设信息化，则依赖于建筑信息模型技术（后文简称 BIM 技术）所提供的各种基础数据。2011 年，住房和城乡建设部在《2011–2015 年建筑业信息化发展纲要》中也明确提出，在“十二五”期间加快建筑信息模型（BIM）、基于网络的协同工作等新技术在工程中的应用。

尽管我国工程规划、设计、施工、运维等阶段及其中的各专业、各环节以及工程建设管理都已普遍应用计算机软件，但工程建设行业计算机应用软件水平的进一步提升目前尚面临着两个主要问题：一是信息共享，二是协同工作。工程建设行业不同软件信息不交换、不及时、不准确的信息孤岛问题已经是国内外普遍存在的问题。大到一个行业，小到一个企业、一个部门，数据不能有序流通、信息不能共享，信息孤岛给行业和企业带来巨大的经济损失。解决各个系统之间的数据交互和业务集成，也就成了行业和企业信息化的主要战略任务，这也是 BIM 技术的优势所在。

BIM 虽由国外首倡，但在我国的应用也已有了十余年的时间，其中既有经验也有教训。为了使得 BIM 应用更加适应国情（例如施工图审查制度、工程项目招投标管理制度、工程建设专业标准等），同时为行业和各应用单位带来最大化的效率和效益，本标准对 BIM 应用中需要统一的一些要求作了规定。

1.0.2　建筑信息模型的应用领域十分广泛，标准集中于建筑信息模型在建筑工程范围的应用，所有的相关模型不涉及非建筑工程。

BIM 提高工作效率和效益的一个方面，就是其模型和信息在建筑工程全寿命期（本标准第 1.0.2 条将建筑工程全寿命期划分为五个阶段）中的持续传递和共享使用。BIM 在各个阶段中的建立、应用和管理，均应遵守本标准的规定。BIM 的建立、应用和管理，是实现 BIM 技术的三个重要方面，本标准中对此作了详细的说明。

1.0.3、1.0.4　在本标准之外，还将有一系列的标准对 BIM 应用进行规范和引导。其中，既有国家标准、行业标准，也有协会学会标准、地方标准、企业标准；既有工程建设标准，也可能有产品标准。这些标准的编制，均应遵守本标准所提出的统一要求。

BIM 的一个基本前提是项目全寿命期内同阶段同利益相关方的协同，包括在 BIM 中插入、获取、更新和修改信息以支持和反应该利益相关方的职责。中国 BIM 的这一系列标准要为包括投资与开发方、策划师、建筑师、工程师、造价师、施工总包、施工分包、预制构件商、供货商、咨询师、估价师、银行、律师、建设管理部门、物业管理方、改建、扩建、拆除等不同利益相关方提供相关数据与协同工作技术。

既然 BIM 要为项目全寿命期的各种决策构成一个可靠的基础，那么中国 BIM 必然离不开工程建设技术标准及建设法规。因此，在我国可以认为 BIM 技术主要由三部分组成，一是计算机软件开发技术；二是 BIM 模型应包含的中国工程建设专业标准技术及技术法律法规；三是模型信息交换内容与格式。本标准将统一 BIM 模型的工程技术与信息交换内容与格式；对于应用软件开发技术，在本标准总体框架下由软件开发商自定标准。

2 术语和符号

2.0.1、2.0.2 美国 BuildingSMART International 对 BIM（建筑信息模型）的定义是：

What is BIM？

BIM is an acronym which represents three separate but linked functions：

Building Information Modelling：Is a BUSINESS PROCESS for generating and leveraging building data to design，construct and operate the building during its lifecycle. BIM allows all stakeholders to have access to the same information at the same time through interoperability between technology platforms.

Building Information Model：Is the DIGITAL REPRESENTATION of physical and functional characteristics of a facility. As such it serves as a shared knowledge resource for information about a facility，forming a reliable basis for decisions during its life-cycle from inception onmrds.

Building Information Management：Is the ORGANIZATION & CONTROL of the business process by utilizing the information in the digital prototype to effect the shoring of information over the lifecycle of an asset. The benefits include centralised and visual communication，early exploration of options，sustainability，efficient design，integration of disciplines，site control，as built documentation，etc.-effectively developing an asset lifecycle process and model from conception to final retirement.

认为 BIM 是首字母缩略词，以下三者之间既互相独立又彼此关联：

➢ Building Information Model：建筑信息模型是一个设施物特征和功能特性的数字化表达，是该项目相关方的共享知识资源，为项目全寿命期内的所有决策提供可靠的信息支持；

➢ Building Information Modeling：建筑信息模型应用是建立和利用项目数据在其全寿命

期内进行设计、施工和运营的业务过程，允许所有项目相关方通过不同技术平台之间的数据互用在同一时间利用相同的信息；

➢ Building Information Management：建筑信息管理是指利用数字原型信息支持项目全寿命期信息共享的业务流程组织和控制过程。建筑信息管理的效益包括集中和可视化沟通、更早进行多方案比较、可持续分析、高效设计、多专业集成、施工现场控制、竣工资料记录等。

由此可见，BIM 由建筑信息模型、模型应用及业务流程信息管理三个既独立又相互关联的整体组成。中国 BIM 标准的任务是结合中国工程建设国情统一应用 BIM 技术的方式和方法，使项目全寿命期内的各参与方能够信息共享、协同工作，解决建设行业的信息孤岛问题，提高我国工程建设的质量与效率。这两条的定义基本上结合中国 BIM 应用目标并反映了 BIM 的三部分。其中：

第 2.0.1 条，考虑到我国工程建设项目的实际管理规定和特点，增加了“管理要素”。

第 2.0.2 条，将模型应用（modelling）及业务流程信息管理（management）统称为 M，应也是考虑我国工程建设项目的现有工作和管理模式，避免人为割裂专业技术工作与信息管理工作，二者彼此依存、互相融合。

2.0.3 ~ 2.0.5　从查理·伊斯特曼发表第一篇关于今天我们所说的 BIM 的理论至今，已经有 30 多年了。“……在一个数据库化的模型上操作得到平、立、剖和透视图；对该模型的一处进行修改，在所有反映该处的所有图纸都会得到机动地、立刻地更新……”。单一模型的提法，即设计、施工、运营维护以及开发商等大家共同在一个 BIM 文件上工作，以达到从始至终的数据共享。在经过一段的实践后被证明是不切实际的，因此目前“单一模型”已经不再是 BIM 实践的方法论中的一员了。现在的 BIM 实践基本上都采用了“多模型”并加入“追求数据共享、互相衔接、数据在建筑生命全过程应用”等的理想。

经过近十年的 BIM 应用过程，我国大型设计企业基本上拥有了专门的 BIM 团队，有一定的 BIM 实施经验；施工企业起步略晚于设计企业，不过不少大型施工企业也开始了对 BIM 的实施与探索，也有一些成功案例。但是，这些案例大多局限于设计或施工阶段的局部应用，运维阶段目前的 BIM 还处于探索研究阶段，还没有在建筑的全寿命期中的应用实例。因此，目前中国 BIM 应用仍处于探索阶段，还缺乏一种 BIM 落地的有效途径。

我国的专业分工及管理分类，形成了每个人承担的任务，几十年来没有因为计算工具发展和应用软件升级而改变；我国政府特有的建筑工程管理方式也不会因为一时迎合 BIM 而更改。既然单一模型不可能实现，多模型在以往我国的 BIM 实践中也遇到不少困难，因此，将个人完成任务与信息模型技术结合，设立更多子 BIM（模型）——任务信息模型。这有利于直接提高工程技术和管理人员工作效率和质量，吸引更多人认识 BIM、使用 BIM。

在第 2.0.3 和 2.0.4 条中，参照第 2.0.1 和 2.0.2 条，分别给出了任务信息模型和任务信息模型应用的定义。更进一步地，在第 2.0.5 条中提出了 P-BIM 的工作方式，寄望以此在当前形势下在广大工程建设专业技术人员和管理人员群体中发展应用 BIM 技术。

2.0.6　建筑信息模型应用涉及一个重要环节，就是应用软件。只有借助应用软件，BIM 才能应用到实际工程中。已有的专业应用软件是 BIM 的应用基础，专业 BIM 应用软件既可按

BIM 要求重新打造，也可在原有专业应用软件基础上进行功能提升。我国工程建设各阶段的专业应用软件基础很好，已拥有一批具有较高市场覆盖率的专业应用软件，其已有的专业功能、标准和规范集成功能、系统架构、市场格局，以及操作习惯等都可以维持不变，只需在现有基础上进行 BIM 能力与专业功能提升和改造，即可成为任务信息模型应用软件。通过改造原有本土专业软件实现 BIM 应用，是充分利用我国已有资源，延续专业从业人员应用习惯，是快速实现 BIM 应用的可行之路。一方面，众多本土任务信息模型应用软件开发可以相互独立进行，并不一定要依附于各阶段或项目全寿命期 BIM 管理系统；另一方面，通过 BIM 标准实现任务信息模型在阶段和项目全寿命期内信息互联互通。各阶段任务信息模型的组合和集成系统及项目全寿命期 BIM 管理系统的开发也可能涉及专业功能，需要的是基于 BIM 标准的各任务信息模型数据的组合或集成的管理功能，其重点是基于 BIM 的信息互用能力、协同工作能力和工作流程的优化。

工程建设数字计算及计算机应用技术发展可以分为三个历程，即人工时代、键盘时代和集成时代。在人工时代，从算盘、计算尺到计算器，依靠计算工具的提升帮助人提高工作质量与效率；在键盘时代，从计算机辅助绘图、计算机辅助设计到三维数字软件，依靠将人的思维固化于计算机中的计算机软件升级帮助人提高工作质量与效率，工程技术人员利用独立软件工作；目前我们将在计算机软件技术不断提升的同时，利用数字化、信息共享、协同工作的 BIM 技术提高我们的工作质量与效率，我们为之努力创造条件以实现我们憧憬的集成时代。

工程建设计算机应用技术发展的目的是为提高工程师的工作质量与效率。无论处于什么时代，工程师永远是工程建设的主人，计算机应用技术为工程师服务。因此，专业工程技术标准是计算机应用软件的基础，也是对正确 BIM 模型的基本要求。

BIM 是一套社会技术系统，中国建筑工程管理模式与国外不同，因此，中国 BIM 工作方式必定有别于国外 BIM。国内有相当数量的应用软件在中国工程建设大潮中已经被证明是有效的，离开这些软件，各类企业就没法正常工作；目前没有一个软件或一家公司的软件能够满足项目全寿命期过程中的所有需求，短期内不可能出现一批可以代替所有中国专业应用软件的其他三维软件；无论是经济上还是技术上，建筑业企业都没有能力短期内更换所有专业应用软件。

建立各任务目标软件技术标准及信息模型间数据直接互用标准，并按此标准改造国内外现有任务（专业和管理）应用软件，开发其他任务软件，逐步完善项目全寿命期所需任务信息模型。

国产应用软件具有很成熟的专业（Professional）能力，满足我国专业标准要求，符合操作人员的使用习惯。但这些软件“数字化”能力较弱难以满足 BIM 的“数字技术”能力要求。因此国内专业（含管理）应用软件应该按照 BIM 标准要求进行改造，强化国产软件的数字功能，形成 P-BIM 软件；国内市场上的国外“BIM”软件以三维数字技术为特点强化了软件的各种功能。但完成中国工程项目要涉及千本专业（Professional）标准及相应管理流程，国外“BIM”软件应该按照我国专业及 BIM 标准进行改造，形成 P-BIM 软件。

3 基本规定

3.0.1 BIM 技术的目标始终追求工程项目全寿命期的信息共享、协同工作。

3.0.2 美国 BIM 标准 NBIMS-US 中将建筑工程全寿命期划分为策划（Conceive）、规划（Plan）、设计（Design）、施工（Build）、运营（Operate）、改造（Renovate）、报废（Dispose）七个阶段：

根据我国企业分类及专业分布特点，本标准将项目全寿命期阶段划分为策划与规划、勘察与设计、施工与监理、运行与维护及拆除或改造与加固等五个阶段。

3.0.3 BIM 的一个基本前提是项目全寿命期内不同阶段不同利益相关方的协同，包括在 BIM 中插入、获取、更新和修改信息以支持和反映该利益相关方的职责。

建筑信息模型的基本要求是所有信息协调一致。

3.0.4 应用能力尤其是数据互用能力，是建筑信息模型软件的 BIM 能力评判标准。针对目前建筑信息化市场软件品牌众多，不少均自认为是 BIM 软件。为了澄清市场，本标准提出按相关要求对 BIM 软件进行认证，并建议项目相关方采用经过认证的 BIM 软件。

3.0.5 建筑信息模型的应用仅仅是完成项目的一种工作方法，其应用必然存在多种工作方式。标准应该充分发挥各企业其实现 BIM 技术的独特工作方式，同时也尽可能为没有 BIM 技术应用经验的企业提供一种方便的工作方式。

4 模型体系

4.1 一般规定

4.1.1 建筑信息模型由多个任务信息模型组成，任务信息模型也可以实现信息互用 BIM 特性。

模型应按照本标准 4.2 节的模型整体结构或其他标准 BIM 结构体系进行任务信息模型及信息的组织和存储，而信息模型不应是信息的简单叠加。否则会产生大量冗余的模型元素和信息，并导致信息模型的无关联和模型数据的不一致，无法支持项目全寿命期各阶段、各任务和各参与方之间交换信息的一致性和全局共享。

4.1.2 建筑信息模型应用涉及多个模型间的信息交换，只有保证所有获取信息的唯一性和一致性，才能确保正确应用。

4.1.3 该特性是 BIM 模型及信息获取和互用的前提和保证。

共享模型及其组成元素在项目全寿命期内能够被唯一识别是信息模型互用的前提和保证，可以通过设置元素的唯一标识属性来实现。

4.1.4 模型应具有扩展性，可以增加新的任务信息模型、模型元素及属性信息的种类和数量。

建筑信息模型的应用还处于发展阶段，模型的内容也不断增加，因此模型应可增加新的模型元素或元素属性信息。

4.2 模型整体结构

4.2.1 模型整体结构分为任务信息模型以及共性的资源数据、基础模型元素、专业模型元素四个层次，其层次结构如附录图 1–1 所示。其中，任务信息模型由策划与规划、勘察与设计、施工与监理、运行与维护和拆除或改造五个阶段的多个任务模型或多个跨阶段组合的任务模型组成。自下而上的资源数据、基础模型元素、专业模型元素组成了各阶段任务模型的共享信息层，不仅可避免构建任务模型大量的冗余信息，而且通过共享的过程元素、控制元素和关系元素等，可描述并控制逻辑有序的任务过程，建立任务及其对象之间的关联关系，形成项目的整体模型结构。

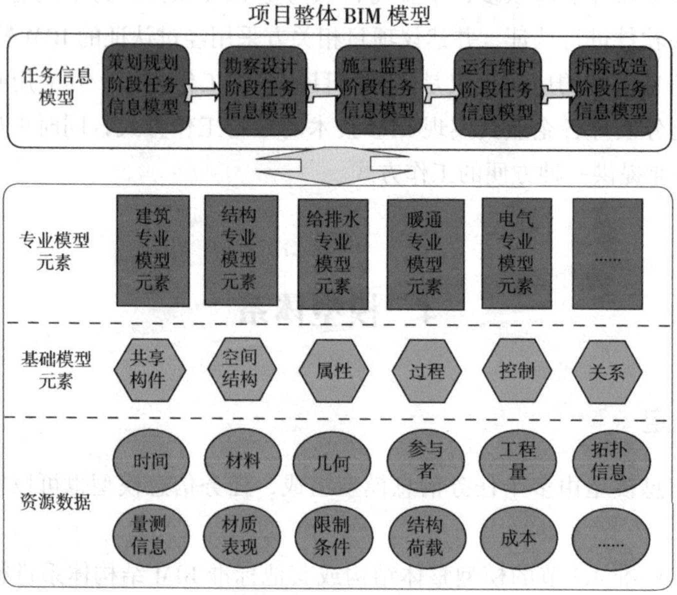

附录图 1–1 建筑信息模型整体结构图

4.2.2 资源数据是各任务模型的共性基础数据。本标准附录 A 表 A–1 列举了典型的资源数据及其信息描述。

4.2.3 基础模型元素描述与专业无关的共享模型信息，是项目全寿命期各阶段、各专业共用的模型元素，主要包含以下几类：

➢ 共享构件：包含广义建筑构件，构件的几何信息以及其他物理属性。

➢ 空间结构：表达模型的空间组织，包含空间的位置、形态、从属包含关系等信息。空间结构指根据空间布置将项目模型分解为可操作的子集，包含项目的场地、单位工程、楼层、区域划分等空间元素，模型的空间结构应具有自上而下的包含及从属关系。

➢ 属性元素：表达对象特性信息的元素，可以与模型对象相关联。

➢ 过程元素：描述逻辑有序的工作方案和计划，以及工作任务的信息。

➢ 控制元素：控制和约束各类对象、过程和资源的使用，可以包含规则、计划、要求和命令等。

本标准附录 A 表 A–2 列举了典型的基础模型元素及其信息描述。

4.2.4 专业模型元素的组成以基本模型元素为基础，描述建筑、结构、给排水、暖通、电气等专业特有的模型元素和信息。专业模型元素一般由各个专业人员分别建立，专业模型元素可以是专业特有的元素类型，也可能是基础模型元素的扩展和深化，必须是所引用的相关基础模型元素的专业信息。本标准附录 A 表 A–3 列举了典型的专业模型元素及其信息描述。

4.3 任务信息模型

4.3.1 任务信息模型将完成任务与信息交换相结合，因此应包含完成任务的基本信息。

4.3.2 任务信息模型应包含本专业或任务的共性专业模型元素以及形成完备信息模型所需的基础模型元素和资源数据，应具有支持完成本任务应用需求的基本信息。

任务信息模型是相对于 BIM 整体模型而言的子信息模型，可由任务承担方按照模型整体结构的要求建立和存储，或应用子模型视图技术从 BIM 整体模型中提取相关信息而生成。

子模型视图是可满足一个或多个信息交换需求的模型子集，提供了子集中实体、属性、属性集、关联关系等模型元素的完整定义和应用规范，可用于针对项目全寿命期某一任务及信息交换需求的子信息模型定义和构建，并可作为完成该任务相关软件的接口规范。其实现方法可参照 BuildingSMART 发布 MVD（ Model View Definition ）和 IDM（Information Delivery Manual，ISO/DIS 29481）。

4.3.3 任务信息模型是 BIM 应用各阶段成果交付的重要内容，不仅要支持阶段内各专业的沟通和协作，还要为后续阶段提供协调、一致的共享模型信息。

4.4 模型扩展

4.4.1 模型拆分属于模型扩展的逆操作，可根据任务需求将模型拆分为多个任务模型。拆分得到的任务模型可包括原模型中的部分模型元素及相关信息，还可扩充新的模型元素种类及相关信息。

4.4.2 拆分也属于扩展，但得到的任务模型应与其他任务信息模型协调一致，并不应改变原有模型结构。

4.4.3 模型的扩展性需要数据描述标准的支持，数据描述标准中应定义实体扩展、属性扩展以及属性集扩展的方法和流程，以及各扩展方式的适用范围与要求、扩展结果的表述与验证方法、成果的认定与转换方式等。可参照目前国际开放的 BIM 数据描述标准 IFC（IS016739）定义的实体扩展和属性集扩展方式。

5 数据互用

5.1 一般规定

5.1.1 数据互用是解决信息孤岛、实现信息共享和协同工作的具体工作。任务承担方所建立的任务信息模型，为了满足其数据互用要求，必须考虑其他阶段、其他相关方的需要。

5.1.2 正如本标准第 4 章中的模型整体结构所示，各任务信息模型之间必然存在一些共性元素。这些共性元素的共享，将避免重复建立，提高整体工作效率。

5.1.3 模型建立和编辑工作均需留痕。

5.1.4 各相关方共同商定的协议，是保证其数据实现互用的基础。协议中的具体内容，由各相关方自行商定，一般都会包括模型互用的具体内容、数据格式等。

5.2 交换与交付

5.2.1 建筑信息模型（包括各个任务信息模型）不仅要求其正确性，也还要协调一致，这是本标准第 3. 0.3 条所做出的基本规定。如此，方能保证数据交付后能被数据接收方正确、高效使用。附加的要求还包括进行数据清理、更新等，并满足各相关方共同商定的协议要求。

5.2.2 本条规定了数据互用协议中对于互用数据内容的要求。

5.2.3 本条规定了数据互用协议中对于互用数据格式的要求。项目相关方虽然可采用任意合适的任务软件建立任务信息模型，但对于需要互用的数据应统一格式。当数据互用文件的提供方和接收方所采用的软件均支持某一软件开发商的特定数据格式时，数据互用文件可采用该特定数据格式；当互用数据的提供方需要接收方提供的数据时，双方应采用同一格式；当数据互用提供方和接收方均采用统一的建筑信息模型数据库时，数据互用应符合该数据库的数据存取要求，接收方可直接从数据库中获取所需数据。

5.2.4 ~ 5.2.6 在数据互用过程中，数据提供方和接收方都要按照协议要求检查数据，避免影响后续使用。

5.3 编码与存储

5.3.1 目前，国家标准《建筑工程设计信息模型分类和编码标准》的编制工作已经启动，可作为相关工作的参考。

5.3.2 国家标准《建筑工程信息模型存储标准》正在编制中，待其发布实施后可作为互用数据存储的具体指导。

5.3.3 两软件间的数据交换格式应以简单、快捷、实用为原则，但为了使多个软件间可以同时互用，软件间数据互用格式宜采用标准的通用数据格式。我国已由中国建筑标准设计研究院、中国建筑科学研究院等单位将 BIM 技术最基础的数据标准之一的 ISO/PAS 16739：

2005《Industry Foundation Classes》(即IFC)分别通过等效采用和等同采用的不同方式引入(前者为建筑工业行业标准《建筑对象数字化定义》JG/T198-2007，后者为国家标准《工业基础类平台规范》GB/T25507-2010)。但由于标准数据格式标准实用性还难以全面概括，因此当两软件间有特定交换协议时可采用原有数据格式或约定数据格式。

5.3.4　数据的存储方法和存储介质，对数据的后续储存、读取和使用都有深远影响。高效、安全，是两项最基本的要求。

以任务信息模型为例，在任务信息模型向本阶段或其他阶段的其他专业或任务交付互用信息文件前，应对文件做清理病毒、清除不需要的信息、在保证不丢失有效数据的前提下进行压缩等处理。

6　模型应用

6.1　一般规定

6.1.1　本标准提出我国BIM发展应是从每个人在自己任务模型上工作为起点的BIM落地思路，逐步实现多人利用同一模型工作，直至项目相关方所有人员在同一模型工作的BIM理想。目前我国BIM应用还处于较低水平，建立信息共享、协同工作是当前BIM发展的基础工作，因此将模型应用分为三种不同层次，这不仅有利于本土BIM系列软件开发进程，也有利于工程技术与管理人员认识和应用BIM。在一段时间的应用和发展之后，通过进一步的积累和提升，逐步集成这类基本任务信息模型，从而有望逐渐减少任务信息模型数量，最终达到所有人员在这一建筑信息模型上工作的BIM理想。

6.1.2　在数据环境中确立实施完善的数据存储与维护机制，不仅保证了数据安全，还可充分利用现有配置的硬件和软件资源，加快数据处理速度、提升数据存储性能、方便用户对数据的访问和管理。

6.2　模型数量与要求

6.2.1　在本标准所划分的建筑工程项目全寿命期的五个阶段中，各个阶段的具体专业任务各有不同。另外，具体到不同项目，各阶段的具体工作任务也有所不同。因此，对应的任务信息模型也并非一成不变。本标准也已提出任务信息模型可根据需要进行拆分、新增等操作，但这项工作必须在项目开始实施、模型建立应用之前进行，通过综合考虑项目全寿命期工作任务需要，来对任务信息模型的数量和种类进行整体规划。

6.2.2　任务信息模型是建筑信息模型的基础，也是项目模型的组成部分。按照模型一致性、协调性原则建立和应用的任务信息模型，在理想和理论上应能够集成为一个逻辑上唯一的项目整体模型；但由于任务信息模型划分及各任务实施难免挂一漏万，或者受限于主、客观条件仅建立了若干部分的任务信息模型，所以也可能集成的只是项目部分模型。但无论如何，模型的整体结构仍是要遵守本标准第 4 章中的规定的。

6.2.3 目前多见的做法是设立单独的 BIM 协同小组，由软件或数据技术员以及各专业技术人员共同对建筑信息模型的文件、数据以及工作流程实施管理。但对于是以软件人员主导还是专业技术人员主导，是相关人员专职从事本工作还是兼职从事本工作，都需要根据项目和团队的实际情况确定，并没有固定的单一模式。

6.3 模型数据

6.3.1 本条有两层含义。首先是要求任务信息模型的建立和应有负责人，即所对应任务的承担人员。此外，建立和应用任务信息模型的过程也是完成该任务的过程，反过来说，完成任务的过程也要同样是建立和应用任务信息模型的过程，二者有机整合在同一工作流程中。

6.3.2 充分利用已有模型信息及元素，是提高工作效率的主要途径之一，也是 BIM 所带来的主要益处之一。本标准对于任务信息模型设定和考虑上，尽可能地考虑了专业技术和管理任务，以利于任务信息模型在各个阶段的相关任务间传递。但需要说明的是，前置任务积累的信息难以全部用于后置任务，后置任务所需要的信息也并非完全来自前置任务，仍然需要考虑利用其他相关任务所建立的信息模型。但对于前置任务所提供的信息模型，应尽可能地充分利用，以减少和避免重复工作。

6.3.3 同 5.3.3 条文说明。

6.3.4 归档文件可以有电子和实物两种形式。

6.3.5 任务信息模型的会审和调整，是保证其协调一致的具体措施之一。

6.4 基本任务工作方式

6.4.1 根据项目不同阶段及现有专业与管理分工，给出了基本任务分类。

策划与规划阶段满足业主、规划设计及政府管理要求。

勘察与设计阶段满足目前勘察、设计及审图企业技术人员独立完成任务需要。在所熟知的建筑、结构、水、暖、电设计任务基础上，补充了前置的工程地质勘查、地基基础设计两项重要任务，并按住房和城乡建设部建市〔2007〕86 号文《工程设计资质标准》的规定考虑了建筑装饰工程设计、建筑智能化系统设计、建筑幕墙工程设计、风景园林工程设计、消防设施工程设计等任务（该标准中规定的轻型钢结构设计、环境工程设计、照明工程设计等也可按项目实际需要单设任务信息模型）。此外，还按 BIM 要求在相关模型中加入工程造价概算信息。

施工与监理阶段以《建筑工程施工质量验收统一标准》为主要依据，按分部工程建立任务信息模型；并根据住房和城乡建设部建市〔2006〕40 号文的规定，考虑了建筑智能化工程施工、消防设施工程施工、建筑装饰装修工程施工、建筑幕墙工程施工等任务信息模型。如此，做到了与勘察设计阶段相关任务信息模型的良好衔接。此外，也按 BIM 要求加入工程造价预算及决算信息、施工组织设计信息。

运行与维护阶段满足专业管理要求。

改造与拆除阶段服从现有设计习惯。

6.4.2　应用 BIM 完成项目建设需要事先构建任务信息模型体系，任务信息模型可以分阶段根据任务进展需要建立。任务信息模型的数量和内容都将随着 BIM 技术的深入应用增加和增多，无论如何，保持模型协调一致就不影响项目的 BIM 应用。

6.4.3　本条是对本标准第 6.3.1 条的进一步延伸。基本任务应用模式具有各种不同工作方式，其核心是软件间数据互用。上下游软件之间读什么、怎么读、读谁的？写什么、怎么写、写给谁？每个企业、每个 BIM 团队都有自己的 BIM 应用经验，可以按照自己的工作方式实现 BIM，但面对众多的信息与数据标准，工程技术与管理人员很难将其与实际任务相结合，无法实现由完成任务人自己管理数据。统一各任务间的数据交换内容与交换格式并内置于任务完成人以往习惯应用的专业和管理软件中，形成一套相对固定的“数据直接互用协议”的 BIM 工作方法，使任务完成人可以自己管理数据，这对于推进中国 BIM 落地具有重要意义。

6.4.4　业主信息模型是特殊的任务信息模型。其特殊之处主要在于业主基本无须运用自身信息和数据创建一个模型，业主信息模型的主要信息来源是对业主负责的各项目相关方面其共享提供的任务信息模型，通过数据抽取形成此模型。业主可通过此模型，对需要了解的项目情况了然于胸。

6.4.5　本条是基本任务工作方式对于本标准第 5 章内容的进一步延伸。

6.4.6　本条是基本任务工作方式对于本标准第 6.2.2 条内容的进一步延伸。其主要区别在于，第 6.2.2 条提出的是所有或者多个任务信息模型统一集成到一个项目整体或者部分模型，而基本任务工作方式则是仅对若干相关任务、采用抽取其中涉及其他任务的部分信息来进行组合协调，以图减少交付的信息量，提高信息利用效率和程度。同时，由于多个任务信息模型的组合协调主要还是在同一阶段内，所以理论上也可以通过某阶段的组合模型（协调模型）作为该阶段的项目部分或项目整体模型，来完成多个任务信息模型之间协调一致的任务。目前，针对特定工程阶段的模型应用标准（如《建筑工程施工信息模型应用标准》）也将陆续开展编制，可供相关工作参考。

6.4.7　建议在阶段交付模型和数据时，尽可能一次性交清，避免前后多次交付造成的数据重复甚至不一致。

6.4.8　本标准术语部分中，对 P-BIM 软件有明确定义。基本任务工作方式下要求尽可能地采用 P-BIM 软件。但由于 P-BIM 系列软件的开发和改造需要一个漫长的过程，无法一蹴而就，所以在目前的一段时期内允许在一些 P-BIM 软件缺项的场合或任务中采用其他替代方式。

6.4.9　P-BIM 软件的主要特点就在于其与专业技术及管理工作的紧密结合，保证工程技术数据的正确性。另一方面，工程建设标准的实施监督工作也日益受到重视，尤其是其中的强制性条文的实施监督。P-BIM 软件的应用，料将成为工程建设标准及其强制性条文实施监督工作的一项重要抓手。

6.4.10　由于当前标准编制工作以及 P-BIM 研究工作两方面的限制，本条仅暂列出了勘察与设计、施工与监理两大阶段所对应的 P-BIM 软件。但不可否认，这两个阶段也是 BIM 当前实施应用中最为重要的两个环节。

6.4.11　本条明确了基本任务工作方式完成任务和实施 BIM 的主要内容。

6.4.12、6.4.13　软件是完成任务的工具，是实施我国建筑工程建设标准的重要平台，软件的工程技术能力测评有利于保证工程建设标准的正确执行。而且，P-BIM 软件也有望成为工程建设标准及其强制性条文实施监督工作的一项重要抓手，更需要严把入门，加强管理。

如何判断一个产品或者项目是否可以称得上是一个 BIM 产品或者 BIM 项目，如果两个产品或项目比较起来，哪一个的 BIM 程度更高或能力更强呢？美国国家 BIM 标准提供了一套以项目生命周期信息交换和使用为核心的可以量化的 BIM 评价体系，叫作 BIM 能力成熟度模型。但这套评价体系对于目前我国的 BIM 应用与发展水平还不相适应。

对于基本任务工作方式，实现 BIM 的工具是 P-BIM 软件，以 P-BIM 软件的信息共享和协同工作能力区分 BIM 能力在我国具有现实意义。按照信息共享与协同工作能力的不同，将 P-BIM 软件划分为三个等级。

7　企业实施指引

7.0.1、7.0.2　建筑业信息化，既是行业发展的重要方向之一，也是对于业内各家企业的发展要求。因此，企业应根据自身实际，制定执行企业信息战略和规划，同时更要在其中充分考虑建筑信息模型技术的实施应用。当前，企业信息化基本停留在管理信息化的阶段，如能结合建筑信息模型技术实现技术资源的信息化，方才使得企业信息化更加全面和完善。

7.0.3　为了实现数据共享和协调工作，项目相关方应首先做好数据软、硬件方面的准备工作，搭建数据环境，并确立包括各类用户的权限控制、软件和文件的版本控制、模型的一致性控制等的管理运作机制。

参考文献

[1] 中华人民共和国建设部．建设工程项目管理规范 GB/T50326—2001[S]. 北京：中国建筑工业出版社，2002.

[2] 刘占省，赵雪锋．BIM 技术与施工项目管理 [M]. 北京：中国电力出版社，2015.

[3] 张海龙．BIM 在建筑工程管理中的应用研究 [D]. 吉林大学，2015.

[4] 范爱霞，陈慧智．BIM 技术在建筑施工中的应用研究 [J]. 建材与装饰，2016,(28)：30–31.

[5] 吕世尊．BIM 技术在建筑工程施工中的应用研究 [D]. 郑州大学，2015.

[6] 谢斌．BIM 技术在房建工程施工中的研究及应用 [D]. 西南交通大学，2015.

[7] 张建平，李丁，林佳瑞，颜钢文．BIM 在工程施工中的应用 [J]. 施工技术，2012,(16)：10–17.

[8] 刘占省，赵明，徐瑞龙．BIM 技术在我国的研发及工程应用 [J]. 建筑技术，2013,(10)：893–897.

[9] 丁士昭．建设工程信息化导论 [M]. 北京：中国建筑工业出版社．2005.

[10] 吴卫华，张云庚，郭兆儒，赵丽敏．BIM 技术在建筑施工中的应用研究 [J]. 四川水泥，2015,(10)：255.

[11] 何关培．BIM 总论 [M]. 北京：中国建筑工业出版社，2011.

[12] 王要武．工程项目信息化管理——Autodesk Buzzsaw[M]. 北京：中国建筑工业出版社．2005.

[13] 张建平，郭杰，王盛卫，徐正元．基于 IFC 标准和建筑设备集成的智能物业管理系统 [J]. 清华大学 学报（自然科学版）. 2004,(10)：940–942，946.

[14] 寿文池．BIM 环境下的工程项目管理协同机制研究 [D]. 重庆大学，2014.

[15] 马东彪．论究 BIM 在建筑施工中的应用 [J]. 门窗，2012,(09)：298–299.

[16] 孙悦．基于 BIM 的建设项目全生命周期信息管理研究 [D]. 哈尔滨工业大学，2011.

[17] 龙腾．基于 BIM 的变截面桥体可视化施工技术应用研究 [D]. 武汉科技大学，2015.

[18] 潘刃．BIM 技术在办公建筑设计及物业管理中的应用研究 [D]. 广西大学，2015.

[19] 芦洪斌．BIM 在建筑工程管理中的应用 [D]. 大连理工大学，2014.

[20] 李伟．对 BIM 技术的研究及其在建筑施工中的应用分析 [J]. 江西建材，2014,(10)：81+86.

[21] 彭正斌．越于 BIM 理念的建设项目全生命周期应用研究 [D]. 青岛理工大学，2013.

[22] 占群松．建筑给排水设计中 BIM 技术的应用 [J]. 住宅与房地产，2016,(36)：64.

[23] 陆鹏．BIM 技术在建筑电气设计中的应用和展望 [J]. 住宅与房地产，2016,(36)：69.

[24] 杨琴．BIM 技术在建筑工程管理中的应用 [J]. 住宅与房地产，2016,(36)：224.

[25] 丁荣贵．项目管理：项目思维与管理关键 [M]. 北京：机械工业出版社，2004.

后 记

随着我国经济的快速发展，我国已进入大规模城市建设的发展期，而且建筑工程的规模也越来越大，设计越不能满足建筑、结构、管线等专业的要求，尤其是因协调性、可视化效果太差施工周期也相对越来越短，应用传统的二维平面设计模式所带来的弊端日益严重，基于三维信息化的 BIM 技术已经成为解决这些弊端的必要手段。

信息技术已经为制造业、电子业等行业带来了革新性的变化，而建筑业信息化程度仍旧处于较低的水平。随着社会文明的发展，建筑业已开始向低能耗、低污染、可持续发展的方向发展，且伴随着国外同行业日益激烈的竞争与挑战，应用信息化技术革新是我国建筑行业现阶段应运而生的发展方向。

建筑信息建模（BIM）作为一种创新的工具与生产方式，是信息化技术在建筑业的直接应用，自 2002 年被提出后，已在欧美等发达国家引发了建筑业的巨大变革。BIM 技术通过建立数字化的 BIM 参数模型，涵盖与项目相关的大量信息服务于建设项目的设计、建造安装、运营等整个生命周期，为提高生产效率、保证生产质量、节约成本、缩短工期等发挥出巨大的优势作用。虽然我国的 BIM 应用还处在雏形阶段，但是认识并发展 BIM、实现行业的信息化转型已是势不可挡的趋势。

我国的 BIM 应用目前所处的阶段仍然较为低端，但是由于国家的重视程度在不断提高；BIM 在我国的实际工程的经验也在不断积累，人才梯队也在逐步完善，特别是 BIM 的应用开始得到许多高校及科研机构的重视，后续人才储备也在不断扩大。冰冻三尺非一日之寒，希望我国在国家基础设施建设高峰期可以利用好 BIM 技术，争取信息化施工的早日全面实现。